C言語ではじめる Raspberry Pi 徹底入門

ラズベリー・パイ

改訂新版

Pi5対応

菊池達也［著］
実践教育訓練学会［監修］

技術評論社

必ずお読みください

本書では、次のようなシステム構成を前提に解説しています。

- 本体　　　　　　　：Raspberry Pi 5 および Pi 4B
- OS　　　　　　　　：Bookworm（64bit）Release date 2024-07-04
- ディスプレイ　　　：HDMI仕様
- キーボード・マウス：USB仕様
- microSDカード　　：容量16～64GB程度。スピードクラス10以上
- ネットワーク環境　：インターネットに接続のこと

本書は、Windows PCやインターネットの一般的な操作を一通りできる方を対象にしているため、基本的な操作方法などは解説していません。C言語や電子回路の基本的な知識についても、習得されていることを前提にしています。電子部品や工具などを使用する際は、ケガなどをされないようご注意ください。また、電子部品は静電気に弱いので取り扱いにもご注意ください。

本書のサポートページについて

本書で利用するソースコードなどが記述されたサンプルファイルと追加情報や、正誤表、補足情報は、本書のサポートページに掲載しています。

- 本書のサポートページ
  https://gihyo.jp/book/2025/978-4-297-14647-4

著者のサポートページ・YouTubeチャンネルでも各種の情報と動画をご確認いただけます。

- 著者のサポートページ
  https://raspi-gh2.blogspot.com/
- 著者のYouTubeチャンネル
  https://www.youtube.com/@RaspberryPiWithC

はじめに

英国で誕生したRaspberry Piは日本でも大人気で、すでにお持ちの方もいることでしょう。人気の理由は、「安い」「高性能」「Linux」の三拍子が揃ったことではないでしょうか。

オープンソースソフトウェアのLinuxが使用できることで、各種プログラミング言語の開発環境、ドキュメント作成ソフト、ネットワーク関連のツール、画像処理関連のライブラリなどの豊富なソフトウェア資産が使えます。Raspberry Piを手にした各個人が自分のアイデア（たとえばロボットやビデオレコーダー、温度計などのシステム）を製作するときに、Linuxのソフトウェア資産を利用することで、開発時間の短縮とシステムの信頼性を得ることができます。また、Raspberry Piのハードウェアは改良が加えられて、性能がアップし、起動時間の短縮やいろいろなアプリが快適に動作するようになってきました。

読者のみなさまも、自分が作りたいモノやソフトウェア、実現したいアイデアをいろいろお持ちだと思います。読者のはやる気持ちが伝わるような気がします。

ところで、Raspberry PiのPiはプログラミング言語のPythonに由来しているそうです。開発元のRaspberry Pi財団は子供やビギナーが習得しやすい言語としてPythonを推奨しています。しかし、日本の理工系の教育現場ではプログラミングの導入教育でC言語を採用しているところが多いようです。また、企業では組込み系の開発言語としてC言語が多く使用されています。教師からは「教えているC言語でRaspberry Piを指導したい」、学生からは「授業で習ったC言語でRaspberry Piを勉強したい」、企業人からは「使い慣れたC言語でRaspberry Piを活用したい」といった要望をうかがいました。これが、本書でC言語を採用した理由になります。

Raspberry Piを利用したデジタルメイキングではいろいろなデバイスを活用するためにGPIOをはじめ、各種インタフェースの知識や、回路の試作、はんだ付けなどの工作のスキルが不可欠です。そのため、本書の前半はGPIO、PWM、I^2C、SPIなどのインタフェースや電子部品などについて解説し、後半ではデジタルメイキングの事例として自走ロボットの製作を紹介します。

本書をきっかけに読者のみなさまがデジタルメイキングの扉を開いて、ご自身がわくわくしながら、人をわくわくさせるような「ものづくり」を願っています。また、本書でRaspberry Piの活用に慣れたら、PythonやJavaなどの言語にもチャレンジして、それぞれの言語が得意とする分野まで知識の幅を広げていただければと思います。

最後になりますが、本書の出版にご尽力を頂いた職業能力開発総合大学校の原圭吾先生、本書の編集作業で大変お世話になった技術評論社の取口敏憲さん、アドバイスやご協力を頂いた同僚の江藤啓太先生、後藤誠先生、塩山芳規先生、西山勉先生と受講者のみなさまに感謝いたします。

2020年3月

菊池達也

改訂新版の刊行によせて

手のひらサイズのRaspberry Piがシングルボードコンピュータ（SBC）のムーブメントを起こし、SBCの市場を確立したと言っても過言ではありません。他社からもさまざまなSBCが販売され、IoTやエッジAIのトレンドによりこの分野はますます活気づいています。

前版の出版から4年が経過し、その間にRaspberry Piの製品群はさまざまに展開されました。また、OSが32bitから64bitへ移行し、処理速度の向上が実現されました。さらに、オートフォーカス機能付きのPiカメラ3のリリースや、新しいカメラライブラリlibcameraへの対応、快適なウィンドウシステムWaylandの採用など、進化が続いています。ただし、新型コロナウイルス感染症によるパンデミックの影響で、半導体不足が発生し、Raspberry Piの入手が困難な時期がありました。2023年秋頃から徐々に回復し、10月には待望のRaspberry Pi 5が英国でリリースされました。

改訂新版の構成は前版を踏襲していますが、Bookworm（64bit OS）とRaspberry Piの組み合わせをベースにしています。前版ではGPIO制御ライブラリにWiringPiを使用しましたが、改訂新版ではlgpioライブラリを使用します。前版で使用したC言語のソースコードとは互換性がないため、注意が必要です。前版のChapter 6ではハードウェア方式のPWMについて解説しましたが、lgpioライブラリはこれをサポートしていません。その代わりに、タイムスタンプやスレッドなどの新しい内容を加筆し、ページ数が増えています。

最後になりますが、改訂新版の刊行にあたりお世話になりました技術評論社の鷹見成一郎様、技術的なアドバイスと原稿の校閲にご協力をいただいた榎田道弘先生と塩山芳規先生、そして受講者のみなさまに、心より感謝申し上げます。

2024年11月
菊池達也

本書の位置づけと対象とする読者

デジタルの世界を初めて勉強する方や経験の浅い方へのアドバイスになりますが、一般的に学習は基礎・基本を学んだうえで、応用で広範囲に展開したり、深く掘り下げて学んだりします。

Raspberry Pi（ラズパイ）を利用したものづくりは、電子情報系のカリキュラム体系では「コンピュータ制御演習」に相当します。図0-1の体系図（部分）から「コンピュータ制御演習」を学ぶ前には、「アナログ回路」「デジタル回路」「回路実験、ものづくり実習」「情報工学」「制御工学」「プログラミング演習」などの知識とスキルが必要となります。

本書で取り扱うラズパイの内容は応用事項に該当しますので、読者にはハードウェアの基本事項であるアナログやデジタル回路の知識、測定方法や電子回路組み立てのスキルおよび、ソフトウェアの基本事項であるフローチャート図の見方やC言語のプログラミングの知識があることが前提になります。平易な解説を心掛けたつもりでいますが、基本事項の解説はページ数の都合上、割愛しています。各基本事項については他の良書で必要に応じて知識を習得されることをお勧めします。

◯図0-1：電子情報系カリキュラム体系の一部分

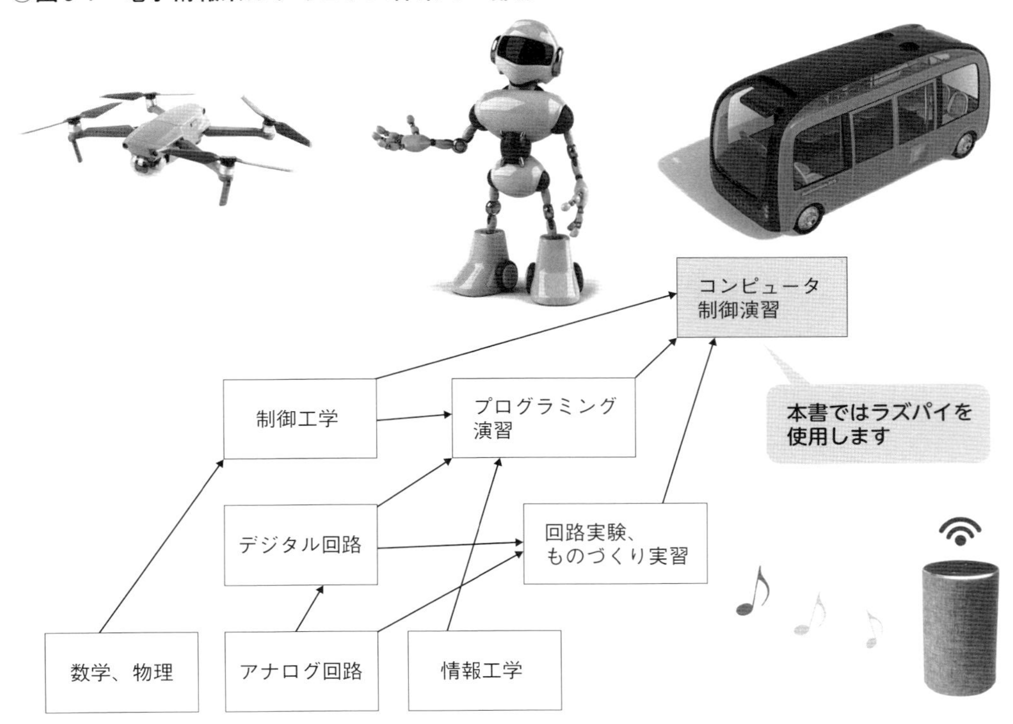

目次

必ずお読みください 002

本書のサポートページについて 002

はじめに 003

改訂新版の刊行によせて 004

本書の位置づけと対象とする読者 005

Chapter 1 Raspberry Piの概要 019

1.1 Raspberry Pi誕生の背景 020

1.2 Raspberry Piでできること 021

1.2.1 PCとしてアプリの活用 021

1.2.2 機械の頭脳として活用 021

1.3 Raspberry Piのラインアップ 022

1.3.1 Raspberry Pi 5/Pi 4B/Zero 2Wの仕様 023

1.4 Raspberry Piの各部の名称 024

1.5 拡張コネクタの信号 029

[コラム]シリアルとは 031

1.6 GPIOの電気的仕様 031

1.6.1 GPIOの内部回路 031

1.6.2 GPIOの電圧特性 033

1.6.3 5V系回路とのインタフェース 034

1.6.4 GPIOの電流特性 035

Chapter 2 OSのセットアップ 037

2.1 本章で準備するもの 038

2.2 Raspberry Pi OSとは 039

2.3 Raspberry Pi OSのダウンロード 040

2.3.1 Raspberry Pi Imagerのセットアップ 040

2.3.2 Raspberry Pi OSのmicroSDカードへの書き込み 042

[コラム]メディアのフォーマット 044

2.4 Raspberry Pi OSのインストール …… 044
2.4.1 機器のセットアップ …… 044
2.4.2 Raspberry Pi OSのセットアップ …… 045
[コラム]パスフレーズ(Passphrase)の活用 …… 049
2.5 シャットダウンの方法 …… 049
2.5.1 OSのMenuからの操作方法 …… 049
2.5.2 Pi 5のパワーボタンの操作方法 …… 050
2.6 デスクトップ画面の構成 …… 050
2.6.1 デスクトップの各名称 …… 050
2.6.2 CPU情報をタスクバーに表示する …… 052
2.7 ターミナルで使用するコマンド …… 053
2.7.1 ターミナルの起動方法 …… 053
2.7.2 ディレクトリやファイルに関するコマンド …… 055
2.7.3 ファイルの属性を変更するコマンド …… 059
2.7.4 管理者(root)で使用するコマンド …… 060
2.7.5 コマンドのマニュアルを見るコマンド …… 062
2.7.6 ネットワーク環境で使用するコマンド …… 063
2.7.7 OSのバージョンを確認するコマンド …… 063
2.7.8 プログラムの作成に関するコマンドなど …… 064
2.8 日本語入力システムとLibreOfficeのインストール …… 064
2.8.1 Mozcのインストール …… 064
2.8.2 LibreOfficeのインストール …… 065
2.9 Raspberry Piの設定メニュー …… 065
2.9.1 システム …… 065
2.9.2 ディスプレイ …… 066
2.9.3 インターフェイス …… 066
2.9.4 パフォーマンス …… 068
2.9.5 ローカライゼーション …… 068
2.9.6 ディスプレイ解像度の変更 …… 069

Chapter 3 プログラムの開発環境 …… 071
3.1 本章で準備するもの …… 072
3.1.1 lgpioのインストール …… 072
3.2 ファイル保存用のフォルダ「MyApp2」の作成 …… 072
3.3 Geanyの基本操作 …… 073
3.3.1 Geanyの起動 …… 074
3.3.2 Geanyの編集画面について …… 074
3.3.3 ハローワールドの入力と保存 …… 075
3.4 コンパイラの設定 …… 076
3.4.1 GCCとは …… 076
3.4.2 Geanyのコンパイラの設定 …… 077
3.4.3 ビルド …… 079
3.4.4 エラーの修正方法 …… 080
3.4.5 実行 …… 083
3.5 lgpio制御ライブラリとは …… 084
3.6 数値のデータ型 …… 091
3.6.1 文字型、整数型、浮動小数点型 …… 091
3.6.2 データ型のサイズを確認する …… 091
Chapter 4 GPIOのデジタル出力を使う …… 093
4.1 本章で準備するもの …… 094
[コラム]SI接頭語とは …… 096
4.2 LEDとは …… 097
4.3 LEDの点灯回路の設計 …… 100
4.4 ブレッドボードによる試作 …… 102
4.4.1 ブレッドボードとは …… 102
4.4.2 配線作業 …… 103
4.4.3 抵抗とカラーコード …… 106
4.5 LEDを点滅させる …… 107
4.5.1 フローチャート …… 107
4.5.2 Geanyによる編集 …… 108

4.5.3 ソースコード …… 109
4.5.4 プログラムの実行 …… 112
4.6 バイナリーカウンタの値をLEDに表示させる …… 115
4.6.1 バイナリーカウンタの動作 …… 115
4.6.2 フローチャート …… 116
4.6.3 ソースコード …… 116
4.6.4 プログラムの実行 …… 119
Chapter 5 GPIOのデジタル入力を使う …… 121
5.1 本章で準備するもの …… 122
5.2 タクタイルスイッチとは …… 122
5.2.1 タクタイルスイッチの構造と動作原理 …… 123
5.3 タクタイルスイッチでLEDを点灯させる …… 124
5.3.1 回路図 …… 124
5.3.2 配線図 …… 124
5.3.3 フローチャート …… 126
5.3.4 ソースコード …… 127
5.3.5 動作確認 …… 129
5.4 GPIOの内部抵抗を使う …… 129
5.4.1 GPIOの内部抵抗の設定 …… 129
5.4.2 回路図と配線図 …… 130
5.4.3 ソースコード …… 131
5.5 オルタネート動作をさせる …… 131
5.5.1 オルタネートとは …… 131
5.5.2 フローチャート …… 132
5.5.3 ソースコード …… 133
5.5.4 動作確認 …… 134
5.6 バウンシングとは …… 134
5.6.1 誤動作の原因 …… 134
5.6.2 バウンシングの対策 …… 136
5.6.3 フローチャート …… 136
5.6.4 ソースコード …… 137

5.7　8個のスイッチの値を一度にリードする …… 139
5.7.1　8個のスイッチをグループ化する …… 139
5.7.2　フローチャート …… 139
5.7.3　ソースコード …… 140
5.8　割込みとは …… 142
5.8.1　割込み処理に使用する関数 …… 143
5.8.2　スイッチによる割込み処理を用いたLEDの制御 …… 144
5.8.3　フローチャート …… 145
5.8.4　ソースコード …… 145
Chapter 6　パルス出力・PWM 出力・タイムスタンプ・スレッドを使う …… 147
6.1　本章で準備するもの …… 148
6.2　パルス信号とは …… 148
6.2.1　パルス信号を出力するlgTxPulse関数 …… 148
6.2.2　圧電サウンダとは …… 149
6.2.3　圧電サウンダを鳴らす …… 150
6.2.4　圧電サウンダの回路図と配線図 …… 151
6.2.5　フローチャート …… 152
6.2.6　ソースコード …… 152
6.3　PWM信号とは …… 154
6.3.1　PWM信号でLEDの明るさを変える …… 155
6.3.2　フローチャート …… 155
6.3.3　ソースコード …… 156
6.4　タイムスタンプとは …… 157
6.4.1　タイムスタンプを取得する関数 …… 158
6.4.2　3つのLEDを1Hz、2Hz、3Hzで点滅させる …… 159
6.4.3　フローチャート …… 160
6.4.4　ソースコード …… 161
6.5　スレッドとは …… 163
6.5.1　スレッドで使用する関数 …… 165
6.5.2　3つのLEDを1Hz、2Hz、3Hzで点滅させる …… 167

6.5.3 フローチャート …… 167
6.5.4 ソースコード …… 168
[コラム]printfデバッグのすすめ …… 170

Chapter 7 I^2Cバスを使う …… 171

7.1 本章で準備するもの …… 172
7.2 I^2Cバスとは …… 172
7.2.1 I^2Cバスの信号 …… 173
7.3 ラズパイのI^2Cバス …… 174
7.3.1 I^2Cバスの設定方法 …… 174
7.3.2 I^2Cバスの有効の確認 …… 175
7.3.3 I^2Cバスで使用する関数 …… 175
7.4 LCDとは …… 177
7.5 LCD AQM1602の仕様と内部レジスタ …… 178
7.5.1 LCD AQM1602の仕様 …… 178
7.5.2 LCDのインストラクションレジスタとデータレジスタ …… 179
7.6 LCDを制御する関数 …… 180
7.6.1 LCDを初期化するLcdSetup関数 …… 180
7.6.2 よく使用するインストラクション …… 182
7.6.3 1文字を表示させるLcdWriteChar関数 …… 183
7.6.4 改行を処理するLcdNewline関数 …… 185
7.6.5 ディスプレイをクリアにするLcdClear関数 …… 186
7.6.6 文字列を表示させるLcdWriteString関数 …… 186
7.7 LCDに文字や数字を表示させる …… 187
7.7.1 回路図 …… 187
7.7.2 配線図 …… 188
7.7.3 フローチャート …… 189
7.7.4 ソースコード …… 189
7.7.5 実行結果 …… 192
7.8 ライブラリファイルの作成 …… 192
7.8.1 ヘッダファイルMyPi2.hの作成 …… 193
7.8.2 ソースコードMyPi2.cの作成 …… 193

7.8.3 静的ライブラリの作成 195
7.8.4 ライブラリを使用したビルドの方法 196
7.8.5 ソースコード 196
7.9 センサで温度を測る 197
7.9.1 温度センサとは 197
7.9.2 温度センサADT7410の仕様 197
7.9.3 温度データフォーマットと温度の計算 198
7.9.4 回路図 199
7.9.5 フローチャート 200
7.9.6 ソースコード 201
7.9.7 実行結果 202
[コラム]測定ツールを相棒にしよう 203
Chapter 8 SPIバスを使う 205
8.1 本章で準備するもの 206
8.2 SPIバスとは 206
8.2.1 SPIバスの信号 206
8.3 ラズパイのSPIバス 207
8.3.1 SPIバスの設定方法 208
8.3.2 SPIバスの有効の確認 208
8.3.3 SPIバスで使用する関数 209
8.4 D/Aコンバータとは 209
8.5 DAC MCP4922の仕様 212
8.5.1 ピン配置 213
8.5.2 ライトコマンドのタイミングチャート 214
8.5.3 D/A変換の計算式 216
8.6 DACから電圧を出力させる 216
8.6.1 回路図 217
8.6.2 配線図 218
8.6.3 フローチャート 218
8.6.4 ソースコード 219
8.6.5 実行結果 221

8.7 A/Dコンバータとは ……… 222
8.7.1 誤差 ……… 224
8.8 ADC MCP3208の仕様 ……… 227
8.8.1 ピン配置 ……… 228
8.8.2 リード/ライトコマンドのタイミングチャート ……… 229
8.8.3 A/D変換の計算式 ……… 230
8.9 ADCを使用して電圧を測定する ……… 231
8.9.1 回路図 ……… 231
8.9.2 配線図 ……… 232
8.9.3 フローチャート ……… 233
8.9.4 ソースコード ……… 234
8.9.5 実行結果 ……… 236
Chapter 9 Piカメラで撮影する ……… 237
9.1 本章で準備するもの ……… 238
9.2 イメージセンサとは ……… 238
9.2.1 人の目の構造と映像 ……… 238
9.2.2 デジタルカメラと映像 ……… 239
9.2.3 イメージセンサの構造 ……… 239
9.3 Piカメラ3の概要 ……… 241
9.3.1 Piカメラ3の仕様 ……… 241
9.3.2 Piカメラ3の取り付け ……… 242
9.4 カメラアプリlibcameraとは ……… 244
9.4.1 libcameraの概要 ……… 244
9.4.2 rpicam-stillとrpicam-vidの主なオプション ……… 245
9.4.3 rpicam-stillアプリの使用例 ……… 249
9.4.4 rpicam-vidアプリの使用例 ……… 251
[コラム]コーデックとコンテナ ……… 252
9.5 人を検知したらPiカメラで撮影する ……… 253
9.5.1 回路と配線図 ……… 254
9.5.2 フローチャート ……… 254
9.5.3 ソースコード ……… 255

Chapter 10 自走ロボットを製作する ･･･ 257

10.1 本章で準備するもの ･･･ 258
10.2 自走ロボットの概要 ･･･ 262
10.3 自走ロボットの仕組み ･･･ 263
10.4 ライン検出基板の製作 ･･･ 265
10.4.1 ライン検出基板とは ･･･ 265
10.4.2 反射型フォトセンサとは ･･･ 265
10.4.3 ライン検出回路の設計 ･･･ 267
10.4.4 ライン検出基板の外形加工 ･･･ 269
10.4.5 ライン検出回路の配線 ･･･ 269
10.4.6 検査回路の検査 ･･･ 272
10.4.7 反射型フォトセンサの感度調整の方法 ･･･ 274
10.5 メインボードの製作 ･･･ 276
10.5.1 メインボードとは ･･･ 276
10.5.2 メインボード回路の設計 ･･･ 277
10.5.3 メインボードの外形加工 ･･･ 279
10.5.4 メインボードの配線 ･･･ 280
10.5.5 メインボードの検査 ･･･ 282
10.6 シャーシの組み立て ･･･ 282
10.6.1 ギヤボックスの組み立て ･･･ 282
10.6.2 スポーツタイヤの組み立て ･･･ 284
10.6.3 ボールキャスターの組み立て ･･･ 284
10.6.4 ユニバーサルプレートの加工 ･･･ 285
10.6.5 機構部品の取り付け ･･･ 285
10.6.6 ライン検出基板とメインボードの取り付け ･･･ 287
10.6.7 モバイルバッテリーの取り付け ･･･ 289
10.7 自走ロボットのテスト走行 ･･･ 290
10.7.1 ライントレースの仕組み ･･･ 290
10.7.2 ライン検出基板の感度の調整 ･･･ 294
10.8 自走ロボットの組み立て ･･･ 295
10.8.1 ラズパイにコネクタとスペーサの取り付け ･･･ 295

Chapter 11 自走ロボットを制御する(基礎編) …… 297

11.1 基礎編について …… 298

11.2 VNCの設定 …… 298

11.2.1 VNCとは …… 298

11.2.2 ラズパイ側の設定 …… 299

11.2.3 Tiger VNC Viewerのダウンロード …… 299

11.2.4 PC側からの操作 …… 300

11.3 LEDを点滅させる …… 302

11.3.1 ハードウェアの仕様 …… 302

11.3.2 ソースコード …… 303

11.4 LCDに変数の値を表示させる …… 303

11.4.1 ハードウェアの仕様 …… 304

11.4.2 フローチャート …… 304

11.4.3 ソースコード …… 305

11.5 赤色SWと白色SWをテストする …… 306

11.5.1 ハードウェアの仕様 …… 306

11.5.2 フローチャート …… 307

11.5.3 ソースコード …… 308

11.6 圧電サウンダを鳴らす …… 310

11.6.1 ハードウェアの仕様 …… 310

11.6.2 ソースコード …… 310

11.7 フォトセンサの信号を表示する …… 311

11.7.1 ハードウェアの仕様 …… 312

11.7.2 フローチャート …… 313

11.7.3 ソースコード …… 316

11.8 DCモータを回転させる …… 319

11.8.1 DCモータの基本原理 …… 319

11.8.2 DCモータの回転の原理 …… 322

11.8.3 正転と逆転を可能にするHブリッジ回路 …… 323

11.8.4 DCモータドライバICとGPIO …… 327

11.9 DCモータを正転、逆転、ストップさせる ……… 328
11.9.1 ハードウェアの仕様 ……… 329
11.9.2 フローチャート ……… 329
11.9.3 ソースコード ……… 332
11.10 シャットダウンボタンを追加する ……… 335
11.10.1 ハードウェアの仕様 ……… 335
11.10.2 フローチャート ……… 335
11.10.3 ソースコード ……… 337
11.10.4 /etc/rc.localによる自動起動 ……… 338
11.11 緩やかなラインをトレースする ……… 339
11.11.1 ラインをトレースする ……… 339
11.11.2 制御の考え方 ……… 339
11.11.3 ハードウェアの仕様 ……… 343
11.11.4 フローチャート ……… 343
11.11.5 ソースコード ……… 345
11.11.6 モバイルバッテリーの取り付け ……… 347
[コラム]USB Power Deliveryとは ……… 348
11.11.7 /etc/rc.localによるプログラムの自動起動 ……… 348
Chapter 12 自走ロボットを制御する(応用編) ……… 351
12.1 応用編について ……… 352
12.2 RCサーボモータの位置決めをする ……… 352
12.2.1 RCサーボモータとは ……… 352
12.2.2 RCサーボモータSG-90の仕様 ……… 353
12.2.3 RCサーボモータを制御する ……… 356
12.2.4 ハードウェアの仕様 ……… 356
12.2.5 フローチャート ……… 356
12.2.6 ソースコード ……… 358
12.2.7 動作確認とRCサーボモータの固定 ……… 359
12.3 センサで距離を測る ……… 362
12.3.1 距離センサとは ……… 362
12.3.2 距離センサGP2Y0E03の仕様 ……… 363
12.3.3 信号線のはんだ付けと距離センサの取り付け ……… 366

12.3.4 距離を測定する …… 368
12.3.5 ハードウェアの仕様 …… 368
12.3.6 フローチャート …… 368
12.3.7 ソースコード …… 370
12.3.8 動作確認 …… 372
12.4 障害物を検出して自動停止して撮影する …… 373
12.4.1 障害物を検出して自動停止する …… 373
12.4.2 制御の考え方 …… 374
12.4.3 ハードウェアの仕様 …… 375
12.4.4 フローチャート …… 376
12.4.5 ソースコード …… 379
12.4.6 動作確認 …… 384
12.4.7 /etc/rc.localによるプログラムの自動起動 …… 385
デバイスと信号名の対応表 386
本書のChapter 4～9で使用する配線図（カラー） 388
参考文献／参考資料 392
著者プロフィール 394
索引 395

Chapter 1

Raspberry Piの概要

　この章では、Raspberry Piが誕生した背景、シリーズのラインアップとスペック、電気的仕様について解説します。Raspberry Piは、教育、DIY、産業向けに設計されたシングルボードコンピュータであり、低コストで手軽に利用できることから世界中で広く支持されています。Raspberry Piの誕生には、コンピュータ教育の普及や技術啓蒙の目的がありました。また、本書を読み進める上で、Raspberry Piの基本的な仕様の理解は、Raspberry Piを利用した電子工作に役立ちます。Raspberry Piは小さいですが、その可能性は無限大です。最初の一歩を一緒に踏み出しましょう。

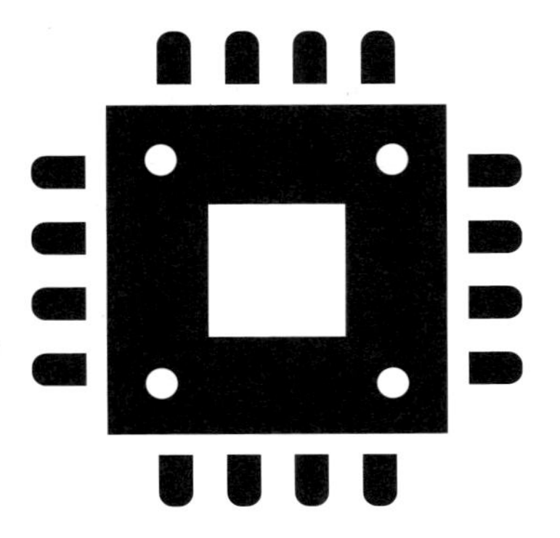

1.1　Raspberry Pi誕生の背景

Raspberry Piは名刺サイズの高性能なシングルボードコンピュータで、開発しているのは英国のRaspberry Pi財団[注1]です。Raspberry Pi財団は「コンピュータサイエンスおよびそれらの関連する分野の教育を子供や大人に普及させる」ために設立された民間のチャリティ団体です。

本財団の共同設立者であるEben Upton（エベン・アプトン）氏が10歳の頃、BBC Microと呼ばれる英国で普及したホビーパソコンでBASIC言語をマスターして、さまざまなゲームの制作に夢中になっていました。その後、ケンブリッジ大学に進学し、コンピュータサイエンスの分野で学位を取得しました。しかしその間、コンピュータサイエンスを志望する若者が減少し、入学した学生のプログラミングスキルも乏しくなりました。また、子供たちもゲーム機、スマートフォンのアプリ、ネットサーフィンなど、プログラミングを必要としない製品やアプリを使っています。これらの製品やアプリは素晴らしいが、プログラミングができるパソコンが子供や若者のまわりから姿を消していました。そこで、Eben Upton氏は、ふたたび子供や若者がコンピュータサイエンスに夢中になれるように、「安くて丈夫で、そして楽しい」小さなパソコン、Raspberry Piを開発したそうです。

Raspberry PiでLEDを点滅させたり、Webサイトを立ち上げたり、ゲームを制作したり、ロボットを製作するなどのデジタルメイキングが、コンピュータを学ぶ最善の方法であり、誰もがデジタルメイキングを学べる機会が必要だと言っています[注2]。そして、Raspberry Pi財団は、2012年に初代のRaspberry Piを販売しました（**図1-1**）。

ところで、Raspberry Piの命名の由来は、コンピュータ業界で社名や製品に果物名を付ける風習にならってラズベリーと名付けられ、Piはプログラミング言語Pythonのことです。

○図1-1：初代のRaspberry Pi

注1　URL https://www.raspberrypi.org/

注2　URL https://www.raspberrypi.org/files/about/RaspberryPiFoundationStrategy2016-18.pdf

しかし、ラズベリーパイと聞けば、甘酸っぱい赤い実が盛られたケーキやタルトが目に浮かんで、親しみを感じますね。

1.2 Raspberry Piでできること

Raspberry Piは小さなコンピュータですが、パソコン（PC）としていろいろなアプリを使用でき、またロボットやドローンなどの機械を制御する頭脳としても利用できます。

1.2.1 PCとしてアプリの活用

Raspberry Piに、ディスプレイ、キーボード、マウスを接続すると、PCのように使用できます。また、ワープロや表計算などのオフィス、Webブラウザ、ゲーム、ソフトウェア開発、科学計算、機械や建築のCAD、プリント配線板CADなどのさまざまなアプリが無料で利用できます。

○図1-2：無料で使えるさまざまなアプリ

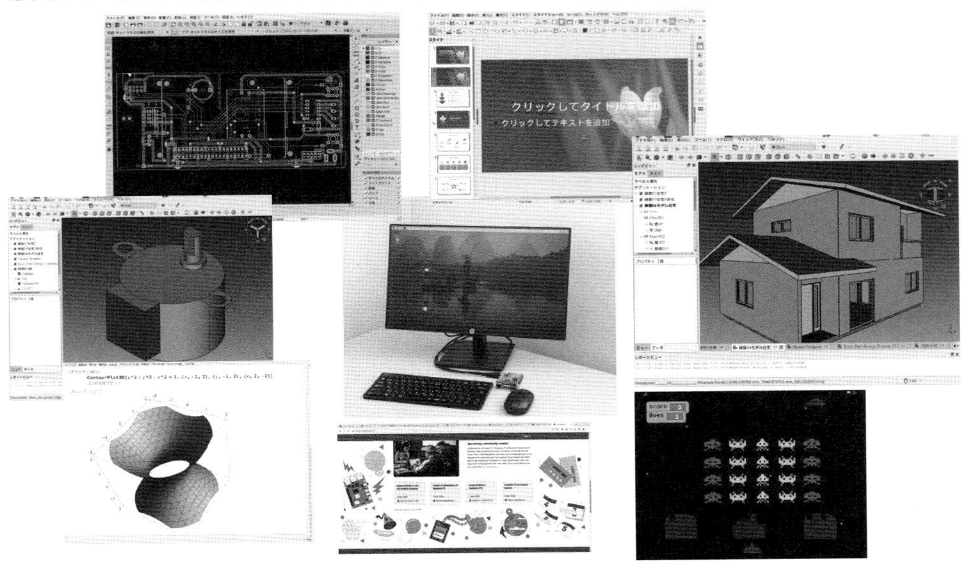

1.2.2 機械の頭脳として活用

Raspberry Piを機械に組み込んで、ネコ型ロボット[注3]、ヒューマノイド[注4]、ドローン[注5]、自

注3 URL https://www.youtube.com/watch?v=ZX17mcpGfp8

注4 URL https://www.youtube.com/watch?v=DbuIdUuBUEU

注5 URL https://www.youtube.com/watch?v=F44R5PaV25M

◯図1-3：機械に組み込まれるRaspberry Pi

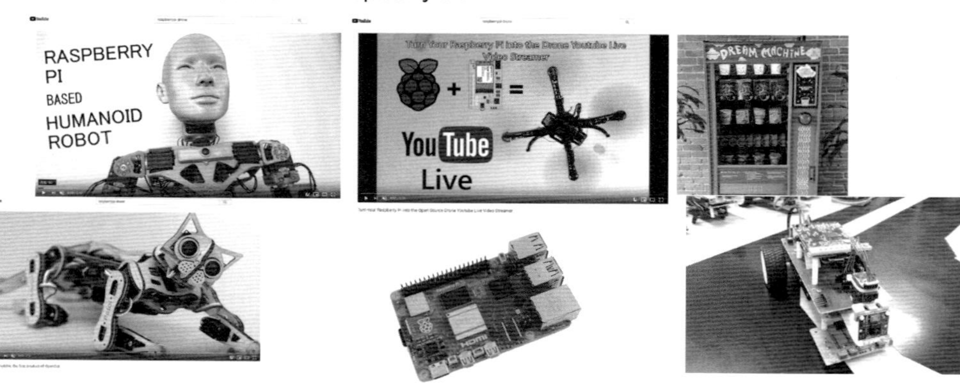

動販売機注6、ライントレースカーなどを制御できます。制御するにはインタフェース注7回路の設計やプログラミングなどの知識が必要です。

1.3　Raspberry Piのラインアップ

2012年に初代のRaspberry Pi（以下、ラズパイ）が販売されてから、後継機種、廉価版、産業用などのさまざまなモデルがラインアップされています（**図1-4**）。各モデルの特長を理解して、目的に適したモデルを選択することは重要です。

① Raspberry Piシリーズは、初代の流れをくむ定番のラズパイで、Raspberry Pi 5（以下、Pi 5）が2024年2月に国内でリリースされました。Pi 5は、Raspberry Pi 4 Model B（以下、Pi 4B）と比較して2～3倍の処理速度を実現し、パワーボタン、PCIe、冷却ファン、RTCなどの機能が増えました。

② Raspberry Pi Zeroシリーズは、必要最低限のインタフェースを装備した小型のラズパイです。クロック周波数を抑えて、低消費電力のため組込み用途に適しています。Raspberry Pi Zero 2 W（以下、Zero 2W）は、64bit 4コアとWi-Fiを装備しています。

③ Raspberry Pi 400はキーボード一体型のモデルです。マウスとディスプレイを接続してパソコンとして利用できます。

④ Raspberry Pi Compute Moduleシリーズは、産業用の組込み向けのモデルです。

⑤ Raspberry Pi Picoシリーズは低価格なマイコンであり、電子工作に利用されています。ただし、Picoシリーズは Raspberry Pi OSを実装することはできません。

注6　URL https://www.raspberrypi.org/blog/free-ramen-foodbeast-nissin/

注7　interfaceのカタカナ表記として本書ではJISの表記である「インタフェース」としますが、Raspbian日本語版では「インターフェイス」になっています。「インターフェイス」を引用する場合は、原文のままとします。

○図1-4：Raspberry Piのラインアップ

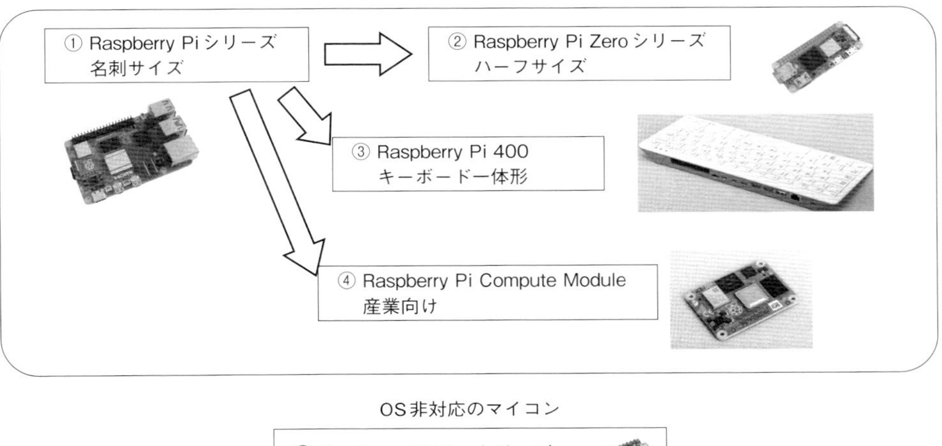

1.3.1 Raspberry Pi 5/Pi 4B/Zero 2Wの仕様

Raspberry Pi 5とPi 4B、そして参考までにZero 2Wの仕様を**表1-1**にまとめました。各モデルとも、4コアの64bit CPUを搭載しています。

Pi 5は最も高速であり、デスクトップPCのような利用に向いていますが、消費電力とSoC[注8]の発熱が大きくなりました。そのため、Pi 5の性能を引き出すためには、十分な電源容量とファンなどの冷却対策が必要になります。本書で紹介する自走ロボットなどのバッテリーで使用する組込みシステムでは、Pi 4BまたはZero 2Wが推奨されます。

Pi 4Bと比較してPi 5で追加されたハード的な機能としては、「パワーボタン」、従来のカメラシリアルインタフェース（CSI）とディスプレイシリアルインタフェース（DSI）を包括した「MIPIインタフェース」、「PCIeインタフェース」、「ファンコネクタ」、「リアルタイムクロック（RTC）用の電池コネクタ」などがあり、削除されたものにオーディオ用の3.5mmジャックがあります。

Pi 4BではGPIOなどの周辺回路がSoCに内蔵されていましたが、Pi 5ではSoCから独立したRP1 I/Oコントローラチップが実装され、I/O処理を担当します。

注8　SoC（System on a Chip）とは、CPU、タイマ、割込み回路、GPIO、USBなどの周辺回路を1つの半導体チップに集積したものです。小型化や低コスト化の利点があります。Raspberry PiにはBroadcom社のSoCが使われています。

○表1-1：代表的なRaspberry Piの主な仕様

モデル	Pi 5	Pi 4B	Zero 2W
外見			
英国発売日	2023年10月	2019年6月	2021年10月
SoC	BCM2712	BCM2711	BCM2710A1
CPU	Cortex-A76 64bit	Cortex-A72 64bit	Cortex-A53 64bit
コア数	4	4	4
クロック	2.4GHz	1.5GHz/1.8GHz	1.0GHz
メモリ	4GB, 8GB	2GB, 4GB, 8GB	512MB
ビデオ出力	micro HDMI × 2	micro HDMI × 2	mini HDMI
オーディオ出力	micro HDMI	micro HDMI, 3.5mmジャック	mini HDMI
USB	USB 2.0 × 2, USB 3.0 × 2	USB 2.0 × 2, USB 3.0 × 2	USB 2.0 × 1 (USB Micro-B)
拡張コネクタ	40ピン	40ピン	40ピン（ピンヘッダなし）
有線LAN	Gigabit Ethernet	Gigabit Ethernet	なし
Wi-Fi	IEEE 802.11 b/g/n/ac 2.4/5GHz	IEEE 802.11 b/g/n/ac 2.4/5GHz	IEEE 802.11 b/g/n 2.4GHz
Bluetooth	Bluetooth 5.0	Bluetooth 5.0	Bluetooth 4.2
カメラ・インタフェース	多様な組合せが可能 ・カメラ2レーン ・ディスプレイ2レーン ・カメラ1レーンとディスプレイレーン (22ピン0.5mmピッチ)	1レーン (15ピン1mmピッチ)	1レーン (22ピン0.5mmピッチ)
ディスプレイ・インタフェース		1レーン (15ピン1mmピッチ)	なし
電源コネクタ	USB Type-C	USB Type-C	USB Micro-B
推奨電流容量	5V 5.0A	5V 3.0A	5V 2.0A
標準消費電流	800mA	600mA	350mA
寸法	85 × 56mm	85 × 56mm	65 × 30mm

1.4　Raspberry Piの各部の名称

P.28の**図1-7**にRaspberry Pi 5、P.28の**図1-8**にRaspberry Pi 4 Model B、P.29の**図1-9**にRaspberry Pi Zero 2 Wの部品面を示します。

①拡張コネクタ

40ピンの拡張コネクタはラズパイのオリジナルです。このコネクタには、GPIO（General-Purpose Input/Output）と呼ばれる「汎用入出力」があります。その他、I^2CやSPIなどのインタフェース信号や3.3V、5Vの電源があります（**表1-2**）。なお、Zero 2Wでは、別途ピンヘッダをはんだ付けする必要があります。

②冷却ファン用コネクタ

Pi 5用の公式アクティブ・クーラー専用コネクタです。

③USBハブ

USBハブにはAコネクタが4ポートあります。キーボード、マウス、USBメモリなどのデバイスを接続できます。青色のコネクタはUSB3.0（2ポート）、黒色のコネクタはUSB2.0（2ポート）となります。Zero 2WはUSB2.0が1ポートで、コネクタの形状はMicro-Bです。

④有線LAN

LANケーブルを接続します。一般的に、無線LANより高速な通信が可能です。

⑤PoE

PoE（Power over Ethernet）は、LANケーブルで電力供給とネットワーク通信を行うインタフェースです。別途、PoEアドオンボードと専用のスイッチングハブが必要になります。

⑥MIPI

MIPI（Mobile Industry Processor Interface）は、スマートフォンや産業機器などの主にカメラ周りの製品で使用されるインタフェースで、カメラシリアルインタフェース（CSI）とディスプレイシリアルインタフェース（DSI）の2種類のプロトコルがあります。Pi 4Bでは、CSIとDSIのコネクタは独立していましたが、Pi 5ではコネクタのピンが拡張されて1つのMIPIコネクタにCSIとDSIのレーンがあります。Pi 5にはMIPIが2レーンあるので、「カメラ2台」「ディスプレイ2台」「カメラ1台とディスプレイ1台」などの組み合わせが可能です（**図1-5**）。

なお、Piカメラ3に付属している標準リボンケーブルはPi 5とZero 2Wとは仕様が異なるため使用できません。別途、専用のミニケーブルが必要になります。また、ミニケーブルは、カメラ用とディスプレイ用では内部の配線が異なるため兼用はできません。

⑦HDMI

HDMI（High-Definition Multimedia Interface）とは、映像と音声をデジタル信号で伝送する規格の1つです。Pi 5とPi 4Bでは、小型なmicro HDMIコネクタがHDMI0とHDMI1の2箇所あり、デュアルディスプレイに対応しています。ディスプレイが1台の場合は、電

○図1-5：ディスプレイとカメラモジュール

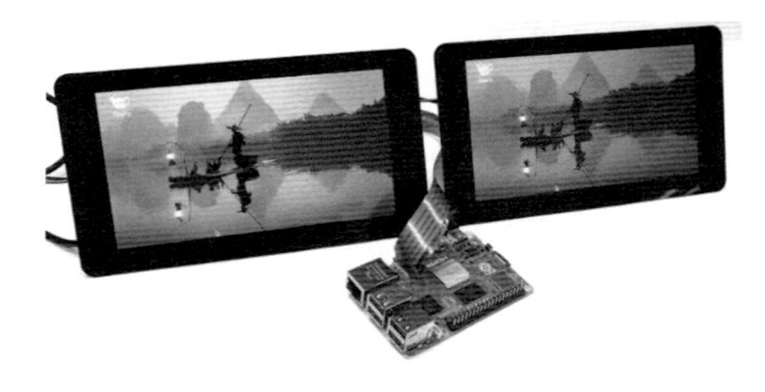

源用USBコネクタに近いHDMI0に接続してください。接続したディスプレイにスピーカーを内蔵している場合は、音声を出力することができます。Zero 2Wのコネクタはmini HDMIです。

⑧UARTコネクタ

別売のPi 5用のUART-USB変換プローブをPCに接続して、ログインできます。

⑨RTCバッテリー用コネクタ

Pi 5にはリアルタイムクロック（Real Time Clock）機能を内蔵しています。RTCバッテリーの接続により、電源オフでも時刻を維持します。

⑩電源用USBコネクタ

USBのコネクタからラズパイに+5Vの電源を供給します。コネクタの形状はPi 5とPi 4BはType-Cで、Zero 2WはMicro-Bです。

⑪LED

図1-6のLEDの緑色の点灯や点滅は、OSやアプリの実行中やmicroSDカードへのアクセス処理中を示します。赤色の点灯は電源オンを示し、点滅は電源電圧の低下を警告します。

⑫パワーボタン

パワーボタンを押して、Pi 5をシャットダウンさせたり、再起動（リブート）させることができます（**図1-6（a）**）。なお、電源をOFFにすることはできません。

⑬microSDカード

microSDカードはPCのハードディスクに相当し、オペレーティングシステムやアプリなどをインストールしておきます。本書の学習範囲では、microSDカードの容量は16GB程度で十分ですが、転送速度は高速なCLASS10を推奨します。

○図1-6：Pi 5とPi 4BのLED

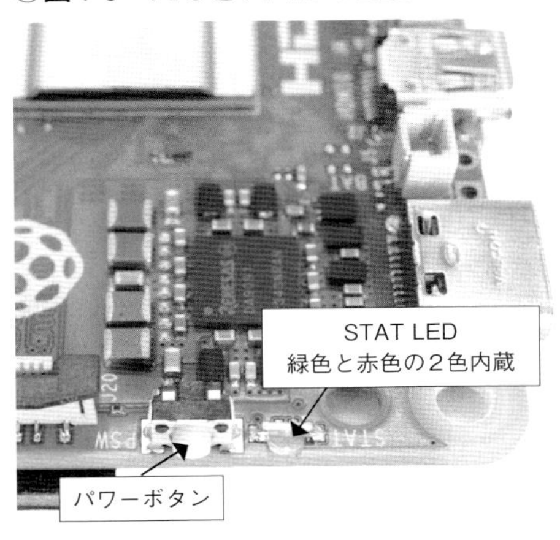

(a) Pi 5

(b) Pi 4B

⑭PCIe 2.0

PCIeはPCI Expressとも呼ばれ、PCI（Peripheral Component Interconnect）の後継となるシリアル伝送インタフェースです。PCIeインタフェースを持つデバイスを使用できます。

⑮3.5mmジャック

標準の3.5mmステレオミニプラグを利用して、ヘッドフォンやPCスピーカーへ音声（アナログ信号）を出力します。

⑯CSI

カメラシリアルインタフェース（CSI：Camera Serial Interface）は、ラズパイ専用のカメラモジュールを接続するためのコネクタです。

⑰DSI

ディスプレイシリアルインタフェース（DSI：Display Serial Interface）は、ラズパイ専用のディスプレイを接続するためのコネクタです。

○図 1-7：Raspberry Pi 5の各部

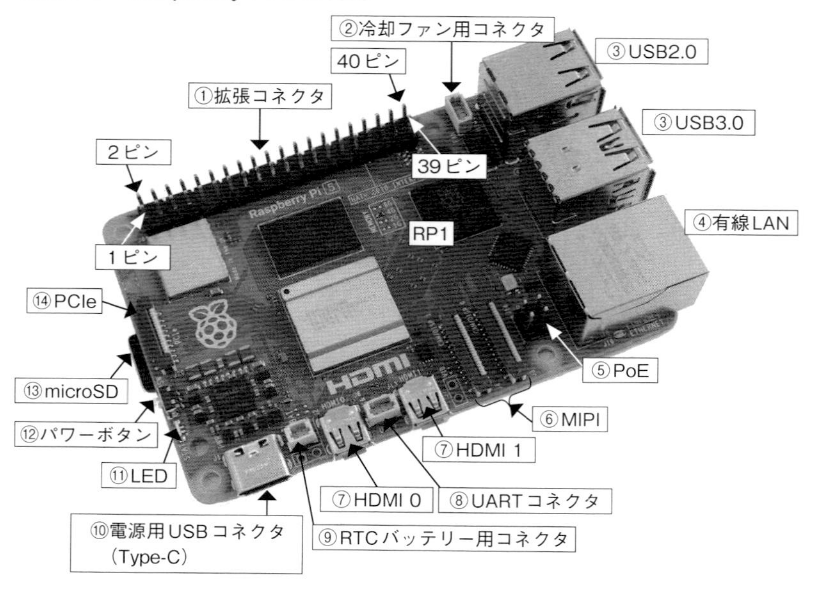

○図 1-8：Raspberry Pi 4 Model Bの各部

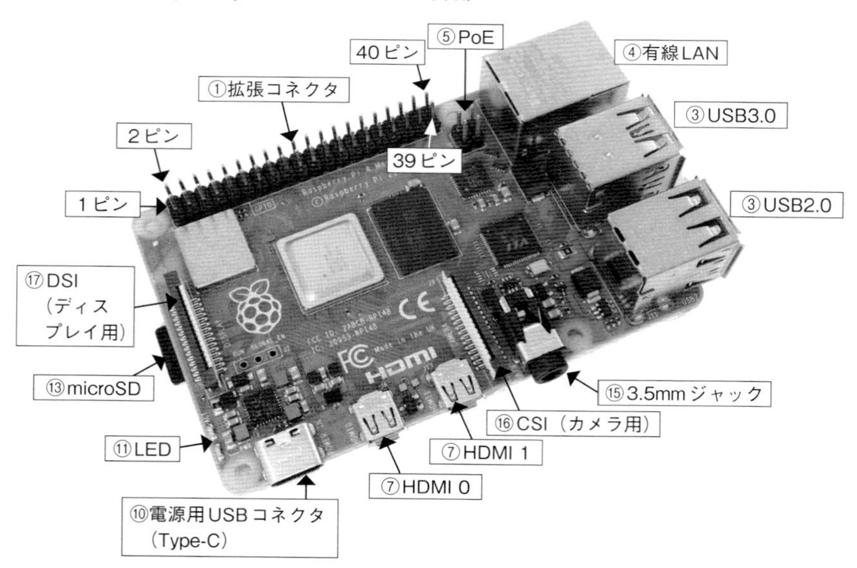

○図1-9：Raspberry Pi Zero 2 Wの各部

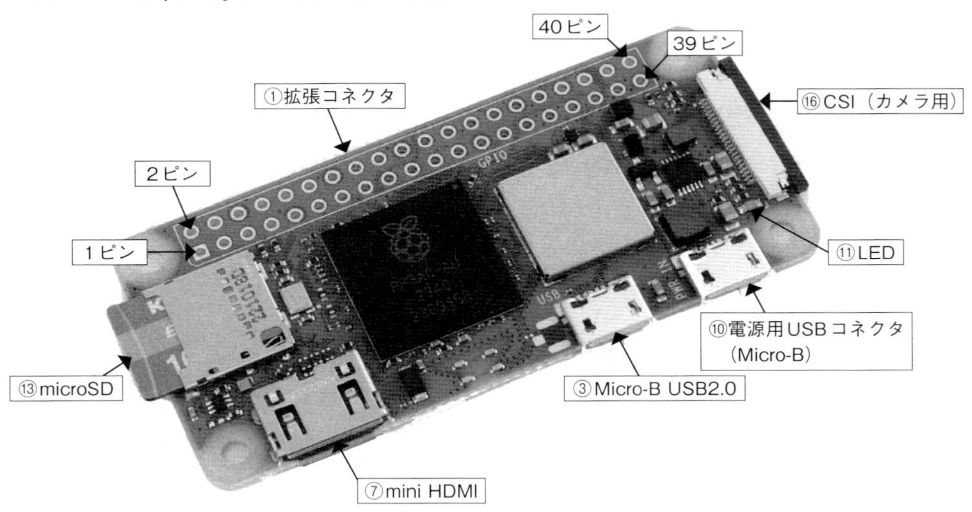

1.5　拡張コネクタの信号

ラズパイには40ピンの拡張コネクタがあります（**表1-2**）。拡張コネクタにはGPIO（General Purpose Input/Output）と呼ばれる汎用入出力がGPIO2～GPIO27までの26ピンあります。ピンとは外部と接続する端子のことです。各GPIOの入出力信号の向きはユーザーが決められます。**表1-2**に示すように、いくつかのGPIOはI^2C、SPI、UART、PWMのインタフェース信号と兼用し、これらのインタフェース信号として使用する場合は、信号の向きは決まっています。この他、PCMオーディオ用インタフェース信号などがありますが、本書では使用しないため割愛します。

5Vの2ピンと4ピンに外部の電源から+5Vを供給してラズパイを動作させることができます。この端子に＋5Vを供給する場合、電源同士の衝突を回避するためラズパイの電源用USBコネクタから給電はしないでください。また、電源用USBコネクタだけから給電した場合は、これらのピンから+5Vが出力されます。予約済みになっているID SD（27ピン）とID SC（28ピン）はラズパイに実装されているEEPROMを書き換える用途のため、ユーザーは使用できません。

表1-2のI^2C、SPI、UART、PWMのインタフェース信号の概要は次のとおりです。

○表 1-2：拡張コネクタの信号名

内容		信号名	番号		信号名	内容	
出力		3.3V	1	2	5V		入出力
入出力	I^2C	GPIO2/SDA	3	4	5V		入出力
入出力		GPIO3/SCL	5	6	GND		
入出力		GPIO4	7	8	GPIO14/TXD	UART	出力
		GND	9	10	GPIO15/RXD		入力
入出力		GPIO17	11	12	GPIO18/PWM0	PWM	出力
入出力		GPIO27	13	14	GND		
入出力		GPIO22	15	16	GPIO23		入出力
出力		3.3V	17	18	GPIO24		入出力
出力	SPI	GPIO10/MOSI	19	20	GND		
入力		GPIO9/MISO	21	22	GPIO25		入出力
出力		GPIO11/SCK	23	24	GPIO8/SS0	SPI	出力
		GND	25	26	GPIO7/SS1		出力
予約済み		ID SD	27	28	ID SC		予約済み
入出力		GPIO5	29	30	GND		
入出力		GPIO6	31	32	GPIO12/PWM0	PWM	出力
出力	PWM	GPIO13/PWM1	33	34	GND		
出力	PWM	GPIO19/PWM1	35	36	GPIO16		入出力
入出力		GPIO26	37	38	GPIO20		入出力
		GND	39	40	GPIO21		入出力

① I^2C（Inter-Integrated Circuit）

プリント基板上に実装されたデバイス同士のシリアルバス[注9]。

② SPI（Serial Peripheral Interface）

プリント基板上に実装されたデバイス同士のシリアルバス。

③ UART（Universal Asynchronous Receiver-Transmitter）

外部のコンピュータや機器とのシリアル通信に使用され、送信と受信の機能があります。

④ PWM（Pulse Width Modulation）

PWMはパルス幅変調と呼ばれ、パルス波形のON/OFFの比率（デューティー比）を変化させて信号を変調させます。ラズパイには2チャンネル（PWM0とPWM1）のハードウェアPWM回路があります。なお、本書で使用するlgpioライブラリは、ソフトウェア方式のPWMに対応していますが、ハードウェアPWM回路には対応していません。

注9　バス（bus）は車両のバスと同じ英単語で、複数のデバイスや機器間で同じ信号線を共有して、データを伝送します。情報を乗せた路線バスが停留場を回るイメージですね。

Column シリアルとは

シリアルはパラレルの対義語です。パラレルの通信に、CPUのデータバスを利用したデータ伝送があります。たとえば、8bit型CPUでは8本のデータバスを利用して8bitのデータ(①〜⑧)を一度に伝送します(**図1-A (a)**)。64bit型CPUでは8倍のデータを伝送できます。しかし、信号線の増加によって、伝送路(プリント配線板、ケーブル、コネクタなど)が大きくなります。

シリアル通信では1本の信号線を利用して情報を伝送します(**図1-A (b)**)。先ほどと同じ8bitのデータを伝送する場合は、①から順番に⑧までのデータを信号線に順番に伝送します。パラレル通信と比較すると8倍の時間がかかりますが、信号線の数が少ないため低コスト化のメリットがあります。そのため、シリアルバス方式は広く普及し、USBやイーサネットなどで使われています。

○図1-A:パラレルとシリアルの違い

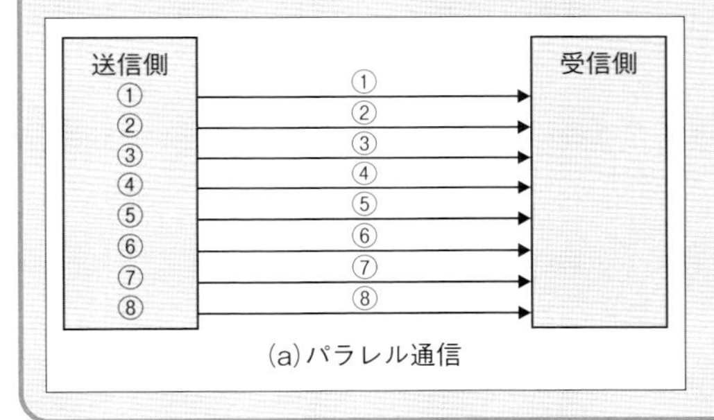

(a)パラレル通信

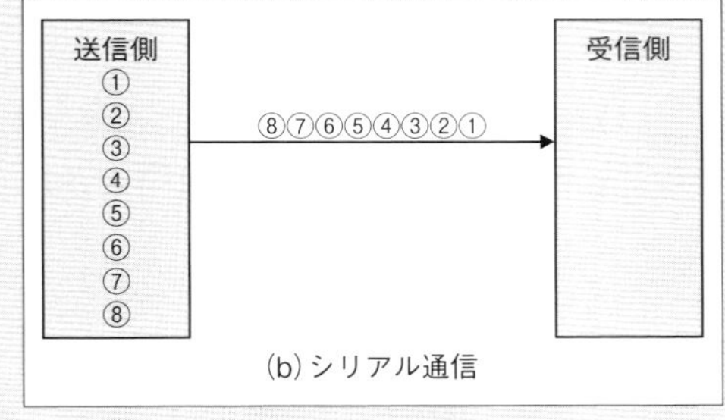

(b)シリアル通信

1.6 GPIOの電気的仕様

GPIO端子の内部回路とRaspberry Pi 4BのSoC BCM2711ベースのGPIOの電気的特性[注10]について解説します。

1.6.1 GPIOの内部回路

GPIO端子(ピン)の内部ブロック図の概略を**図1-10**に示します。GPIO端子(①)はGeneral-Purpose Input/Outputの略で、入力端子になったり、出力端子になったりします。その切り替えは、どうなっているのでしょうか。

注10 URL https://www.raspberrypi.com/documentation/computers/raspberry-pi.html

● GPIOを出力端子にする場合

ピン方向レジスタ（②）の制御信号（③）は、スリーステートバッファ（④）の制御端子に接続されています。スリーステートバッファのスリーステートとは出力の「HIGH」「LOW」「ハイインピーダンス」の3つの状態を意味します。ハイインピーダンスとは、HIGHやLOWの論理値ではなく、バッファの出力側が切り離された状態のことです。たとえば、スイッチのOFFに相当し、スリーステートバッファにはスイッチの役割があるのです。制御信号（③）が有効のときは内部のスイッチがONとなり、出力信号（⑤）はスリーステートバッファ（④）を通してGPIO端子へ出力されます。これで、GPIOが出力端子になります。

● GPIOを入力端子にする場合

ピン方向レジスタ（②）の制御信号（③）を無効にし、スリーステートバッファをハイインピーダンスの状態（スイッチのOFF）にして、出力信号（⑤）を切り離します。これにより、GPIO端子に加わる外部信号（⑥）と出力信号（⑤）の衝突を防止するのです。外部信号（⑥）は、バッファ（⑦）を通じて入力信号（⑧）となります。GPIO端子の入り口には、プルアップ抵抗（⑨）とプルダウン抵抗（⑩）の回路があり、制御レジスタ（⑪、⑫）で有効にできます。

以上の操作は、ソースコードで記述できます。なお、ブロック図（**図1-10**）中のメカニカルスイッチは、実際は電子回路で構成されています。

◯図1-10：GPIO端子の内部ブロック図

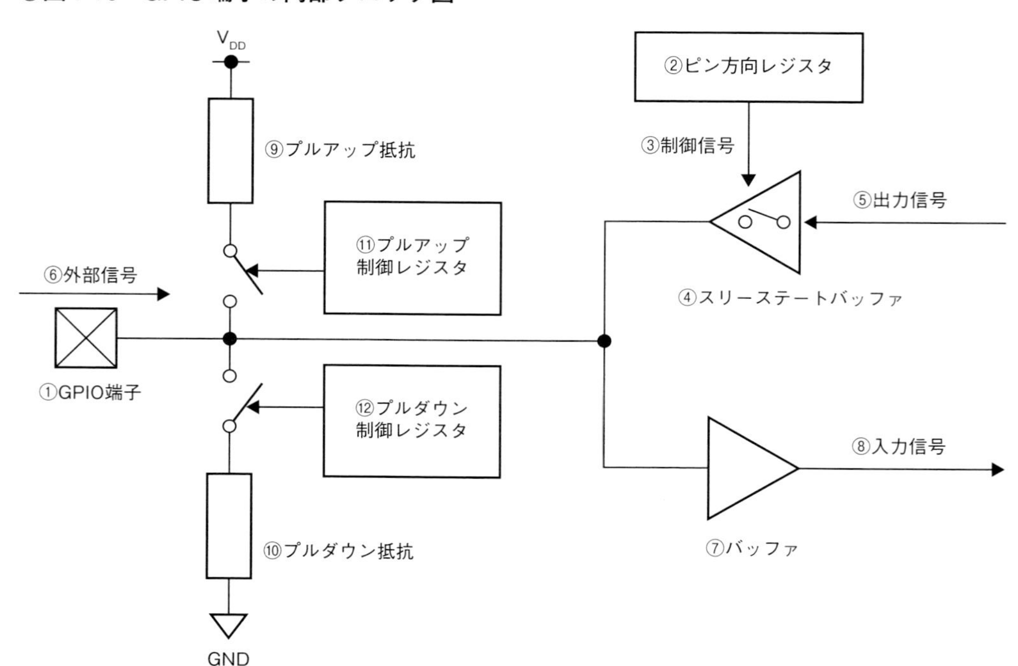

1.6.2　GPIOの電圧特性

GPIOの電圧特性を**表1-3**に示します。

① V_{DD}：GPIO回路の電源電圧です
② V_{IH}：入力電圧のHレベルの最小値です。
③ V_{IL}：入力電圧のLレベルの最大値です。
④ V_{OH}：出力電圧のHレベルの最小値です。
⑤ V_{OL}：出力電圧のLレベルの最大値です。

◯表1-3：GPIOの電圧特性

項目	記号	電圧	単位
電源電圧	V_{DD}	3.3	V
入力電圧	V_{IH}（最小）	2.0	V
	V_{IL}（最大）	0.8	V
出力電圧	V_{OH}（最小）	2.6	V
	V_{OL}（最大）	0.4	V

表1-3の入力電圧と出力電圧の関係を**図1-11**に示します。一般にデジタルデバイスでは、出力側の信号を入力側へ確実に伝送するために、入力側の論理を判定する電圧範囲が広く設計されています。同一論理と判定される出力電圧と入力電圧の差のことを「ノイズマージン(雑音余裕)」と呼びます。

図1-11において、H出力電圧の最小値V_{OH}（2.6V）とH入力電圧の最小値V_{IH}（2.0V）との差がノイズマージンです。つまり「V_{OH}（最小）－V_{IH}（最小）＝2.6V－2.0V＝0.6V」です。また、L入力電圧の最大値V_{IL}（0.8V）とL出力電圧の最大値V_{OL}（0.4V）との差は、V_{IL}（最大値）－V_{OL}（最大値）＝0.8V－0.4V＝0.4Vです。ノイズマージンは、GPIO信号に混入するノイズ除去の強さを表し、ノイズマージン以内のノイズが混入しても論理動作は正常に機能します。

デジタルは1と0の世界だと言われますが、実際には電圧の範囲があって、これを守らないといけません。

◯図1-11：GPIOの出力電圧と入力電圧の関係

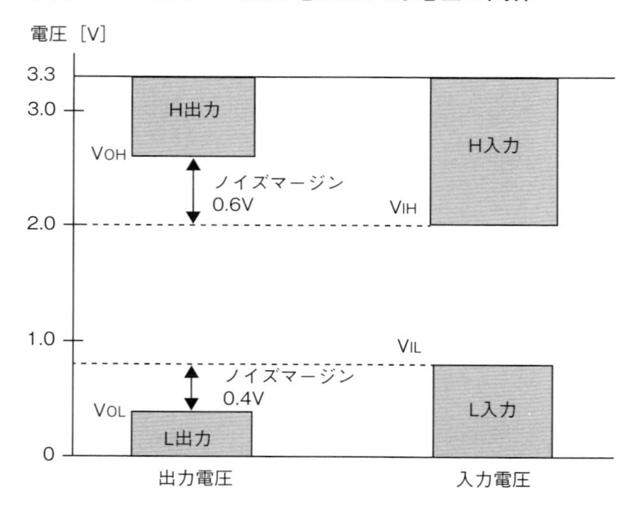

1.6.3　5V系回路とのインタフェース

ラズパイのGPIOは3.3V系ですが、既存の回路には5V系のデジタル回路があります。代表的な5V系のICに、TTL（Transistor-Transistor-Logic）と5V-CMOSがあります。それぞれの電圧特性を**表1-4**に示します。

◯表1-4：TTLと5V-CMOSの入力出力の電圧特性

項目	記号	TTL	5V-CMOS	単位
電源電圧	V_{CC}/V_{DD}	5	5	V
入力電圧	V_{IH}（最小）	2.0	3.5	V
	V_{IL}（最大）	0.8	1.5	V
出力電圧	V_{OH}（最小）	2.4	4.44	V
	V_{OL}（最大）	0.4	0.5	V

ラズパイのGPIOと5V系のデジタル回路を接続した場合、5V系の高い電圧が3.3V系のGPIOの内部回路やラズパイ本体を壊す危険性があります。そこで、3.3V系と5V系の電圧レベルを変換するインタフェースICやモジュールを使用します。

たとえば、秋月電子通商が販売している4ビット双方向ロジックレベル変換モジュール「AE-LCNV4-MOSFET」の使用例を**図1-12**に示します。本モジュールは、高電圧側（HV）と低電圧側（LV）が決まっています。HVには5V、LVには3.3Vの電源を配線します。また、LVGNDとHVGNDは共通に配線します。低電圧側の信号端子（LV1〜LV4）にラズパイの3.3V系GPIOを配線し、高電圧側の信号端子（HV1〜HV4）に5V系の信号線を配線します。ラズパイとArduino Unoを接続する場合、5V系で設計されているArduino UnoはHV側に

◯図1-12：双方向ロジックレベル変換モジュールの使用例

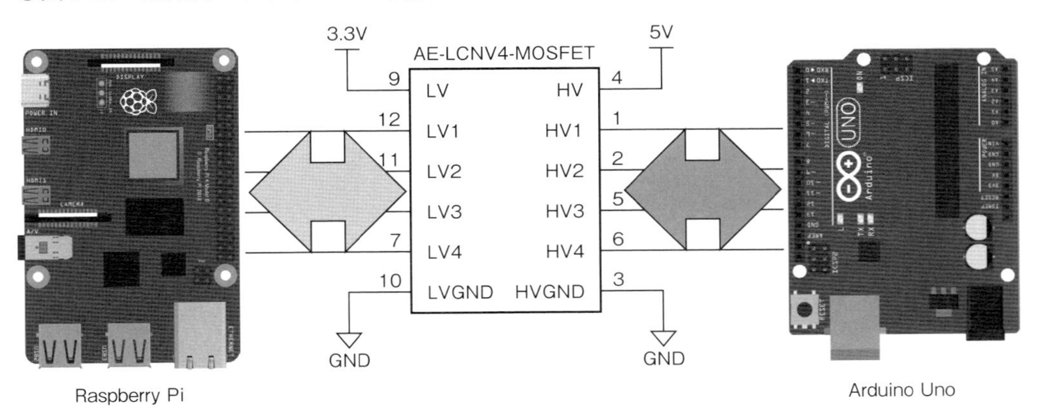

なります。

1.6.4　GPIOの電流特性

GPIOの出力電流特性を**表1-5**に示します。I_{OH}はGPIOから吐き出される電流で、ソース電流と呼ばれます。I_{OL}はGPIOに吸い込まれる電流で、シンク電流と呼ばれます。

◯表1-5：GPIOの電流特性

項目	記号	標準	最大値	単位
出力電流	I_{OH}	4	8	mA
	I_{OL}	4	8	mA

- I_{OH}：Hレベルのときの出力電流です。
- I_{OL}：Lレベルのときの出力電流です。

GPIOの出力電流を大きくしたい場合は、トランジスタアレイなどをGPIOに回路接続します。たとえば、東芝製TBD62783APG（**図1-13**）は、1チャンネルあたりの出力電流は500mA、出力耐圧は50V、クランプダイオードを内蔵しているため、リレーやソレノイドなどを駆動できます。

○図1-13：TBD62783APGのピン接続図

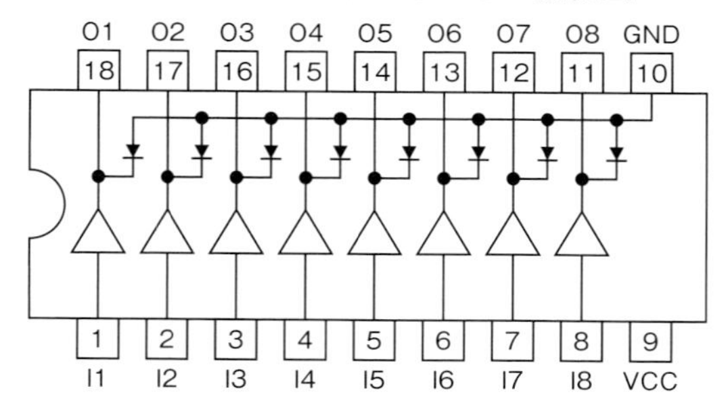

Chapter 2

OSのセットアップ

本章では、Raspberry PiにRaspberry Pi OSをセットアップする方法について解説します。Raspberry Pi OSは、Raspberry Pi向けに最適化されたオペレーティングシステム（OS）であり、Linuxに準拠しています。Linuxは、オープンソースソフトウェアのUnix系OSであり、世界中で広く利用されています。Raspberry Pi OSは、PCのようなデスクトップ環境を提供し、操作性が良く、便利なアプリが多数含まれています。また、ターミナルから入力するLinuxコマンドをマスターすることで、Raspberry Piをより効率的に、より深く操作できます。Raspberry Pi OSについて学び、Raspberry Piの可能性を広げていきましょう。

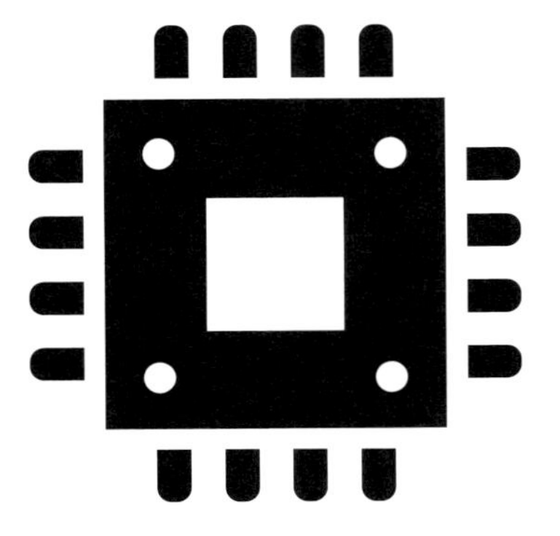

2.1　本章で準備するもの

Raspberry Pi財団のWebサイトから「Raspberry Pi Imager」をWindows PCにダウンロード・インストールして、そのアプリを使用してmicroSDカードにOSを書き込みます（**図2-1**）。OSのセットアップ作業に必要なものを**表2-1**に示します。持ち合わせのものや相当品で結構です。使用済みのSDカードを使用する場合は、念のためフォーマットしてから使用してください（P.44のコラムを参照）。

OSをダウンロードするにはネットワーク環境が必要です。Wi-Fiを利用するには、アクセスポイント（Wi-Fiルーター）の識別名（SSID[注1]）とパスワードが必要になります。これらの情報はネットワーク管理者に問い合わせるか、機器の取扱説明書などで確認してください。

◯図2-1：PCを利用したダウンロード

注1　SSID（Service Set IDentifier）は、無線LAN（Wi-Fi）におけるアクセスポイントの識別名です。

◯表2-1：OSのダウンロードとインストールに準備するもの

名称	説明
PC（パソコン）	インターネットに接続できるPC。アプリRaspberry Pi Imagerをインストールして、OSをmicroSDカードに書き込みます。
Raspberry Pi	Raspberry Pi 5、Raspberry Pi 4 Model B
microSDカード	容量16～64GB程度。スピードクラスは10以上を推奨します。
USB接続のカードリーダー	microSDカードを挿入してPCと接続します。
ネットワーク環境	約2GBのファイルをダウンロードするため、高速で容量制限がないネットワーク環境を推奨します。
ディスプレイ	HDMI端子があるもの（テレビでも可）。
HDMIケーブル	Pi 4BとPi 5のコネクタはmicro HDMIです。変換アダプタや専用ケーブルが必要になります。
キーボード・マウス	USB仕様のもの。
ACアダプタ	Pi 4BとPi 5はUSBコネクタがType-C（参考：秋月電子通商「114935」5.1V3.8A）のACアダプタを使用します。Pi 5の場合、対応する公式の27W USB-C PD（Power Delivery）電源（5V5A）は執筆時点では国内で販売されていません。5V/3AのACアダプタの場合、周辺回路への電流供給は600mA以下に制限[注2]され、電流供給の警告や電圧低下を示す稲妻マークがデスクトップに表示される場合があります（図2-A）。 ◯図2-A：警告の例 この電源は5Aを供給できません 周辺機器への電力供給は制限されます

2.2　Raspberry Pi OSとは

Raspberry Pi財団がRaspberry Pi 用に提供しているオペレーティングシステム（OS）は、Raspberry Pi OS（旧Raspbian）と呼ばれています。Raspberry Pi OSはUNIX互換OSであるLinux（リナックス）に準拠しています。

起源となるUNIXは1969年に米国ベル研究所[注3]で開発が始まったOSで、今日まで広く使われています。C言語はUNIXと密接に関係しています。それはC言語がUNIXシステム上

注2　URL https://www.raspberrypi.com/documentation/computers/getting-started.html

注3　電話の発明者のAlexander Graham Bell（アレクサンダー・グラハム・ベル）氏が興した会社が前身となるAT&T（電話会社）の研究所。トランジスタ、レーザー、CCDなどの研究により、7つのノーベル賞を受賞しています。

で開発され、UNIXとそのソフトウェアがC言語で書かれているからです。

UNIXは商品化されて大学や企業で使われましたが、一般のユーザーには高嶺の花でした。1991年に、フィンランドのLinus B. Torvalds（リーナス・トーバルズ）氏がUNIXを真似て独自にOSを開発し、Linuxと名付けました。Linuxはオープンソースソフトウェア（OSS）として公開され、インターネットを通じてさまざまな人が開発に参加して発展してきています。

Raspberry Pi OSは、Linuxディストリビューション[注4]の1つであるDebian（デビアン）をRaspberry Piのハードウェアに最適化させたOSです。Raspberry Pi OSの元となるDebianは約2年ごとに大幅なバージョンアップが行われて、OSのコードネームが変更されます。2023年6月にコードネームBookworm（ブックワーム）がリリースされ、Raspberry Pi OSも対応しています。なお、前のコードネームはBullseye（ブルズアイ）でした。

○図2-2：UNIXの誕生からRaspberry Piが販売されるまでのタイムライン

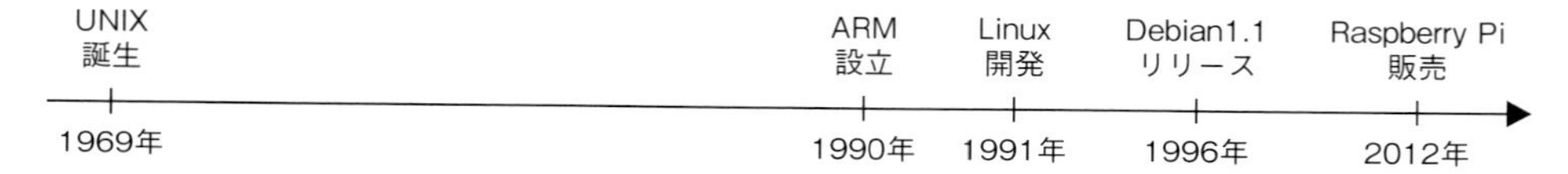

2.3　Raspberry Pi OSのダウンロード

公式アプリであるRaspberry Pi Imagerには、Raspberry Pi OSや他のOSをSDカードやUSBメモリなどのメディアに書き込む機能があります。また、メディアをフォーマットする機能なども備えています。このアプリはWindows、macOS、Linuxで使用できます。

2.3.1　Raspberry Pi Imagerのセットアップ

PCのWebブラウザでRaspberry Pi Ltd.のWebサイトを開いて、Imagerをダウンロードします。

URL https://www.raspberrypi.com/

2024年4月時点でのダウンロードの方法は**図2-3**のとおりです。読者がWebサイトにアクセスするときには変わっている可能性があります。

Webサイトの［Software］（①）をクリックしてSoftwareのページを表示し、Raspberry Pi Imagerの［Download for Windows］（②）をクリックします。ダウンロードが完了し、［開

注4　Linuxは厳密には「カーネル」と呼ばれるOSの中核部分のソフトウェアです。そのカーネルに多数のアプリやライブラリを組み合わせて、1つのOS製品として完成させたものをディストリビューションと呼びます。

○図2-3：Raspberry Pi Imagerのダウンロードとセットアップ

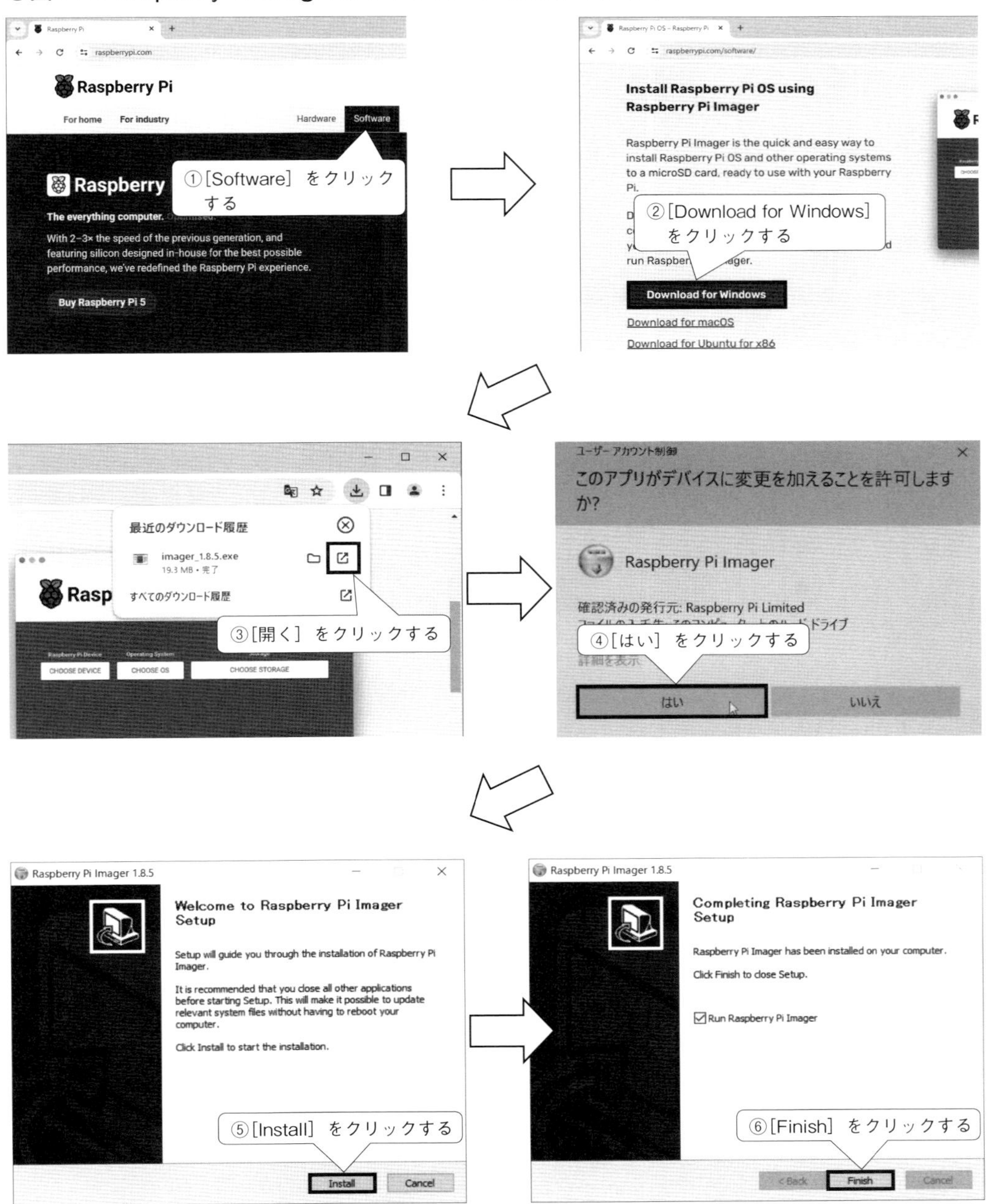

く］（③）をクリックすると、ユーザーアカウント制御のダイアログボックスが表示されるので［はい］（④）をクリックします。Raspberry Pi Imager Setupのダイアログボックスが表示されるので、［Install］（⑤）をクリックし、セットアップが完了したら［Finish］（⑥）をクリックします。Raspberry Pi Imagerが起動します（P.43の**図2-5**）。

2.3.2 Raspberry Pi OSのmicroSDカードへの書き込み

microSDカードを挿入したカードリーダーをPCに接続します（**図2-4**）。

○図2-4：SDカードリーダーとPCとの接続

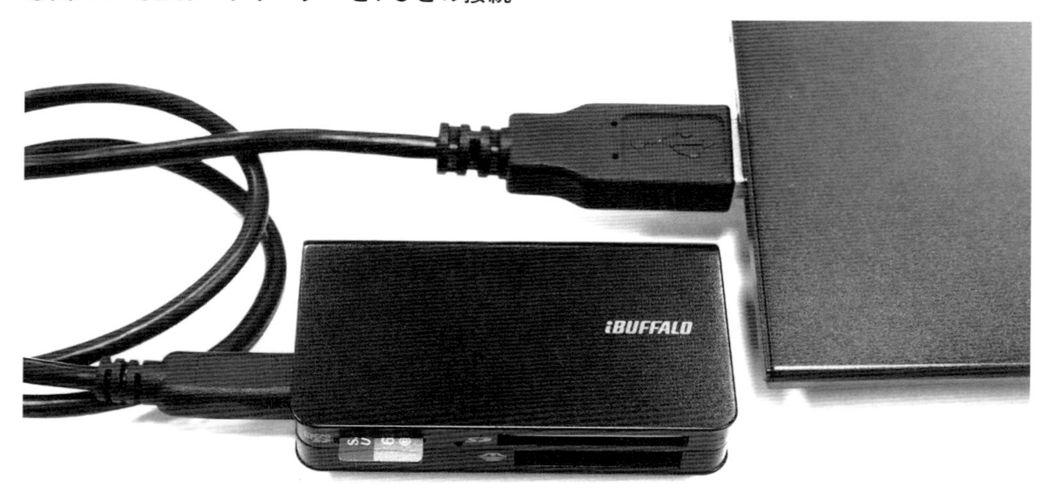

図2-5のようにRaspberry Pi Imagerを利用して、[Raspberry Piデバイス] ⇒ [OS] ⇒ [ストレージ] の順番で設定します。

[デバイスを選択]（①）をクリックして、デバイスリストから使用するRaspberry Piを選択します。

[OSを選択] をクリックし、表示されたリストから [Raspberry Pi OS(64-bit) A port of Debian Bookworm]（②）を選択します。

[ストレージ] をクリックし、表示されたリストから [SDカードリーダー]（③）を選択します。

Raspberry Pi Imagerの [次へ]（④）をクリックすると、「Use OS customization?」のダイアログボックスが表示されます。パスワードなどの設定は後で作業するので、[いいえ]（⑤）をクリックします。次に、メディアのデータが完全に削除される警告が表示され、[はい]（⑥）をクリックするとOSのダウンロードが始まり、microSDカードに書き込みが開始されます。

しばらくして、OSの書き込みが完了すると、終了のダイアログボックスが表示されます。[続ける]（⑦）をクリックして終了です。

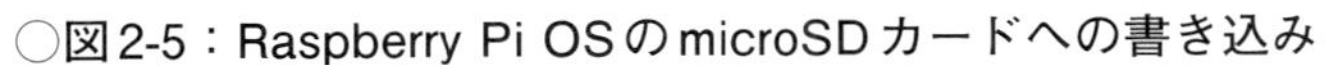

○図2-5：Raspberry Pi OSのmicroSDカードへの書き込み

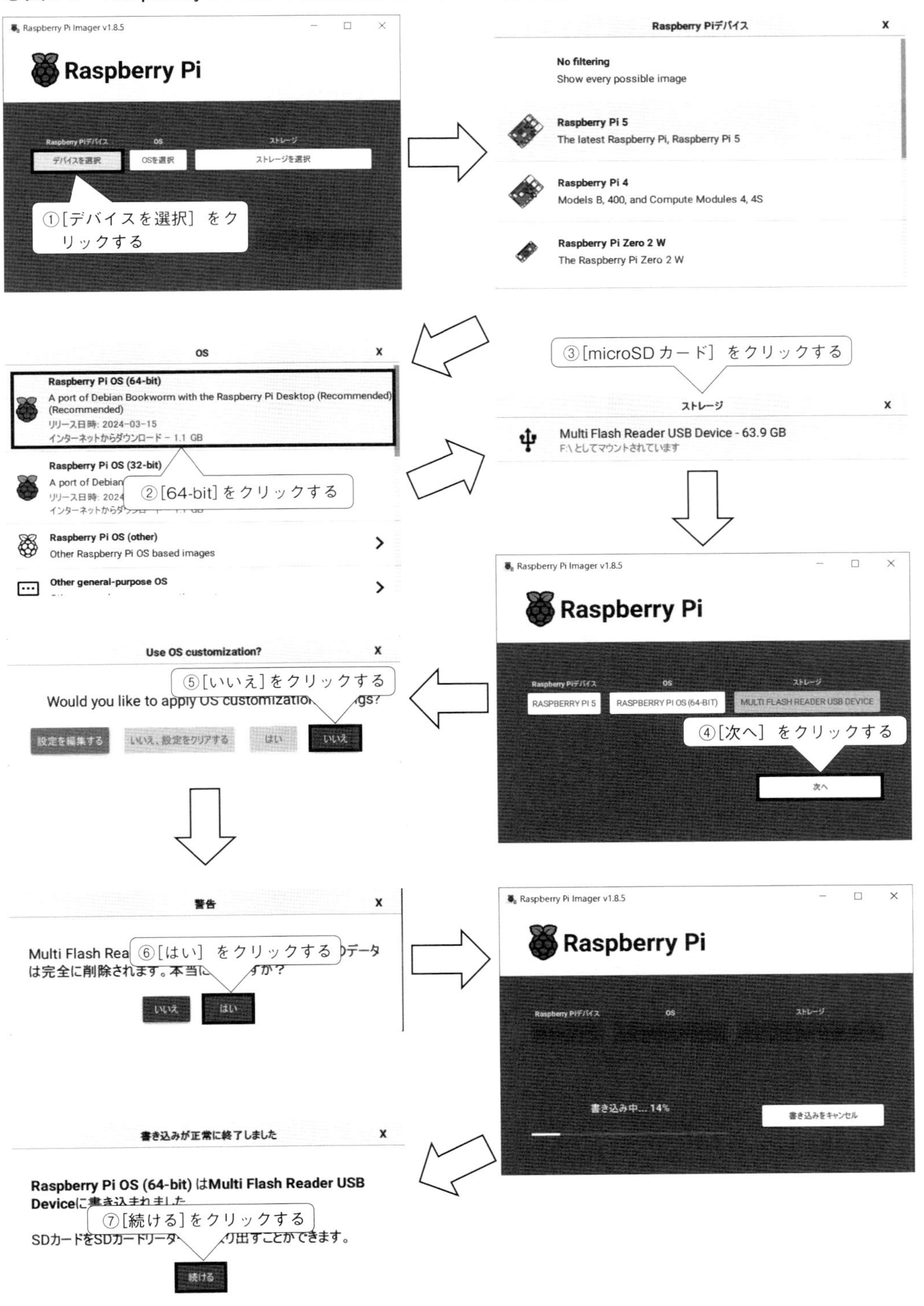

Column メディアのフォーマット

Raspberry Pi Imagerには、メディアをフォーマットするERASEの機能があります（**図2-B**）。［OSを選択］をクリックし、表示されたリストから［Erase］（①）を選択します。次に、［ストレージ］をクリックし、表示されたリストから［SDカードリーダー］（②）を選択します。そして、［次へ］（③）をクリックします。警告のダイアログボックスが表示されますが、［はい］をクリックします。フォーマットが完了すると、終了のダイアログボックスが表示されます。［続ける］をクリックして、メディアを取り外します。

◯図2-B：Raspberry Pi Imagerによるメディアのフォーマット

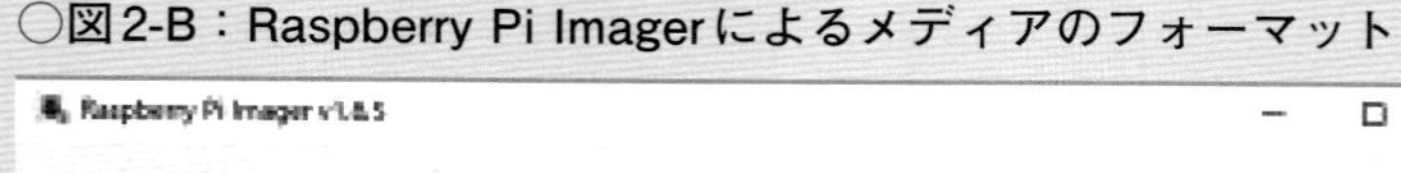
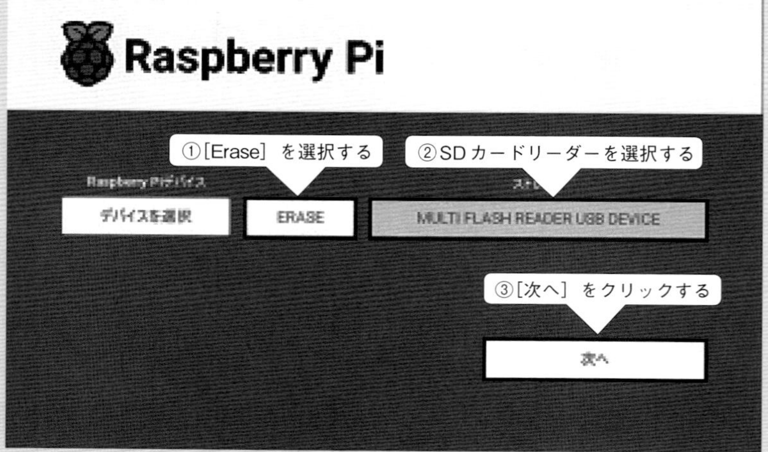

2.4　Raspberry Pi OSのインストール

2.4.1　機器のセットアップ

OSを書き込んだmicroSDカードをラズパイに挿入します。**図2-6**のように、HDMIケーブルでラズパイとディスプレイを接続します。Pi 5とPi 4BにはHDMIコネクタが2つありますが、HDMI0を使用します。キーボードとマウスをラズパイのUSBハブに接続します。

○図2-6：ディスプレイ、キーボード、マウスの接続

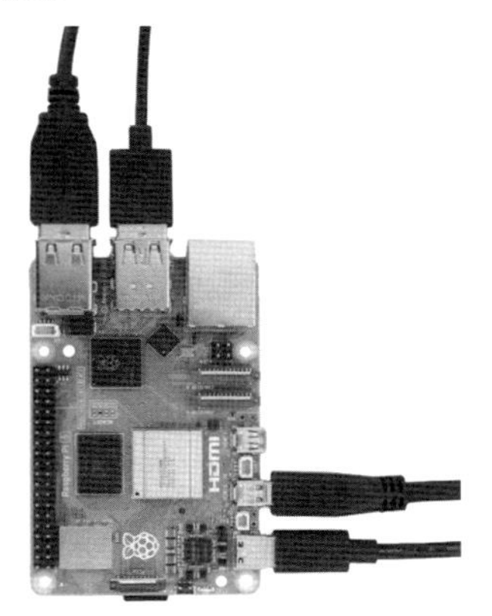

2.4.2　Raspberry Pi OSのセットアップ

ACアダプタをラズパイの電源用USBコネクタに接続すると電源ONの状態になり、LEDが点滅します。しばらくして、「Welcome to the Raspberry Pi Desktop!」のダイアログボックスが表示されます（**図2-7**）。［国］⇒［ユーザー名とパスワード］⇒［Wi-Fi］の順番で設定します。有線LANを利用する場合は、無線LANの手続きを「Skip（スキップ）」できます。

図2-7の「Welcome to the Raspberry Pi Desktop!」の［Next］（①）をクリックします。

「Set Country」のダイアログボックスで、［Country］リスト⇒［Japan］（②）を選択すると、自動的に［Language］⇒［Japanese］、［Timezone］⇒［Tokyo］に設定されます。ここでは、日本のタイムゾーンは「Tokyo」が代表しているようです。次に［Next］（③）をクリックします。

「Create User」のダイアログボックスで、ユーザー名とパスワードを設定します。本書では、［Enter username］（④）においてユーザー名を「my-pi」としますが、好きなユーザー名を設定してください。

ユーザー名に使用できる文字は、英小文字（a-z）、数字（0-9）、ハイフン（-）、アンダースコア（_）です。ユーザー名の先頭にはハイフン（-）は使えず、末尾のみドル記号（$）が使えます。文字数は32文字以内で、rootなどの予約名は使用できません。

次にパスワードを設定します。［Enter password］（⑤）と［Confirm password］（確認用）に同じパスワードを入力して、［Next］（⑥）をクリックします。

○図2-7：インストールの手続き（その1）

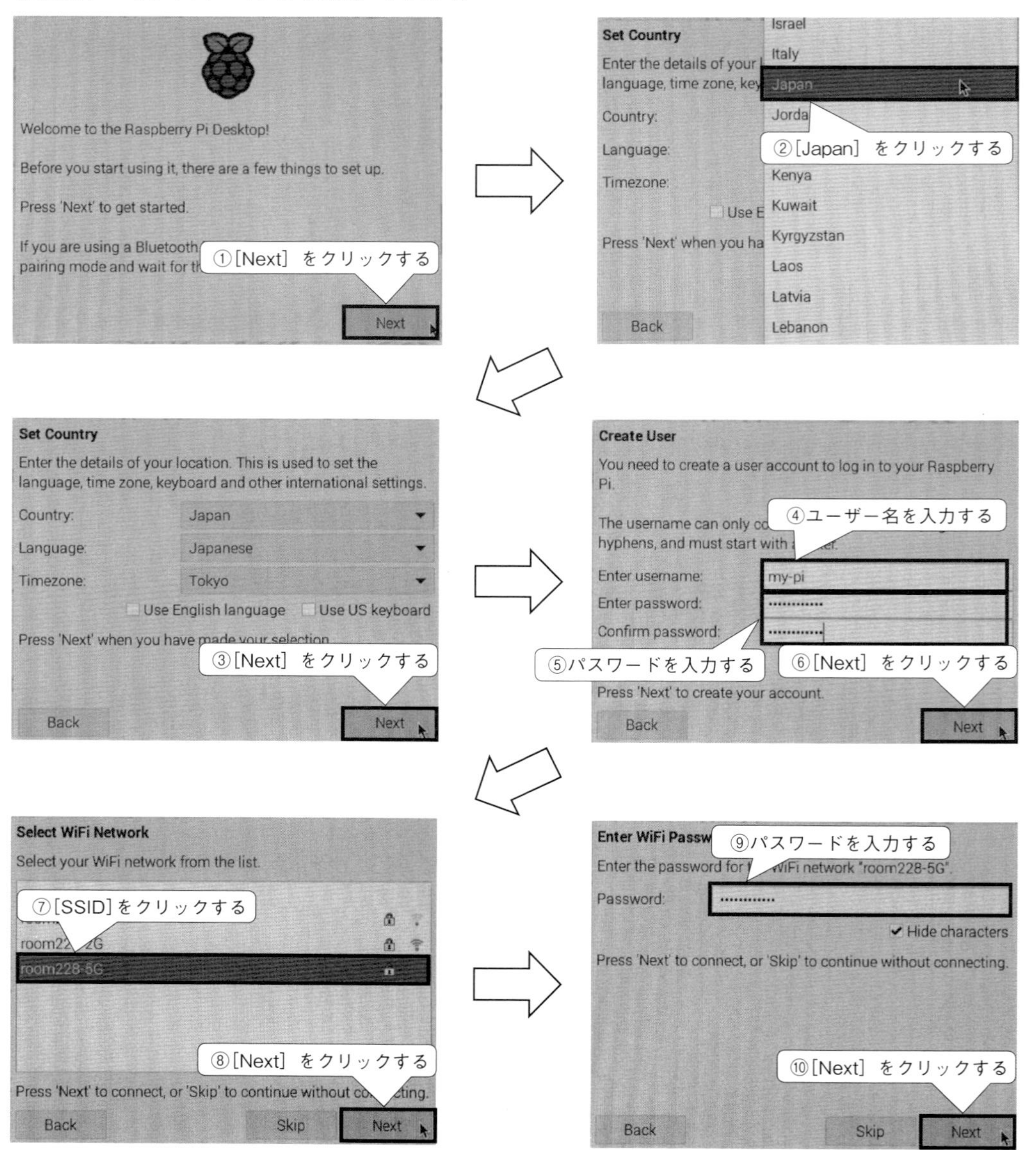

パスワードに使用できる文字は、英大文字（A-Z)、小文字（a-z)、数字（0-9)、記号（!#$%@+-_?など）です。英大文字小文字＋数字＋記号で10桁以上が推奨されます。

次に、無線LAN（Wi-Fi）を設定します。「Select WiFi Network」のダイアログボックスでは接続が可能なアクセスポイントをサーチして、「SSID（識別名)」を表示します。接続するアクセスポイントの［SSID］（⑦）⇒［Next］（⑧）で、「Enter WiFi Password」ダイアログボックスが表示されるので、アクセスポイントの［パスワード］（⑨）を入力 ⇒［Next］（⑩）をクリックします。

起動がうまくいかない場合、次の手順で確認してください。

- ラズパイのLEDが消えている場合は、ACアダプタの電源が入っていない可能性があります。また、電源の容量不足やUSBコネクタの接触不良が考えられます。
- microSDカードをラズパイに挿していますか？差し込みが不十分な場合があるので、しっかり奥まで挿しましょう。
- ディスプレイ側の入力信号をHDMIに設定していますか？
- HDMIをD-Subに変換する一部のアダプタでは、画面が表示されないことがあります。ラズパイとディスプレイはHDMI同士で接続します。

次に、**図2-8**では、［ブラウザの選択］と［ソフトウェアのアップデート］を設定します。

「Choose Browser」のダイアログボックスでは、デフォルト[注5]のまま［Next］（①）をクリックします。

「Enable Raspberry Pi Connect」もデフォルトのまま［Next］（②）をクリックします。

「Update Software」のダイアログボックスで、［Next］（③）をクリックします（アップデートには時間がかかる場合があります）。

アップデートが完了すると「System is up to date」ダイアログボックスが表示されるので、［OK］（④）をクリックします。

最後に「Setup Complete」ダイアログボックスで［Restart］（⑤）をクリックして再起動します。

注5 デフォルトとはあらかじめ用意された設定や値などのことです。

◯図2-8：インストールの手続き（その2）

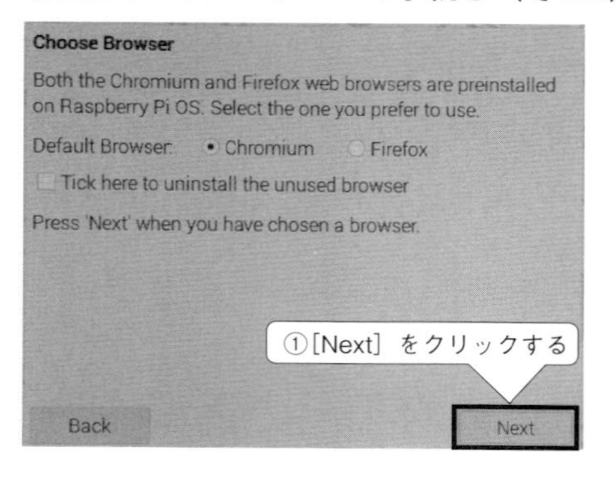

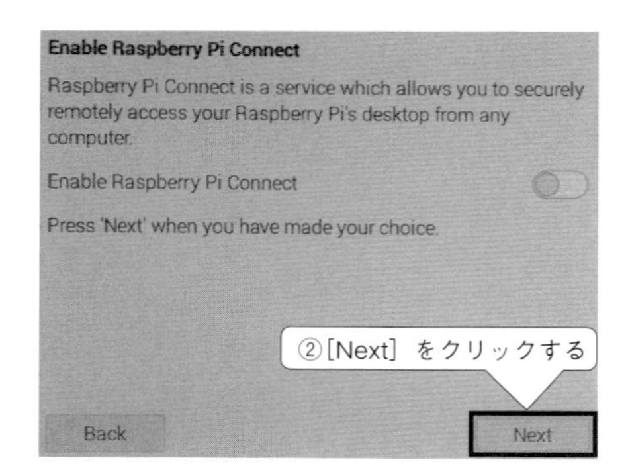

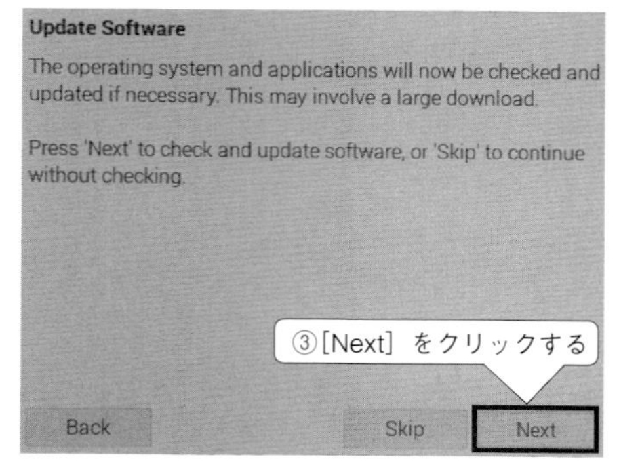

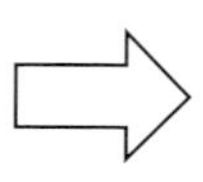

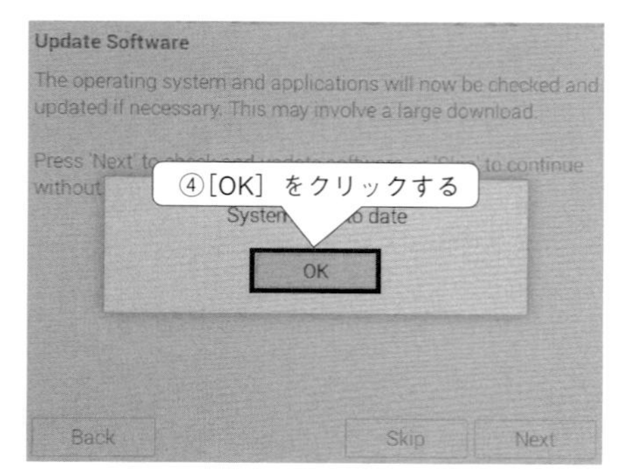

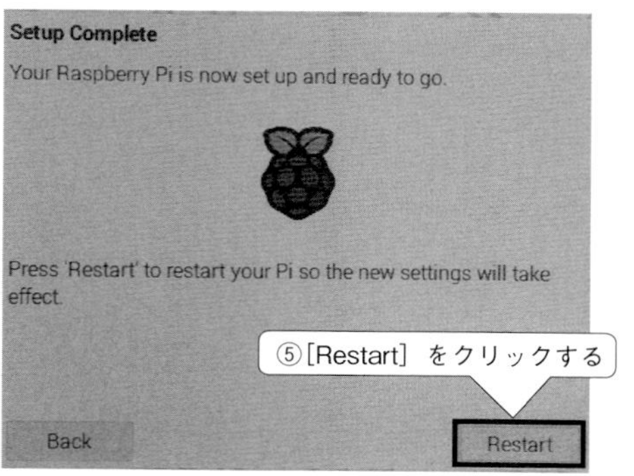

Column パスフレーズ（Passphrase）の活用

パスワードは10桁以上が安全圏とされますが覚えるのが大変です。複数の単語を組み合わせたものをパスフレーズといいます。たとえば、「BananaRingoMikan」（バナナ・リンゴ・ミカン）があります。しかし、これでは「辞書攻撃」で推察されやすいので、数字と記号を利用して「8a7na#Rin5-3kan+」などとします。総当たり攻撃は、理論上攻撃し続ければいつかは成功するのですが「時間がかかり事実上不可能な状態」にして防ぐのです[注6]。

2.5 シャットダウンの方法

ラズパイのシャットダウンの手続きはOSのMenuから操作しますが、Pi 5ではパワーボタンの操作からでもシャットダウンできます。最初にOSのMenuからシャットダウンする方法を、次にPi 5のパワーボタンからシャットダウンする方法を説明します。

2.5.1 OSのMenuからの操作方法

ラズパイの電源を切る手続きは次のとおりです。

- 「shutdown」コマンドを実行します。
- ラズパイの電源用USBコネクタからACアダプタのコネクタを抜きます。

ラズパイもPCと同じでシャットダウンの手続きをしてから電源を切ります。いきなり電源を切ると、ラズパイが起動しなくなる可能性があるので注意してください。

シャットダウンの手続きは、**図2-9**のようにラズベリーアイコンの［Menu］（①）⇒［ログアウト］（②）⇒「Shutdown options」のダイアログボックス⇒［Shutdown］（③）をクリックします。

デスクトップ画面が消え、画面左下に「plymouth-poweroff.service」が表示され、シャットダウンの進行中を表示しています。Pi 5ではSTAT LEDが緑色に点灯・点滅し（P.27の**図1-6(a)**）、Pi 4BではPWR LED（赤色）に点灯し、ACT LED（緑色）が点滅します（P.27の**図1-6(b)**）。緑色の点灯は、OSがmicroSDカードにアクセスしているサインです。

そして、「plymouth-poweroff.service」の表示が消え、Pi 5のSTAT LEDが赤色に点灯し、Pi 4Bでは緑色のLEDが完全に消えて赤色のLEDのみが点灯していることを確認してから、

注6 インターネットの安全・安心ハンドブック URL https://security-portal.nisc.go.jp/guidance/handbook.html

○図2-9：Menuからの操作方法

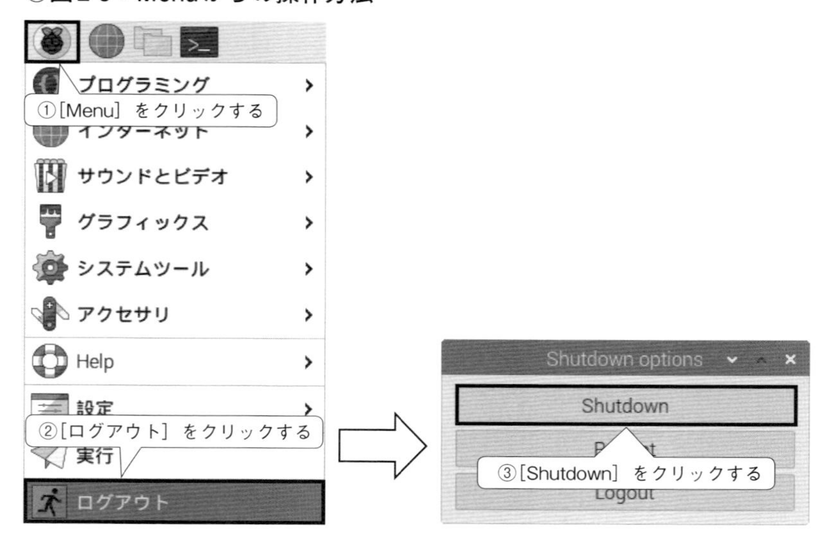

ACアダプタを外します。

2.5.2　Pi 5のパワーボタンの操作方法

パワーボタン（P.27の**図1-6(a)**）を一度押すと、デスクトップに「Shutdown options」ダイアログボックス（**図2-9**）が表示され、もう一度押すとシャットダウンが開始されます。

また、パワーボタンを3秒以上長押しすることでもシャットダウンします。Pi 5がシャットダウンしてSTAT LEDが赤色に点灯したままのスタンバイ状態になります。再び、パワーボタンを押すとOSは再起動します。

2.6　デスクトップ画面の構成

2.6.1　デスクトップの各名称

Raspberry Pi OSのデスクトップ画面を**図2-10**に示します。Windowsと同じ、グラフィカルユーザーインタフェース（GUI：Graphical User Interface）のデスクトップです。主にマウスでメニューやアイコンを操作して、アプリを実行できるようになっています。従来、デスクトップのウィンドウシステムにはX Window Systemが採用されてきましたが、Bookwormからは高速に動作するWaylandが標準になりました。なお、X Window Systemに戻すこともできます。

デスクトップ画面の名称と役割は次のとおりです（番号は**図2-10**と対応します）。

◯図2-10：デスクトップの画面

❶ タスクバー

タスクバーはデスクトップ画面最上部の横帯状の操作領域です。タスクバーの左側には「Menu」「Webブラウザ」「ファイルマネージャ」「LXTerminal」のアプリがピン留めされています。ピン留めされているアプリを削除したり、別のアプリをピン留めしたりできます。タスクバーの右側には「Bluetooth」「LAN」「音量」などのシステムに関わるアイコンがあります。

❷ Menu

ラズベリーのアイコンが「Menu」です。クリックすると「プログラミング」「インターネット」「サウンドとビデオ」「アクセサリ」「設定」「ログアウト」などが表示されます。

❸ Webブラウザ

Chromium（クロミウム）と呼ばれるWebブラウザです。Google Chromeのベースになっているアプリです[注7]。

❹ ファイルマネージャ

ファイルマネージャは、ファイルやフォルダの移動、コピー、削除などを行うときに使用します。

❺ LXTerminal

Linuxのコマンドを実行するときに使用するターミナルエミュレータのアプリです。本書では、LXTerminalを「ターミナル」と呼びます。

❻ Bluetooth

注7　2024年4月時点、Wayland環境におけるChromiumでは日本語の入力が行えません。日本語を入力する場合はFirefoxを使用するか、X Window Systemに切り替えます。

Bluetooth仕様のキーボード、マウスなどの周辺機器を追加するアプリです。

❼ Wi-Fi

無線LANの設定をするアプリです。有線LANを使用している場合は、イーサネットのアイコンに切り替わります。なお、本書ではラズパイのネットワーク環境での使用を前提としています。

❽ 音量

オーディオの音量や出力ラインを設定するアプリです。

❾ 時計

時刻や日付を表示します。インターネット上のNTP（Network Time Protocol）サーバにアクセスして時刻情報を取得します。

❿ ゴミ箱

不要になったファイルやフォルダなどを一時保存します。

2.6.2　CPU情報をタスクバーに表示する

CPUの「温度」と「使用率」を表示するプラグインを追加します。プラグインの追加手順を図2-11に示します。

○図2-11：プラグインの追加方法

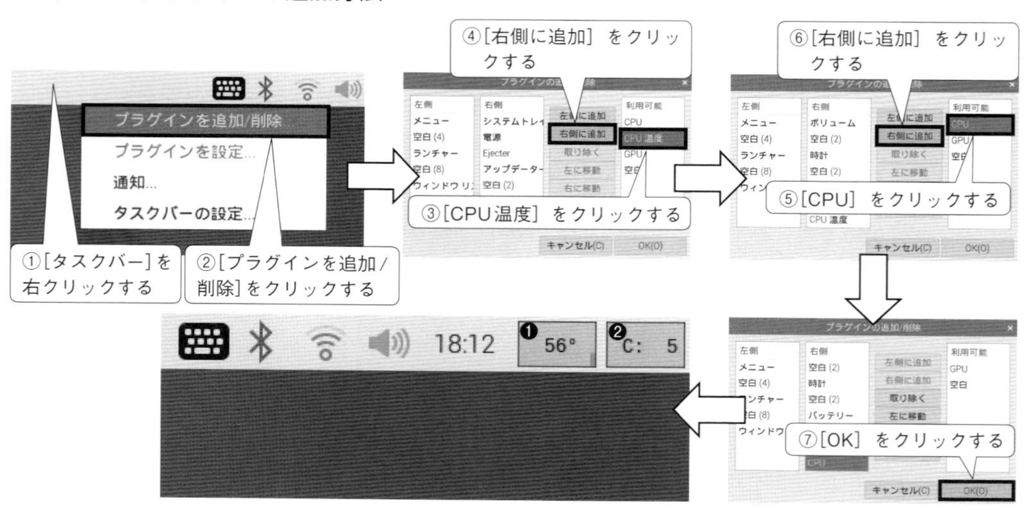

マウスポインタをタスクバー（①）に合わせて右クリックし、表示されたダイアログボックスの［プラグインを追加/削除］（②）をクリックします。次に、「プラグインの追加/削除」の［CPU温度］（③）を選択し、［右側に追加］（④）をクリックします。同様に、［CPU］（⑤）を選択し、［右側に追加］（⑥）をクリックします。そして、［OK］（⑦）をクリックします。

これで、タスクバーの右側に、CPUの温度（❶）と使用率（❷）のプラグインが追加されます。プラグインは情報をリアルタイムに表示するため、CPUの使用状況の把握に便利です。

❶ CPUの温度

CPUが高温になると保護モード入り、CPUのクロック周波数を低下させてCPUの温度を下げようとします。その結果、処理速度も低下します。処理速度を維持したまま高温を防ぐためには、ファンなどでCPUを冷却する必要があります。

❷ CPUの使用率

CPUの負荷を0～100%までのグラフで表示します。Pi 5やPi 4BではCPUのコア数が4つあるため、100%の表示は4つのコアがフル稼働していることを意味しています。25%の表示は、コア1つ分に相当する負荷が使用されていることになります。

2.7　ターミナルで使用するコマンド

Raspberry Pi OSのデスクトップは操作性が良く、多くのアプリが登録されているので、本書の大方の作業はGUIで実施できます。しかし、GUIが開発される以前は、キーボードとターミナル（画面）の文字表示のみで操作するキャラクタユーザーインタフェース（CUI：Character-based User Interface）が用いられてきました。

GUIの負荷を嫌うシステムやGUIを必要としないサーバなどでは、現在でもCUIが使用されています。CUIでは、ユーザーはキーボードからコマンドと呼ばれる命令を入力して、コンピュータに処理をさせます。コマンドの多くは、小文字で、英語を略した短い名称であり、ビギナーの方には暗号のように見えるでしょう。しかも、ユーザーがコマンドを覚えていないとキーボードで入力ができません。しかし、覚えれば、1つのスキルになります。ここでは、主に本書の作業で使用するコマンドについて紹介します。

2.7.1　ターミナルの起動方法

ターミナルの起動方法は、タスクバーの［ターミナルアイコン］（**図2-12**の①）をクリックする方法と、メニューから起動する方法の2通りがあります。メニューから起動するには、［Menu］（②）⇒［アクセサリ］（③）⇒［LXTerminal］（④）の順にクリックするとターミナル（⑤）が起動します。

○図2-12：ターミナルの起動

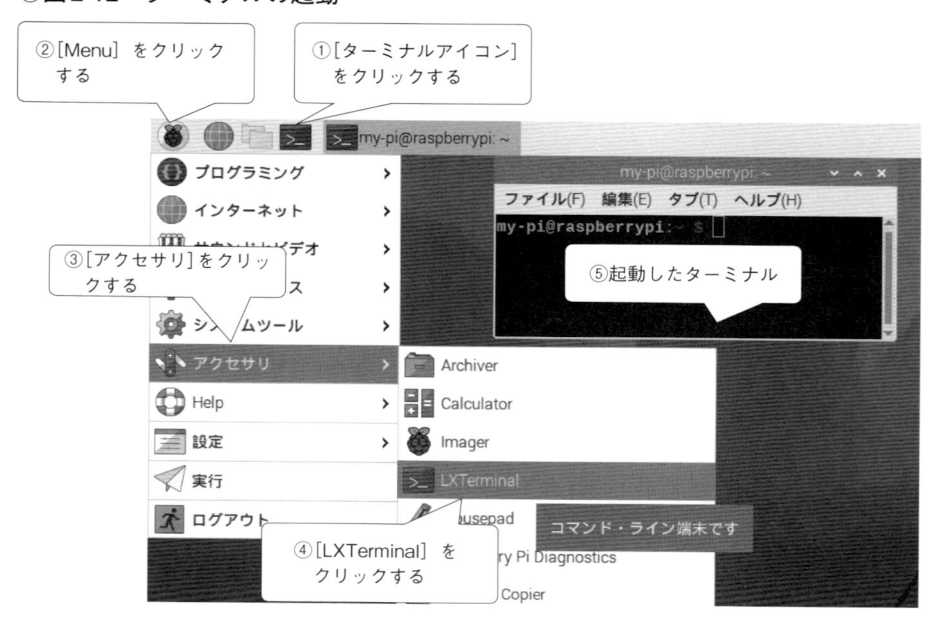

ターミナルには次のように表示されています。

```
my-pi@raspberrypi:~ $
```

- my-pi：ユーザー名のことです。
- raspberrypi：ホスト名のことです。
- ~：ホームディレクトリを示し、デフォルトでは「/home/my-pi」です。ホームディレクトリは、個々のユーザーに対して用意された自由に使用できるディレクトリのことです。
- $：プロンプトと呼ばれ、コマンドの入力が可能であることを表しています。キーボードからコマンドをタイプして、Enter を入力して実行します。プロンプトが表示されないときは、プログラムが実行中です。

ターミナルからコマンドを入力したり、結果が表示されたりするので、ユーザーからはLinuxを操作しているように見えます。しかし、実はシェルというプログラムがLinuxカーネルを包むように存在し、シェルがユーザーからの入力を受け付け、アプリの起動、結果の表示などを行っています（**図2-13**）。

Chapter 1
Chapter 2
Chapter 3
Chapter 4
Chapter 5
Chapter 6
Chapter 7
Chapter 8
Chapter 9
Chapter 10
Chapter 11
Chapter 12
信号対応表 配線図

◯図2-13：シェルとLinuxカーネル

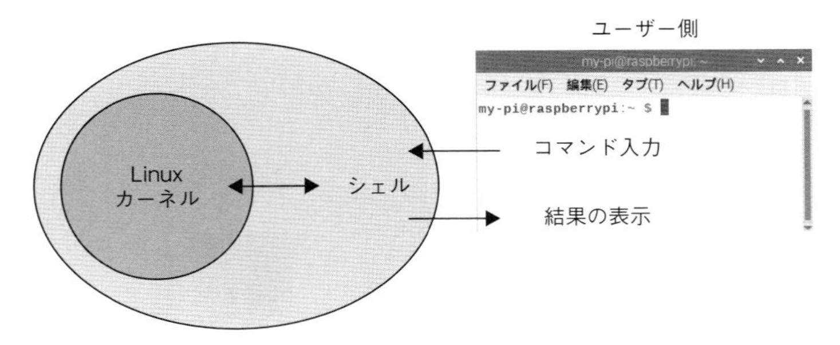

「シェル」は貝殻（shell）のように大切な「Linuxカーネル」を守っています。

Linuxでは、「/」で表現されるルート（root）を頂点としてツリー型のディレクトリが作成されています。主なディレクトリには、**表2-2**に示す役割があります。なお、ディレクトリはファイルをグループ化するための特殊なファイルで、フォルダと同じです。

◯表2-2：主なディレクトリと役割

ディレクトリ名	役割
/	ルートディレクトリ
/bin	一般ユーザー用の基本コマンド
/boot	起動に必要なファイル
/dev	デバイスファイル
/etc	設定ファイル
/home	一般ユーザーのホームディレクトリ(homeの中に、my-piディレクトリがあります)
/lib	共有ライブラリ
/mnt	一時的なマウントポイント用ディレクトリ
/proc	カーネルやプロセスに関する情報
/root	システム管理者（root）のホームディレクトリ
/sbin	システム管理用コマンド
/tmp	一時的（temporary）なファイルを置くディレクトリ
/usr	プログラムやソースコードなど
/var	ログなどファイルサイズが変化するファイルを保存するディレクトリ

2.7.2　ディレクトリやファイルに関するコマンド

● pwd（❶）

現在いるディレクトリ（カレントディレクトリ）を表示するコマンドです。**図2-14**の例では、「/home/my-pi」との表示からカレントディレクトリは「my-pi」です。「/home/my-pi」はルートディレクトリからの位置情報で「パス（path）」と呼ばれます。homeの左側の「/」はルートディレクトリのことですが、homeとmy-piの間の「/」はディレクトリの区切りを表しています。

● touch ファイル名（❷）

空のファイルを作成します。たとえば「touch hello.txt」と実行すると、ファイル名hello.txtが作成されます。ファイルを削除するコマンドは「rm」です。

● mkdir ディレクトリ（❸）

新規にディレクトリを作成します。たとえば「mkdir pumpkin」を実行すると、ディレクトリ「pumpkin」が作成されます。ディレクトリの削除のコマンドは「rmdir」です。

● dir（❹）

ディレクトリやファイルを表示します。

● cd パス（❺）

パスで指定したディレクトリへ移動するコマンドです。図2-14の例では、「cd /」ルートディレクトリ（最上位）に移動しています。カレントディレクトリは移動先の「/」になります。なお、パスを省略して実行した場合、ホームディレクトリへ移動します。

● ls -l（❻）

オプションは小文字のエルです。ファイルについての詳細情報を1行ごとに表示します。

○図2-14：ディレクトリやファイルに関するコマンドの使用例

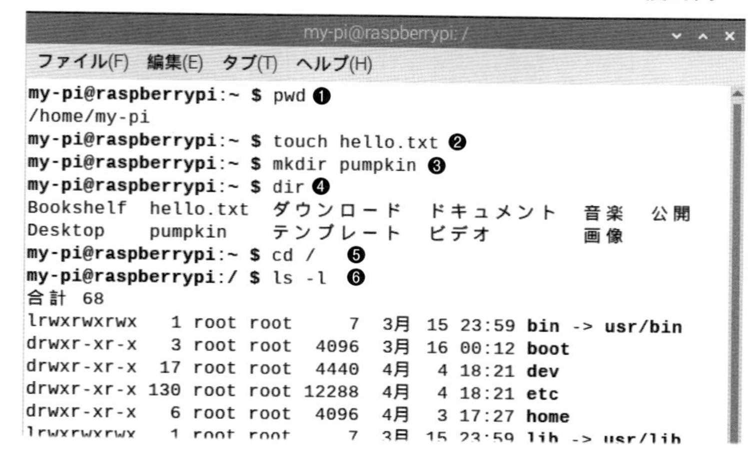

● 絶対パスと相対パス

パスには絶対パスと相対パスの2種類があります。

絶対パスは**図2-15**の「/ルートディレクトリ」(❸)を基点として、経由するディレクトリを「/」で区切って表記します。**図2-15**の各ディレクトリの絶対パスは**表2-3**のようになります。

相対パスは「カレントディレクトリ」を基点とします。カレントディレクトリを**図2-15**の「my-pi」(❶)とすると、**図2-15**の各ディレクトリの相対パスは**表2-3**のようになります。

相対パスでは、ピリオドが1つ(.)のときは「カレントディレクトリ my-pi」(❶)を指します(**表2-4**)。ピリオドが2つ(..)のときは、「1つ上のディレクトリ home」(❷)を指します。「/ルートディレクトリ」(❸)は、「my-pi」から2つ上のディレクトリなので、「..」を2つ「../..」で表します。「pumpkin」(❹)はカレントディレクトの1つ下なので、ディレクトリ名を指定するだけです。「include」(❺)は2つ上のディレクトリ「/ルートディレクトリ」まで行き、そこからのincludeまでの絶対パスを指定して「../../usr/include」となります。

相対パスはカレントディレクトリから近いディレクトリを指定するときはパスの記述が短くなって便利ですが、「include」(❺)のように遠い場合は絶対パスのほうがわかりやすいです。

◯図2-15：ツリー型のディレクトリ

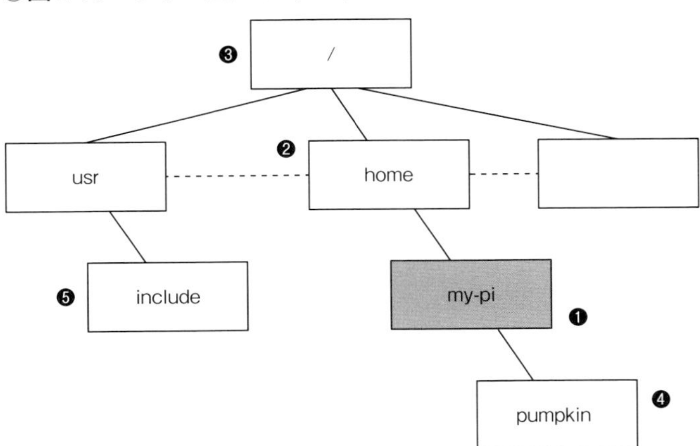

カレントディレクトリ「my-pi」から見て、1つ上の「home」のことを「親ディレクトリ」と呼びます。また、「pumpkin」を「子ディレクトリ」または「サブディレクトリ」と呼びます。

○表2-3：絶対パスと相対パスの表記の違い

図2-15のNo.	ディレクトリ名	絶対パス	相対パス（カレントディレクトリがmy-piの場合）
❶	my-pi	/home/my-pi	.
❷	home	/home	..
❸	/	/	../..
❹	pumpkin	/home/my-pi/pumpkin	pumpkin
❺	include	/usr/include	../../usr/include

○表2-4：相対パスで使用する特殊な記号

記号	意味
.（ピリオド1つ）	カレントディレクトリ自身
..（ピリオド2つ）	1つ上のディレクトリ

● コマンドの入力補完機能

コマンドの入力補完機能は、ファイル名、ディレクトリ名などを自動的に補完してくれるので便利です

【例】「/usr/include」のディレクトリへ移動したい場合、次のように入力します。

```
$ cd /usr/inc
```

このようにファイル名やディレクトリ名の途中まで入力して Tab を押すと、残りの文字が補完されて表示されます。とくに、長い名称を指定するときは便利です。

```
$ cd /usr/include/
```

なお、候補が複数ある場合は一意になるところまで入力する必要があります。また、候補がない場合は補完されません。

● ヒストリ機能

ヒストリ（履歴）機能は、矢印キー（**表2-5**）で過去に入力したコマンドを前後にスクロール表示させたり、一部を編集したりできます。

○表2-5：ヒストリ機能

矢印キー	機能
↑	1つ前のコマンドを表示します。
↓	1つ後ろのコマンドを表示します。
←	カーソルが左に移動します。
→	カーソルが右に移動します。

【例】「touch hello.txt」の履歴を利用して、「touch bye.txt」を作成して実行させます。

```
・↑を使用して「touch hello.txt」表示させる
$ touch hello.txt

・←を使用して、カーソルを「ピリオド」まで移動させる
$ touch hello.txt

・Back Spaceで「hello」を削除して「bye」と入力する
$ touch bye.txt

・Enterを入力するとコマンドが実行され、ファイル名「bye.txt」が作成される
```

2.7.3　ファイルの属性を変更するコマンド

「ls -l」コマンドでファイルの詳細情報を表示できます。**図2-14**で作成した「hello.txt」の詳細情報を「ls -l」コマンドで表示します（**図2-16**）。

```
$ ls -l hello.txt
```

○図2-16：ファイルの詳細情報

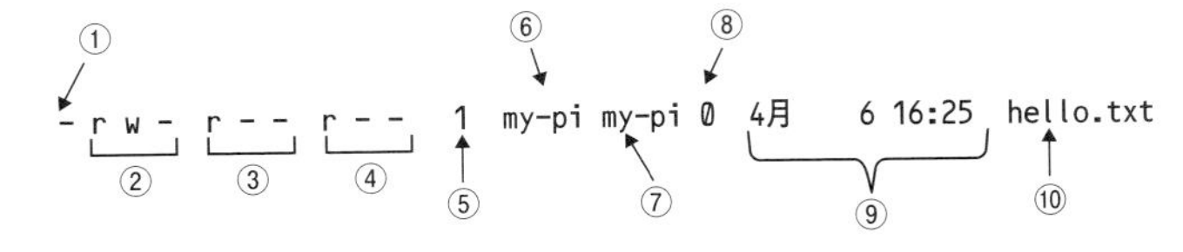

① ファイルの種類を示しています。-はファイル、dはディレクトリを示します。
② ファイルの「所有ユーザー」の権利を示しています。権利には3種類あり、r（読み込み）、w（書き込み）、x（実行）の順で表示されます。「r, w, x」と表示されているのは権利があることを示し、-は該当の権利がないことを示します。
③ 所有ユーザーのグループ（「所有グループ（⑦）」）に対する権利を示しています。Linuxは複数のユーザーが同時に利用できる「マルチユーザーシステム」です。ユーザーは会社組織のように、開発部、製造部、営業部、総務部などのグループを作れます。
④ 所有ユーザーと所有グループ以外の「他人」に対する権利です。

⑤ ハードリンクといって、他のファイルからリンクされている数です。
⑥ 所有者名です。
⑦ 所有者のグループ名です。
⑧ ファイルサイズです。hello.txtは空ファイルなので、0バイトと表示されています。
⑨ ファイルを更新した最終の日時です。
⑩ ファイル名です。

「chmod」コマンドで権利の変更ができます（表2-6）。対象者、権限の指定、権利の種類は、chmodのオプションで指定します。

○表2-6：chmodコマンドのオプション

項目	記号	内容
対象者	a	すべてのユーザー
	u	所有ユーザー
	g	所有ユーザーのグループ
	o	他人
権限の内容	+	権利を付与
	-	権利をはく奪
権利の種類	r	読み取り
	w	書き込み
	x	実行

【例】「hello.txt」に、「所有グループ」と「他人」のすべてのユーザーに書き込みの権利を与える場合、次のようにオプションを付けて実行すると図2-17のように変更できます。

```
$ chmod a+w hello.txt
```

○図2-17：chmodコマンドの実行結果

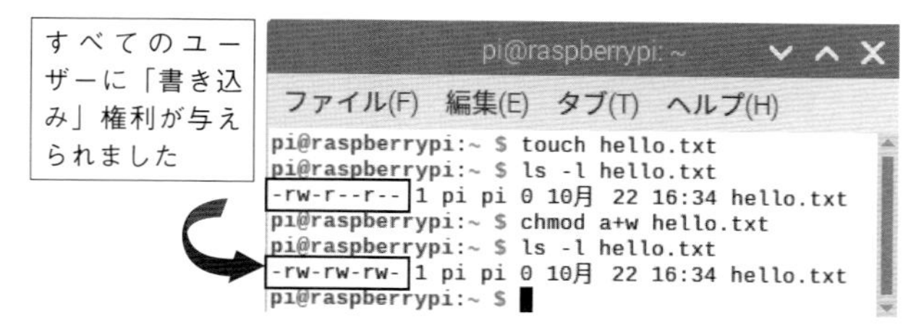

2.7.4　管理者（root）で使用するコマンド

Linuxのユーザーは、「一般ユーザー」「管理者」「システムユーザー」の3つに分けられます。システムユーザーは特定のアプリ用のユーザーであり、本書では一般ユーザーと管理者を使用します。

一般ユーザーは、アプリを使用したり、プログラムを作成したり、Linuxシステムを利用したりできます。しかし、アプリをインストールする、OSの設定を変更するといったシステムに影響を与えるような重要な操作はできません。それらの操作は「root（ルート）」と呼ばれる管理者が担当し、Linuxのすべての操作が行える権限を持っています。「superuser（スーパーユーザー）」とも呼ばれています。

たとえば、一般ユーザーはホームディレクトリ（/home/my-pi）にサブディレクトリを作成できますが、親ディレクトリ（/home）にサブディレクトリを作成できません。そこで、「sudo」コマンドを併用することで、管理者として実行できます。

【例】sudoコマンドを利用して、親ディレクトリhomeにサブディレクトリcakeを作成する場合、**図2-18**のように一般ユーザーでは「許可がありません」（❶）と表示されますが、sudoコマンド（❷）を使用するとcakeディレクトリが作成されます（❸）。

◯図2-18：sudoコマンドの使用例

本書では、管理者権限で次に挙げるコマンドを利用します。「apt」コマンドは、インターネット上のサーバからパッケージを取得してインストール／アップデートします。そのため、ネットワーク環境が必要になります。パッケージとは実行プログラム、設定ファイル、ライブラリ、マニュアルなどを1つのファイルにまとめたものです。

● sudoコマンド（指定するコマンドを管理者権限で実行）

- sudo shutdown -h now

今すぐシャットダウンしてシステムを停止します。再起動コマンドは「sudo reboot」です。

- sudo apt update

サーバから最新のパッケージインデックスファイル（アップデート情報のようなもの）を取得します。このコマンドはupgradeやdist-upgradeを行う前に実行します。

- sudo apt upgrade

取得したパッケージインデックスファイルから、パッケージの最新バージョンをインストールします。

- sudo apt dist-upgrade

upgradeの機能に加えて、比較的重要でないパッケージを削除して、最重要パッケージを更新します。

- sudo apt install パッケージ

指定したパッケージ（アプリ）をインストールします。

- sudo apt remove パッケージ

指定したパッケージのみを削除します。「sudo apt purge パッケージ」とすると、設定ファイルを含めてパッケージを削除します。

- sudo apt autoremove

依存関係によってインストールされたパッケージにおいて、不要となったパッケージを削除します。

アプリをインストールする前に、「sudo apt update」と「sudo apt upgrade」を順番に実行して、最新のパッケージに更新しておきます。また、定期的に更新することもお勧めします。次のように、「&&」を使用して1行で実行できます。updateが成功すると、upgradeが実行されます。さらに、「-y」オプションを指定すると、処理中に表示されるプロンプトに対して、常に「Yes」とします。

```
$ sudo apt update && sudo apt upgrade -y
```

2.7.5 コマンドのマニュアルを見るコマンド

「man」コマンドは指定したコマンドのマニュアルを表示します。マニュアルの次のページを表示させたいときは[Space]を押します。ページを戻すときは[b]を押します。マニュアルの表示を終了させるときは[q]を押します。

【例】「ls」コマンドのマニュアルを表示させる場合

```
$ man ls
```

日本語のマニュアルをインストールして、日本語で表示できます。ただし、日本語のページが作成されているコマンドだけです。

```
$ sudo apt install manpages-ja
```

また、次の操作で、開発用ライブラリなども日本語で表示できます。

```
$ sudo apt install manpages-ja-dev
```

2.7.6 ネットワーク環境で使用するコマンド

「ip」と「hostname」コマンドはラズパイのIPアドレスを確認するときに使用します。また、「ping」コマンドはネットワークの通信状態を確認するときに使用します。

- ip a：ネットワークデバイスごとにアドレス情報が表示されます。「eth0（ゼロ）」は有線LAN（イーサネット）、「wlan0（ゼロ）」は無線LANのことです。
- hostname -I：自身のIPアドレスを表示します。-I（iの大文字）
- ping　IPアドレス：指定したIPアドレスのホストにパケットを送ります。

【例】pingコマンドを使用して、通信状態を確認する。IPアドレスには、読者のネットワーク環境におけるWi-Fiルーターなどの実際のIPアドレスを指定してください。
①通信状態が正常な場合
ラズパイから、IPアドレス（192.168.11.1）を所有する他の機器までの通信の往復時間が、0.876msであることを示しています。

```
$ ping 192.168.11.1
PING 192.168.11.1 (192.168.11.1) 56(84) bytes of data.
64 bytes from 192.168.11.1: icmp_seq=1 ttl=64 time=0.876 ms
```

※ Ctrl ＋ C でpingコマンドを終了できます。

②通信状態に不具合がある場合
Unreachable（到達不能）と表示されます。

```
$ ping 192.168.11.50
PING 192.168.11.50 (192.168.11.50) 56(84) bytes of data.
From 192.168.11.5 icmp_seq=1 Destination Host Unreachable
```

2.7.7 OSのバージョンを確認するコマンド

「uname -a」や「lsb_release -a」コマンドでLinuxカーネルのバージョンやDebianのコードネームなどの情報を確認できます。

- uname -a：Linuxカーネルのバージョンを表示します。
- lsb_release -a：Debianのバージョンとコードネームを表示します。

【例】Linuxカーネルのバージョンを確認する

```
$ uname -a
Linux raspberrypi 6.6.20+rpt-rpi-2712 #1 SMP PREEMPT Debian 1:6.6.20-1+rpt1 (2024-03-07) aarch64
GNU/Linux
```

Linuxカーネルのバージョンは「6.6.20」です

【例】Debianのコードネームを確認する

```
$ lsb_release -a
No LSB modules are available.
Distributor ID:	Debian
Description:	Debian GNU/Linux 12 (bookworm)
Release:	12
Codename:	bookworm
```

コードネームは「bookworm」です

2.7.8　プログラムの作成に関するコマンドなど

本書では、C言語のコンパイルやライブラリの作成にはgcc、nm、arのコマンドを使用します。nanoテキストエディタは本書では利用しませんが、ターミナルで使用できます。また、pinoutコマンドは拡張コネクタの信号名を表示します。

- gcc：C言語およびC++のコンパイラです。サポートするCPUアーキテクチャの種類が豊富で、世界で広く使用されています。Chapter 3で解説します。
- nm：オブジェクトファイルからシンボルを抽出します。Chapter 7のライブラリファイルの作成（P.192）で解説します。
- ar：書庫（archive）の作成、変更、および書庫からファイルを取り出します。Chapter 7のライブラリファイルの作成で解説します。
- nano：ターミナルで使用できるシンプルで軽量なテキストエディタです。基本的なコマンドが画面下部に表示され、操作がわかりやすいという特長があります。
- pinout：ラズパイの拡張コネクタ（P.30の表1-2）の信号名とピン番号を表示します。

2.8　日本語入力システムとLibreOfficeのインストール

2.8.1　Mozcのインストール

日本語入力システム（IME：Input Method Editor）として、GoogleがOSSとして公開しているMozcをインストールします。キーボードの［半角/全角］を押すと、日本語を入力できます。なお、Mozcがすでにインストールされている場合は、作業は不要です。

```
$ sudo apt update && sudo apt upgrade -y
$ sudo apt install fcitx5-mozc -y
```

「-y」オプションを付けると、処理中に表示されるプロンプトに対して、常に「yes」とするので、インストール処理が中断されません。

日本語が入力できるようになりましたが、本書の作業で使用するファイル名やディレクトリ名には、英数字および記号を使用してください。日本語表記がトラブルの原因となる場合があります。

2.8.2 LibreOfficeのインストール

LibreOfficeは、The Document Foundationという非営利組織が開発・公開しているOSSのオフィスソフトウェアです[注8]。LibreOfficeには、Writer（ワープロ）、Calc（表計算）、Impress（プレゼンテーション）、Draw（ベクタードロー画像作成と視覚化ツール）、Base（データベース）、Math（数式エディタ）といった多数のアプリが含まれています。WindowsやmacOSなどのプラットフォームでも利用できます。

```
$ sudo apt install libreoffice -y
$ sudo apt install libreoffice-l10n-ja  -y
$ sudo apt install libreoffice-help-ja -y
```

メニューを日本語に変換したり、ヘルプファイルを追加したりします。

アンインストールの手順は次のとおりで、ワイルドカード「*」を使用します。

```
$  sudo apt remove libreoffice* -y
```

2.9　Raspberry Piの設定メニュー

デスクトップ画面の［Menu］⇒［設定］⇒［Raspberry Piの設定］をクリックすると（図2-19）、「Raspberry Piの設定」画面（図2-20）が表示されます。設定画面は［システム］［ディスプレイ］［インターフェイス］［パフォーマンス］［ローカライゼーション］の5つのタブから構成されています。各タブの主な項目について解説します。

2.9.1 システム

［システム］タブでは、パスワード（❶）とホスト名（❷）を変更できます（図2-20）。デフォルトでは自動ログイン（❸）が有効ですが、❸のスライドスイッチを無効にすると、OS起動時にパスワードを求めるダイアログボックスが表示されます。

注8　URL https://ja.libreoffice.org/

○図2-19：Raspberry Piの設定の表示

○図2-20：［システム］タブ

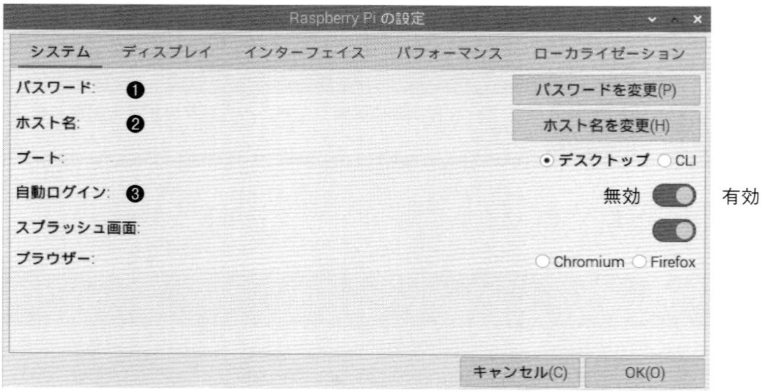

2.9.2　ディスプレイ

［ディスプレイ］タブの画面のブランク（❶）は、しばらく操作されなかった場合に画面を自動的にブランクにします（**図2-21**）。

2.9.3　インターフェイス

図2-22の各インタフェースをON⇒［OK］で再起動すると、インタフェースを制御・操作するためのデバイスドライバがインストールされます。

● SSH（❶）

SSH(Secure Shell)の通信内容を暗号化するプロトコルを有効にします。

● Raspberry Pi Connect（❷）

Raspberry Pi IDを利用して、リモートのPCやスマホのブラウザからラズパイの接続を

Chapter 1
Chapter 2
Chapter 3
Chapter 4
Chapter 5
Chapter 6
Chapter 7
Chapter 8
Chapter 9
Chapter 10
Chapter 11
Chapter 12
信号対応表 配線図

◯図2-21：［ディスプレイ］タブ

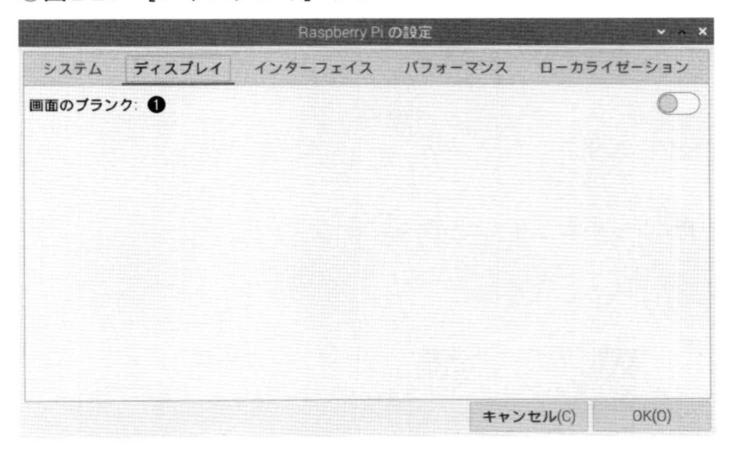

◯図2-22：［インターフェイス］タブ

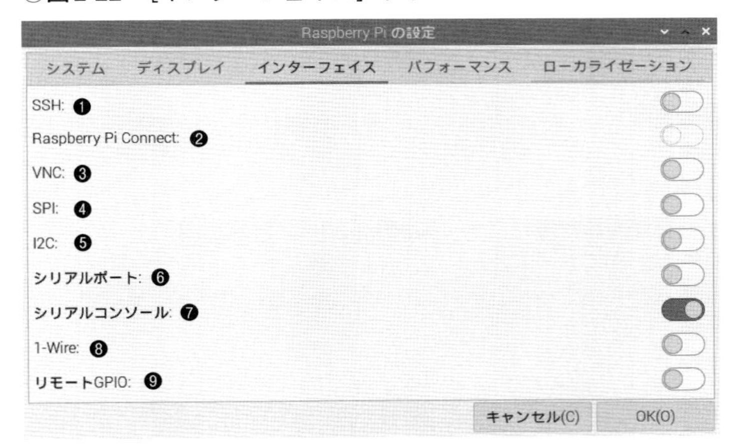

有効にします注9。

● VNC（❸）

VNC（Virtual Network Computing）をONにするとラズパイがVNCサーバとなり、リモートのPCからデスクトップ接続を有効にします。詳細はChapter11で解説します。

● SPI（❹）

SPI（Serial Peripheral Interface）のシリアルバスを有効にします。

● I2C（❺）

I^2C（Inter-Integrated Circuit）のシリアルバスを有効にします。

● シリアルポート（❻）

注9 URL https://www.raspberrypi.com/software/connect/

シリアル通信ポートを有効にします。

- **シリアルコンソール（❼）**

シリアルポートからログインできるようにします。

- **1-Wire（❽）**

1-Wireのシリアルバスを有効にします。

- **リモートGPIO（❾）**

ネットワークを介したクライアントからGPIOの操作を有効にします。

2.9.4　パフォーマンス

［パフォーマンス］タブのオーバーレイファイルシステム（❶）の［設定］をクリックすると、オーバーレイファイルシステムのダイアログボックスが表示されます（図2-23）。オーバーレイ（❷）と起動パーティション（❸）の項目が表示されます。オーバーレイとは、OSが起動する際にデバイスの機能や設定をカスタマイズするためのファイルです。起動パーティションは、SDカードの起動領域を指します。❷と❸を有効にすると、これらの領域はリードオンリーになります。

なお、Pi 4Bのタブでは、ファンのON/OFF、制御信号とするGPIO、ファンが動作するファン温度を設定する項目が表示されます。

○図2-23：［パフォーマンス］タブ

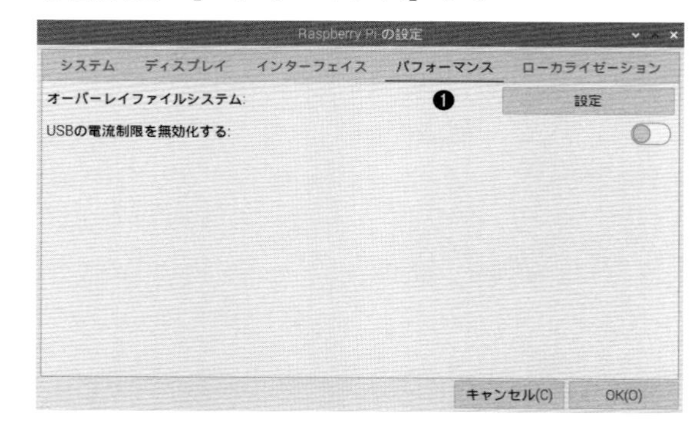

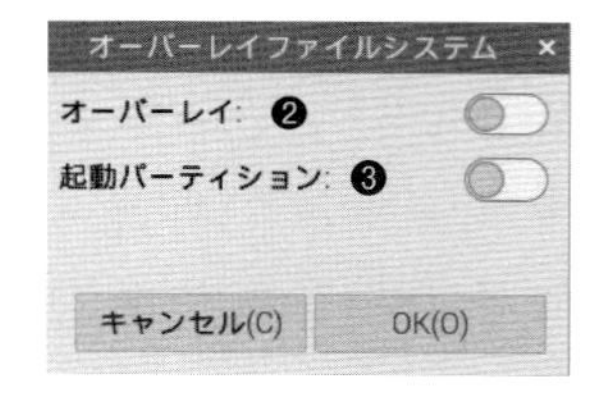

2.9.5　ローカライゼーション

図2-7（P.46）のようにインストールの作業をすると、Raspberry Pi OSは日本語で表示されます。他の国の言語に設定したい場合は［ローカライゼーション］タブで変更します（図2-24）。

- **ローケル（❶）**

言語と文字セットを設定します。日本語環境では、言語「ja（Japanese）」、文字セット「UTF-8」に設定します。

◯図2-24：［ローカライゼーション］タブ

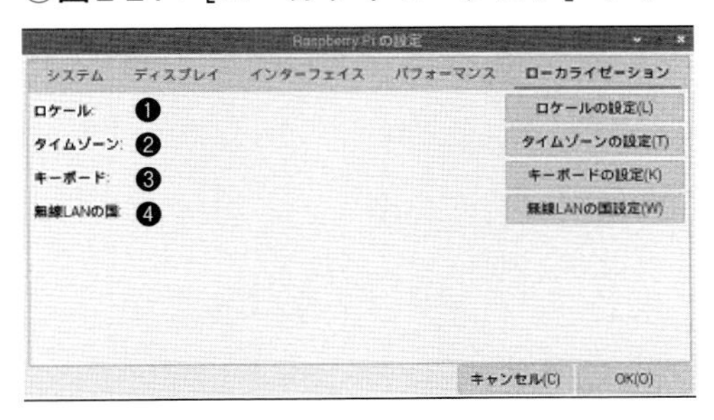

● タイムゾーン（❷）

現地時間を設定します。日本の場合は、地域「Asia」、位置「Tokyo」に設定します。

● キーボード（❸）

キーボードのモデル、レイアウトを設定します。日本語環境の場合、モデル「Generic 105-key PC（intl.）」、配列と機種に「Japanese」に設定します。

● 無線LANの国（❹）

国を設定します。日本の場合は「JP Japan」に設定します。

2.9.6　ディスプレイ解像度の変更

デスクトップ画面の［Menu］⇒［設定］⇒［Screen Configuration］をクリックすると、「Screen Layout Editor」画面（**図2-25**）が表示されます。

表示されたHDMIポートにマウスのカーソルを合わせて右クリックすると、各種設定のダイアログボックスが表示されます。解像度のリストから任意の解像度を選択するか、または、メニューバーの［レイアウト］⇒［Screens］⇒［HDMI-A-1］⇒［解像度］の順にクリックします。画面の右下の［Apply］をクリックするとデスクトップ画面の解像度が変更されて、最終確認のダイアログボックスが表示されます。［OK］をクリックすると変更が確定します。

◯図2-25：解像度の設定方法

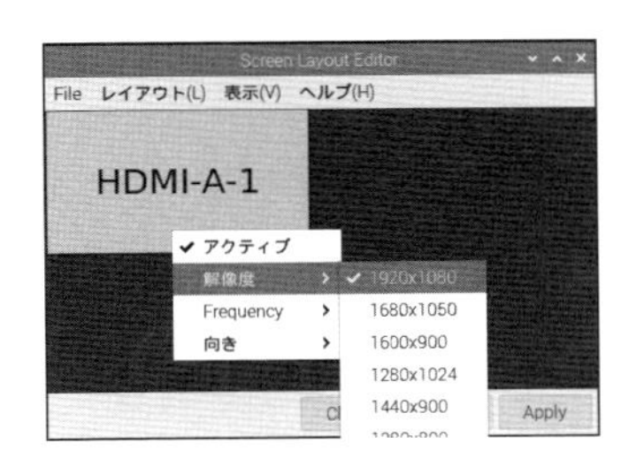

Chapter 3

プログラムの開発環境

　実際にプログラムを作成する前に、開発環境を構築します。「hello, world」の例題を通して、ソースコードの入力、実行ファイルの作成、エラーの修正などの方法について解説します。また、コンパイルとビルドの違いについても説明します。さらに、Raspberry Piで利用できるGPIO制御ライブラリであるlgpioについても解説します。lgpioを使用することで、LED、スイッチ、温度センサなどのデバイスとのやり取りを可能にします。

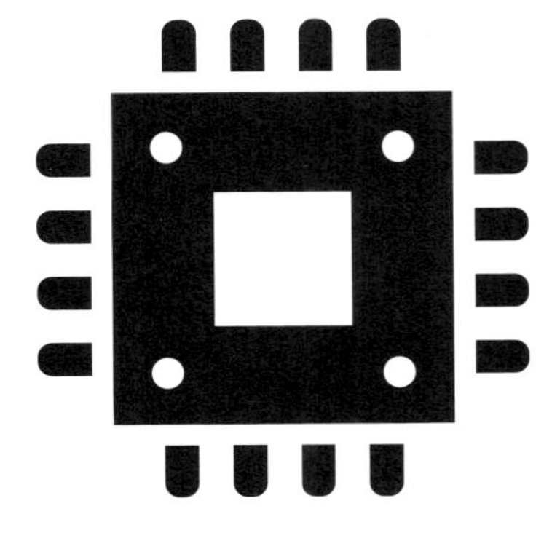

3.1　本章で準備するもの

ソフトウェアの開発には、テキストエディタ、コンパイラ、デバッガなどのツールやライブラリが必要です。本書では**表3-1**に示すように、テキストエディタにGeany（ジーニー）、コンパイラにGCC、GPIO制御ライブラリにlgpioを使用します。これらはOSSで、Chapter 2の手順でOSをインストールした場合、GeanyとGCCはRaspberry Pi OSに含まれています。lgpioは、インターネットからダウンロードして、インストールします。

◯表3-1：開発環境

開発ツール	ツール名
テキストエディタ	Geany
Cコンパイラ	GCC
GPIO制御ライブラリ	lgpio

3.1.1　lgpioのインストール

lgpioのライブラリについては、「3.5　lgpio制御ライブラリとは」（P.84）で解説しますが、先にターミナルを使用してインストールしましょう。

次の手順で、lgpioをGitHubサイトからダウンロード（❶）して解凍します（❷）。解凍されたフォルダ「lg-master」に移動します（❸）。次に、makeコマンドを使用してコンパイル（❹）とインストール（❺）を行います。なお、lgpioのGitHubサイトにインストールの手順が明記されているので、コピペが可能です。

URL https://github.com/joan2937/lg

```
❶ $ wget https://github.com/joan2937/lg/archive/master.zip
❷ $ unzip master.zip
❸ $ cd lg-master
❹ $ make
❺ $ sudo make install
```

3.2　ファイル保存用のフォルダ「MyApp2」の作成

［ファイルマネージャ］（**図3-1**の①）を開き、本書で作成するソースファイルなどを保存する「MyApp2」フォルダを作成します。ソースファイルとは、ユーザーが作成したソースコードを保存したファイルのことです。

Chapter 1
Chapter 2
Chapter 3
Chapter 4
Chapter 5
Chapter 6
Chapter 7
Chapter 8
Chapter 9
Chapter 10
Chapter 11
Chapter 12
信号対応表 配線図

ファイルマネージャの［ファイル］（②）⇒［新しいフォルダ］（③）でフォルダを作成します。ユーザーが自由にファイルやフォルダを作成できるホームディレクトリの場所（パス）は、本書では「/home/my-pi」です。また、ログインしたときのパスも「/home/my-pi」になります。現在のパスはファイルマネージャに表示されます（④）。

図3-2の「フォルダの新規作成」のダイアログボックスに「MyApp2」と入力し（①）、［OK］（②）をクリックすると、MyApp2フォルダ（③）が作成されます。

○図3-1：ファイルマネージャの画面

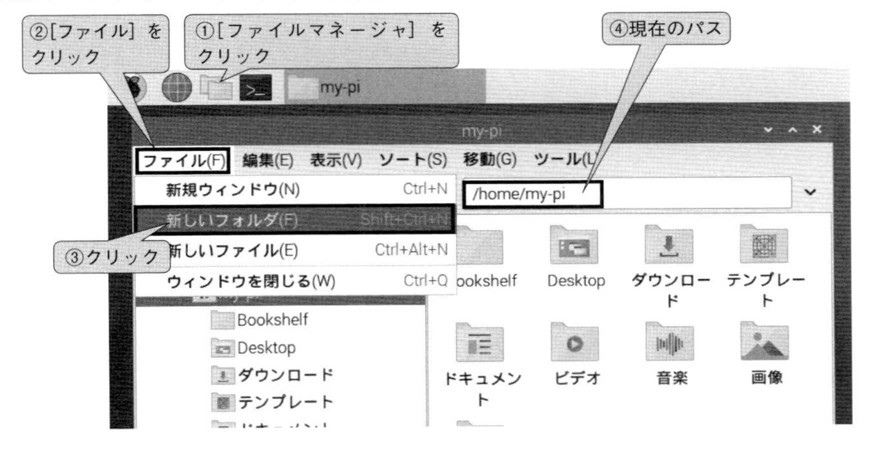

○図3-2：「MyApp」の入力とフォルダの確認

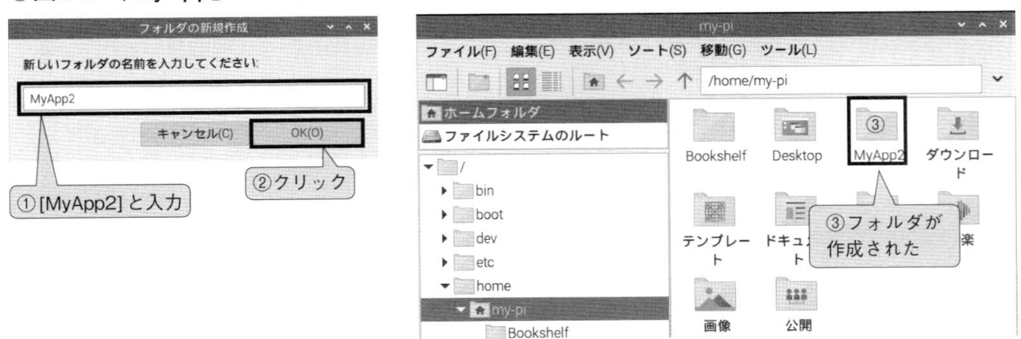

3.3　Geanyの基本操作

Geanyは日本語環境にも対応してビギナーに使いやすい特長があります。また、Geanyの起動時間が短く、操作性も軽快です。Geanyには、C、Java、PythonやPerlなどを含む多くのファイル形式の編集をサポートし、構文を自動的に色付けして見やすくさせ、コードを部分的に折り畳みにしてコンパクトに表示させるなどの機能があります。

3.3.1　Geanyの起動

［Menu］（**図3-3**の①）⇒［プログラミング］（②）⇒［Geany］（③）で起動します。

○図3-3：Geanyの起動メニュー

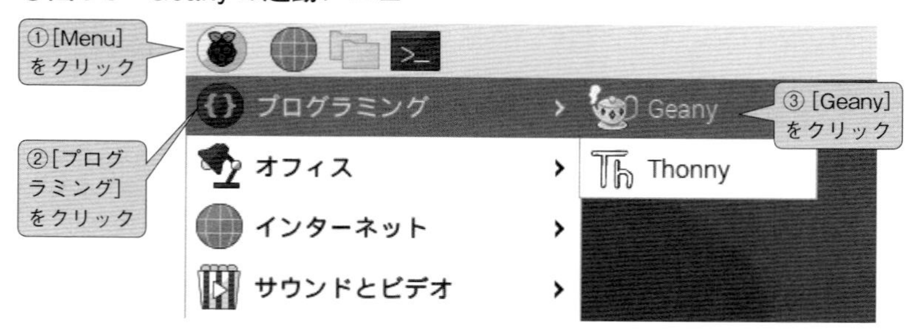

3.3.2　Geanyの編集画面について

Geany（**図3-4**）の主な機能を紹介します。

○図3-4：Geanyの画面

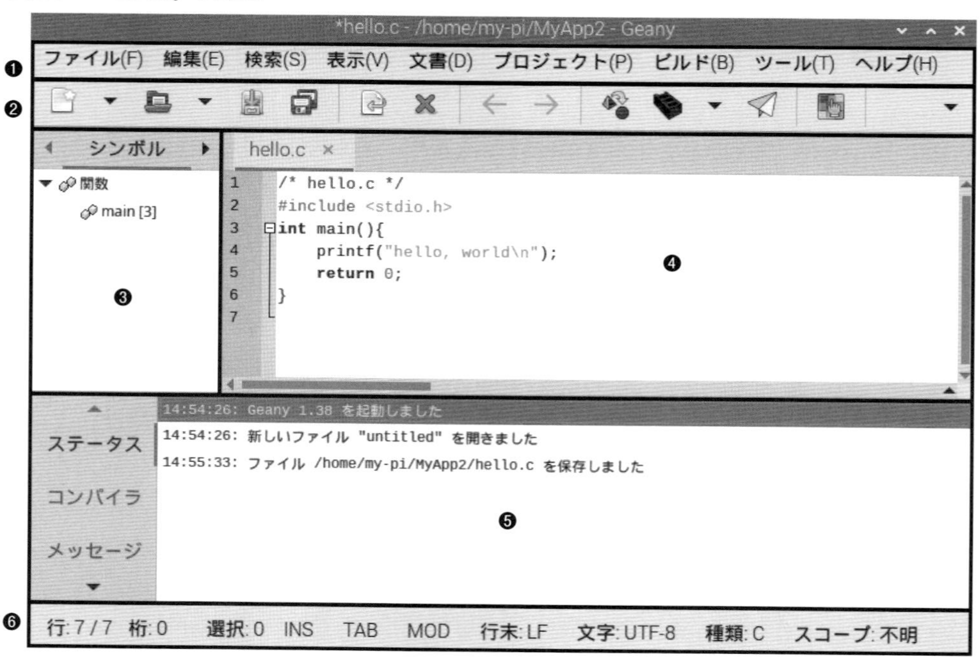

● メニュー（❶）

メニューは一般的なエディタと似たような構成になっています。「ファイル」は名前を付けて保存したり、ファイルを開いたりするときに使用します。「編集」には、コピーや貼り付けなどのコマンドがあります。「検索」には、文字の検索や置換のコマンドがあります。「ビルド」には作成したソースファイルをコンパイルするコマンドがあります。

● ツールバー（❷）

メニューの使用頻度の高いコマンドはツールバーにアイコンで登録されています。

● サイドバー（❸）

サイドバーには「シンボル」と「文書」のタブがあります。「シンボル」には、ソースコード中のシンボルを表示します。「文書」はGeanyで編集中のソースファイルのファイル名とパスを表示します。

● エディタ画面（❹）

エディタ画面でソースコードを作成します。エディタ画面はタブ方式のため、複数のエディタ画面を切り替えて編集できます。

● メッセージ画面（❺）

メッセージ画面もタブ方式で画面を切り替えられますが、よく使用されるのは「コンパイラ」です。ソースファイルをコンパイルした結果とエラーがあれば該当箇所が表示されます。

● ステータスバー（❻）

ステータスバーには、ソースコードの行数、行末コード、言語などの情報が表示されます。

3.3.3 ハローワールドの入力と保存

お決まりのhello, worldをターミナルに表示するプログラムのソースファイル「hello.c」を作成します。次のC言語のソースコードをGeanyのエディタ画面に入力します（**図3-5**）。

```
/* hello.c */
#include  <stdio.h>
int main(){
    printf("hello, world\n");
    return 0;
}
```

現在、ファイル名は「untitled」（**図3-5**の①）なので、先に「hello.c」と名前を付けて保存します。Geanyの［ファイル］（②）⇒［別名で保存］（③）から「MyApp2」（④）をダブルクリックして保存する場所を指定します。「hello.c」（⑤）と入力して［保存］（⑥）をクリックします。これで、Geanyの構文をハイライトする機能が有効になるので、入力するソースコードがわかりやすくなります。

○図3-5：hello.cの保存

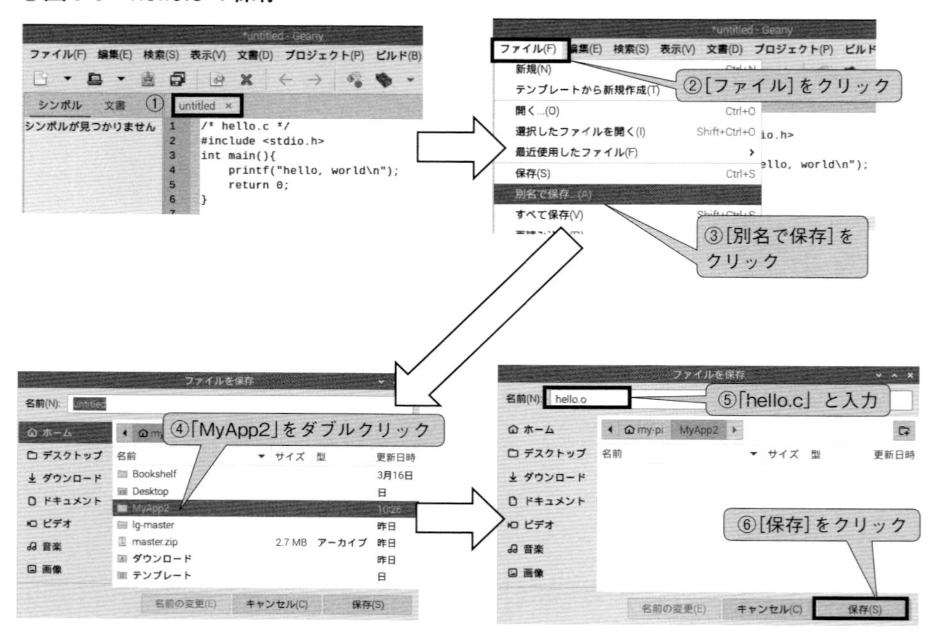

3.4 コンパイラの設定

3.4.1 GCCとは

本書では、コンパイラとして、Raspberry Pi OSに標準で装備されているGCC（the GNU Compiler Collection）注1を使用します。C、C++、Objective-C、Fortran、Adaなどのコンピュータ言語に対応しています。

コンパイラとは、人が作成したソースファイルからCPUが直接実行できるように機械語に変換するソフトウェアのことです。機械語はCPUを開発するインテル社、ARM社などのメーカーが独自に作成します。機械語は16進数で表示されるコードですが、機械語をMOV、JUMP、ADDなどのように人にわかりやすくした表記にアセンブリ言語もあります。機械語やアセンブリ言語でプログラムを作成することは可能ですが、ソースコードの行数が長くなるためプログラムの生産性は良くありません。そのため、人はC言語などの高級言語を利用してプログラムを作成し、コンパイラがそのプログラムを機械語へ翻訳します。

GCCにはコンパイラとリンカの機能があります（**図3-6**）。コンパイラは、ソースファイルから「オブジェクトファイル」を作成します。オブジェクトファイルの拡張子は「.o」です。もし、ソースコードに文法エラーがあればオブジェクトファイルを作成せず、エラーを表示

注1　URL https://gcc.gnu.org/

します。オブジェクトファイルは機械語に変換されますが、半仕上げの状態なので実行することはできません。オブジェクトファイルを「中間言語ファイル」とも呼びます。リンカはオブジェクトファイルやライブラリから実行可能な「実行形式ファイル」を作成します。実行形式ファイルに拡張子はありません。

◯図3-6：ソースファイルから実行形式ファイルが作成される工程

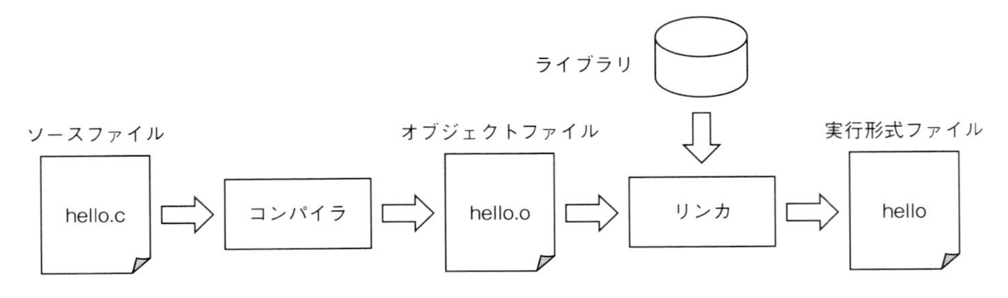

3.4.2　Geanyのコンパイラの設定

ソースコードの入力が終わりましたら、［ビルド］（図3-7の①）⇒［ビルドコマンドを設定］（②）をクリックします。

◯図3-7：ビルドのメニューの表示

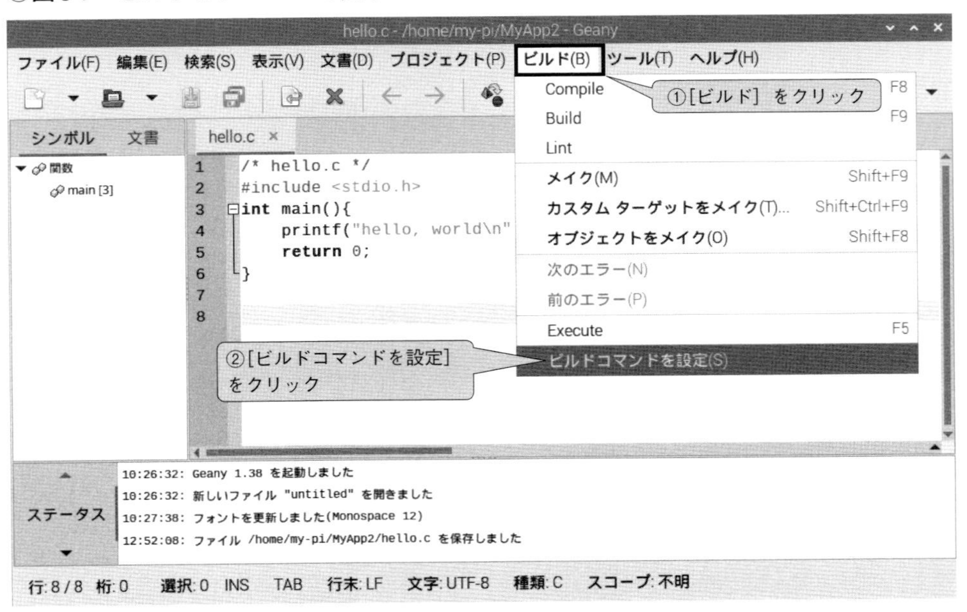

続いて、「ビルドコマンドを設定」画面の［Cコマンド］（①）と［コマンドを実行］（②）を設定します（図3-8）。

次のように、大文字と小文字を区別して半角で入力してください。なお、「␣」は「半角スペース」を表しています。全角スペースを使用するとエラーになるので注意してください。

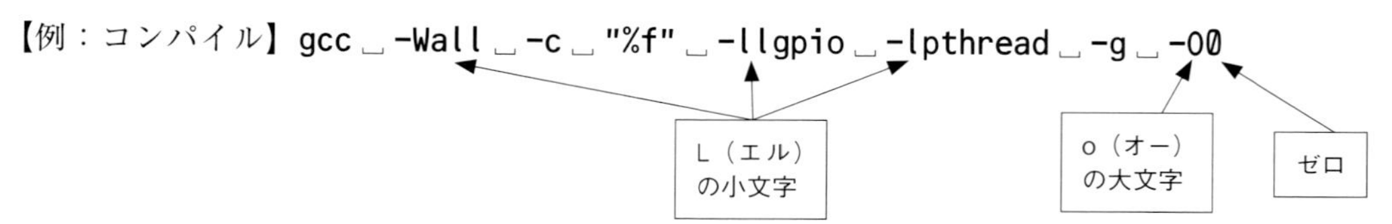

- -Wall：すべての警告を表示します。
- -c　：ソースファイルからオブジェクトファイルを作成します。"%f"はGeanyのオプションで、エディタ画面のソースファイル名になります。
- -l　：ライブラリを指定します。hello.cのコンパイルではここでの指定は不要ですが、Chapter 4以降で使用するためGPIO制御ライブラリlgpioとpthread（スレッド）[注2]関数のライブラリを指定しておきます。
- -g　：オブジェクトファイルにデバッグ用の情報を付加します。
- -O0　：最適化を無効にします。大文字のO（オー）と0（ゼロ）です。

【例：ビルド】gcc␣-Wall␣-o␣"%e"␣"%f"␣-llgpio␣-lpthread␣-g␣-O0

- -o　：実行ファイルを作成します。"%e"はGeanyのオプションで、拡張子（.c）がないファイル名になります。

【例：実行】sudo␣"./%e"

最後に、［OK］（③）をクリックします。

○図3-8：ビルドコマンドの設定

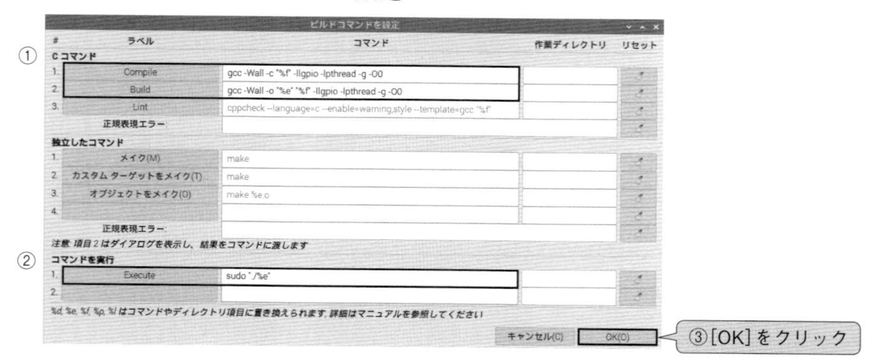

注2　スレッドを使用するためのライブラリ。スレッドについてはChapter 6で解説します。

ここで、コンパイルとビルドの違いを**図3-9**に示します。［ビルド］メニューの［Compile］は、コンパイラのみの動作でソースファイルからオブジェクトファイルを作成します。一方、［Build］は、コンパイラとリンカが連続的に処理し、ソースファイルから実行形式ファイルを作成します。

◯図3-9：CompileとBuildの違い

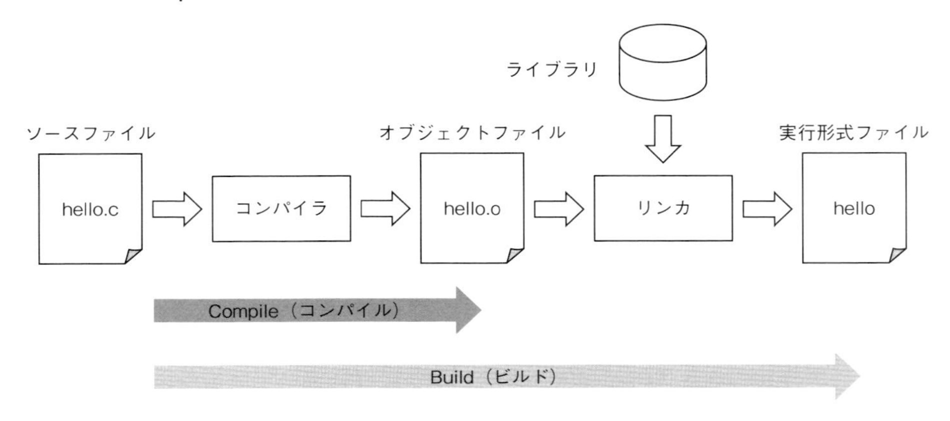

3.4.3　ビルド

メニューの［ビルド］（**図3-10**の①）⇒［Build］（②）でhello.cをビルドしてみましょう。メッセージ画面の［コンパイラ］に、「コンパイル完了」と表示されれば、正常にビルドされています（**図3-11**の③）。

◯図3-10：ビルドの実行

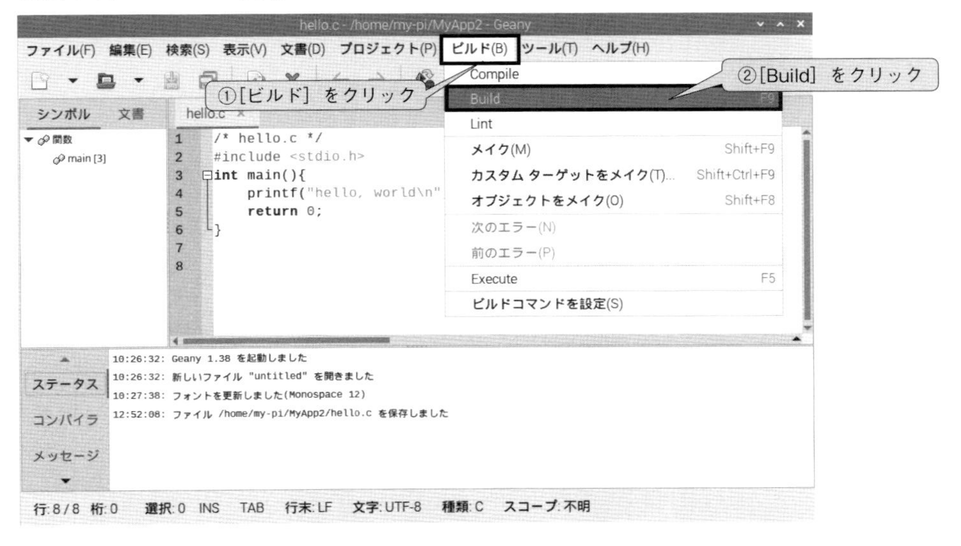

○図3-11：正常にビルド完了したときのメッセージ画面

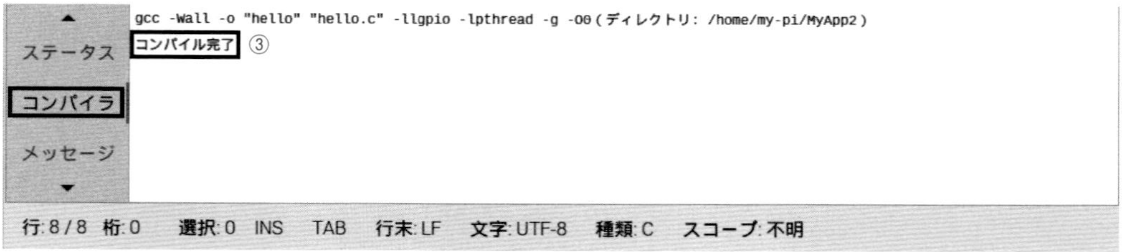

```
gcc -Wall -o "hello" "hello.c" -llgpio -lpthread -g -O0 (ディレクトリ: /home/my-pi/MyApp2)
コンパイル完了 ③
```

ステータス
コンパイラ
メッセージ

行:8/8　桁:0　選択:0　INS　TAB　行末:LF　文字:UTF-8　種類:C　スコープ:不明

3.4.4　エラーの修正方法

次のソースコードにはincludeのスペルミスとprintf文のセミコロン忘れの2カ所の不具合があります。ビルドすると、**図3-12**のように表示されます。

```
/* hello.c */
#iclude  <stdio.h>
int main(){
    printf("hello, world\n")
    return 0;
}
```

スペルミス（#iclude）
セミコロン忘れ（printf("hello, world\n")）

○図3-12：エラーや警告がある場合の画面

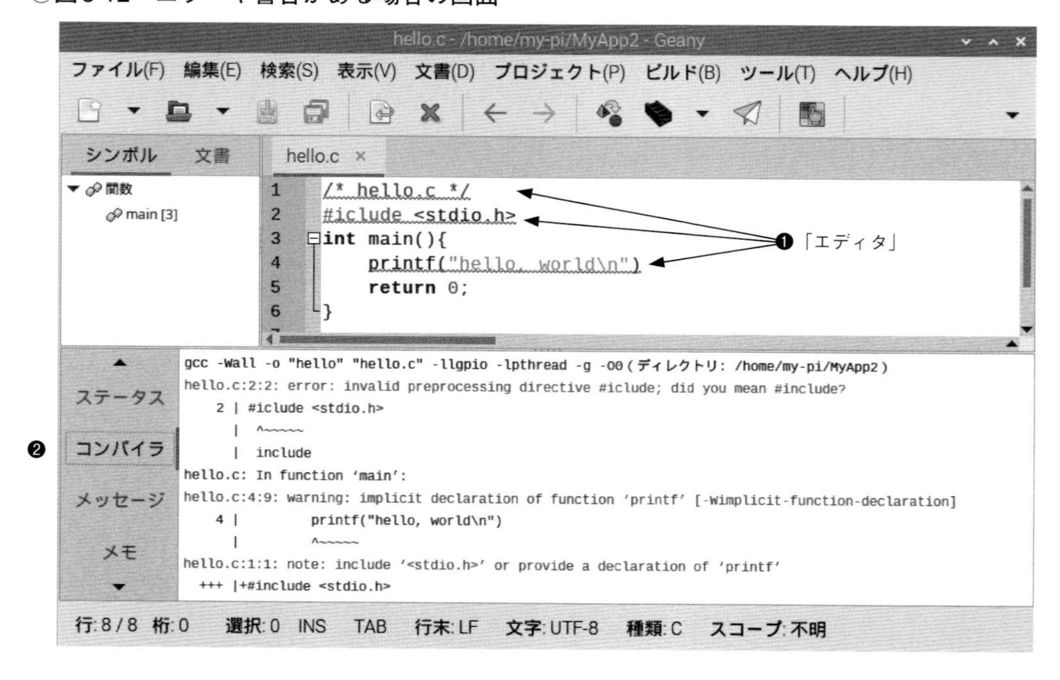

❶「エディタ」の1行目、2行目、4行目に赤色の波アンダーライン（＿＿＿）があります。これらの行にエラーがある可能性を指摘されていますが、2行目の不具合のため、1行目も影響を受ける場合があります。まずは、該当の行に、エラーがないかどうか確認します。

❷「コンパイラ」には、コンパイラが判断したエラーメッセージが表示されます。

表示は英語となります。エラーメッセージには、「error」（エラー）と「warning」（警告）があります。「error」と「warning」の違いは、「error」は致命的なエラーのため実行形式ファイルを作成することはできません。「warning」は軽微なエラーのため、「warning」だけの場合は実行形式ファイルを作成します。まずは、致命的なエラーである「error」から対処します。「error」を解決すると「warning」の警告が消えることがあります。

では、エラーメッセージを確認しましょう（**図3-13**）。「error」が2カ所（❶と❷）あることがわかります。❸は「warning」です。

○**図3-13：エラーメッセージ（その1）**

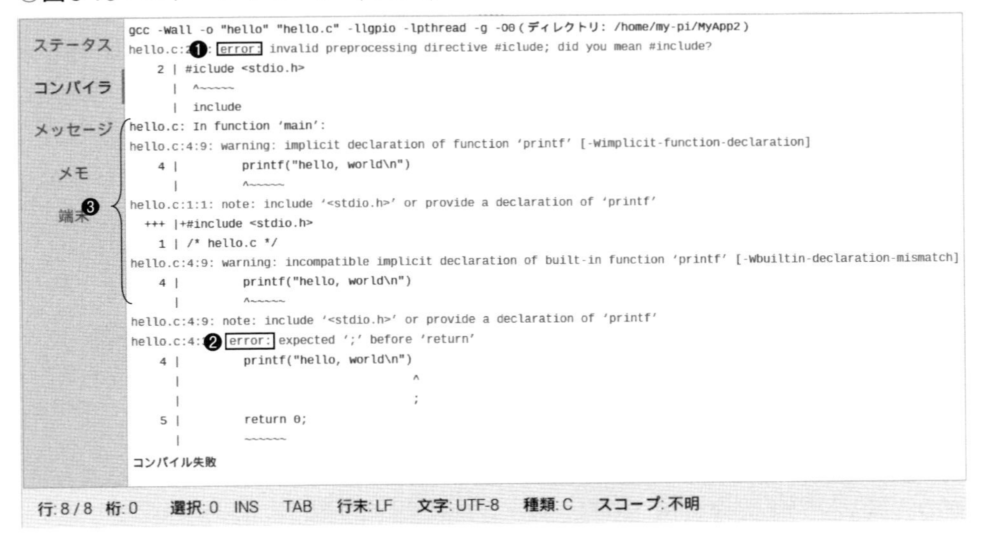

❶「hello.c:2:2: error: invalid preprocessing directive #iclude; did you mean #include?」

英語が苦手な人は、Google翻訳[注3]などの無料サービスを利用するのもよいでしょう。Google翻訳では「hello.c：2：2：エラー：無効な前処理ディレクティブ#iclude; #includeという意味ですか？」と表示されます（**図3-14**）。これは「#icludeが無効である」ことを示し、#includeの正しいスペルも提示しています。インクルード文にスペルミスがあるため無効と判断されました。「#include」へ修正し、ビルドを実行します。

注3　Google翻訳 URL https://translate.google.co.jp　翻訳の表示は2024年4月時点のものです。

○図3-14：Google翻訳の利用

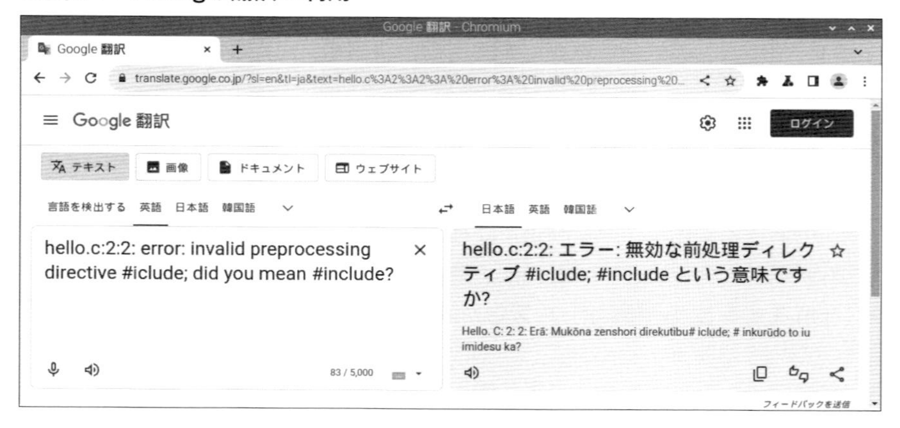

ビルドの実行の結果、エラーは1カ所に減り、❸の長い「warning」のメッセージも消えました（図3-15）。

○図3-15：エラーメッセージ（その2）

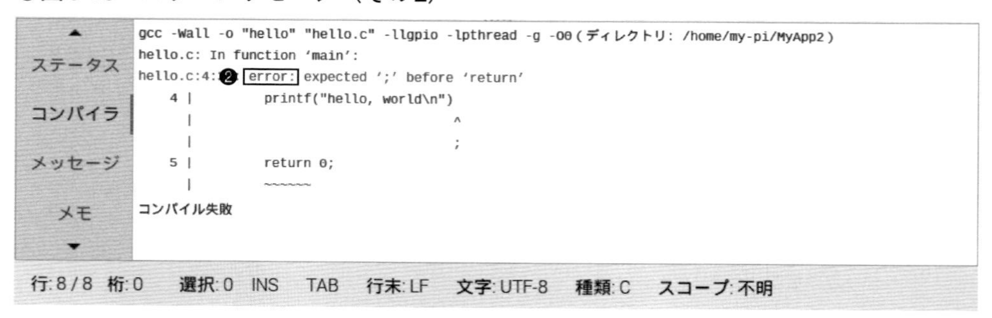

❷「hello.c:4:33: error: expected ';' before 'return'」

「hello.c:4:33: エラー:「return」の前に「;」が必要でした」とGoogleで翻訳されます。printf文の末尾にセミコロンを入れるように表示されています。セミコロンを入力して修正し、ビルドを実行します。

<ソースコードの修正方法>

- 初めてエラーが発生した場合は、GeanyのBuildに設定したgccコマンドのスペルを確認してください。
- エラーの多くは、スペル間違い、セミコロン、カッコ、ダブルクォーテーションなどの忘れ、セミコロン（;）とコロン（:）との打ち間違いなどの単純なミスが多いです。落ち着いて探しましょう。
- エラーの修正は「error」から始めます。1つ修正したら、ビルドを実行してエラーメッセージを減らしましょう。
- コメントを日本語の全角とソースコードの半角の入力作業が混在する場合、スペースや記号をソースコード中に全角で入力するミスが多いです。見た目は同じでも、コンパイルでエラーになるので修正してください。
- 自分の思い込みから抜け出せない場合は、他人にソースコードを見てもらいましょう。困ったときはお互いさまなので、次は見てあげる立場にもなりましょう。

3.4.5　実行

次に、Geanyの［ビルド］（①）⇒［Execute］（②）でプログラムを実行します（**図3-16**）。ターミナル画面が表示されて「hello, world」と表示されます。プログラムを終了する場合は、ターミナル画面の［閉じる］ボタン（③）をクリックします（**図3-17**）。

◯図3-16：ビルドメニューの「Execute」を実行

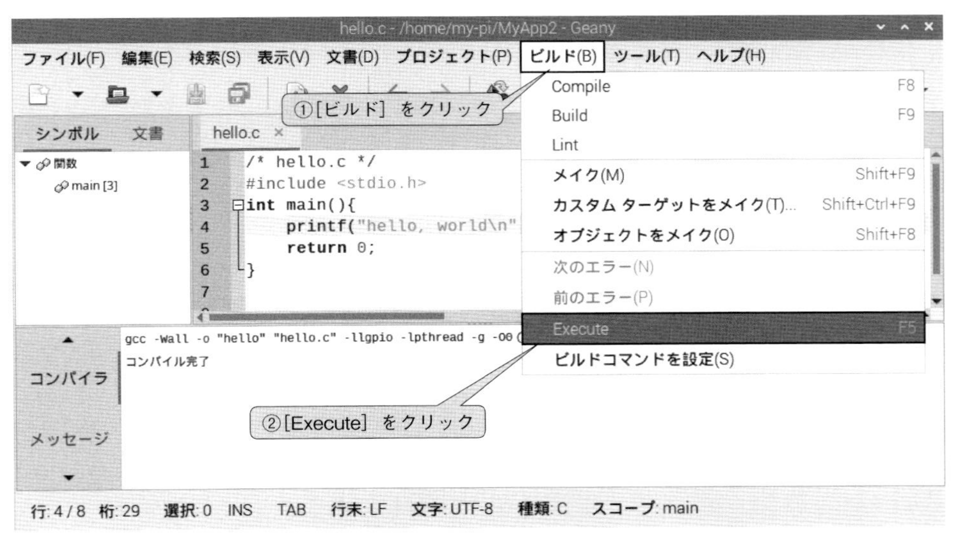

○図3-17：ターミナルでの実行結果の表示

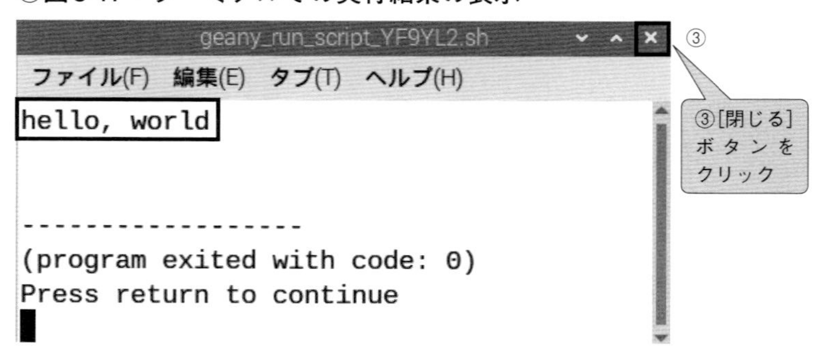

3.5　lgpio制御ライブラリとは

本書の前版ではGPIO制御ライブラリとしてWiringPiを使用しましたが、作者のG. Henderson氏のWebサイトは閉鎖されました。そのため、改訂新版ではlgpioを使用します。

lgpioは、Linux用シングルボードコンピュータ（SBC）用のC言語ライブラリで、GPIOの制御を可能にします。このライブラリは、英国のJoan氏によってパブリックドメインでリリースされた無料のソフトウェアです。誰でも、このソフトウェアを自由にコピー、変更、公開、使用、コンパイル、販売、配布できますが、不具合が発生した場合は自己責任となります。

ライブラリには、デジタル入出力、シリアル通信、I^2C、PWM、時間待ちなどの関数が含まれています。これらの関数を使用することで、計測、制御、通信などのプログラムを簡単に作成できます。ただし、lgpioはLinux SBC用に汎用的に作成されているため、個々のSBCに特化したハードウェアには対応していません。たとえば、Raspberry Piのハードウェア方式のPWM信号用関数はありません。

lgpioのドキュメントサイトと、ダウンロード先のGitHubのURLは以下のとおりです（**図3-18**）。なお、lgpioのインストールの手順は、「3.1.1　lgpioのインストール」（P.72）を参照してください。

- ドキュメントサイト：URL https://abyz.me.uk/lg/lgpio.html
- GitHubサイト：URL https://github.com/joan2937/lg

◯図3-18：lgpioの各Webサイト

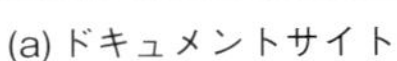
(a) ドキュメントサイト

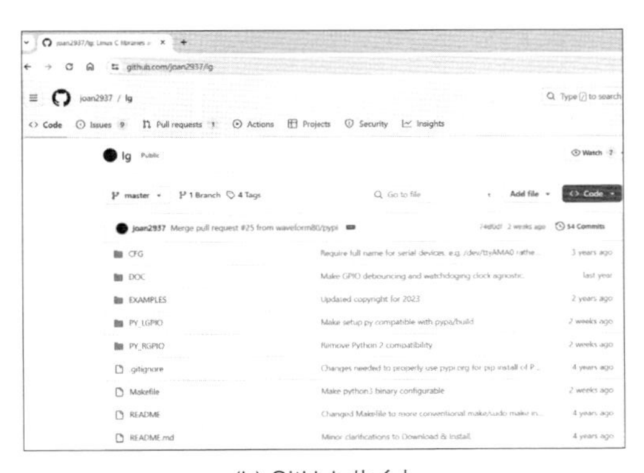

(b) GitHubサイト

lgpioのライブラリから主要な関数を抜粋し、その概要を**表3-2**から**表3-9**に示しますが、詳細はlgpioのドキュメントサイトを参照してください。lgpioライブラリ関数（以下、lgpio関数）名は「lg」から始まるので、標準ライブラリの関数との区別が容易です。また、lgpio関数には戻り値があり、成功した場合は「0」または正の値が、失敗した場合はlgpio関数のエラーコード（負の値）が返されます。

ユーザーが作成するソースコードには、ヘッダファイル[注4]「lgpio.h」を記述します。lgpio.hには、ライブラリ関数とLG_LOW（Lレベル）、LG_HIGH（Hレベル）、LG_SET_PULL_UP（プルアップ抵抗）、LG_RISING_EDGE（立ち上がりエッジ）などのマクロが定義されています。

【例：インクルード】 `#include <lgpio.h>`

注4　インクルードファイルとも呼ばれます。

◯表3-2：GPIO関連（その1）

関数名	内容
int lgGpiochipOpen(int gpioDev)	gpiochipをオープンし、成功すると、戻り値「handle」を返します。失敗した場合はlgpioのエラーコード（負の値）が返されます。 ・戻り値：handle ・gpioDev：gpiochipの番号を指定します。Pi 5とPi 4Bなどのモデルでは番号が異なるので注意です。 Pi 5：4 Pi 4Bなどのモデル：0
int lgGpiochipClose(int handle)	オープンしているgpiochipをクローズします。 ・handle：lgGpiochipOpen関数の戻り値「handle」を使用します。
int lgGpioClaimInput(int handle, int lFlags, int gpio)	GPIOピンを入力に設定します。 ・handle：lgGpiochipOpen関数の戻り値「handle」を使用します。 ・lFlags：入力回路のオプション。使用しない場合は「0」です。 プルアップ抵抗：LG_SET_PULL_UP プルダウン抵抗：LG_SET_PULL_DOWN 抵抗を使用しない：LG_SET_PULL_NONE ・gpio：GPIOの番号を指定します。
int lgGpioClaimOutput(int handle, int lFlags, int gpio, int level)	GPIOピンを出力に設定します。 ・handle：lgGpiochipOpen関数の戻り値「handle」を使用します。 ・lFlags：出力回路のオプション。使用しない場合は「0」です。 ・gpio：GPIOの番号を指定します。 ・level：GPIOの出力をLレベルまたはHレベルに初期化します。 Lレベル：LG_LOWまたは0 Hレベル：LG_HIGHまたは1
int lgGpioSetAlertsFunc(int handle, int gpio, lgGpioAlertsFunc_t cbf, void *userdata)	割込み処理の関数を設定します。 ・handle：lgGpiochipOpen関数の戻り値「handle」を使用します。 ・gpio：GPIOの番号を指定します。 ・cbf(callback function)：割込み処理で実行する関数を指定します。 ・userdata：ユーザーが使用できる変数です。
int lgGpioClaimAlert(int handle, int lFlags, int eFlags, int gpio, int nfyHandle)	割込み処理を発生させるエッジタイプを設定します。 ・handle：lgGpiochipOpen関数の戻り値「handle」を使用します。 ・lFlags：入力回路のオプション。使用しない場合は「0」です。 ・eFlags：エッジタイプを設定します。 立ち上がりエッジ：LG_RISING_EDGE 立ち下がりエッジ：LG_FALLING_EDGE 両方のエッジ：LG_BOTH_EDGES ・gpio：GPIOの番号を指定します。 ・nfyHandle：lgpioの通知用関数で使用しますが、使用しない場合は「-1」です。

＜lgpioのhandle（ハンドル）とは＞

GPIOピンやSPI、I^2Cなどのデバイスへのアクセスを管理するための識別子です。

◯表3-3：GPIO関連（その2）

関数名	内容
int lgGroupClaimInput(int handle, int lFlags, int count, const int *gpios)	グループ化したGPIOピンを入力に設定します。 ・handle：lgGpiochipOpen関数の戻り値「handle」を使用します。 ・lFlags：lgGpioClaimInput関数と同じ入力回路のオプションです。 ・count：グループ化したGPIOの数です。 ・gpios：GPIOの番号をグループ化した配列名です。
int lgGroupClaimOutput(int handle, int lFlags, int count, const int *gpios, const int *levels)	グループ化したGPIOピンを出力に設定します。 ・handle：lgGpiochipOpen関数の戻り値「handle」を使用します。 ・lFlags：出力回路のオプション。使用しない場合は「0」です。 ・count：グループ化したGPIOの数です。 ・gpios：GPIOの番号をグループ化した配列名です。 ・levels：GPIOの出力を初期化する配列名です。
int lgGpioRead(int handle, int gpio)	入力に設定されたGPIOの値をリードします。 ・戻り値：0（Lレベル）または1（Hレベル）。 ・handle：lgGpiochipOpen関数の戻り値「handle」を使用します。 ・gpio：GPIOの番号を指定します。
int lgGpioWrite(int handle, int gpio, int level)	出力に設定されたGPIOにLレベルまたはHレベルをライトします。 ・handle：lgGpiochipOpen関数の戻り値「handle」を使用します。 ・gpio：GPIOの番号を指定します。 ・level：LレベルまたはHレベルを使用します。 Lレベル：LG_LOWまたは0 Hレベル：LG_HIGHまたは1
int lgGroupRead(int handle, int gpio, uint64_t *groupBits)	グループ化したGPIOの値をリードします。 ・handle：lgGpiochipOpen関数の戻り値「handle」を使用します。 ・gpio：グループ化したGPIOの先頭のGPIOを指定します。 ・groupBits：リードした値を指すポインタです。 ※unit64_tは、符号なし8バイトの整数型です。
int lgGroupWrite(int handle, int gpio, uint64_t groupBits, uint64_t groupMask)	グループ化したGPIOにint型データをライトします。 ・handle：lgGpiochipOpen関数の戻り値「handle」を使用します。 ・gpio：グループ化したGPIOの先頭のGPIOを指定します。 ・groupBits：ライトするデータを設定します。 ・groupMask：ビットマスク処理。グループ化した各GPIOの出力の有効（1）または無効（0）を設定します。 【例】{LED0,LED1,LED2}の場合、groupMask=0b011に設定すると、LED0とLED1が変更されて、LED2は変更されません。

○表3-4：GPIO関連（その3）

関数名	内容
int lgTxPulse(int handle, int gpio, int pulseOn, int pulseOff, int pulseOffset, int pulseCycles)	パルス信号を出力します。 ・handle：lgGpiochipOpen関数の戻り値「handle」を使用します。 ・gpio：GPIOの番号を指定します。 ・pulseOn：Hレベルの時間（μs）を設定します。 ・pulseOff：Lレベルの時間（μs）を設定します。 ・pulseOffset：通常の出力タイミングからの遅延時間（μs）を設定します。 ・pulseCycles：信号のサイクル数を設定します。0に設定すると、信号は連続で出力します。
int lgTxPwm(int handle, int gpio, float pwmFrequency, float pwmDutyCycle, int pwmOffset, int pwmCycles)	PWM信号を出力します。 ・handle：lgGpiochipOpen関数の戻り値「handle」を使用します。 ・gpio：GPIOの番号を指定します。 ・pwmFrequency：周波数（0.1-10000 Hz）を設定します。0に設定すると、信号は出力されません。 ・pwmDutyCycle：デューティ比（0-100%）を設定します。 ・pwmOffset：通常の出力タイミングからの遅延時間（μs）を設定します。 ・pwmCycles：信号のサイクル数を設定します。0に設定すると、信号は連続で出力します。
int lgTxServo(int handle, int gpio, int pulseWidth, int servoFrequency, int servoOffset, int servoCycles)	RCサーボモータの制御信号を出力します。 ・handle：lgGpiochipOpen関数の戻り値「handle」を使用します。 ・gpio：GPIOの番号を指定します。 ・pulseWidth：Hレベルの時間（500-2500μs）を設定します。0に設定すると、信号は出力されません。 ・servoFrequency：周波数（40-500Hz）を設定します。 ・servoOffset：通常の出力タイミングからの遅延時間（μs）を設定します。 ・servoCycles：信号のサイクル数を設定します。0に設定すると、信号は連続で出力します。

○表3-5：UTILITIES関連

関数名	内容
void lguSleep(double sleepSecs)	時間待ちを実行（スリープ）します。 ・sleepSecs：実数（double型）の秒単位で設定します。 【例】1msの時間待ちをします。 lguSleep(0.001);
uint64_t lguTimestamp (void)	1970年1月1日0時0分0秒（UTC）からの経過時間（ナノ秒単位）の戻り値です。 ・戻り値：経過時間（ns）
double lguTime(void)	1970年1月1日0時0分0秒（UTC）からの経過時間（秒単位）の戻り値です。 ・戻り値：経過時間（s）

const char *lguErrorText(int error)	エラーコードからエラーメッセージ[注5]を返します。
	・戻り値：エラーメッセージの文字列。
	・error：エラーコード。
	【例】シリアルオープンに失敗するとエラーメッセージを表示します。
	hnd = lgSerialOpen("/dev/serial0", BPS,0);
	if(hnd<0){fprintf(stderr,"%s(%d).\n",lguErrorText(hnd),hnd);}

注5 エラーコードとエラーメッセージについては URL https://abyz.me.uk/lg/lgpio.html を参照してください。

◯表3-6：THREADS関連

関数名	内容
pthread_t *lgThreadStart(lgThreadFunc_t f, void *userdata)	スレッドを実行します。 ・戻り値：スレッドIDのポインタです。 ・f：スレッド関数名を指定します。 ・userdata：ユーザーが使用できる変数です。
void lgThreadStop(pthread_t *pth)	スレッドを終了します。 ・pth：スレッドIDのポインタです。

◯表3-7：I^{2}C関連

関数名	内容
int lgI2cOpen(int i2cDev, int i2cAddr, int i2cFlags)	I^{2}Cデバイスをオープンします。 ・戻り値：オープンしたデバイスのhandle ・i2cDev：I^{2}Cのバス番号を指定します。 ・i2cAddr：デバイスのスレーブアドレスを設定します。 ・i2cFlags：0（デフォルト）。
int lgI2cClose(int handle)	デバイスをクローズします。 ・handle：lgI2cOpen関数の戻り値「handle」を使用します。
int lgI2cReadByteData(int handle, int i2cReg)	デバイスから1バイトのデータをリードします。 ・戻り値：リードした1バイトのデータ。 ・handle：lgI2cOpen関数の戻り値「handle」を使用します。 ・i2cReg：デバイスのレジスタ番号を設定します。
int lgI2cWriteByteData(int handle, int i2cReg, int byteVal)	デバイスに1バイトのデータをライトします。 ・handle：lgI2cOpen関数の戻り値「handle」を使用します。 ・i2cReg：デバイスのレジスタ番号を設定します。 ・byteVal：ライトする1バイトのデータを設定します。
int lgI2cReadWordData(int handle, int i2cReg)	デバイスから2バイトのデータをリードします。 ・戻り値：リードした2バイトのデータ。 ・handle：lgI2cOpen関数の戻り値「handle」を使用します。 ・i2cReg：デバイスのレジスタ番号を設定します。
int lgI2cWriteWordData(int handle, int i2cReg, int wordVal)	デバイスに2バイトのデータをライトします。 ・handle：lgI2cOpen関数の戻り値「handle」を使用します。 ・i2cReg：デバイスのレジスタ番号を設定します。 ・wordVal：ライトする2バイトのデータを設定します。
int lgI2cWriteQuick(int handle, int bitVal)	デバイスに1bitをライトします。 ・handle：lgI2cOpen関数の戻り値「handle」を使用します。 ・bitVal：0または1を設定します。
int lgI2cReadDevice(int handle, char *rxBuf, int count)	デバイスからcountで指定したバイト数をリードして、rxBufに保存します。 ・handle：lgI2cOpen関数の戻り値「handle」を使用します。 ・rxBuf：リードしたデータを格納するための配列を設定します。 ・count：リードするバイト数を設定します。

◯表3-8：SPI関連

関数名	内容
int lgSpiOpen(int spiDev, int spiChan, int spiBaud, int spiFlags)	SPIデバイスをオープンします。 ・戻り値：オープンしたデバイスのhandle。 ・spiDev：SPIのバス番号を指定します。 ・spiChan：スレーブセレクト番号。 ・spiBaud：クロック速度（bps :bits per second）。 ・spiFlags：SPIの動作モード。一般的なmode0の場合「0」を設定します。
int lgSpiClose(int handle)	デバイスをクローズします。 ・handle：lgSpiOpen関数の戻り値「handle」を使用します。
int lgSpiRead(int handle, char *rxBuf, int count)	デバイスからデータをリードします。 ・handle：lgSpiOpen関数の戻り値「handle」を使用します。 ・rxBuf：データをリードする配列名を設定します。 ・count：リードするバイト数を設定します。
int lgSpiWrite(int handle, const char *txBuf, int count)	デバイスにデータをライトします。 ・handle：lgSpiOpen関数の戻り値「handle」を使用します。 ・txBuf：データをライトする配列名を設定します。 ・count：ライトするバイト数を設定します。
int lgSpiXfer(int handle, const char *txBuf, char *rxBuf, int count)	データのライトとリードを同時に行います。 ・handle：lgSpiOpen関数の戻り値「handle」を使用します。 ・txBuf：データをライトする配列名を設定します。 ・rxBuf：データをリードする配列名を設定します。 ・count：伝送するバイト数を設定します。

◯表3-9：SERIAL関連

関数名	内容
int lgSerialOpen(const char *serDev, int serBaud, int serFlags)	シリアルポートをオープンします。 ・戻り値：オープンしたシリアルポートのhandle。 ・serDev：デバイスファイルを指定します。例："/dev/serial0" ・serBaud：ボーレート（50, 75, 110, 134, 150, 200, 300, 600, 1200, 1800, 2400, 4800, 9600, 19200, 38400, 57600, 115200, 230400）を設定します。 ・serFlags：lgpioで「0」に設定されています。
int lgSerialClose(int handle)	シリアルポートをクローズします。 ・handle：lgSerialOpen関数の戻り値「handle」を使用します。
int lgSerialWriteByte(int handle, int byteVal)	1バイトのデータを送信します。 ・handle：lgSerialOpen関数の戻り値「handle」を使用します。 ・byteVal：送信する1バイトのデータを設定します。
int lgSerialReadByte(int handle)	1バイトのデータを受信します。 ・戻り値：受信した1バイトのデータです。 ・handle：lgSerialOpen関数の戻り値「handle」を使用します。
int lgSerialDataAvailable(int handle)	受信したデータのバイト数を取得します。 ・戻り値：受信データのバイト数。 ・handle：lgSerialOpen関数の戻り値「handle」を使用します。

3.6　数値のデータ型

3.6.1　文字型、整数型、浮動小数点型

Raspberry Pi財団が提供する64bit OSのデータ型と数値を**表3-10**に示します。文字型と整数型の数値範囲、浮動小数点型の正数の最大値と最小値が示されています。括弧を付けた(unsigned)、(signed)、(int)は省略可能ですが、文字型と整数型における省略の扱いは逆になります。浮動小数点型の最小値は、最も0に近い数値を指します。Raspberry Piで使用されているARMの浮動小数点型はIEEE 754規格に準拠しています。なお、32bit OSや他の処理系では、データ型のバイト長が**表3-10**と異なる場合があります。

◯表3-10：64bit OSのデータ型

種類	データ型	値の範囲	バイト長
文字型	(unsigned) char	0 ～ 255	1
	signed char	－128 ～ 127	1
整数型	unsigned short (int)	0 ～ 65,535	2
	(signed) short (int)	－32,768 ～ 32,767	2
	unsigned int	0 ～ 4,294,967,295	4
	(signed) int	－2,147,483,648 ～ 2,147,483,647	4
	unsigned long (int)	0 ～ 18,446,744,073,709,551,615	8
	(signed) long (int)	－9,223,372,036,854,775,808 ～ 9,223,372,036,854,775,807	8
	unsigned long long (int)	0 ～ 18,446,744,073,709,551,615	8
	(signed) long long (int)	－9,223,372,036,854,775,808 ～ 9,223,372,036,854,775,807	8
浮動小数点型	float（単精度）	最小値 1.17549e－38 最大値 3.40282e＋38	4
	double（倍精度）	最小値 2.22507e－308 最大値 1.79769e＋308	8
	long double（四倍精度）	最小値 3.3621e－4932 最大値 1.18973e＋4932	16

3.6.2　データ型のサイズを確認する

C言語のヘッダファイル「limits.h」では、char型を含めて整数型の最大値と最小値がマクロ定義されています。int型の最大値のマクロ名はINT_MAXです。printf関数を利用して、ターミナルにデータ型の最大値や最小値を表示させられます。同様に、浮動小数点型は、ヘッダファイル「float.h」で定義されています。

　また、型のサイズをsizeof演算子で調べられます。**リスト3-1**は、データ型のサイズを確認するソースコードで、実行結果は**表3-10**と同じになります。なお、sizeof演算子が生成するのは符号無し整数型の値で、size_t型で定義されています。size_t型の値をprintf関数で出力する際の書式文字列は、zを付けた"%zu"とします[注6]。

○リスト3-1：DataType.c

```
#include <stdio.h>      //printf
#include <stdlib.h>     //EXIT_SUCCESS
#include <limits.h>     //UCHAR_MAX,USHRT_MAX,UINT_MAX,ULONG_MAX,ULLONG_MAX,etc
#include <float.h>      //FLT_MAX,DBL_MAX,LDBL_MAX,etc

int main (void)
{
    printf("%s %d %zubyte¥n", "char型の最大値", UCHAR_MAX, sizeof(char));
    printf("%s %d %zubyte¥n", "signed char型の最小値", SCHAR_MIN, sizeof(signed char));
    printf("%s %d %zubyte¥n¥n", "signed char型の最大値", SCHAR_MAX, sizeof(signed char));

    printf("%s %d %zubyte¥n", "unsigned short型の最大値", USHRT_MAX, sizeof(unsigned short));
    printf("%s %d %zubyte¥n", "short型の最小値", SHRT_MIN, sizeof(short));
    printf("%s %d %zubyte¥n¥n", "short型の最大値", SHRT_MAX, sizeof(short));

    printf("%s %u %zubyte¥n", "unsigned int型の最大値", UINT_MAX, sizeof(unsigned int));
    printf("%s %d %zubyte¥n", "int型の最小値", INT_MIN, sizeof(int));
    printf("%s %d %zubyte¥n¥n", "int型の最大値", INT_MAX, sizeof(int));

    printf("%s %lu %zubyte¥n", "unsigned long型の最大値", ULONG_MAX, sizeof(unsigned long ));
    printf("%s %ld %zubyte¥n", "long型の最小値", LONG_MIN, sizeof(long ));
    printf("%s %ld %zubyte¥n¥n", "long型の最大値", LONG_MAX, sizeof(long ));

    printf("%s %llu %zubyte¥n", "unsigned long long型の最大値", ULLONG_MAX, sizeof(unsigned long
long ));                                                       この2行は実際には1行で記述します
    printf("%s %lld %zubyte¥n", "long long型の最小値", LLONG_MIN, sizeof(long long ));
    printf("%s %lld %zubyte¥n¥n", "long long型の最大値", LLONG_MAX, sizeof(long long ));

    printf("%s %g %zubyte¥n", "float型の最小値", FLT_MIN, sizeof(float));
    printf("%s %g %zubyte¥n¥n", "float型の最大値", FLT_MAX, sizeof(float));

    printf("%s %g %zubyte¥n", "double型の最小値", DBL_MIN, sizeof(double));
    printf("%s %g %zubyte¥n¥n", "double型の最大値", DBL_MAX, sizeof(double));

    printf("%s %Lg %zubyte¥n", "long double型の最小値", LDBL_MIN, sizeof(long double));
    printf("%s %Lg %zubyte¥n", "long double型の最大値", LDBL_MAX, sizeof(long double));

    return EXIT_SUCCESS;
}
```

本書では、リスト3-1以降のソースコードにおいて、改行コードを「¥n」で表記することがありますが、「\n」と同じ意味です。

注6　プログラム言語C JIS X 3010:2003 7.19.6.1

Chapter 4

GPIOのデジタル出力を使う

　ラズパイを使った電子工作の世界へようこそ！　まずは、LEDを点滅させるプログラム（Lチカ）の実験を始めましょう。この小さなLEDが、私たちの冒険の一歩を象徴しています。ブレッドボードに抵抗やLEDを挿して、電子回路を製作します。次に、C言語を使ってLEDを点滅させるプログラムを作成します。プログラムを実行すると、LEDが点滅し始めます。その輝きは、私たちの挑戦の光です。さあ、一緒に始めましょう。

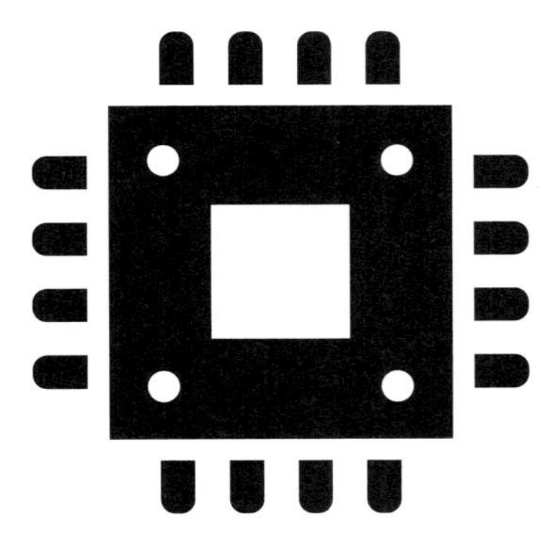

4.1 本章で準備するもの

表4-1と**表4-2**には、本章で使用する部品や工具などの情報が記載されています。参考品欄には、入手情報などを載せましたが、他のブランドや持ち合わせのものでも結構です。ただし、商品情報が変更された場合は、相当品を検討してください。

なお、秋月電子通商の商品には、はんだ付け作業が必要なキット形式があります。本章以降の電子部品やロボットの製作でもはんだ付け作業があります。こて先の温度は300℃以上になり、やけどなどの危険がありますので、安全に十分な注意を払いながら楽しく作業してください。はんだ付けの作業方法や注意事項は、著者のサポートページで紹介しています。 URL https://raspi-gh2.blogspot.com/

○**表4-1：本章で使用する部品など**

名称	個数	説明	参考品（秋月電子通商）
長いブレッドボード	2	ブレッドボードは電子回路の組み立てに使用します。	109257（①）
ジャンパーワイヤ（オス-オス）	数式	ジャンパーワイヤには、より線と単線の2種類がありますが、より線タイプを推奨します。	105159
ジャンパーワイヤ（オス-メス）	数式	ラズパイの拡張コネクタ（オス）とブレッドボード（メス）の接続に使用します。黒線はGND、青線はGPIOの信号線として使い分けると誤配線の防止になります。	黒線：108932 青線：108934（②）
赤色LED	4	緑色LEDでもOKですが、青色LEDは順方向電圧が高いため、本書の回路例では点灯しない場合があります。	111577
抵抗390Ω	4	1/4 W	125391
電解コンデンサ 47uF	2	電源の安定化に使用。	110270
セラミックコンデンサ 0.33uF	1	積層タイプ	108147
三端子レギュレータ ローム：BA033CC0T	1	+5V電圧から+3.3V電圧を出力する回路に使用。	113675
DCジャックDIP化キット	1	ブレッドボード用の電源用コネクタです。はんだ付け作業があります。	105148（③）
DCジャック型ACアダプタ 5V4A	1	回路実験用に出力電流が大きいものを使用します。	110660

①
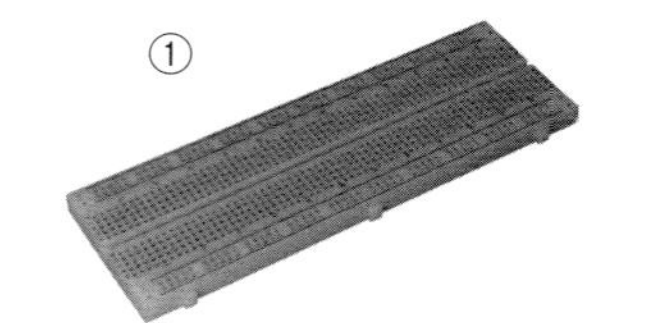

②
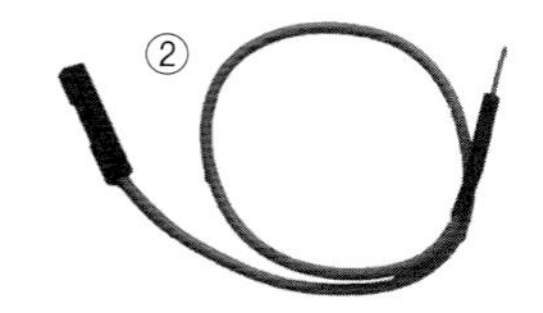

③

◯表4-2：電子工作に使用する工具など

名称	説明	参考品
はんだこて	鉛フリーに対応したもの。	白光 FX-650-81
高熱容量のこて先	こて先の直径が3ミリ程度のC型こて先。	白光 T34-C3（④）
こて台	安全性、こて先保護、作業性を確保できるもの。	白光 FH300-81（⑤）
こて先クリーナー	こて先の温度の低下が少ないワイヤ式を推奨。	白光 599B-01（⑤）
フラックス	部品表面から酸化膜を除去できるもの。	白光 FS200-01（⑥）
鉛フリーはんだ	φ0.6mm程度の鉛フリー仕様のもの。	goot SD-51
Tipリフレッサー	酸化したこて先を活性剤の働きで還元するもの。	goot BS-2（⑦）
はんだ吸取線	余分なはんだを吸い取れるもの。	白光 FR150-87（⑧）
はんだ吸取器	余分なはんだを吸い取れるもの。吸取線または吸取器のどちらか一方のみで可。	goot GS-108（⑨）
クランプ	いろいろな形状の部品を固定できるもの。	goot ST-85（⑩）
小型ニッパ	リード線や電線などを切断できるもの。	HOZAN N-31
小型ラジオペンチ	部品やリード線の把持・加工に使用できるもの。	HOZAN P-36
作業用マット	天板を保護し、難燃性・導電性があるもの。	HOZAN F-310-M
デジタルテスター	抵抗と電圧の測定や導通チェックができるもの。	sanwa PC20（⑪）
保護メガネ	飛散するはんだやゴミから目を保護できるもの。	TRUSCO　TSG33（⑫）
精密作業用手袋	作業時の危険な要因から手を保護できるもの。	MISM P10-M
マスキングテープ	貼り直しが可能で、糊が残らないもの。	Sotch 230-3-12

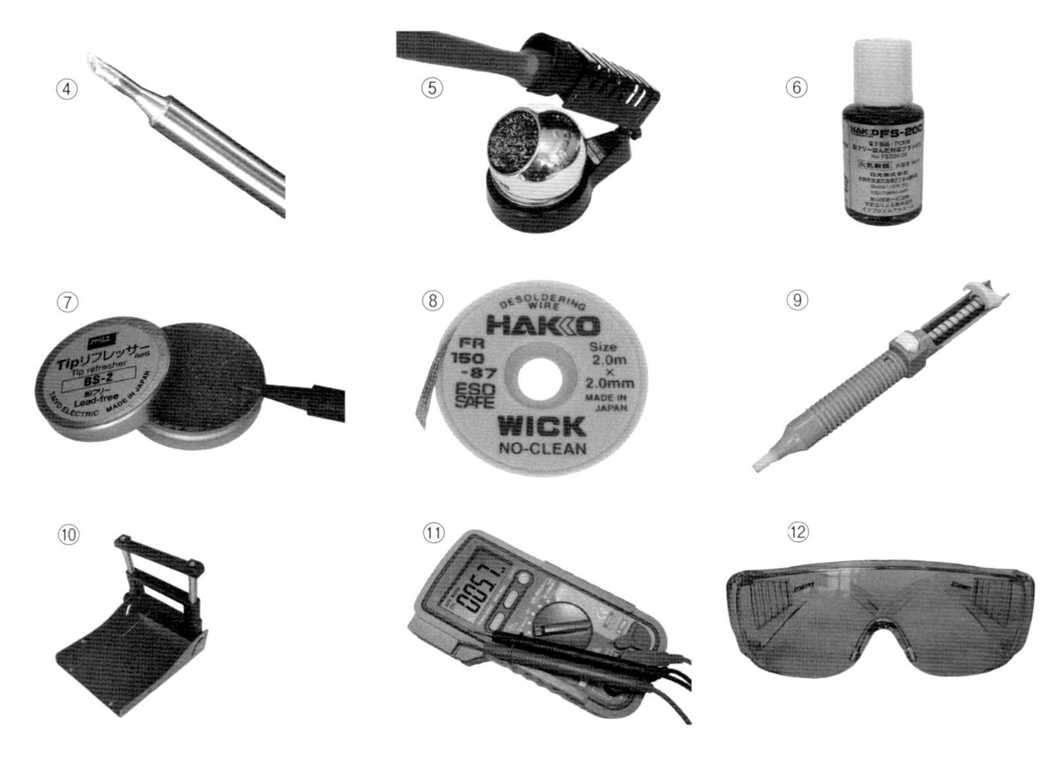

Chapter 9「Piカメラで撮影する」までの範囲で、ブレッドボードに製作する周辺回路を**図4-1**に示します。各章で組み立てた回路はあとの章の例題で使用することがありますので、ブレッドボードを拡張して回路を製作してください。

○図4-1：Chapter 9におけるブレッドボードの全体像

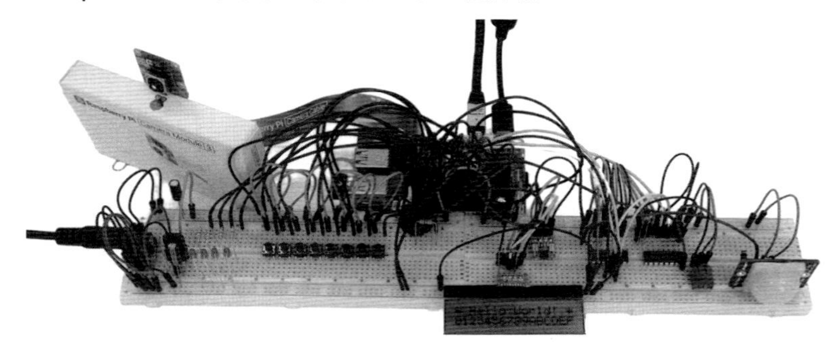

Column SI接頭語とは

オーム、ボルト、アンペアなどの基準となる1つの単位を定義して、10の累乗倍の数を示す接頭語を付けることで、大きな量や小さな量を表します。国際単位系（SI）注A において定義されています（**表4-A**）。接頭辞とも言います。たとえばオームの場合、1000Ω（千オーム）ではなく、1kΩ（1キロオーム）と呼びます。接頭語は記述や口述での数字の表記ミスを少なくするための知恵です。

○表4-A：SI接頭語（一部）

名称	記号	10^n	十進数表記	使用例
テラ（tera）	T	10^{12}	1 000 000 000 000	バイト
ギガ（giga）	G	10^9	1 000 000 000	バイト、ヘルツ
メガ（mega）	M	10^6	1 000 000	オーム、ワット、ヘルツ
キロ（kilo）	k	10^3	1 000	オーム、ワット、ヘルツ
		10^0	1	
デシ（deci）	d	10^{-1}	0.1	ベル
センチ（centi）	c	10^{-2}	0.01	メートル
ミリ（milli）	m	10^{-3}	0.001	アンペア、ボルト、秒
マイクロ（micro）	μ	10^{-6}	0.000 001	ファラッド、アンペア、秒
ナノ（nano）	n	10^{-9}	0.000 000 001	アンペア、秒
ピコ（pico）	p	10^{-12}	0.000 000 000 001	ファラッド

注A　国際単位系の略称のSI（Système International d'unités）はフランス語に由来し、メートル法がフランスの発案による歴史的な経緯があります。SI接頭語はJIS Z 8000-1でも規定されています。

4.2 LEDとは

本章では、LEDの点灯回路を試作して、ソフトウェアで点灯のON/OFFを制御しますが、その前にLEDについて学習します。LEDはLight-Emitting Diodeの頭文字を組み合わせた略語で、「発光ダイオード」とも呼ばれます。

LEDは機器のインジケータ、自動車の計器盤の表示、信号機、照明、イルミネーション、スタジアムの大型ディスプレイなどのさまざまな製品に使用されています。LEDの形状には、砲弾型、チップ型、複数のLEDを組み合わせて1つの素子とした7セグメントLED、ドットマトリクスLED、RGBフルカラーLEDなどのさまざまなLEDがあります（**図4-2**）。

◯図4-2：さまざまなLED

(a)砲弾型　(b)チップ型　(c)7セグメント型　(d)ドットマトリクス型　(e)RGB型

LEDはダイオード（diode）の一種で、di（2つ）ode（電極）という名前のとおり、2つの電極があります。プラス（+）側の電極を「アノード（Anode）」、マイナス（−）側の電極を「カソード（Cathode）」と呼びます。LEDの電気用図記号はダイオードと同じですが、2本の矢印で発光を表現しています（**図4-3**）。アノードは「A」で、カソードは「K」[注1]または「C」で表記されます。

◯図4-3：LEDの電気用図記号（JIS C 0617）

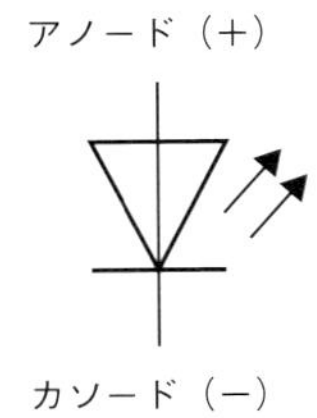

砲弾型LEDの電極はリード線の長さで区別できます。長いリード線がアノードです（**図4-4 (a)**）。本体の先頭は光を遠くまで発散させるために、レンズの構造になっています。

注1　Kはドイツ語の「Kathode」の頭文字です。

○図4-4：砲弾型LEDの構造

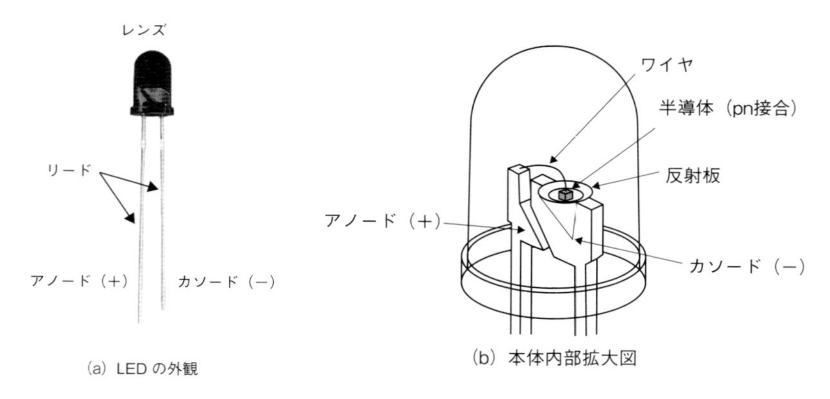

(a) LEDの外観　(b) 本体内部拡大図

本体内部を拡大すると（**図4-4 (b)**）、カソード側のリードフレームの先端部はアノードより大きく、懐中電灯と同じようなカップ状の反射板があります。反射板の底に発光する半導体が実装されています。反射板は明るく光るために、銀めっき処理されています[注2]。アノード側のリードフレームの先端部とpn接合の半導体はワイヤで接続されています。

pn接合はp型半導体とn型半導体[注3]を接合させた構造をしています（**図4-5**）。n型半導体とは、負の電荷をもち自由に移動できる「自由電子」がたくさんある半導体です。一方、p型半導体とは、自由電子が不足して、あたかも正の電荷を帯びた「穴」がたくさんある半導体です。その穴を「正孔（ホール）」と呼びます。自由電子や正孔の移動によって電流が生じます。

p型半導体の電極はアノード、n型半導体の電極はカソードとなります。LEDを発光させるためには、**図4-5 (a)**に示すように電源のプラス（+）をアノードに、マイナス（−）をカソードに接続して電圧を加えます。このときの電圧の向きを「順方向」といいます。順方向に電圧を加えると、n型半導体の自由電子は+極に引かれてp型半導体のほうに、p型半導体の正孔は−極に引かれてn型半導体へ移動します。このとき、接合面において自由電子と正孔が再結合し、光を発します。これがLEDの発光の原理です。なお、再結合することなく半導体を通過する自由電子や正孔により電流が生じます。この電流を「順方向電流（I_F）」と呼びます。電流の向きは電子の向きと逆方向に定義されています。

次に、電源のマイナス（−）をアノードに、プラス（+）をカソードに接続して電圧を加えます（**図4-5 (b)**）。このときの電圧の向きを「逆方向」といいます。逆方向に電圧を加えると、自由電子はカソード側に、正孔はアノード側に引き付けられるので電流は流れません。

一方向のみ電流が流れることを「整流作用」と呼びます。電圧の極性を変えても明かりがつく豆電球とは性質が異なります。なお、LEDは逆方向の耐圧が低いため整流用途には適しません。

注2　LEDのリード線が酸化しやすいのは、めっきの銀と空気中の硫黄との硫化反応です。保管に注意しましょう。

注3　positive（正）とnegative（負）の頭文字からp型半導体、n型半導体と呼ばれています。

○図4-5：LEDの発光の原理

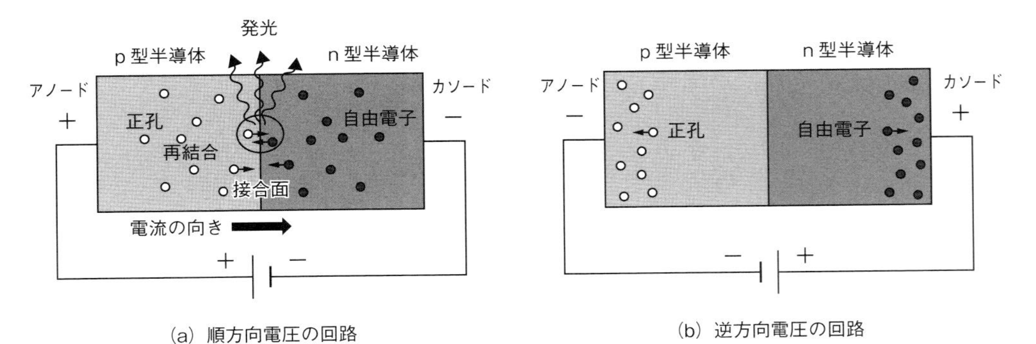

図4-6に示すLEDの電流電圧特性を見るとわかりますが、順方向の電圧を0Vから徐々に加えてもほとんど順方向の電流は増えず発光もしません。ある電圧を超えると電流が急に流れ始め、電流量に応じて発光します。その電圧を「順方向電圧（V_F）」と呼びます。赤色、橙色、黄色、黄緑色のLEDでは1.8～2.6V程度、青色のLEDでは2.8～3.6V程度です。光の色は、半導体の材料によって決まります。たとえば、赤色や黄緑色はアルミニウムインジウムガリウムリン（AlGaInP）、青色はインジウム窒化ガリウム（InGaN）などが使用されています。

○図4-6：LEDの電流電圧特性

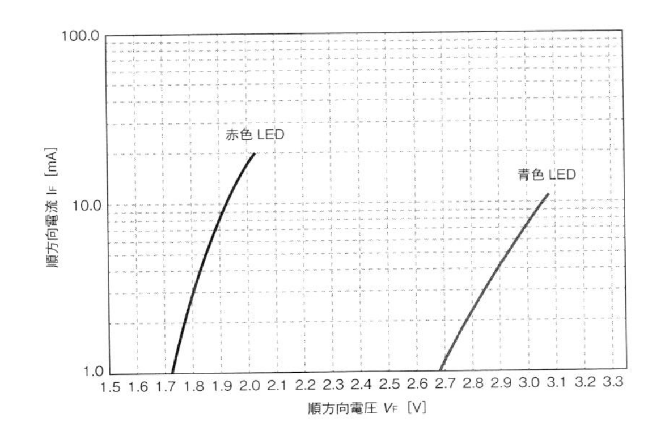

1962年に米国のニック・ホロニアック（Nick Holonyak）氏が世界で最初のLED（赤色）を発明しました。その後、緑色のLEDも開発され、残るは青色となりました。青色LEDが実現すれば、光の三原色が完成し、LEDであらゆる色を表現できるようになります。世界中の研究者が青色LEDの開発に取り組みましたが困難を極めました。LEDが発明されて約30年後の1993年、高輝度青色LEDは日本で発明されました。2014年、青色LEDの発明と実用化の貢献により、赤崎勇氏、天野浩氏、中村修二氏の３名がノーベル物理学賞を受賞しました。

4.3 LEDの点灯回路の設計

LEDの仕組みについて理解が深まったところで、LEDの点灯回路を設計しましょう。**図4-7**に回路図を示します。

LEDに順方向電流が流れ過ぎないように抵抗Rを直列に挿入します。抵抗Rの抵抗値は**式4-1**から求められます。

抵抗R = (電源V − 順方向電圧V_F) ÷ 順方向電流I_F　　　　［式4-1］

ラズパイのデジタル信号は3.3V系で、GPIOの出力電流は4mAです（P.35の**表1-5**）。**表4-1**に示した赤色LED（OSR5JA3Z74A）のデータシートから、順方向電圧V_Fは2.1Vです。順方向電流I_Fの最大値は30mAですが、数mAでも十分な光度が得られるためと、GPIOの出力電流の制約を考慮し、3mAとします。これらを**式4-1**に代入して、抵抗Rを求めます。

抵抗R = (3.3 − 2.1) ÷ 0.003 = 400Ω

抵抗やコンデンサの値は、許容差（誤差）を考慮した数列表が「抵抗器及びコンデンサの標準数列（JIS C 60063）」で規定されています。有効数字2桁（E3, E6, E12, E24）と3桁（E48, E96, E192）の標準数列がありますが、許容差が±5%のE24標準数列の部品が一般的によく使用されています（**表4-3**）。E24標準数列は1桁を等比級数的に24等分した値を2桁に丸めたものです（$\sqrt[24]{10}$=1.1、$\sqrt[24]{10} \times \sqrt[24]{10}$ = 1.2, ...）。抵抗Rは計算上の値は400Ωと求まりましたが、**表4-3**のE24標準数列よりもっとも400Ωに近い390Ωを選択します。

抵抗R = 390Ω

○表4-3：E24標準数列（許容差±5%）

1.0	1.1	1.2	1.3	1.5	1.6	1.8	2.0	2.2	2.4	2.7	3.0	3.3	3.6	3.9	4.3	4.7	5.1	5.6	6.2	6.8	7.5	8.2	9.1

○図4-7：LEDの点灯回路

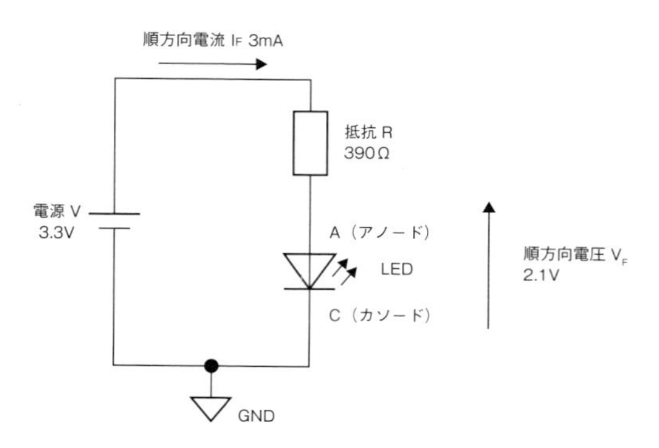

図4-7のLED点灯回路の電源Vの代わりに、ラズパイのGPIO信号に置き換えたものが**図4-8**です。GPIO信号はソフトウェアによって、出力をHIGH（約3.3V）したり、LOW（約0V）にしたり、任意に出力を変えられます。GPIOの出力がHIGHのときはLEDが点灯し、LOWのときは消灯します（**表4-4**）。

図4-8の回路では4個のLEDを使用するため、LEDの点灯回路を増やしています（**表4-5**）。さらに、DCジャックコネクタと三端子レギュレータを使用して、周辺デバイス用の+3.3Vも出力する回路も加えました。三端子レギュレータ（BA033CC0T）は+5Vから+3.3Vの電圧を出力します。

◯図4-8：GPIOによるLED点灯の回路図

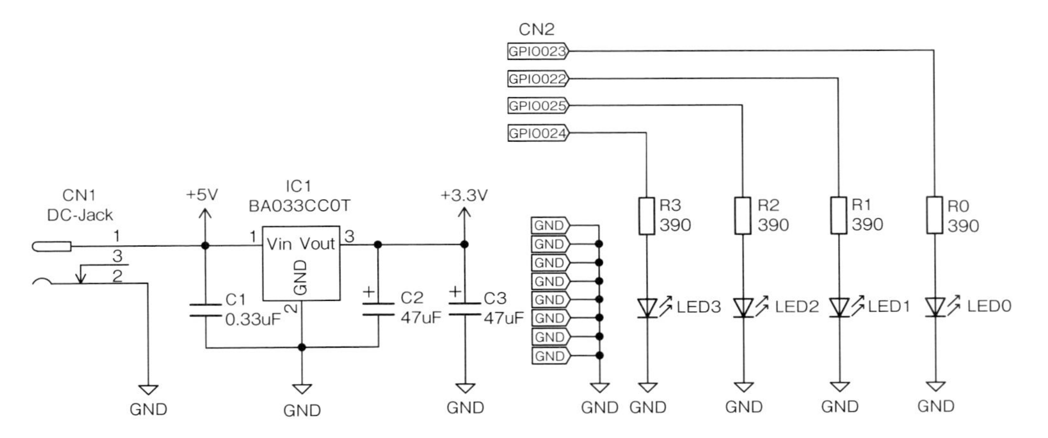

◯表4-4：GPIOの出力とLEDの動作

GPIOの出力論理	LEDの表示
HIGH（約3.3V）	点灯
LOW（約0V）	消灯

◯表4-5：LEDとGPIOの対応表

LEDの番号	信号名
LED0	GPIO23
LED1	GPIO22
LED2	GPIO25
LED3	GPIO24

4.4　ブレッドボードによる試作

LEDの点灯回路の設計ができたので、実際に回路を試作します。ブレッドボードとジャンパーワイヤを使用することで、簡単に回路を試作できます。はんだ付けをしないので、電子部品の取り外しも容易で、繰り返して使用できます。

4.4.1　ブレッドボードとは

ブレッドボードの表面には2.54mmピッチで穴が規則的に並んでいます。その穴に電子部品のリード線やジャンパーワイヤを挿入して回路を作成します。図4-9に示すように、ブレッドボードに重ねた線の箇所の穴は内部で電気的につながっています。電気的につながっていることを「導通」といいます。

ブレッドボードの上下のサイドにある電源用ラインは、それぞれ横方向に内部で導通しています。本書では上から「GND」「+3.3V」「GND」「+5V」として使用します。部品用エリアでは、A～Eまでが縦方向に内部で導通しています。F～Jも縦方向に導通しています。なお、A～EとF～Jの間には溝があり、2つのエリアは電気的に絶縁されています。

ブレッドボードの裏面の絶縁シールを剥がした写真を図4-10に示します。金属製のクリップが表面から挿入したリード線やワイヤを挟み込み、導通させる構造になっています。

○図4-9：ブレッドボード（表面）

電源用ライン　GND / +3.3V

部品用エリア　J / F / E / A

電源用ライン　GND / +5V

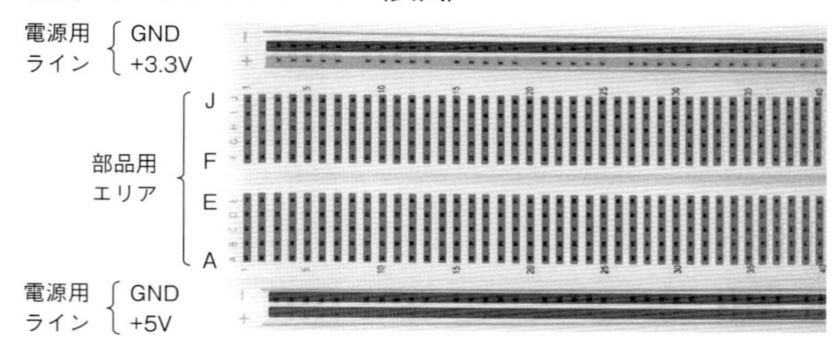

○図4-10：ブレッドボード（裏面）

4.4.2　配線作業

では、ブレッドボードを使用して配線してみましょう（**図4-11**、**図4-12**、**図4-13**、**表4-6**）。配線するときはラズパイの電源をOFFにします。電気的な短絡などの不慮の事故からラズパイを守るためです。また、本書付録の拡張コネクタガイドを利用するとGPIOのピン番号が楽に見つかります。

<付録の拡張コネクタガイド>

本書付録の拡張コネクタガイドを**図4-A**のように装着すると配線作業が楽になります。本書のカバーのそでに掲載しているのでご利用ください。また、データ（PDFファイル）は本書のサポートページからダウンロードできます。

- 本書のサポートページ

URL https://gihyo.jp/book/2025/978-4-297-14647-4/support

○図4-A：拡張コネクタガイドの装着イメージ

○図4-11：4個のLED点灯回路の配線図

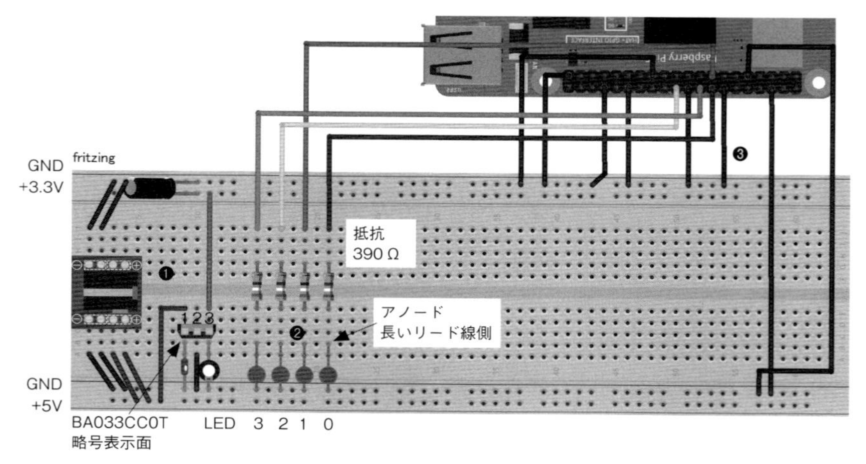

※カラーイメージはP.388を参照してください

○図4-12：BA033CC0Tのピン番号

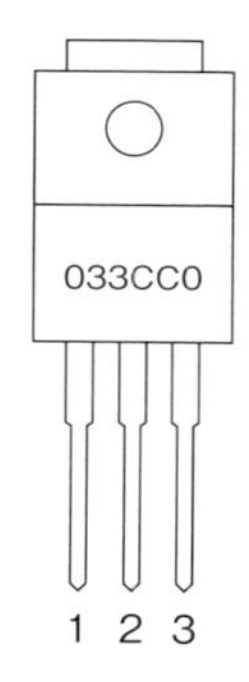

○表4-6：BA033CC0Tの仕様

ピン番号	信号名	機能
1	Vcc	電圧入力(+5V)
2	GND	グランド
3	OUT	電圧出力(+3.3V)

○図4-13：LED点灯回路の写真

❶ DCジャックと三端子レギュレータの配線

はんだ付けしたDCジャックDIP化キットをブレッドボードに挿します。DCジャックを使用する理由は、出力電流が大きいACアダプタにDCジャックが多いからです。ラズパイの拡張コネクタにも+3.3V出力がありますが、ラズパイの負担を軽減させるために+3.3Vの電源回路を三端子レギュレータで製作します。

図4-11のブレッドボードの電源ラインは、上から「GND」「+3.3V」「GND」「+5V」として使用します。ジャンパーワイヤの色で管理することにより、誤配線や配線忘れなどのトラブル時のチェックが容易になります。一般には電源のプラス側が赤色で、マイナス側（グランド）は黒色のジャンパーワイヤを使用しますが、電源の配線は多いので、橙色（プラス側）と緑色（グランド）も使用します。信号線には電源ラインと異なる色のワイヤを使用します。回路図（**図4-8**）と配線図（**図4-11**）を参照しながら、部品の実装と配線を行います。DCジャックの⊖はGNDを示し、⊕は+5Vになります。ブレッドボードの上下のGNDラインはDCジャックを通して導通させます。電源ラインを補強するために、ワイヤを二重に配線します。

本書で使用するローム製三端子レギュレータ「BA033CC0T」の外形図と仕様を**図4-12**と**表4-6**に示します。**図4-11**では、三端子レギュレータの略号「033CC0」が表示された面を下に向けて挿入します。1番ピンを+5Vラインに、2番ピンをGNDラインに、3番ピンを+3.3Vラインに配線します。電解コンデンサには極性があり、本体に（−）と印刷された側のリード線をGNDラインに挿します。セラミックコンデンサには極性はありません。また、上部側の電源ラインにも安定化のために電解コンデンサを実装します。

❷ LEDの点灯回路の配線

抵抗（390Ω）とLEDをブレッドボードに実装します。抵抗のリード線をコの字に曲げます。抵抗値はカラーコードで表示されていますが、慣れないうちはデジタルテスターで抵抗値を確認します。LEDはリード線が長いほうがアノード（A）で、抵抗と同じ導通箇所に挿入します。リード線の短いカソード（C）のリード線はGNDラインに挿入します。ラズパイの拡張コネクタのGPIOピン（P.101の**表4-5**）と抵抗をジャンパーワイヤ（オス-メス）で配線します。実際の配線は**図4-13**のようになります。

❸ ラズパイのGNDの配線

ラズパイ本体の電源は、Chapter 2で用意したUSB Type-CのACアダプタを引き続き使用します。ラズパイの拡張コネクタの8カ所のGNDピンをブレッドボードのGNDラインに配線します。

<配線上の注意>
- 新品のジャンパーワイヤでも内部で断線していることがあります。使用する前にすべてのワイヤをテスターで導通チェックします。
- 「配線間違い」や「配線忘れ」を確認しましょう。GNDの配線忘れに注意です。
- ブレッドボードで接触不良が発生することがありますので、不良の場合は場所を変えて組み立ててください。

4.4.3　抵抗とカラーコード

定格電力1/4W（ワット）などのリード付き小形抵抗の抵抗値はカラーコードで表示されています。カラーコードは2桁の有効数字、10のべき数、許容差の組み合わせです。

【例】**図4-14**の橙・白・茶色・金色のカラーコードの場合、**表4-7**のカラーコードの表から下記のようになります。

橙・白　　　茶　　　金
抵抗値 39（有効数字）× 10^{1}（べき数） = 390 Ω　　許容差 ± 5%

図4-14に示すように、部品の両側に左右2本のリード線をもつものをアキシャルリード部品といいます。

◯**図4-14：抵抗とカラーコード**

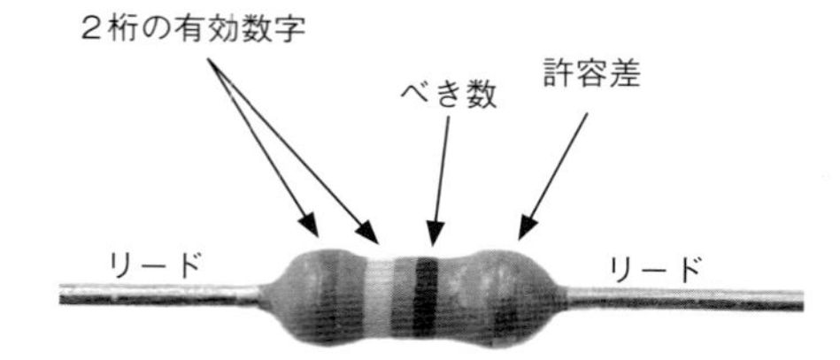

○表4-7：表示色[注4]および表示内容

色	有効数字	10のべき数	許容差%	覚え方
なし	-	-	±20	
桃色	-	$10^{-3}=0.001$	-	
銀色	-	$10^{-2}=0.01$	±10	
金色	-	$10^{-1}=0.1$	±5	
黒	0	$10^{0}=1$	-	黒い礼（0）服
茶色	1	$10^{1}=10$	±1	茶を一杯
赤	2	$10^{2}=100$	±2	赤いニンジン
だいだい（橙）	3	$10^{3}=1k$	±0.05	第（橙）三の男（映画の邦題）
黄	4	$10^{4}=10k$	±0.02	岸（黄4）恵子（女優 きしけいこ）
緑	5	$10^{5}=100k$	±0.5	緑の五月（みどりのさつき）
青	6	$10^{6}=1M$	±0.25	青む（6）し（幼虫）
紫	7	$10^{7}=10M$	±0.1	紫式（7）ぶ（紫式部）
灰色	8	$10^{8}=100M$	±0.01	ハイヤー（灰8）、や（8）ばい（灰）
白	9	$10^{9}=1G$	-	白く（9）ま

4.5　LEDを点滅させる

LEDの点灯回路が完成したら、いよいよプログラムを作成します。ここでは、「0.5秒ごとにLED0の点滅を繰り返すプログラム」を作成します。

4.5.1　フローチャート

プログラムを作成する前に、プログラムの手続きや順序などの処理（プロセス）をフローチャートで作成します。フローチャートとは決められた図形に各処理を記述して、図形の間を矢印で表現する図のことです。フローチャートは処理の流れが視覚化されるので、考え方の整理や確認に有効です。

本書では紙面の都合上、すべての例題にフローチャートを掲載していませんが、作成することを推奨します。なお、フローチャートは「情報処理用流れ図・プログラム網図・システム資源図記号（JIS X 0121）」で規定されています。

では、LEDの点滅を繰り返すフローチャートを**図4-15**に示します。

注4　表示色の名称は「抵抗器及びコンデンサの表示記号（JIS C 60062）」から引用。

○図4-15：LEDの点滅を繰り返すフローチャート

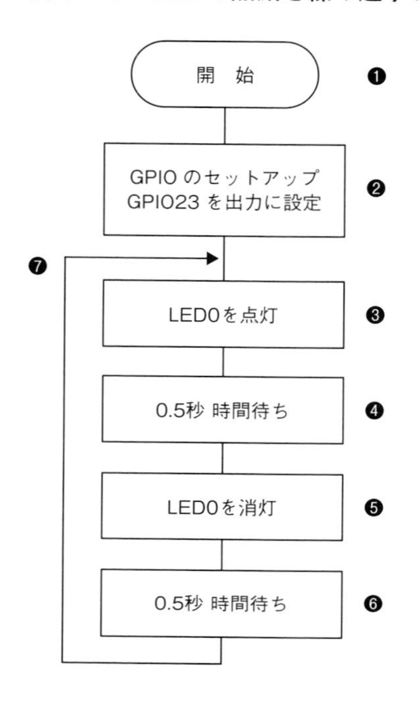

❶ プログラムの開始や終了を表す「端子」です。ここでは開始を表しています。
❷ 任意の種類の処理機能を表します。ここでは、GPIOのセットアップとLED0の信号線であるGPIO23を出力に設定します。
❸ GPIO23に「H」を出力して、LED0を点灯させます。
❹ 0.5秒、時間待ちします。
❺ GPIO23に「L」を出力して、LED0を消灯させます。
❻ 0.5秒、時間待ちします。
❼ 制御の流れを表す「線分」です。流れの向きを示す場合は矢印を使用します。矢印線を❸の先頭に戻すことで、LED0の点滅を繰り返します。

4.5.2 Geanyによる編集

Geanyを起動してファイル名を付けます。[ファイル]（**図4-16**の①）⇒[別名で保存]（②）を選択し、MyApp2フォルダに「4-Led01.c」（③）と入力して［保存］（④）をクリックします。**リスト4-1**（4-Led01.c）を**図4-17**のエディタ画面（⑤）に入力します。入力が終わったら、［ファイル］⇒［保存］をクリックします。

○図4-16：リスト4-1（4-Led01.c）の保存

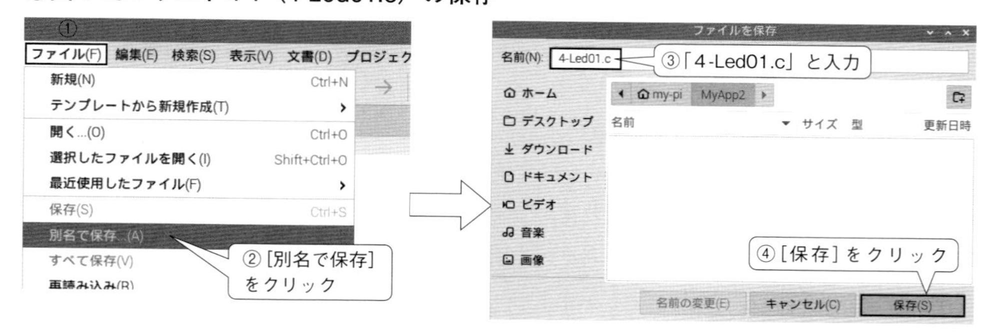

○図4-17：リスト4-1（4-Led01.c）の入力

4.5.3 ソースコード

ソースコードはリスト4-1のとおりです。ソースコード中の丸数字に沿って解説します。

○リスト4-1：4-Led01.c

```
#include <stdio.h>                                  ┐
#include <stdlib.h>                                 ├①
#include <lgpio.h>                                  ┘
#define PI5     4                                   ┐
#define PI4B    0                                   ├②
#define LED0    23                                  ┘
int main(void) { ③
    int hnd;                                        ┐
    int lFlgOut=0;                                  │
    hnd = lgGpiochipOpen(PI5);    //PI5の場合        ├④
    //hnd = lgGpiochipOpen(PI4B);    //PI4Bの場合    │
    lgGpioClaimOutput(hnd,lFlgOut,LED0,LG_LOW);     ┘
    for(;;){                                        ┐
        lgGpioWrite(hnd,LED0,LG_HIGH);              │
        lguSleep(0.5);                              ├⑤
        lgGpioWrite(hnd,LED0,LG_LOW);               │
        lguSleep(0.5);                              ┘
    }
    lgGpiochipClose(hnd); ⑥
    return EXIT_SUCCESS;  ③
}
```

● #include文（①）

「include文」と呼ばれ、コンパイラに対して入出力（stdio.h）、一般ユーティリティ（stdlib.h）、lgpioライブラリ（lgpio.h）のヘッダファイル[注5]を挿入するように指示します。なお、stdio.hとstdlib.hはC言語の規格（ISO/IEC 9899:2011「通称C11」）[注6]で定められたライブラリに属し、「標準Cライブラリ」または「標準ヘッダ」と呼ばれています。

● #define文（②）

「define文」と呼ばれ、マクロ定義文です。「23」はGPIO23のことですが、define文を使用して、「23はLED0のことですよ」と定義することにより、LED0を23とコンパイラが解釈してくれます。ソースコードの中でLED0を使用することで、制御の対象がわかりやすくなります。一般的に、ソースコードを他人にもわかりやすく記述することで、ずいぶん時間が経って自分が読み返すときにも楽になります。同様に、「PI5」と「PI4B」は、lgGpiochipOpen関数に指定するgpiochipの番号を定義しています。

● main関数とreturn文（③）

メイン（main）関数で、プログラムの始まりを意味します。int main(void)のカッコの中がvoidなので引数はありませんが、intで宣言しているので、int型の戻り値があります。その戻り値を返すのがreturn文です。ここでの戻り値はプログラムの終了時の値なので、「終了ステータス」と呼ばれます。先のhello.cではreturn 0としました。0を返すと正常終了、0以外を返すと異常終了の意味があります。EXIT_SUCCESSは2行目に記述したstdlib.hの中で「0」とマクロ定義されています。

● 初期化命令（④）

gpiochipをオープンして、GPIOを初期化します。

```
hnd = lgGpiochipOpen(PI5);
```

lgGpiochipOpen関数の引数にgpiochip番号を指定します。Pi 5の場合はマクロ定義した「PI5」、Pi 4Bや旧モデルでは「PI4B」を指定します。以降、使用するラズパイのモデルによって、引数を書き換えてください。lgGpiochipOpen関数の戻り値「hnd」は、GPIOにアクセスするための識別子（ハンドル）であり、他のlgpio関数で使用します。

```
lgGpioClaimOutput(hnd,lFlgOut,LED0,LG_LOW);
```

lgGpioClaimOutput関数はGPIOピンを出力に設定します。hndはlgGpiochipOpen関数の

注5　gccに「-v」オプションを付けると、gccのバージョンやヘッダファイルのパスなどの情報が表示されます。
注6　国際規格ISO/IED 9899:1999を基礎とした国内規格に「プログラム言語C（JIS X 3010:2003）」があります。

戻り値です。lFlgOutはGPIOの出力回路のオプションですが、使用しないので「0」とします。LED0でGPIOのピン番号を指定します。GPIOを出力に設定したときの初期状態をLOW（ローレベル）にします。LG_LOWはヘッダファイルlgpio.hで、「0」にマクロ定義されています。

● LED点滅プログラム（⑤）

⑤の部分がLEDを点滅させるプログラムです。for(;;)文は永久ループを表しています。**図4-15**のフローチャートで示した❼の矢印線に相当します。

```
lgGpioWrite(hnd,LED0,LG_HIGH);
```

lgGpioWrite関数でLED0にHIGH（ハイレベル）の電圧（約3.3V）を出力させます。これにより、LED0は点灯します。なお、LG_HIGHはヘッダファイルlgpio.hで「1」にマクロ定義されています。

```
lguSleep(0.5);
```

lguSleep関数を使用して、0.5秒時間待ちします。

```
lgGpioWrite(hnd,LED0, LG_LOW);
lguSleep(0.5);
```

同様に、LED0にLの電圧（約0V）を出力させて、LED0を消灯させます。0.5秒時間待ちします。プログラムを永久ループにすることで、0.5秒ごとにLED0の点滅を繰り返します。

● gpiochipのクローズ処理（⑥）

hndはlgGpiochipOpen関数の戻り値です。なお、**リスト4-1**のmain関数は永久ループになっているため、lgGpiochipClose（⑥）とreturn（③）が実行されることはありませんが、プログラムを終了する際にはオープンしたものをクローズする慣習があります。そのため、記述しています。

```
lgGpiochipClose(hnd);
```

<エラー処理の書き方>
lgpioライブラリ関数は、成功した場合は0または正の値を返し、失敗した場合は負の値が返されます。たとえば、lgGpiochipOpen関数のエラー処理までを含めた場合は、次のソースコードの「※」部分になります。gpiochipの番号が不適切なので、実行するとターミナルに「-78:can not open gpiochip」と表

示されます。本書ではソースコードの可読性とページ数の制約から、エラー処理を省略していますが、エラー処理の記述は重要です。

```
#include <stdio.h>
#include <stdlib.h>
#include <lgpio.h>
#define PI5     5    正しくは「4」です。
#define LED0    23
int main(void) {
    int hnd;
    int lFlgOut=0;
    hnd = lgGpiochipOpen(PI5);
    if(hnd<0){
        fprintf(stderr,"%d:%s¥n",hnd,lguErrorText(hnd));   ※
        return EXIT_FAILURE;
    }
    lgGpioClaimOutput(hnd,lFlgOut,LED0,LG_LOW);
    for(;;){
        lgGpioWrite(hnd,LED0,LG_HIGH);
        lguSleep(0.5);
        lgGpioWrite(hnd,LED0,LG_LOW);
        lguSleep(0.5);
    }
    lgGpiochipClose(hnd);
    return EXIT_SUCCESS;
}
```

4.5.4 プログラムの実行

Geanyの［ビルド］（**図4-18**の①）⇒［Build］（②）とすると、［ビルドコマンドを設定］で登録したgccコマンドが実行されます。ビルドされた結果が［メッセージウィンドウ］（③）に表示されます。もし、エラーが表示された場合は、表示内容を手掛かりにソースコードを修正します。

プログラムの実行は［ビルド］⇒［Execute］（**図4-19**の④）です。デスクトップ画面に「ターミナル」（**図4-20**の⑤）が起動し、LED0が0.5秒間隔で点滅を繰り返す動作が始まります（**図4-21**）。

プログラムの停止は、Geanyのツールバー［実行の終了（赤丸のボタン）］（**図4-20**の⑥）をクリックします。もし［実行の終了］ボタンが表示されない場合は、ターミナルの［閉じるボタン］（⑦）をクリックするか、ターミナル上でCtrlとC（Ctrl＋C）[注7]を同時に押すことで、実行中のプログラムが停止します。

注7　コントロールCと呼びます。

○図4-18：ビルドの画面

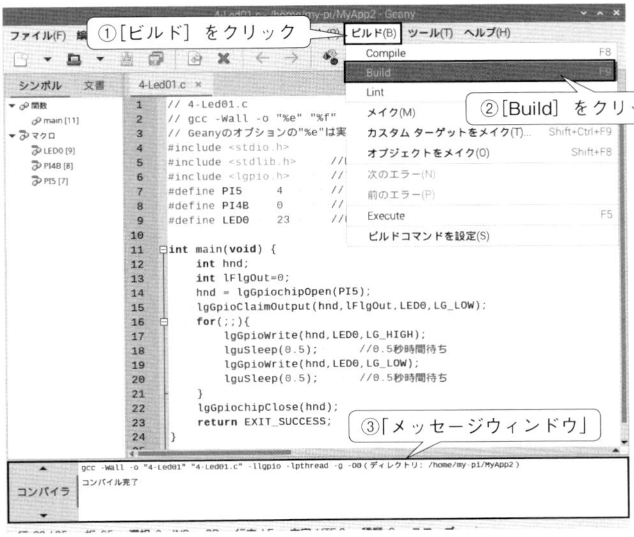

①［ビルド］をクリック

②［Build］をクリック

③「メッセージウィンドウ」

```
// 4-Led01.c
// gcc -Wall -o "%e" "%f"
// Geanyのオプションの"%e"は実
#include <stdio.h>
#include <stdlib.h>
#include <lgpio.h>
#define PI5     4
#define PI4B    0
#define LED0    23

int main(void) {
    int hnd;
    int lFlgOut=0;
    hnd = lgGpiochipOpen(PI5);
    lgGpioClaimOutput(hnd,lFlgOut,LED0,LG_LOW);
    for(;;){
        lgGpioWrite(hnd,LED0,LG_HIGH);
        lguSleep(0.5);      //0.5秒時間待ち
        lgGpioWrite(hnd,LED0,LG_LOW);
        lguSleep(0.5);      //0.5秒時間待ち
    }
    lgGpiochipClose(hnd);
    return EXIT_SUCCESS;
}
```

gcc -Wall -o "4-Led01" "4-Led01.c" -llgpio -lpthread -g -O0 (ディレクトリ: /home/my-pi/MyApp2)
コンパイル完了

○図4-19：4-Led01の実行の画面

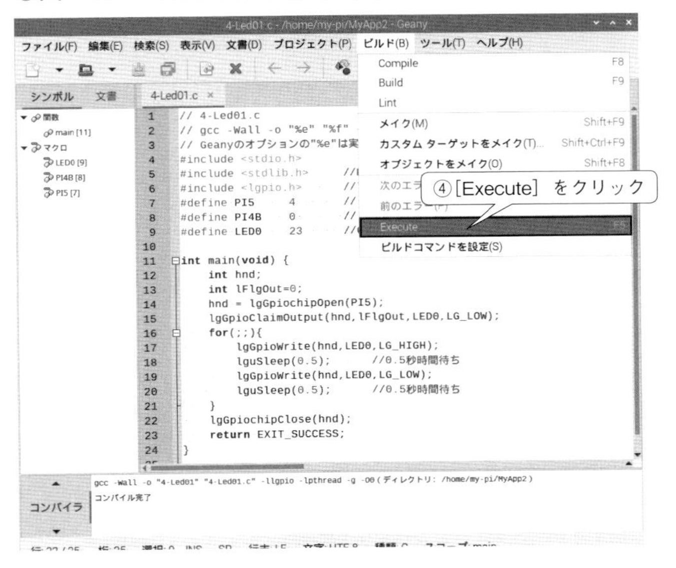

○図4-20：4-Led01の実行終了の画面

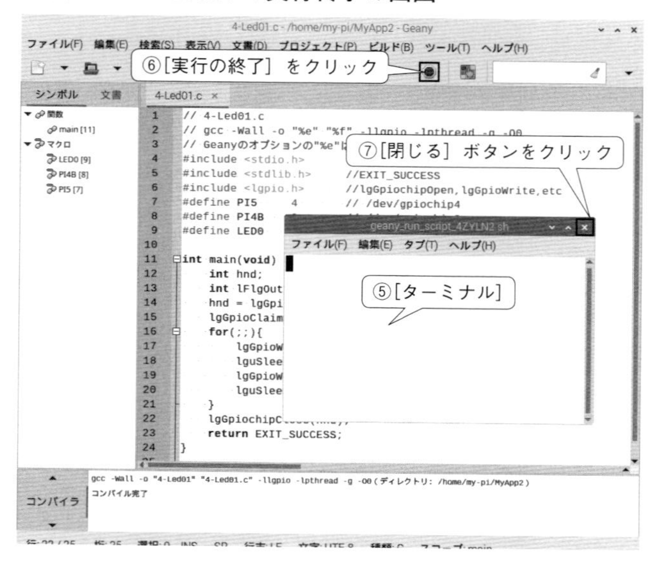

○図4-21：LED0が点灯した回路の写真

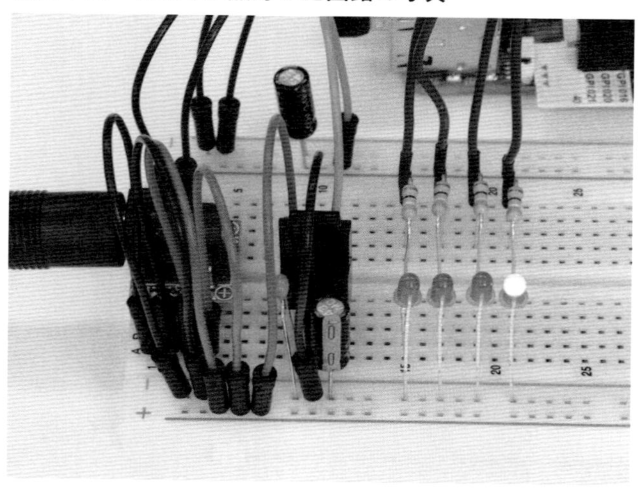

＜動作しないときのアドバイス＞

- Pi 4Bを使用する場合は、「hnd = lgGpiochipOpen(PI4B);」とします。
- 本書のサンプルコードをダウンロードして、実行してみましょう。正常に動作した場合は、ユーザーのソースコードに不具合がある可能性があります。
- サンプルコードも動作しない場合、配線した回路に問題があるかもしれません。LEDと電解コンデンサの極性、三端子レギュレータの向き、抵抗値、GPIOの番号などの配線を確認しましょう。また、配線は正しくても、ジャンパーワイヤの断線やブレッドボードの接触不良の可能性も考えられます。

4.6　バイナリーカウンタの値をLEDに表示させる

次の課題では、4桁のバイナリーカウンタの値を4個のLEDに表示するプログラムを作成します。

4.6.1　バイナリーカウンタの動作

4桁のバイナリーカウンタが動作する際に、1のときLEDを点灯（○）させ、0のときはLEDを消灯（●）させます（**表4-8**）。課題では、カウンタの値を4個のLEDとターミナルに表示させて、1秒ごとにカウントアップします。カウンタの値が15に達したら、LEDを消灯させてターミナルに「End」と表示し、プログラムを終了します。

○表4-8：バイナリーカウンタの点灯パターン

値	LED3	LED2	LED1	LED0
0	●	●	●	●
1	●	●	●	○
2	●	●	○	●
3	●	●	○	○
4	●	○	●	●
5	●	○	●	○
6	●	○	○	●
7	●	○	○	○
8	○	●	●	●
9	○	●	●	○
10	○	●	○	●
11	○	●	○	○
12	○	○	●	●
13	○	○	●	○
14	○	○	○	●
15	○	○	○	○

4.6.2 フローチャート

課題のフローチャートを**図4-22**に示します。

○**図4-22：バイナリーカウンタの値を4個のLEDに表示するフローチャート**

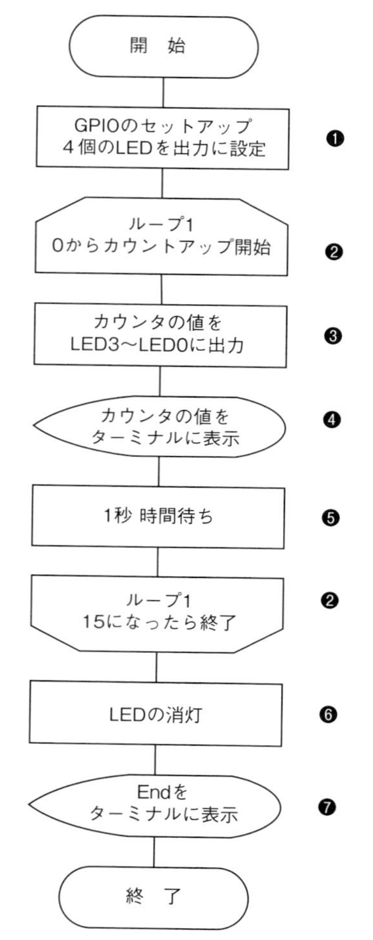

❶ 4個のLEDを出力に設定します。

❷ 2つのループ記号（ループ1）で挟んだ処理を16回繰り返します。

❸ カウンタの値を4個のLEDに出力します。

❹ カウンタの値をターミナルに表示します。

❺ 1秒時間待ちします。

❻ 4個のLEDを消灯します。

❼「End」をターミナルに表示します。

カウンタや配列では、慣習的に0（ゼロ）からスタートすることが多いです。

4.6.3 ソースコード

ソースコードは**リスト4-2**のとおりです。このコードでは、複数のGPIOをグループ化して出力に設定するlgGroupClaimOutput関数、データをライトするlgGroupClaimWrite関数、そしてfflush関数について解説します。

○リスト4-2：4-Led02.c

```
#include <stdio.h>      //printf,fflush
#include <stdlib.h>     //EXIT_SUCCESS
#include <lgpio.h>      //lgGpiochipOpen,lgGpioWrite,etc
#define PI5     4       // /dev/gpiochip4
#define PI4B    0       // /dev/gpiochip0
#define LED0    23
#define LED1    22
#define LED2    25
#define LED3    24
#define LNUM    4       //LEDの数

int main (void){                                        ┐
    int hnd;                                            │
    int lFlgOut=0;                                      │
    int led30[LNUM]={LED0,LED1,LED2,LED3};              │
    int levels[LNUM]={0,0,0,0};                         ├①
    uint64_t i;                                         │
    uint64_t gMsk=0b1111;                               │
    hnd = lgGpiochipOpen(PI5);                          │
    lgGroupClaimOutput(hnd,lFlgOut,LNUM,led30,levels);  ┘
    for(i=0;i<16;i++){
        lgGroupWrite(hnd,LED0,i,gMsk); ──②
        printf("%lu ",i);
        fflush(stdout); ──③
        lguSleep(1);
    }
    lgGroupWrite(hnd,LED0,0,gMsk); //LEDを消灯
    printf("¥nEnd¥n");
    lgGpiochipClose(hnd);
    return EXIT_SUCCESS;
}
```

● 複数のGPIOを出力に設定するlgGroupClaimOutput関数（①）

lgGroupClaimOutput関数は、一度に複数のGPIOを出力に設定します。

```
int lgGroupClaimOutput(int handle, int lFlags, int count, const int *gpios, const int *levels)
```

- handleには、lgGpiochipOpen関数の戻り値を代入します。**リスト4-2**ではhndです。
- lFlagsはGPIOの出力回路のオプションですが、使用しないので「0」とします。
- countは、グループ化するGPIOのピン数を設定します。**リスト4-2**では、4つのGPIOを使用するので、マクロ定義したLNUMで4を代入します。
- gpiosには、複数のGPIOをグループ化した1次元配列の配列名を設定します。**リスト4-2**では、配列led30[LNUM]を使用します。
- lgGroupClaimOutput関数では、複数のGPIOを出力に設定し、各GPIOの出力をHIGH（1）またはLOW（0）に設定できます。levelsはGPIOの出力値を設定した1次元配列の配列名です。**リスト4-2**では、配列levels[LNUM]で、4つのGPIOの出力をLOWに初期化しています。

● 複数のGPIOにデータをライトするlgGroupWrite関数（②）

lgGroupWrite関数は、一度に複数のGPIOにデータをライトします。

```
int lgGroupWrite(int handle, int gpio, uint64_t groupBits, uint64_t groupMask)
```

- handleには、lgGpiochipOpen関数の戻り値を代入します。**リスト4-2**ではhndです。
- gpioには、グループ化したGPIOの先頭のGPIOを指定します。**リスト4-2**ではLED0です。
- groupBitsは、複数のGPIOにライトするデータです。uint64_tのデータ型は固定幅整数型と呼ばれ、本書の環境ではunsigned long int またはunsigned long long intと同じ符号なし8バイトの整数型です。固定幅整数型は、標準ヘッダstdint.hで定義されていますが、lgpio.hでインクルードしているので、ユーザーのソースコードでは不要です。**リスト4-2**では、for文で使用しているカウント値iを設定します。
- groupMaskには、ビットマスクを各GPIOの出力の有効（1）または無効（0）で設定します。ビットパターンはグループ化したGPIOの配列です。**リスト4-2**では4つのGPIOの出力を有効にするため、「gMsk=0b1111」としています。gMskの値は10進数でも16進数でも構いませんが、0b1111のように2進数で記述したほうが各GPIOの対応がわかりやすくなります。C言語では2進数リテラルをサポートしていませんが、C言語を拡張したオブジェクト指向のプログラミング言語であるC++（規格ISO/IEC 14882：2014「通称C++14」）ではサポートされています。gccは「C++14」を含んでいるため、2進数リテラルを使用できます。

● ストリームをフラッシュするfflush関数（③）

C言語には「ストリーム」と呼ばれるデータの流れの概念があり、ファイル、標準入力、標準出力、ネットワークソケットなど、データの宛先を表せます。**リスト4-2**では、printf関数でカウント値iを標準出力ストリームに渡します。通常、標準出力はターミナルに割り当てられています。ただし、標準出力ストリームにはバッファと呼ばれる一時的なデータ保持領域があり、データがたまる場合があります。fflush関数は、バッファにたまったデータをすべて出力（フラッシュ）します。**リスト4-2**のfflushをコメントアウトして、プログラムの動作を比較してみてください。

```
int fflush(FILE *stream)
```

- streamには標準出力ストリームを意味するstdoutを設定します。

<固定幅整数型 (stdint.h)>
C言語は、ソースコードをCPUやOSの種類に関係なく移植しやすい特徴がありますが、処理系によってはintのデータサイズが16ビットまたは32ビットなど異なることがあります。そのため、固定幅整数型を使用することで、ソースコードが異なる環境でも同じように動作することを保証します（**表4-B**）。

◯**表4-B：主な固定幅整数型**

固定幅整数型	整数型
int8_t, uint8_t	signed char, char
int16_t, uint16_t	short, unsigned short
int32_t, uint32_t	int, unsigned int
int64_t, uint64_t	long, unsigned long long long, unsigned long long

4.6.4 プログラムの実行

4-Led02.cをビルドして実行すると、4桁のバイナリーカウンタが動作して、LEDが**表4-8**に示したように点灯します。カウンタの値が15に達すると、「End」と表示して終了します（**図4-23**）。

◯**図4-23：リスト4-2の実行結果**

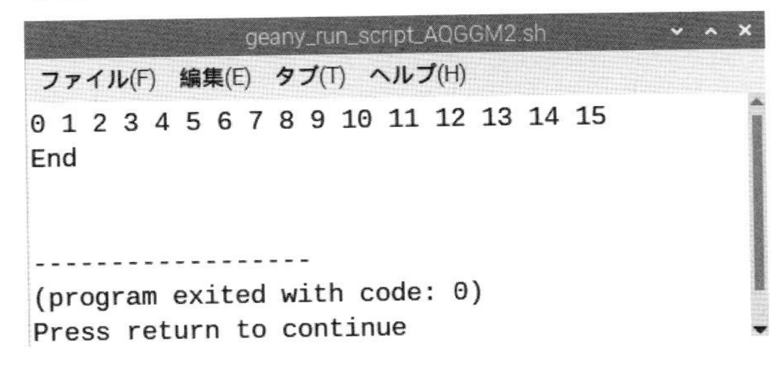

Chapter 5

GPIOのデジタル入力を使う

　この章では、タクタイルスイッチを利用してGPIOのデジタル入力を使用したプログラムの作成方法について解説します。使用するスイッチの特性や、それを考慮した対策の方法などを順に説明します。また、外部割込み処理についても紹介します。割込みを使用すると、イベントが発生した瞬間に処理が始まるので、リアルタイムな応答が可能です。GPIOのデジタル入力をマスターすることで、電子工作の世界がさらに広がるでしょう。

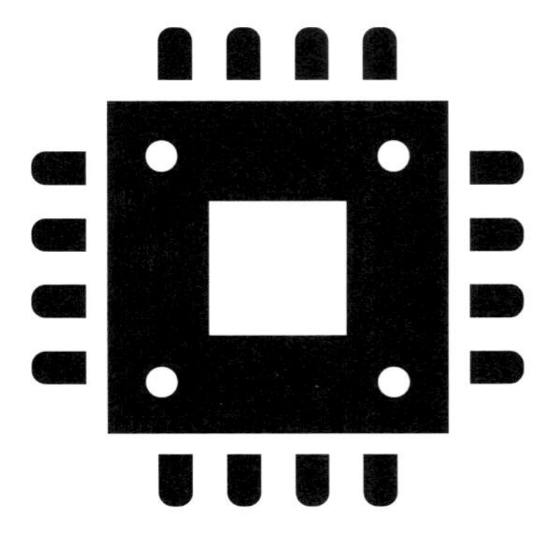

5.1 本章で準備するもの

本章の電子工作で新たに必要とするものを**表5-1**に示します。参考品欄には、入手情報などを載せましたが、他のブランドや持ち合わせのものでも結構です。また、本章以前に準備したものも使用します。

○表5-1：本章で使用する部品など

名称	個数	説明	参考品（秋月電子通商）
抵抗 3.3kΩ	1	1/4 W	125332
タクタイルスイッチ	8	押しているときだけONになるモーメンタリ型スイッチ。	103647

5.2 タクタイルスイッチとは

タクタイルスイッチ（tactile switch）[注1]は、「触感のあるスイッチ」という意味で、押したときにクリック感や操作音があるのが特徴です。マウス、リモコン、自動車のハンドルやセンターコンソールなど、さまざまな電子機器の操作用スイッチとして使用されています。

本書では、**表5-1**のタクタイルスイッチを使用します（**図5-1（a）**）。「操作部」を押している間だけONに、離すとOFFとなる「モーメンタリ型」と呼ばれるスイッチです。本スイッチの端子の1番と2番はスイッチ内部で接続されています。同様に、端子3番と4番も内部で接続されています。電気用図記号は**図5-1（b）**です。

○図5-1：タクタイルスイッチの外観と電気用図記号

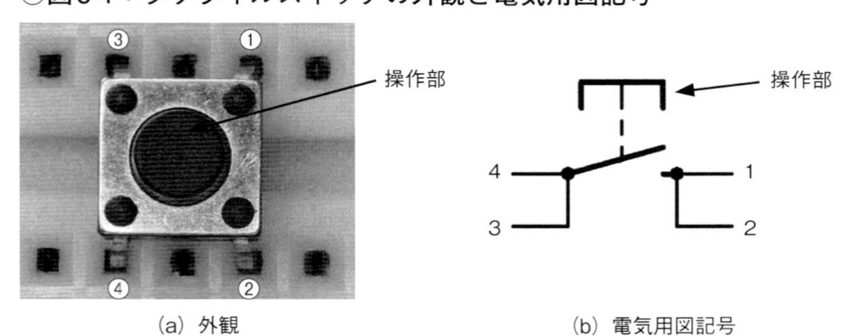

（a）外観　（b）電気用図記号

注1　タクトスイッチと呼ぶことがありますが、アルプスアルパイン株式会社の登録商標です。

5.2.1 タクタイルスイッチの構造と動作原理

タクタイルスイッチを構成する部品を**図5-2**に示します。ベースには固定接点があり、端子1番と2番は、左右の固定接点と接続されています。端子3番と4番は中央の固定接点に接続されています。可動接点はドーム状に膨らんでいる金属製の薄い円板状の「反転ばね」です。操作部は軽量な樹脂製です。

○図5-2：タクタイルスイッチを構成する部品

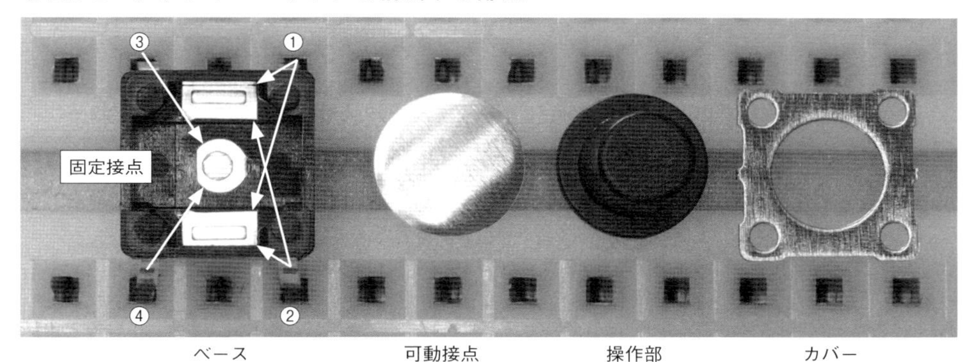

● ONの操作

指で押された操作部が可動接点を押し込みます。このとき、可動接点の形状がフラット状に反転して、中央の固定接点と接触することで導通し、スイッチがONの状態になります（**図5-3**の左）。

● OFFの操作

指を離して圧力を解除すると、可動接点はドーム状に自己復元して操作部を押し上げて、中央の固定接点から離れてスイッチがOFFになります（**図5-3**の右）。

○図5-3：タクタイルスイッチの動作原理

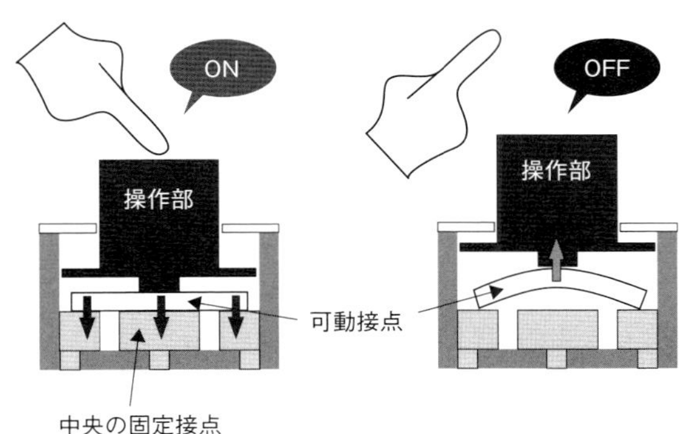

5.3 タクタイルスイッチでLEDを点灯させる

タクタイルスイッチの入力回路を設計して、スイッチの操作でLEDが点灯するプログラムを作成します。

5.3.1 回路図

図5-4では、タクタイルスイッチの端子1番と2番がGPIO4に接続され、端子3番と4番が+3.3Vへ接続されています。

操作部が押されていないときは、GPIO4は抵抗R4を通じてGND（0V）と等しくなり、GPIO4にLOWが入力されます（**表5-2**）。このような働きをする抵抗を「プルダウン抵抗」と呼びます。

操作部を押したときは、タクタイルスイッチの接点を通して、3.3Vが印加されGPIO4にHIGHが入力されます。また、抵抗R4にも3.3Vが印加されて電流が流れます。電流は微小のほうがラズパイの電源の負担が軽減されるので、電流を1mAとして、オームの法則より抵抗値を3.3kΩとしました。なお、抵抗R4を省略してワイヤでスイッチ端子とGND間を配線すると、スイッチを押した瞬間に短絡電流が流れて、電源電圧が低下します。ラズパイの動作不良やACアダプタが故障する場合があるので注意してください。

○図5-4：タクタイルスイッチの入力回路

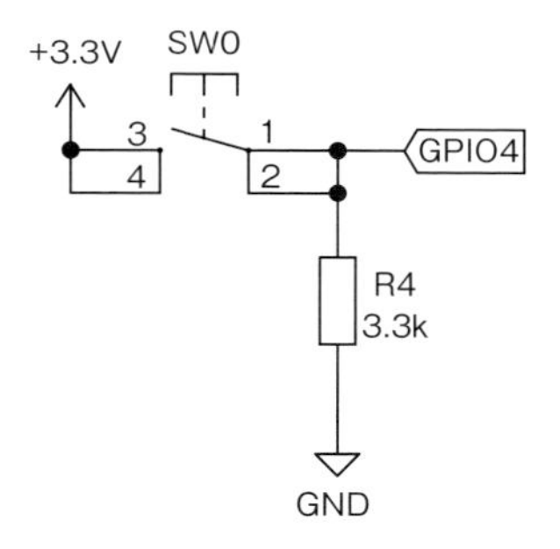

○表5-2：タクタイルスイッチの操作とGPIOの論理

操作	GPIOの入力論値
押さない	LOW
押す	HIGH

5.3.2 配線図

図4-11（4個のLED点灯回路。P.104）の配線に、**図5-5**に示す8個のタクタイルスイッチの入力回路を追加して試作します（**図5-6**）。部品や配線が増えたため、一部の配線が交差

していますが、回路図を確認して配線してください。8個のスイッチへのGPIO信号の割り付けを**表5-3**に示します。

タクタイルスイッチをブレッドボードに実装します。タクタイルスイッチの端子には番号は明記されていませんが、**図5-7**のようにベースの同じ側面にある2つの端子が、1番と3番または2番と4番の組み合わせになります。1番の端子とGPIO4の間をジャンパーワイヤ(オスーメス)で配線します。また、3番の端子と3.3Vを赤色のジャンパーワイヤ(オスーオス)で配線します。

抵抗R4のリード線をコの字に曲げて、タクタイルスイッチSW0の1番の端子とGNDラインに抵抗のリード線を挿入します。SW1からSW7の回路については、次項で説明するGPIOの内部抵抗を使用するため抵抗は実装しません。

◯図5-5：8個のタクタイルスイッチ入力の回路図

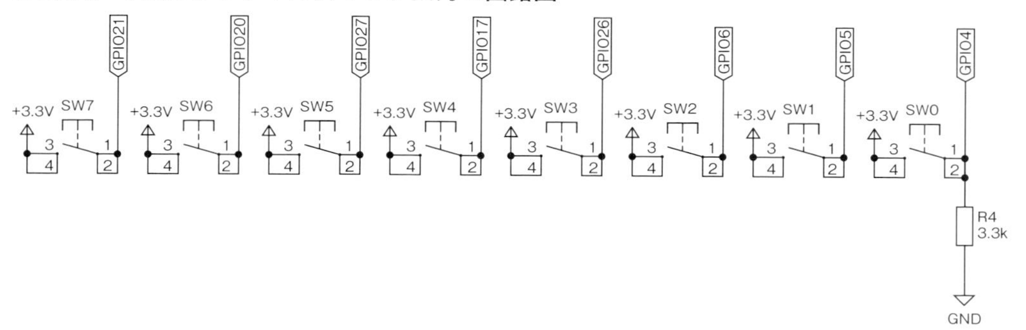

◯図5-6：タクタイルスイッチの入力回路の配線図

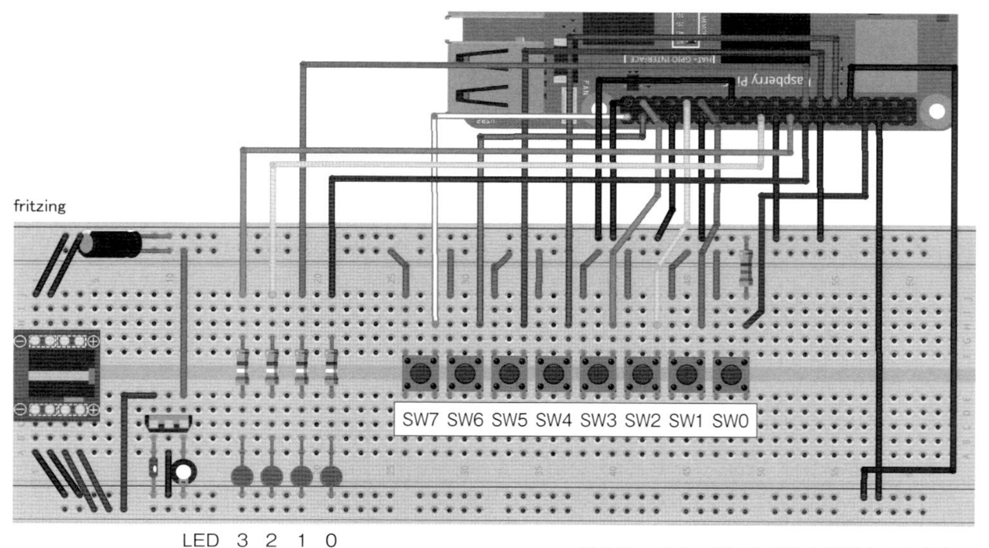

※カラーイメージはP.388を参照してください

◯表5-3：タクタイルスイッチとGPIOの対応表

スイッチの番号	信号名
SW0	GPIO4
SW1	GPIO5
SW2	GPIO6
SW3	GPIO26
SW4	GPIO17
SW5	GPIO27
SW6	GPIO20
SW7	GPIO21

◯図5-7：タクタイルスイッチの向き

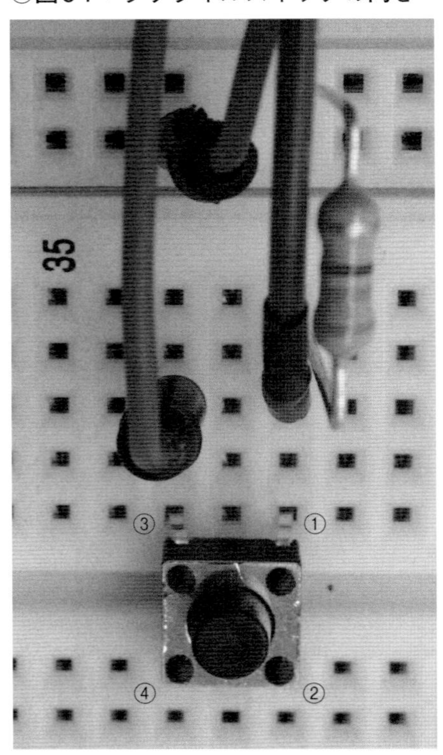

5.3.3　フローチャート

タクタイルスイッチSW0を押している間、LED0が点灯するプログラムのフローチャートを図5-8に示します。

○図5-8：タクタイルスイッチでLEDを点灯させるフローチャート

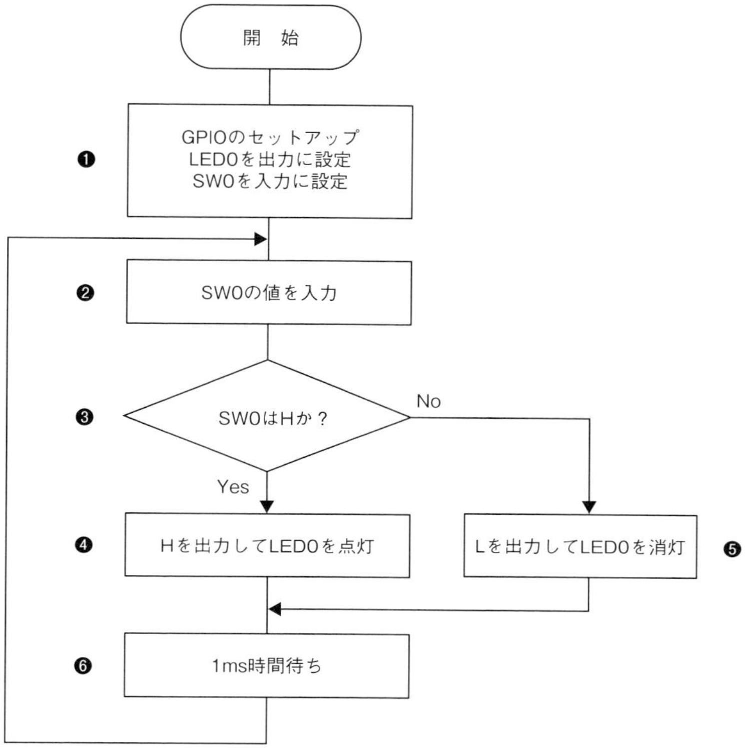

開　始

❶ GPIOのセットアップ
LED0を出力に設定
SW0を入力に設定

❷ SW0の値を入力

❸ SW0はHか？

Yes

No

❹ Hを出力してLED0を点灯

❺ Lを出力してLED0を消灯

❻ 1ms時間待ち

❶ LED0のGPIOを出力に、SW0のGPIOを入力に設定します。

❷ SW0の値を入力します。

❸ SW0が押されたときはHIGHで、押されていないときはLOWです。条件判断を利用して、押されたときは「Yes」で❹へ分岐し、押されていないときは「No」で❺へ分岐します。

❹ 押されたときはHIGHを出力してLED0を点灯します。

❺ 押されていないときはLOWを出力してLED0を消灯します。

❻ CPUの使用率を抑制するために、1msの待ち時間を挿入します。

5.3.4 ソースコード

ソースコードは**リスト5-1**のとおりです。ここでは、GPIOを入力に設定するlgGpioClaimInput関数、GPIOからデータをリードするlgGpioRead関数、そしてusleep関数について解説します。

○リスト5-1：5-Sw01.c

```
#include <stdio.h>
#include <stdlib.h>     //EXIT_SUCCESS
#include <unistd.h>     //usleep
```

```
↘
#include <lgpio.h>       //lgGpiochipOpen,lgGpioRead,etc
#define PI5     4
#define PI4B    0
#define LED0    23
#define SW0     4

int main (void){
    int hnd;
    int lFlgOut=0;
    int lFlgIn=0;
    hnd = lgGpiochipOpen(PI5);
    lgGpioClaimOutput(hnd,lFlgOut,LED0,LG_LOW);
    lgGpioClaimInput(hnd,lFlgIn,SW0); ――①

    while(1){
        if(lgGpioRead(hnd, SW0)==LG_HIGH){ ――②
            lgGpioWrite(hnd,LED0,LG_HIGH);
        }else{
            lgGpioWrite(hnd,LED0,LG_LOW);
        }
        usleep(1000); ――③
    }
    lgGpiochipClose(hnd);
    return EXIT_SUCCESS;
}
```

● GPIOを入力に設定するlgGpioClaimInput関数（①）

lgGpioClaimInput関数を使用して、GPIOを入力に設定します。

```
int lgGpioClaimInput(int handle, int lFlags, int gpio)
```

- handleには、lgGpiochipOpen関数の戻り値を代入します。リスト5-1ではhndです。
- lFlagsはGPIOの入力回路のオプションです。リスト5-1では使用しないので「0」です。
- gpioにSW0を設定します。

● GPIOからデータをリードするlgGpioRead関数（②）

lgGpioRead関数で指定したGPIOからデータをリードします。戻り値は、HIGHのときは1, LOWのときは0です。

```
int lgGpioRead(int handle, int gpio)
```

- gpioにSW0を設定します。

● マイクロ秒単位で時間待ちに用いるusleep関数（③）

usleepは標準ライブラリの関数で、ヘッダファイル「unistd.h」で定義されています。

Chapter 1
Chapter 2
Chapter 3
Chapter 4
Chapter 5
Chapter 6
Chapter 7
Chapter 8
Chapter 9
Chapter 10
Chapter 11
Chapter 12
信号対応表 配線図

```
int usleep(useconds_t useconds);
```

- usecondsは、useconds_t型で定義された符号なしの整数です。値は0から999,999の範囲で設定されます。課題では、usleep関数を使用して、1msの時間待ちをwhile文に挿入して、ループ回数を制限してCPUの使用率を抑制します。一般的に、時間待ちの値は、プログラムの応答性とCPUの使用率とのバランスを考慮して設定します。

5.3.5 動作確認

リスト5-1をビルドして実行します。タクタイルスイッチSW0を押すとLED0が点灯し、離したらLED0が消灯します。

なお、**リスト5-1**のusleep関数をコメントアウトして、ビルドして実行してみてください。「2.6.2 CPU情報をタスクバーに表示する」（P.52）で追加したCPUの温度と使用率を確認します（**図5-9**）。温度は徐々に上昇し、使用率は約25%を示しています。Pi 5とPi 4Bは4コアの構成なので、25%は1つのコアがフル稼働していることに相当します。原因は**リスト5-1**のwhile文の永久ループが高速に処理しているためです。無駄に高速処理させることは、CPUの発熱と無駄な電力消費につながります。CPU情報を確認して、エコなソースコードを意識しましょう[注2]。

○図5-9：CPUの温度（❶）と使用率（❷）

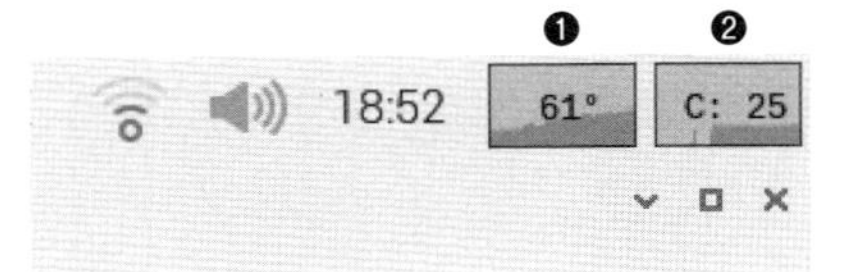

5.4 GPIOの内部抵抗を使う

5.4.1 GPIOの内部抵抗の設定

GPIO端子の入り口には「プルアップ抵抗」と「プルダウン抵抗」の内部抵抗があります（P.32の**図1-10**）。GPIOの内部抵抗を使用することにより、タクタイルスイッチに接続した3.3kΩの抵抗（P.125の**図5-5**）が不要となります。このことは、部品点数が減るため、コストダウン、実装面積の縮小、信頼性の向上につながります。これらの内部抵抗の設定は、lgGpioClaimInput関数を使用して、「プルアップ抵抗」「プルダウン抵抗」「内部抵抗を使用しない」の3つのオプションから選択できます（**表5-4**）。これらのオプションは、ヘッダファイル「lgpio.h」でマクロ定義され、lgGpioClaimInput関数のlFlagsに設定します。

注2　ターミナルから「ps au」コマンドでも、プログラムのCPUの使用率を確認できます。

GPIOが接続されている信号線が長いときやノイズが発生している環境では入力信号が不安定になるケースがあります。その対策として、プルアップ抵抗やプルダウン抵抗を利用して、入力信号がないときに「HIGH（3.3V）」または「LOW（0V）」に保持して安定化させます。

【例】SW0にプルダウン抵抗を設定する場合

```
lgGpioClaimInput(hnd, LG_SET_PULL_DOWN,SW0);
```

◯表5-4：内部抵抗のオプション

内部抵抗の設定	マクロ名
プルアップ抵抗	LG_SET_PULL_UP
プルダウン抵抗	LG_SET_PULL_DOWN
内部抵抗を使用しない	LG_SET_PULL_NONE

5.4.2　回路図と配線図

lgGpioClaimInput関数によりプルダウン抵抗を有効にすると、**図5-4**（P.124）SW0の入力回路の抵抗R4は不要になり、**図5-10**のように簡略化されます（配線図は**図5-11**です）。

◯図5-10：内部のプルダウン抵抗を利用したタクタイルスイッチ入力の回路図

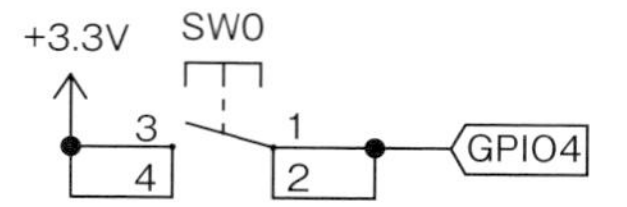

◯図5-11：内部のプルダウン抵抗を利用したタクタイルスイッチ入力の配線図

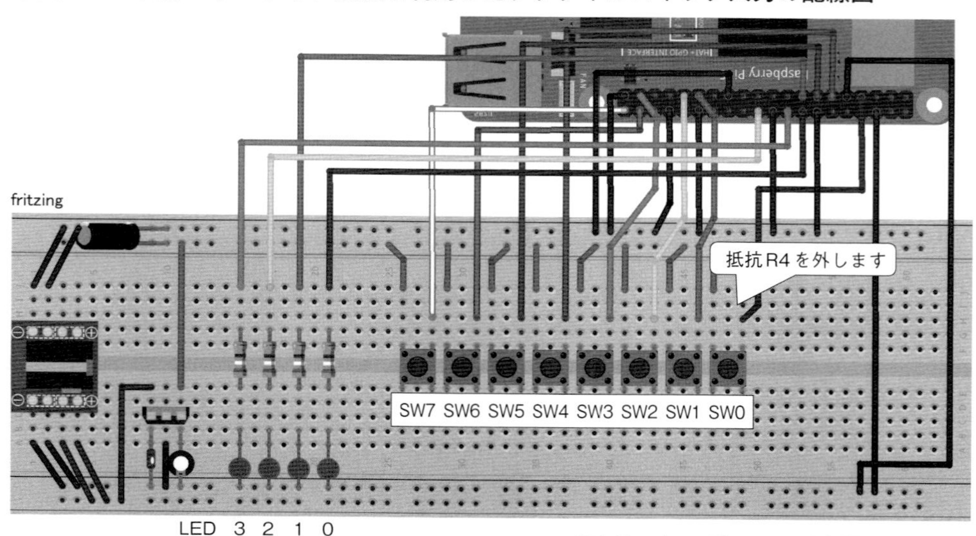

※カラーイメージはP.389を参照してください

5.4.3 ソースコード

最初に、**図5-11**の抵抗を外した状態で、前節の**リスト5-1**（P.127）を実行させて、タクタイルスイッチの入力の動作に不具合があることを確認してください。そして、GPIO内部のプルダウン抵抗を利用したプログラムを作成します。

リスト5-2は**リスト5-1**にlFlgIn（①）とlgGpioClaimInput関数（②）を記述して、プルダウン抵抗を有効にします。実行して、タクタイルスイッチの入力の動作を確認します。

○リスト5-2：5-Sw02.c

```
#include <stdio.h>
#include <stdlib.h>     //EXIT_SUCCESS
#include <unistd.h>     //usleep
#include <lgpio.h>      //lgGpiochipOpen,lgGpioRead,etc
#define PI5     4
#define PI4B    0
#define LED0    23
#define SW0     4

int main (void){
    int hnd;
    int lFlgOut=0;
    int lFlgIn=LG_SET_PULL_DOWN; ――①
    hnd = lgGpiochipOpen(PI5);
    lgGpioClaimOutput(hnd,lFlgOut,LED0,LG_LOW);
    lgGpioClaimInput(hnd,lFlgIn,SW0); ――②

    while(1){
        if(lgGpioRead(hnd, SW0)==LG_HIGH){
            lgGpioWrite(hnd,LED0,LG_HIGH);
        }else{
            lgGpioWrite(hnd,LED0,LG_LOW);
        }
        usleep(1000);
    }
    lgGpiochipClose(hnd);
    return EXIT_SUCCESS;
}
```

5.5 オルタネート動作をさせる

5.5.1 オルタネートとは

リスト5-1や**リスト5-2**でLED0を長く点灯させたい場合には、SW0の操作部を押し続けていなければなりません。**図5-12**のように、SW0をワンプッシュするとLED0を点灯させてONの状態を保持し、もう一度ワンプッシュするとLED0が消灯してOFFの状態を保持できれば便利です。

このように、同じ操作によって、2つの状態が交互に入れ替わり、状態が保持されることを「オルタネート（alternate）動作」または「トグル（toggle）動作」と呼びます。alternateは「交互の」の意味で、toggleは「2つの安定状態があるもの」の意味となります。

◯図5-12：オルタネート動作

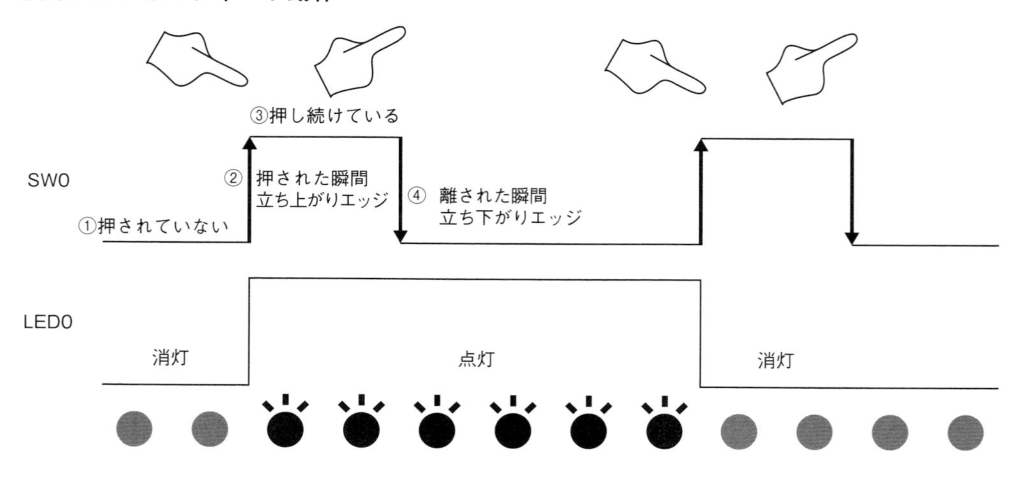

5.5.2 フローチャート

モーメンタリ型のタクタイルスイッチに、オルタネート動作をさせるにはどうしたらよいのでしょうか？　ここでは3つの変数（「s0Now」「s0Pre」「alt0」）を使用して、オルタネート動作を実現させます。

- 変数s0Nowは、SW0の状態を入力したときに保存する変数です。
- 変数s0Preは、SW0の状態を入力する前に、s0Nowの値を保存します。つまり、SW0から入力する直前（過去）の値が保存されています。「Pre」は英語の「previous」に由来するもので、「前の」や「以前の」という意味を持ちます。
- 変数alt0は、LED0へHIGHとLOWを交互に出力するための変数として使います。

図5-12と**表5-5**に示すように、SW0の状態は4つありますが、注目したいのはSW0が押された瞬間です。LOWからHIGHに切り替わる瞬間で、「立ち上がり」と呼びます。その反対は「立ち下がり」です。この立ち上がりは「s0PreがL」で「s0NowがH」のときです。この立ち上がりを検出して、変数alt0でHIGHとLOWを交互にLED0に出力すればよいのです。フローチャートを**図5-13**に示します。

○表5-5：タクタイルスイッチ状態と変数の関係

スイッチの状態	s0Pre	s0Now
①押されていない	LOW	LOW
②押された瞬間（立ち上がり）	LOW	HIGH
③押されている	HIGH	HIGH
④離された瞬間（立ち下がり）	HIGH	LOW

○図5-13：SW0のオルタネート動作のフローチャート

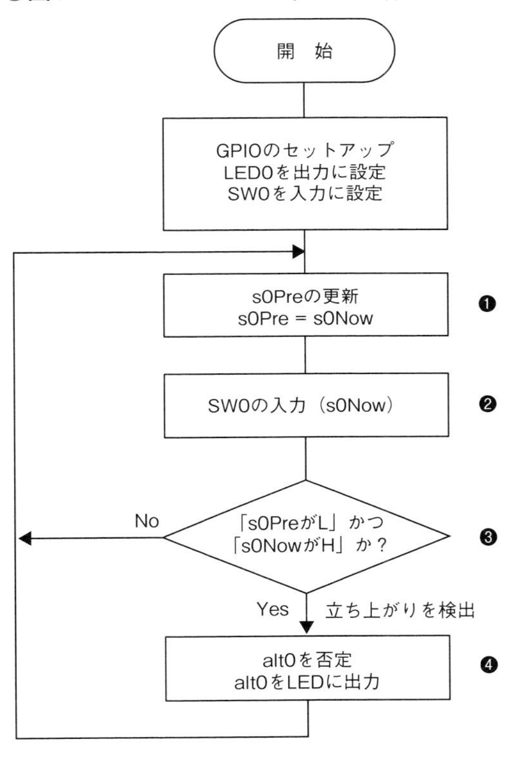

❶ 変数s0Nowの値を変数s0Preに入力します。

❷ SW0の値（LOWまたはHIGH）をリードして、変数s0Nowに入力します。

❸ 変数s0Nowとs0Preより、立ち上がり（押された瞬間）を検出したかどうか判断します。もし、検出して「Yes」なら❹へ行きます。検出していない「No」なら❶に戻ります。

❹ 立ち上がりを検出したなら、変数alt0自身を論理否定します。alt0のLOWは否定されてHIGHとなり、LED0を点灯させます。SW0が2回目に押されたときは、HIGHが否定されLOWとなり、LED0を消灯させるのです。alt0をLED0に出力して❶に戻ります。

5.5.3 ソースコード

今回使用するタクタイルスイッチはモーメンタリ動作の仕様ですが、**リスト5-3**でオルタネート動作をさせます。

○リスト5-3：5-Alt01.c

```
#include <stdio.h>       //printf
#include <stdlib.h>      //EXIT_SUCCESS
#include <lgpio.h>       //lgGpiochipOpen,lgGpioRead,etc
#define PI5    4
#define PI4B   0
```

```
#define LED0   23
#define SW0    4

int main (void){
    int i=0;
    int hnd;
    int lFlgOut=0;
    int lFlgIn=LG_SET_PULL_DOWN;
    int s0Now=0; ┐
    int s0Pre=0; ├①
    int alt0=0;  ┘

    hnd = lgGpiochipOpen(PI5);
    lgGpioClaimOutput(hnd,lFlgOut,LED0,LG_LOW);
    lgGpioClaimInput(hnd,lFlgIn,SW0);

    while(1){
        s0Pre = s0Now; ――――②
        s0Now = lgGpioRead(hnd, SW0); ――――③
        if((s0Pre==LG_LOW)&&(s0Now==LG_HIGH)){ ――――④
            alt0 =  !alt0;                       ┐
            lgGpioWrite(hnd,LED0,alt0);          ├⑤
            printf("%d alt0=%d¥n",++i,alt0);     ┘
        }
    }
    lgGpiochipClose(hnd);
    return EXIT_SUCCESS;
}
```

① 変数s0Now、s0Preおよびalt0を0に初期化します。

② s0Nowの値をs0Preへ入力します。

③ lgGpioRead関数でSW0の値をリードし、変数s0Nowへ入力します。

④ if文で、s0Nowとs0Preの値から、SW0の立ち上がりを検出します。

⑤ 立ち上がりを検出したなら、変数alt0を論理否定してLED0にライトします。printf文で、立ち上がりの回数とalt0の値をターミナルに表示します。

5.5.4　動作確認

リスト5-3をビルドして実行し、SW0のオルタネート動作を確認します。SW0がオルタネート動作したり、しなかったりしますが、なぜでしょうか？

5.6　バウンシングとは

5.6.1　誤動作の原因

リスト5-3を実行すると、オルタネート動作が動作したり、しなかったりしたと思います。この誤動作の原因は、バウンシング現象です[注3]。バウンシング（bouncing）は、タクタイ

注3　「チャタリング（chattering）」と呼ぶ事例がありますが、本書では「チャタリングはスイッチの接点がONの状態のときに外部からの影響によりONとOFFを繰り返す現象」とし、バウンシング現象と区別します。

ルスイッチを押したり、離したりしたときの衝撃により、スイッチ内部の接点が一時的に接触や非接触を繰り返す現象です。コンピュータは処理速度が速いため、バウンシングも入力信号としてカウントしてしまいます。**図5-14**は、タクタイルスイッチを離したときに発生したバウンシングをオシロスコープで観測した図です。

○図5-14：タクタイルスイッチを離したときに発生したバウンシング

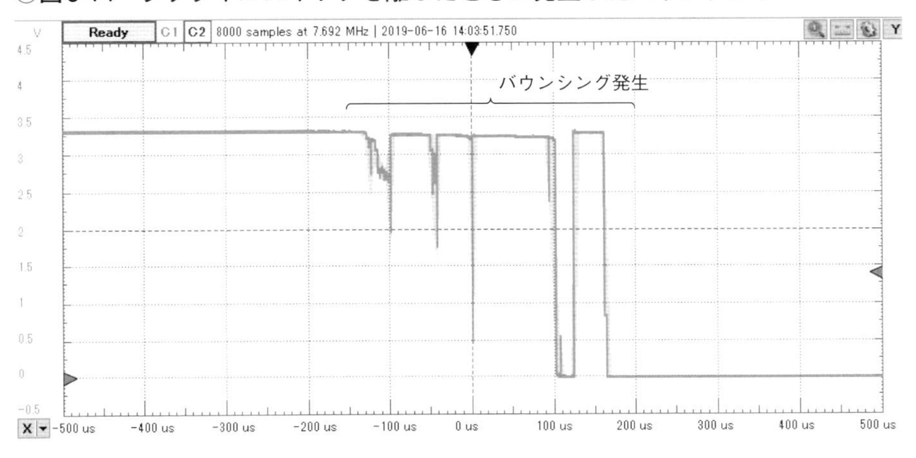

図5-15に示すように、3つのバウンシング（①、②、③）が発生すると、操作信号に加えて計4つの信号がGPIOに入力されます。**リスト5-3**のプログラムでは、4つの信号によって変数alt0が4回否定され、その値が変化しません。したがって、スイッチを操作しても、LEDのオルタネート動作が行われません。バウンシングは発生することもあれば、発生しないこともありますが、程度にかかわらず対策をしておくことが必要になります。

○図5-15：バウンシング現象

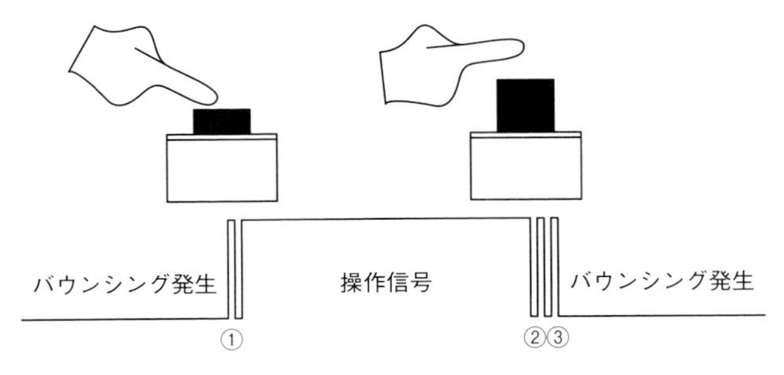

5.6.2 バウンシングの対策

バウンシング現象はスイッチ操作の誤動作の原因になるので、対策が必要になります。対策方法は、抵抗とコンデンサを利用した積分回路によるハードウェアの方法とソフトウェアで対処する2つの方法があります。ここでは、コストダウンの要求からソフトウェアで対処する方法を検討します。

バウンシング現象はずっと続くものではなく、スイッチの接点が切り替わった直後から数十ms以内で消えるようです。**図5-16**に示すようなバウンシングが発生したSW0の入力波形で検討します。ここでは、20ms以内にバウンシングが消えるものと仮定し、スイッチの操作時間は20msよりも十分に長いとします。

スイッチが押されると、最初の①立ち上がりを検出して、LEDを点灯させます。その後、ラズパイに20msの時間待ちをすることで、その間に発生した立ち下がり（×）と立ち上がり（×）のバウンシング現象を無視することができます。次に、スイッチを離すと、②立ち下がりが発生します。この後、20msの時間待ちを設けることで、その間に発生した立ち下がり（×）と立ち上がり（×）のバウンシング現象を無視します。このように、適切な時間待ちを利用することで、バウンシング現象の対策が可能になります。

◯図5-16：バウンシング現象の対策

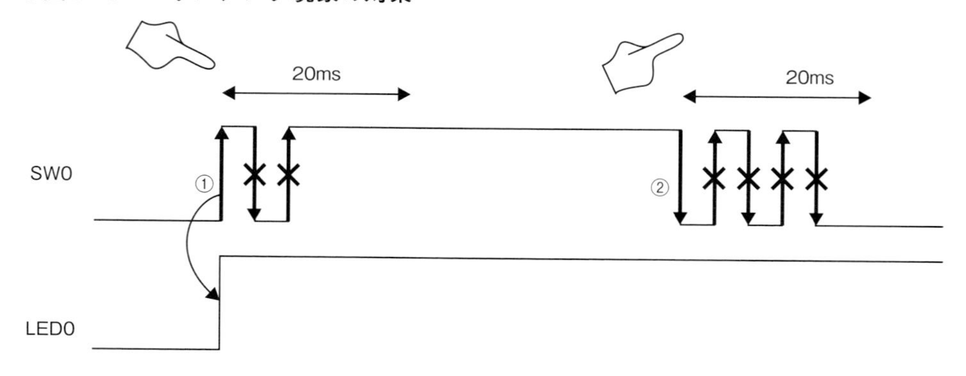

5.6.3 フローチャート

バウンシング対策したフローチャートを**図5-17**に示します。基本的には**図5-13**（P.133）のフローチャートと同じなので、改善した箇所を中心に説明しています。

◯図5-17：バウンシング対策のフローチャート

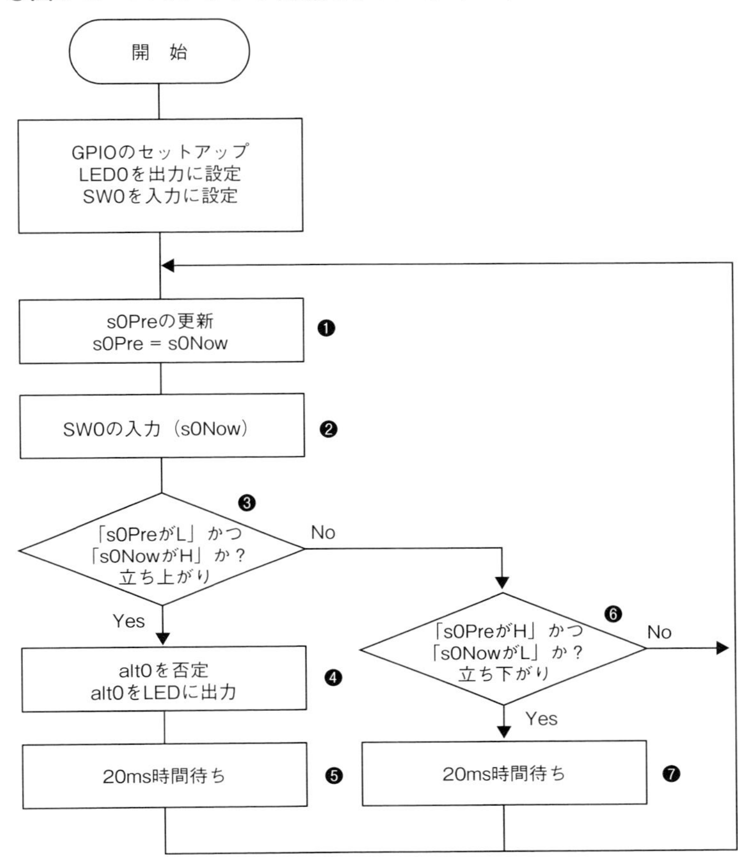

❸ 変数s0Nowとs0Preより、立ち上がり（押された瞬間）を検出したかどうか判断します。もし、検出して「Yes」なら❹へ行きます。検出していない「No」なら❻へ行きます。

❹ 立ち上がりを検出したなら、変数alt0を論理否定してLED0に出力します。

❺ 20msの時間待ちをして、バウンシングを無視します。

❻ 変数s0Nowとs0Preより、立ち下がり（離された瞬間）を検出したかどうか判断します。もし、検出して「Yes」なら❼へ行きます。検出していない「No」なら❶へ戻ります。

❼ 20msの時間待ちをして、バウンシングを無視します。そして、❶へ戻ります

5.6.4　ソースコード

バウンシング現象への対策を施したソースコードを**リスト5-4**に示します。スイッチの構造、押し方、経年劣化によっては、バウンシング現象を除去しきれない場合があります。その場合は、待ち時間の値（DELAYTIME）を少し長めにすると改善する場合あります。正確にオルタネート動作させたい場合は、スイッチをトグルスイッチなどのオルタネート動作の仕様に変更するのも一案です。なお、**リスト5-3**と**リスト5-4**では、バウンシング現象を

確認するために、CPUの使用率を抑制するために使用したusleep関数を使用していません。

○リスト5-4：5-Alt02.c

```
#include <stdio.h>        //printf
#include <stdlib.h>       //EXIT_SUCCESS
#include <unistd.h>       //usleep
#include <lgpio.h>        //lgGpiochipOpen,lgGpioRead,etc
#define PI5    4
#define PI4B   0
#define LED0   23
#define SW0    4
#define DELAYTIME 20000 ――①

int main (void){
    int i=0;
    int hnd;
    int lFlgOut=0;
    int lFlgIn=LG_SET_PULL_DOWN;
    int s0Now=0;
    int s0Pre=0;
    int alt0=0;

    hnd = lgGpiochipOpen(PI5);
    lgGpioClaimOutput(hnd,lFlgOut,LED0,LG_LOW);
    lgGpioClaimInput(hnd,lFlgIn,SW0);

    while(1){
        s0Pre = s0Now;
        s0Now = lgGpioRead(hnd, SW0);
        if((s0Pre==LG_LOW)&&(s0Now==LG_HIGH)){ ――②
            alt0 =  !alt0;                           ┐
            lgGpioWrite(hnd,LED0,alt0);              │
            printf("%d alt0=%d¥n",++i,alt0);         ├③
            usleep(DELAYTIME);                       ┘
        }else if((s0Pre==LG_HIGH)&&(s0Now==LG_LOW)){ ┐
            usleep(DELAYTIME);                       ┘④
        }
    }
    lgGpiochipClose(hnd);
    return EXIT_SUCCESS;
}
```

① 20msの時間待ちをマクロ定義します。usleep関数を使用するため、20,000μsです。
② if文で、s0Nowとs0Preの値から、SW0の立ち上がりを検出します。
③ 立ち上がりを検出したなら、alt0を否定してLED0にライトします。usleep関数で20ms時間待ちをして、バウンシングを無視します。
④else if文で、s0Nowとs0Preの値から、立ち下がりを検出します。検出した場合は、usleep関数で20ms時間待ちをして、バウンシングを無視します。そして、while文に戻ります。

5.7　8個のスイッチの値を一度にリードする

5.7.1　8個のスイッチをグループ化する

SW0からSW7の8個のタクタイルスイッチの値をリードして、その値を16進数と2進数でターミナルに表示します（**図5-18**）。**リスト4-2**（P.117）で複数のLEDをグループ化したように、複数のGPIOの入力をグループ化して一度にリードできるので便利です。

○図5-18：8個のスイッチの値をターミナルに表示

geany_run_script_IUFZN2.sh
ファイル(F)　編集(E)　タブ(T)　ヘルプ(H)
SW7-0 = 0xaf　1010 1111
SW7-0 = 0xb5　1011 0101
SW7-0 = 0x05　0000 0101
SW7-0 = 0x00　0000 0000
SW7-0 = 0x01　0000 0001
SW7-0 = 0x29　0010 1001

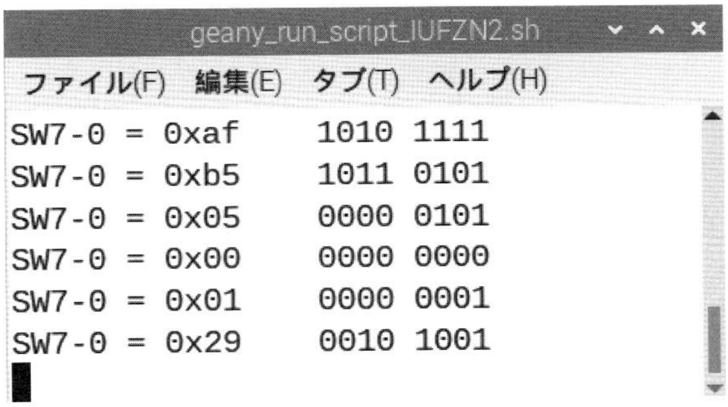

5.7.2　フローチャート

課題のフローチャートを**図5-19**に示します。

○図5-19：8個のスイッチをグループ化してリードするフローチャート

開　始
GPIOのセットアップ
SW0～SW7を入力に設定
❶
SW0～SW7の値をリード
❷
リードした値を
ターミナルに表示
❸
0.5秒時間待ち
❹

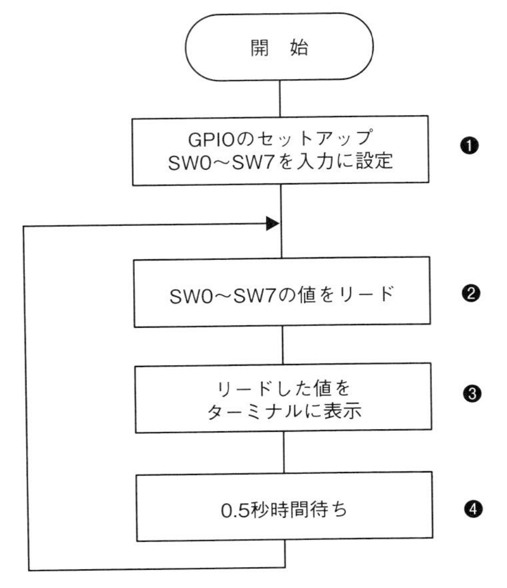

❶ 8個のタクタイルスイッチに割り当てたGPIOを入力に設定します。
❷ SW0 ～ SW7の値をリードします。
❸ リードした値をターミナルに表示します。
❹ 0.5秒、時間待ちして、❷へ戻ります。

5.7.3 ソースコード

ソースコードは**リスト5-5**のとおりです。複数のGPIOをグループ化して入力に設定するlgGroupClaimInput関数と、データをリードするlgGroupRead関数について解説します。

● 複数のGPIOを入力に設定するlgGroupClaimInput関数（①）

lgGroupClaimInput関数は、一度に複数のGPIOを入力に設定します。

```
int lgGroupClaimInput(int handle, int lFlags, int count, const int *gpios)
```

- handleには、lgGpiochipOpen関数の戻り値を代入します。**リスト5-5**ではhndです。
- lFlagsはGPIOの入力回路のオプションです。プルダウン抵抗を有効にします。
- countは、グループ化するGPIOのピン数を設定します。ここでは、8つのGPIOを使用するので、マクロ定義したSNUMで8を代入します。
- gpiosには、複数のGPIOをグループ化した1次元配列の配列名を設定します。**リスト5-5**では、配列sw70[SNUM]を使用します。

● 複数のGPIOからデータをリードするlgGroupRead関数（②）

lgGroupRead関数は、一度に複数のGPIOからデータをリードします。

```
int lgGroupRead(int handle, int gpio, uint64_t *groupBits)
```

- handleには、lgGpiochipOpen関数の戻り値を代入します。**リスト5-5**ではhndです。
- gpioには、グループ化したGPIOの先頭のGPIOを指定します。**リスト5-5**ではSW0です。
- groupBitsは、リードした値を指すポインタです。

● printf関数のフォーマット指定子（③）

lgGroupRead関数でリードしたデータはlong型なので、16進数で出力する場合は「%lx」を指定します。ただし、printf関数のフォーマット指定子は2進数に対応していないため、PrintBinary関数を使用します。

● PrintBinary関数（④）

PrintBinary関数は、「msb-1」を引数として再帰呼び出しによって、最上位ビットからすべての桁を表示します。16進数の形式に合わせて4ビットごとに区切って表示されます。

```
void PrintBinary(uint64_t bits, int msb);
```

- bitsにはデータを設定します。
- msbは、最上位ビット（MSB:Most Significant Bit）を表し、たとえば8ビットのデータの場合、MSBはビット7に対応するため、引数として「7」を指定します。なお、最下位ビットをLSB（Least Significant Bit）といいます。

リスト5-5をビルドして実行し、SW0からSW7を操作した結果を確認しましょう。

○リスト5-5：5-Grp01.c

```
#include <stdio.h>      //printf
#include <stdlib.h>     //EXIT_SUCCESS
#include <lgpio.h>      //lgGpiochipOpen,lgGroupRead,etc
#define PI5     4
#define PI4B    0
#define SW0     4
#define SW1     5
#define SW2     6
#define SW3     26
#define SW4     17
#define SW5     27
#define SW6     20
#define SW7     21
#define SNUM    8
void PrintBinary(uint64_t bits, int msb);

int main (void){                                              ┐
    int hnd;                                                  │
    int lFlgIn=LG_SET_PULL_DOWN;                              │
    int sw70[SNUM] = {SW0,SW1,SW2,SW3,SW4,SW5,SW6,SW7};       ├①
    uint64_t bits;                                            │
    hnd = lgGpiochipOpen(PI5);                                │
    lgGroupClaimInput(hnd, lFlgIn, SNUM, sw70);               ┘
    while(1){
        lgGroupRead(hnd, SW0, &bits); ──────②
        printf("SW7-0 = 0x%02lx¥t",bits); ──────③
        PrintBinary(bits,7);
        lguSleep(0.5);
    }
    lgGpiochipClose(hnd);
    return EXIT_SUCCESS;
}

void PrintBinary(uint64_t bits, int msb){ ──────④
    if (msb < 0) {
        printf("¥n");
        return;
    }
    printf("%lu",(bits>>msb)%2);
    if((msb%4)==0)printf(" ");          //4桁区切り
    PrintBinary(bits, msb-1);           //再帰呼び出し
}
```

5.8　割込みとは

マイクロプロセッサやマイコンには割込み（interrupt）の機能があります。インタラプトとも呼ばれています。日常では「順番に割込む」や「話に割込む」など、言葉のイメージはあまりよくはないかもしれませんが、コンピュータの作業効率を高めるために欠かせない技術です。

たとえば、SW1からSWNまでのN個のスイッチがあり、それぞれのスイッチに対応した処理を実行するプログラムを考えます。

スイッチはいつ押されるかわからないので、**図5-20（a）**のようにメインプログラムではスイッチに接続されたGPIOの状態を確認して、スイッチが押されたら処理を実行し、押されていなかったら次のスイッチの状態を確認していきます。このように、各スイッチの状態を順番に、繰り返し確認する方式を「ポーリング」と呼びます。ただ、ポーリング方式の場合、スイッチが押されていなくても確認しなければならないので、スイッチの数が多くなるとポーリングの処理に時間がかかり、メインプログラムの応答が遅くなります。

この欠点を改善するために「割込み」が使用されます。割込み方式は**図5-20（b）**に示すように、SW1が押されたことをハードウェアで検知して、メインプログラムの処理を一時中断して、処理1を実行します。処理1が終了すると、メインプログラムの処理は再開します。割込みが発生しないときは、メインプログラムは自身の処理に集中できるので、作業効率が高まります。なお、スイッチを例にしましたが、センサなどの入力デバイスに置き換えることができます。

○図5-20：複数の外部信号が入力されるシステム

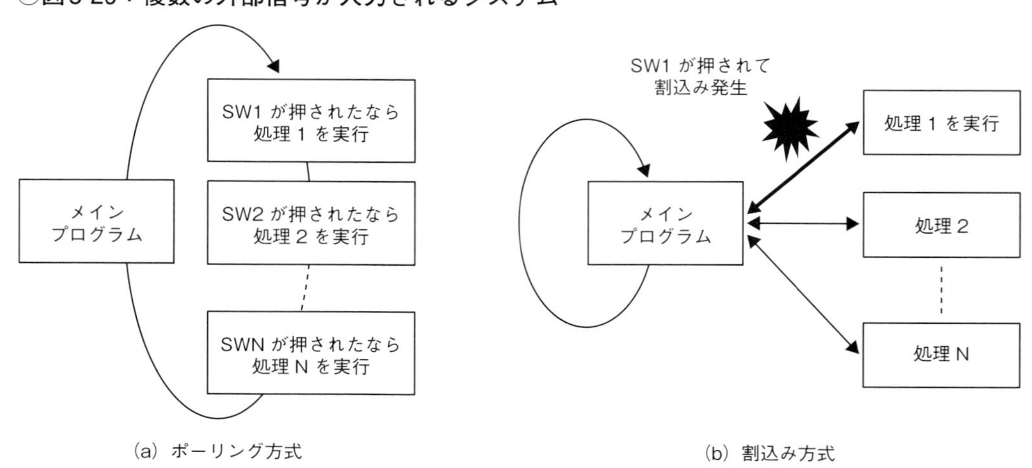

5.8.1 割込み処理に使用する関数

マルチタスク型のRaspberry Pi OSは、さまざまなプログラムを、プロセスという単位で管理し、短い時間で切り替えながら動作させています。さらに、プロセスを細かく分割したものにスレッド（thread）があります。lgpioでは、ユーザーが作成する割込み処理はスレッドとして動作します。main関数と割込み処理は並行して動作させることが可能です。

割込み処理には、lgGpioSetAlertsFunc関数、lgGpioClaimAlert関数、そして割込みが発生したときに実行するcallbackfunc関数を使用します。これらの関数について解説します。

● lgGpioSetAlertsFunc関数

ユーザーが作成した割込み処理の関数や引数を設定します。

```
int lgGpioSetAlertsFunc(int handle, int gpio, lgGpioAlertsFunc_t cbf, void *userdata)
```

- handleには、lgGpiochipOpen関数の戻り値を代入します。
- gpioには、割込み信号に割り当てたGPIOの番号を設定します。
- cbfには、割込み発生したときに実行する関数名を設定します。lgGpioAlertsFunc_tは、ヘッダファイルlgpio.hで定義されるデータ型です。
- userdataは、ポインタ渡しで使用されるポインタ変数です。ユーザーが使用できる変数です。main関数などの呼び出し側から、変数のアドレス（&userdata）を渡します。voidは、単にアドレスを格納する型で、データ型は定義されていません。つまり、どんな変数を指しても不整合が起きないため、void*は「汎用ポインタ型」と呼ばれます。

● lgGpioClaimAlert関数

割込みを有効にするエッジの種類などを設定します。デジタル信号の立ち上がりや立ち下がりの変化する瞬間をエッジと呼びます。

```
int lgGpioClaimAlert(int handle, int lFlags, int eFlags, int gpio, int nfyHandle)
```

- handleには、lgGpiochipOpen関数の戻り値を代入します。
- lFlagsには、プルアップ抵抗やプルダウン抵抗などの入力回路のオプションを設定します。使用しない場合は「0」です。
- eFlagsには、割込みを発生させるエッジの種類を設定します（表5-6）。
- gpioには、割込み信号に割り当てたGPIOの番号を設定します。
- nfyHandleは、lgpioの通知用関数で使用しますが、使用しない場合は「-1」とします。

○表5-6：割込みに使用するエッジの種類

エッジ	マクロ名
立ち上がりエッジ	LG_RISING_EDGE
立ち下がりエッジ	LG_FALLING_EDGE
立ち上がりと立ち下がりの両方エッジ	LG_BOTH_EDGES

● ユーザーが作成する割込み処理callbackfunc関数

割込みが発生するとcallbackfunc関数が実行されます。関数名はユーザーが自由に付けられます。

```
void callbackfunc (int e, lgGpioAlert_p evt, void *userdata)
```

- eは、lgpioの通知用関数で使用される通知の数を示します。
- evtは、タイムスタンプやGPIOの情報を格納する構造体です。lgGpioAlert_pは、ヘッダファイルlgpio.hで定義される構造体のデータ型です。
- userdataは、ポインタ渡しで使用されるポインタ変数です。

5.8.2 スイッチによる割込み処理を用いたLEDの制御

割込み処理の例題の動作を**図5-21**に示します。main関数では0.5秒間隔でLED0を点滅させます。そこに、SW0とSW1に割込みを設定して、SW0を押すとLED1を点灯させ、SW1を押すとLED1を消灯させます。

○図5-21：割込み処理の課題の動作

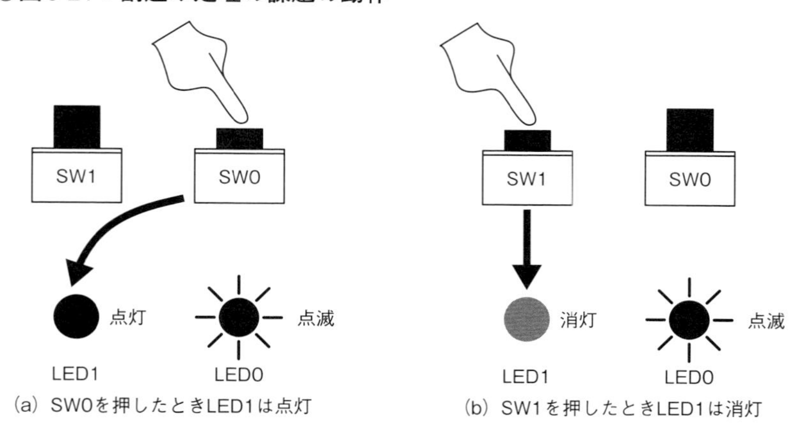

5.8.3 フローチャート

フローチャートは図5-22のとおりです。main関数、SW0の割込み処理、SW1の割込み処理の3つが独立しています。

○図5-22：割込み処理の課題のフローチャート

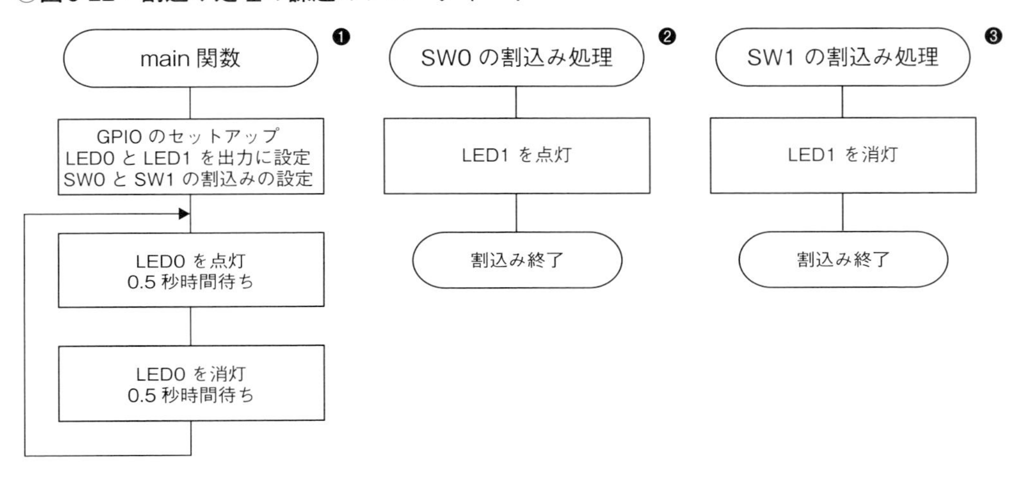

❶ main関数では、GPIOのセットアップと割込みの設定をした後、0.5秒間隔でLED0を点滅させせます。

❷ SW0の割込み関数は、SW0が押された立ち上がりエッジで動作します。LED1を点灯させます。

❸ SW1の割込み関数は、SW1が押された立ち上がりエッジで動作します。LED1を消灯させます。

5.8.4 ソースコード

ソースコードはリスト5-6のとおりです。なお、割込み処理に焦点を当てたシンプルなものなので、タクタイルスイッチのバウンシングの対策をしていません。

○リスト5-6：5-Int01.c

```
#include <stdio.h>
#include <stdlib.h>      //EXIT_SUCCESS
#include <lgpio.h>       //lgGpioSetAlertsFunc,lgGpioClaimAlert,etc
#define PI5     4
#define PI4B    0
#define LED0    23
#define LED1    22
#define SW0     4
#define SW1     5
/* プロトタイプ宣言 */
```

```
↘
void CbfSw0(int e, lgGpioAlert_p evt, void *userdata);
void CbfSw1(int e, lgGpioAlert_p evt, void *userdata);
/* グローバル変数 */
int g_hnd; ———①

int main (void){
    int lFlgOut=0;
    int lFlgIn = LG_SET_PULL_DOWN;
    int userdata; ———②
    g_hnd = lgGpiochipOpen(PI5);
    lgGpioClaimOutput(g_hnd,lFlgOut,LED0,LG_LOW);
    lgGpioClaimOutput(g_hnd,lFlgOut,LED1,LG_LOW);
    lgGpioSetAlertsFunc(g_hnd,SW0,CbfSw0, &userdata);   ③
    lgGpioSetAlertsFunc(g_hnd,SW1,CbfSw1, &userdata);
    lgGpioClaimAlert(g_hnd,lFlgIn,LG_RISING_EDGE,SW0,-1);   ④
    lgGpioClaimAlert(g_hnd,lFlgIn,LG_RISING_EDGE,SW1,-1);

    for(;;){
        lgGpioWrite(g_hnd,LED0,LG_HIGH);
        lguSleep(0.5);                       ⑤
        lgGpioWrite(g_hnd,LED0,LG_LOW);
        lguSleep(0.5);
    }
    lgGpiochipClose(g_hnd);
    return EXIT_SUCCESS;
}

void CbfSw0(int e, lgGpioAlert_p evt, void *userdata)
{                                                        ⑥
    lgGpioWrite(g_hnd,LED1,LG_HIGH);
}

void CbfSw1(int e, lgGpioAlert_p evt, void *userdata)
{                                                        ⑦
    lgGpioWrite(g_hnd,LED1,LG_LOW);
}
```

● main関数

① lgGpiochipOpen関数の戻り値g_hndを、割込み処理の関数でも使用可能にするため、グローバル変数で宣言します。

② userdataはmain関数から割込み処理に渡す変数です。今回は使用しませんが、lgGpioSetAlertsFunc関数とcallbackfunc関数で必要とするので宣言します。

③ lgGpioSetAlertsFunc関数を使用して、SW0とSW1の割込みが発生したら実行する関数を設定します。

④ lgGpioClaimAlert関数を使用して、SW0とSW1を押したときに、立ち上がりエッジで割込みが発生するように設定します。また、プルダウン抵抗を有効にします。

⑤ 0.5秒ごとにLED0を点滅させます。

● 割込み処理のCbfSw0関数とCbfSw1関数

⑥ CbfSw0関数では、LED1を点灯させます。

⑦ CbfSw1関数では、LED1を消灯させます。

Chapter 6

パルス出力・PWM出力・タイムスタンプ・スレッドを使う

この章では、パルス出力、PWM出力、タイムスタンプ、そしてスレッドのテクニックについて学びます。

lgpioの関数を使って任意の周波数のパルス信号を簡単に出力できます。この章では圧電サウンダを鳴らします。

Chapter 4では、LEDを点灯させるか、消灯させるかの2択でしたが、PWM信号を利用するとLEDの明るさを階調的に変化させることが可能になります。

Linuxには、タイムスタンプとして日時情報を取得する機能があります。日時情報を使用することで、時間の正確な測定や時間指定などの処理が比較的簡単になります。

マルチタスクOSを実装したラズパイなら、スレッド関数を利用することで、複数の処理を同時に実行することが簡単に記述できます。

これらのテクニックを、例題を通して学んでいきます。ワンランク上のプログラミングスキルを目指しましょう。

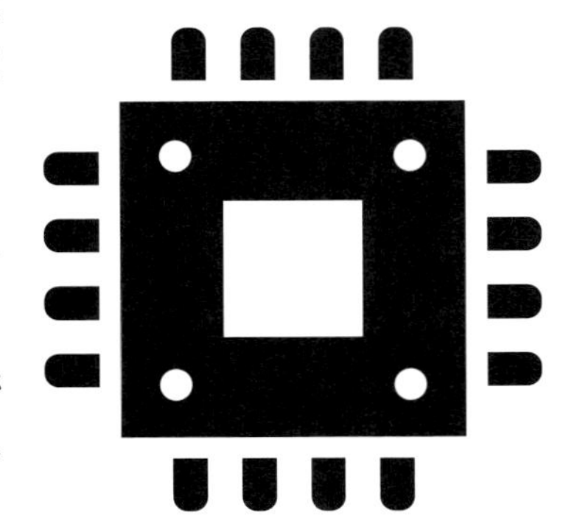

6.1　本章で準備するもの

本章の電子工作で新たに必要とするものを**表6-1**に示します。参考品欄には、入手情報などを載せましたが、他のブランドや持ち合わせのものでも結構です。また、本章以前に準備したものも使用します。

○表6-1：本章で使用する部品など

名称	個数	説明	参考品 （秋月電子通商）
抵抗 1kΩ	1	1/4 W	125102
圧電サウンダ	1	他励振タイプ	104119

6.2　パルス信号とは

パルス信号は、一定の期間にわたって周期的にHIGHとLOWの状態を切り替える信号であり、一般的にデジタル信号として扱われます。たとえば、Chapter 4の**リスト4-1**のソースコード（P.109）では、LED0を1Hzで点滅させました。これは、1Hzのパルス信号を出力したことと同じです。ただし、周波数が異なるパルス信号を多く出力したい場合、**リスト4-1**の方法では煩雑になります。そのため、lgpioのライブラリには、簡単にパルス信号を出力するlgTxPulse関数があります。

6.2.1　パルス信号を出力するlgTxPulse関数

● lgTxPulse関数

パルス信号を指定したGPIOから出力します（**図6-1**）。

```
int lgTxPulse(int handle, int gpio, int pulseOn, int pulseOff, int pulseOffset, int pulseCycles)
```

- handle：lgGpiochipOpen関数の戻り値「handle」を使用します。
- gpio：GPIOの番号を指定します。
- pulseOn：Hレベルの時間（μs）を設定します。
- pulseOff：Lレベルの時間（μs）を設定します。
- pulseOffset：通常のタイミングから指定した時間（μs）を遅延してパルス信号を出力します。
- pulseCycles：出力するサイクル数を設定します。0に設定すると、パルス信号は連続で出力します。

○図6-1：パルス信号

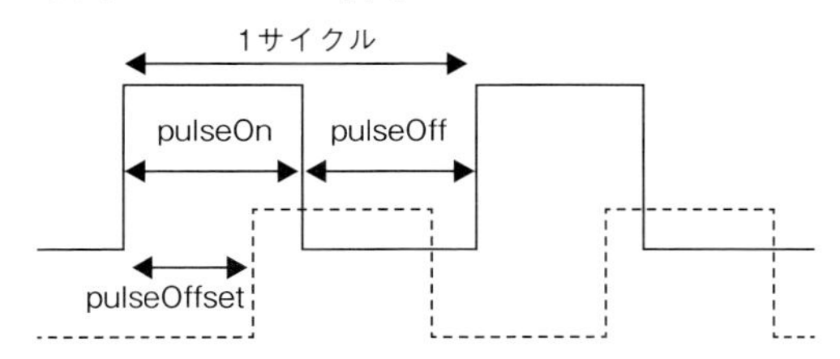

＜lgTxPulse関数のパルス信号＞

Pi 5にて、lgTxPulse関数の出力信号をオシロスコープで確認したところ、pulseOnとpulseOffに5以下の値を設定した場合、パルス信号は出力されませんでした。6に設定するとパルス信号は出力されますが、パルス幅の変動が目立ちます。したがって、pulseOnとpulseOffに設定する値としては25以上の値が望ましいと思われます。ただし、パルス信号の用途や目的によって許容する精度が異なるので、パルス信号を波形測定器で確認することを推奨します。

6.2.2　圧電サウンダとは

圧電サウンダは、圧電スピーカーとも呼ばれ、音を発生させる電子部品です。ケースの中には、音源となる圧電振動板があります。圧電振動板は、薄い金属板（黄銅やニッケルなど）に圧電素子が接着され、電極が取り付けられた構造をしています（**図6-2**）。圧電材料としては、セラミックスなどが使用されます。圧電素子に外部から力を加えると電圧が発生（圧電効果）し、逆に電圧を加えると形状が変化（逆圧電効果）します。圧電効果はピエゾ効果（piezoelectric effect）とも呼ばれ、ピエゾはギリシャ語に由来し、「圧力」や「押す」という意味があります。

図6-3に示すように電圧の向きが交互に変わる交流信号またはパルス信号を加えると、圧電振動板が「山反り」や「谷反り」するような屈曲振動を生じ、これによって音を発生します。このとき、ケース内では共鳴効果を利用して音圧が増幅されます。交流信号の周波数は音の周波数に近似し、数kHzの帯域が一般的です。

○図6-2：圧電振動板の構造

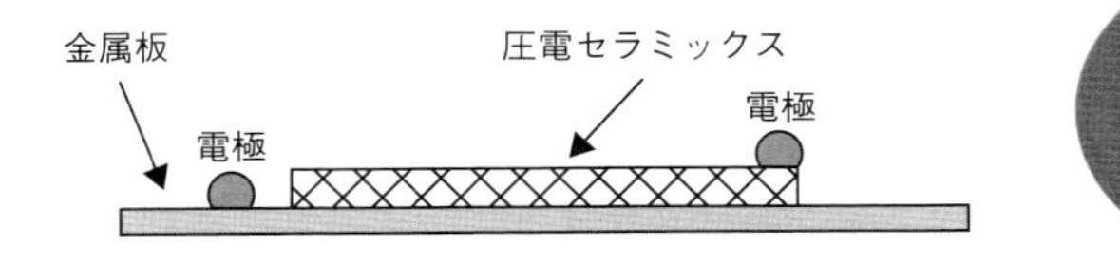

◯図6-3：圧電振動板の発音の仕組み

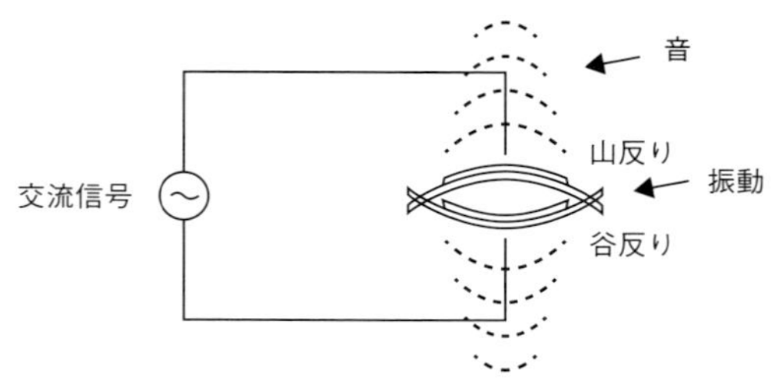

※出典：村田製作所「発音の仕組み」（URL https://www.murata.com/ja-jp/products/sound/library/basic/mechanism）

1880年に、フランスのキューリー兄弟は水晶などの結晶に圧力を加えると電位が発生する「圧電効果」を発見し、翌年には「逆圧電効果」も確認しました。この発見は、現代の水晶発振回路に応用され、クォーツ時計、コンピュータなどのデジタル回路に不可欠なものになっています。そして、1903年、弟のピエール・キューリー（Pierre Curie）氏は「放射能現象に関する研究」の業績により、共同研究者のマリ・キューリー夫人とともにノーベル物理学賞を受賞しました。

6.2.3　圧電サウンダを鳴らす

SW0が押されている間、GPIO18に接続されている圧電サウンダを1kHzのパルス信号で鳴らす回路とプログラムを作成します。

● 圧電サウンダの仕様

村田製作所の圧電サウンダ（PKM17EPPH4001-B0）の仕様を**表6-2**に示します（外観は**図6-4**）。この圧電サウンダは低消費電力で、無接点構造のため寿命は半永久的、電気的雑音がなく周辺回路への影響もほとんどありません。圧電サウンダは電子レンジ、エアコン、自動車、玩具などにおいて、ボタンの押し確認、タイマ、警報、メロディ音などに使用されています。

◯表6-2：PKM17EPPH4001-B0の仕様

項目	データ
動作電圧範囲	25.0$V_{p\text{-}p}$以下
音圧レベル	72db以上、測定条件：3$V_{p\text{-}p}$、4kHz、方形波、10cm
寸法	直径17mm、厚み8.2mm

◯図6-4：圧電サウンダの外観

6.2.4　圧電サウンダの回路図と配線図

● 回路図

圧電サウンダの回路を**図6-5**に示します。GPIO18に圧電サウンダを接続します。抵抗1kΩは圧電効果により圧電サウンダに予期せずに発生した電圧から、GPIOを保護するために挿入しています。

◯図6-5：圧電サウンダの回路図

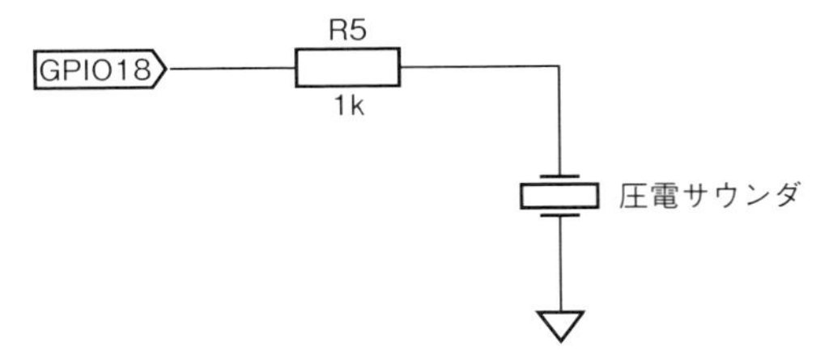

● 配線図

図5-6（P.125）の回路図に**図6-5**の圧電サウンダの回路を追加した配線図を**図6-6**に示します。なお、圧電サウンダ（PKM17EPPH4001-B0）のピンに極性はありません。

◯図6-6：圧電サウンダの配線図

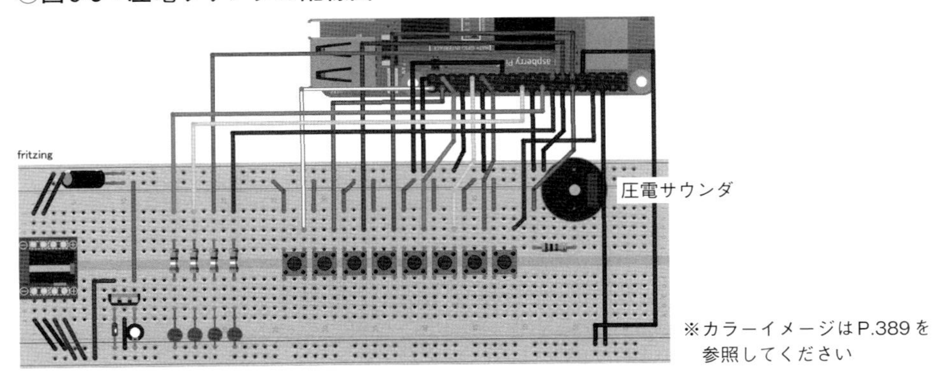

※カラーイメージはP.389を参照してください

6.2.5 フローチャート

SW0が押されている間、GPIO18に接続されている圧電サウンダを1kHzのパルス信号で鳴らすプログラムのフローチャートを**図6-7**に示します。

○図6-7：圧電サウンダを鳴らすフローチャート

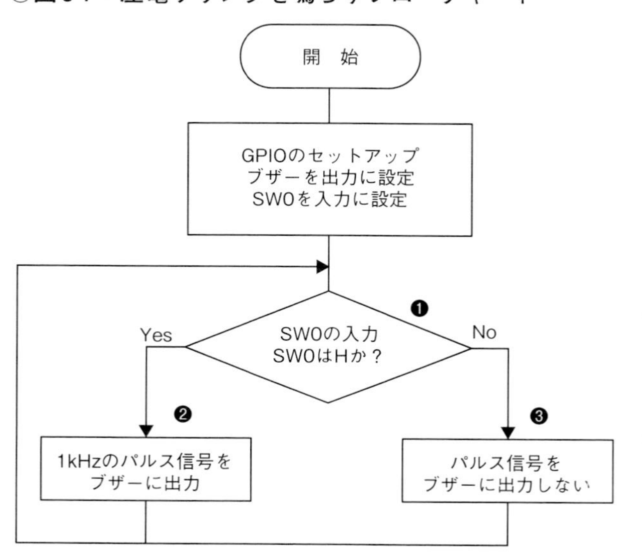

❶ SW0の値を入力します。SW0が押されたときはHIGHで、押されていないときはLOWです。条件判断を利用して、押されたときは「Yes」へ分岐し、押されていないときは「No」へ分岐します。

❷「Yes」の場合、1kHzのパルス信号で圧電サウンダを鳴らします。

❸「No」の場合、パルス信号を停止します。圧電サウンダは鳴りません。

6.2.6 ソースコード

ソースコードは**リスト6-1**のとおりです。ビルドして実行し、SW0を押すと、圧電サウンダが鳴ることを確認します。

○リスト6-1：6-Buz01.c

```
#include <stdio.h>
#include <stdlib.h>     //EXIT_SUCCESS
#include <unistd.h>     //usleep
#include <lgpio.h>      //lgTxPulse,etc
#define PI5     4
#define PI4B    0
#define BUZZER  18
#define SW0     4

int main(void) {
    int hnd;
    int lFlgOut=0;
    int lFlgIn=LG_SET_PULL_DOWN;
    hnd = lgGpiochipOpen(PI5);
    lgGpioClaimOutput(hnd,lFlgOut,BUZZER,LG_LOW);  }①
    lgGpioClaimInput(hnd,lFlgIn,SW0);
                                                              ↗
```

```
↘
    while(1){
        if(lgGpioRead(hnd, SW0)==LG_HIGH){          ──②
            lgTxPulse(hnd,BUZZER,500,500,0,0);      ──③
        }else{
            lgTxPulse(hnd,BUZZER,0,0,0,0);          }④
            lgGpioWrite(hnd,BUZZER,LG_LOW);         }
        }
        usleep(1000);                    //CPU使用率の抑制のため
    }
    lgGpiochipClose(hnd);
    return EXIT_SUCCESS;
}
```

①GPIO18（BUZZER）ピンを出力に設定し、GPIO4（SW0）ピンを入力に設定します。
②SW0の値をリードしてHIGHなら圧電サウンダを鳴らし、LOWなら鳴らしません。
③lgTxPulse関数を使用して、1kHzのパルス信号を出力します。

```
int lgTxPulse(int handle, int gpio, int pulseOn, int pulseOff, int pulseOffset, int pulseCycles)
```

- handle：lgGpiochipOpen関数の戻り値「hnd」を使用します。
- gpio：BUZZERを設定します。
- pulseOn：1kHzのパルス信号の半周期500 μsを設定します。
- pulseOff：1kHzのパルス信号の半周期500 μsを設定します。
- pulseOffset：遅延時間は使用しないので、「0」に設定します。
- pulseCycles：パルス信号を連続で出力するので、「0」に設定します。

④lgTxPulse関数の引数pulseOnとpulseOffを「0」に設定して、パルス信号の出力を停止します。パルス信号を停止した後、BUZZERの出力がHIGHのまま終了する場合があるため、lgGpioWrite関数でLOWをライトします。

＜ソフトウェア方式による信号生成＞
lgTxPulse関数、lgTxPwm関数、lgTxServo関数などのパルス信号を出力する関数は、CPUが周波数などを計算して信号を作成するソフトウェア方式を使用しています。しかし、マルチタスクOS環境下では、優先順位の高いプロセスが実行されると、ソフトウェア方式の出力信号が一時停止になり、パルス幅などが変わる可能性があります。このような制約を許容範囲とみなせる場合は、LEDの明るさやモータの回転速度などを簡易的にコントロールできます。

6.3 PWM信号とは

PWM（Pulse Width Modulation）はパルス幅変調とも呼ばれ、ラジオのAM変調とFM変調で知られるところの信号の振幅、周波数、位相などを変化させる変調方式の1つです。PWM信号はパルス波形で、パルスオン（HIGH）とパルスオフ（LOW）から構成されます。パルスオンの時間をTon、パルスオフの時間をToffとするとき、PWM信号の周期Tpwmは**式6-1**になります。また、PWM信号の周波数$f$pwmは、周期Tpwmから求まります（**式6-2**）。

周期：$\mathrm{Tpwm} = \mathrm{Ton} + \mathrm{Toff}\quad [\mathrm{s}]$　　［式6-1］

周波数：$f\mathrm{pwm} = \dfrac{1}{\mathrm{T_{pwm}}}\quad [\mathrm{Hz}]$　　［式6-2］

PWMでは、周期（周波数）を固定にして、パルスの周期Tpwm中のパルスオンの時間Tonの割合を変化させます。この割合をデューティ比Dと呼び、パルスオンの時間Tonを周期Tpwmで割って求められます（**式6-3**）。

デューティ比：$\mathrm{D} = \dfrac{\mathrm{Ton}}{\mathrm{Tpwm}}$　　［式6-3］

たとえば、**図6-8（a）**のように、パルスオンTonが周期Tpwmに対して2割の場合、デューティ比は0.2となり、パーセントで表すと20%です。信号の平均電圧は2割になります。**図6-8（b）**の矩形波（パルスオンとパルスオフの時間が等しい）の場合は、デューティ比は0.5または50%で、平均電圧は5割になります。**図6-8（c）**のように、パルスオンの時間が7割の場合、デューティ比は0.7または70%で、平均電圧は7割になります。デューティ比0%のときはゼロボルトになり、デューティ比100%のときはHIGHレベルの直流電圧になります。

PWMはデジタル信号なので、PCやマイコンなどのデジタルシステムが得意な制御方法です。ハードウェアやソフトウェアでパルスオンとパルスオフのデューティ比を制御してPWM信号を作れます。そのため、PWMをインバータ回路（直流を交流に変換するための回路）の制御信号として使用することにより、照明の明るさ、モータの回転速度、エアコンの温度などをPWMのデューティ比でコントロールできます。このとき、デューティ比の変化の割合（階調）が細かいと、たとえばモータを低速から高速までの回転領域を滑らかに動作させられます。PWMはパワーエレクトロニクス技術と相まって、電車、産業機械、エレベーター、家電製品などのさまざまなところで応用されています。

◯図6-8：PWMのデューティ比

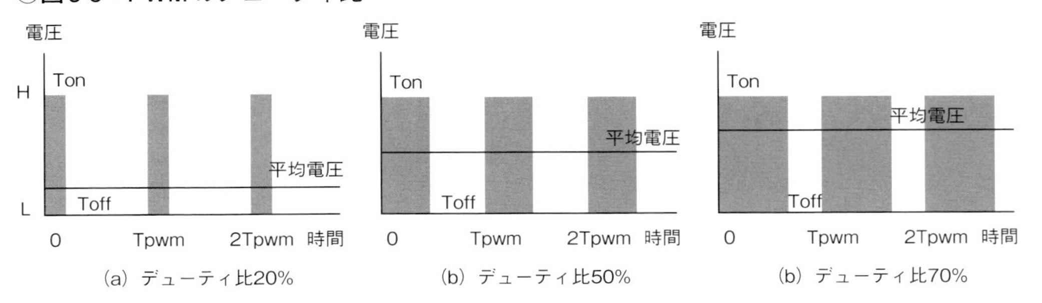

6.3.1　PWM信号でLEDの明るさを変える

ラズパイはPWM信号を発生する回路を内蔵していますが、lgpio制御ライブラリではサポートされていません。そのため、ソフトウェア方式のlgTxPwm関数を使用して、LED0(GPIO23)を徐々に明るくするプログラムを作成します。

PWM信号の周波数$f$pwmを100Hzに設定し、LED0の点灯周期T_{LED0}を5秒とします。**図6-9**では1周期の階調は例のため5ですが、実際は100に設定します。また、点灯の周期T_{LED0}は5秒なので、50msごとにPWM信号のデューティ比を変更します。

◯図6-9：LED0のPWM制御のイメージ

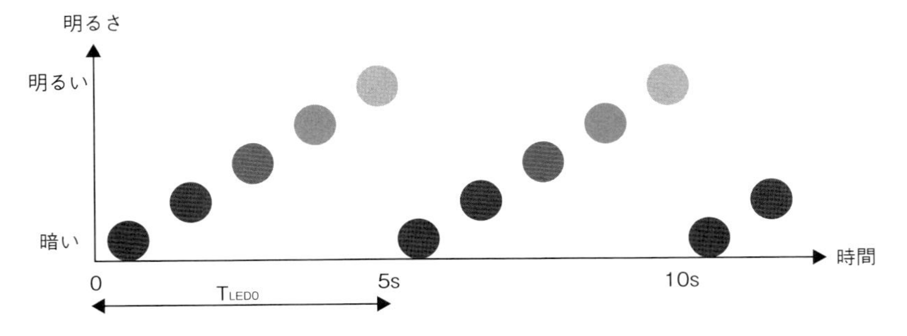

6.3.2　フローチャート

フローチャートは**図6-10**のとおりです。LED0の点灯周期5秒の間で、PWM信号のデューティ比を0から99まで変化させるループを基に永久ループさせています。

○図6-10：PWM信号でLED0の明るさを制御するフローチャート

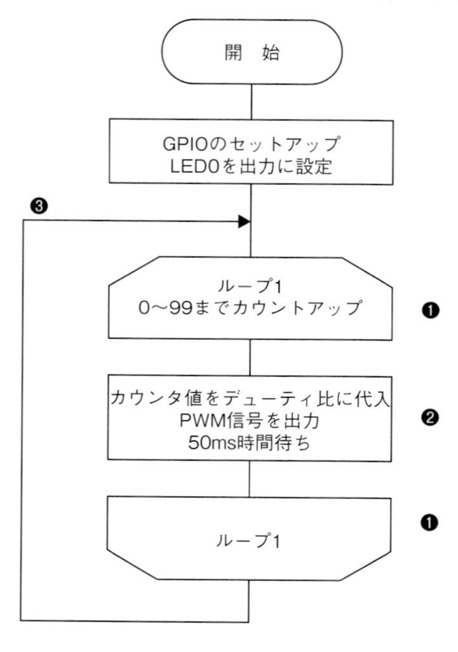

❶ ループ1で、0～99までの100回繰り返して、5秒間の点灯周期を作ります。
❷ カウンタの値をデューティ比に代入し、PWM信号を出力して、50msの時間待ちします。
❸ 永久ループとします。

6.3.3 ソースコード

ソースコードはリスト6-2のとおりです。ビルドして実行し、LEDの明るさを確認します。

○リスト6-2：6-Pwm01.c

```
#include <stdio.h>
#include <stdlib.h>      //EXIT_SUCCESS
#include "lgpio.h"       //lgTxPwm,etc
#define PI5     4
#define PI4B    0
#define LED0    23

int main (void){
    int hnd;
    int lFlgOut=0;
    int duty;
    hnd = lgGpiochipOpen(PI5);
    lgGpioClaimOutput(hnd,lFlgOut,LED0,LG_LOW); ——①
    while(1){
        for ( duty=0; duty<100;duty++){ ——②
            lgTxPwm(hnd, LED0, 100.0, duty, 0,0); ——③
            lguSleep(0.05); ——④
        }
    }
    lgGpiochipClose(hnd);
    return EXIT_SUCCESS;
}
```

①LED0(GPIO23)を出力に設定します。

②for文を使用して、デューティ比（duty）を0から99までインクリメントします。

③lgTxPwm関数を使用して、PWM信号を指定したGPIOピンから出力します。lgTxPwm関数の書式は次のとおりです。

```
int lgTxPwm(int handle, int gpio,  float pwmFrequency, float pwmDutyCycle, int pwmOffset, int
pwmCycles)
```

- handle：lgGpiochipOpen関数の戻り値「hnd」を使用します。
- gpio：LED0を設定します。
- pwmFrequency：周波数100Hzとします。
- pwmDutyCycle：for文で使用しているカウンタ変数dutyを設定します。
- pwmOffset：遅延時間は使用しないので、「0」に設定します。
- pwmCycles：PWM信号を連続で出力するので、「0」に設定します。

④lguSleep関数で50ms（0.05秒）の時間待ちします。

6.4　タイムスタンプとは

Raspberry Pi OSでは、ファイルやフォルダの作成日時や最終更新日時などを記録しており、この日時情報をタイムスタンプと呼びます。ラズパイはOSが起動したときに、インターネット上のNTP（Network Time Protocol）サーバから現在時刻を取得して時刻を合わせます。ラズパイの場合、DebianのNTPサーバにアクセスしています。ラズパイがネットワークに接続できない環境では、現在時刻に更新できませんが、時計自身は動作しています。なお、Pi 5では、RTC（リアルタイムクロック）機能が追加され、バックアップ用電池パックを装着できます。一度時刻合わせをすると、電源をオフにした状態やネットワークに接続できない環境下でも、電池により時刻を維持できます。

ところで、UNIX系OSで標準的に使用されている日時情報をUNIX時間（UNIX time）と呼び、1970年1月1日午前0時0分0秒（UTC[注1]）からの経過秒数で表します。この「1970年1月1日午前0時0分0秒」のことをUNIXエポックまたは単にエポック（the Epoch）と呼びます。日時は、経過時間からうるう年を考慮して計算します。

注1　UTCは協定世界時の略称。日本標準時（JST）は、UTCより9時間進めた時間です。

【例】dateコマンドでUNIX時間（秒）を表示します。

```
$ date +%s
1715915362
```

2024年5月17日3時9分22秒（UTC）

タイムスタンプを使用するメリットには、次のようなものがあります。

- 時間の正確な測定

タイムスタンプを使用することで、割込み処理などのイベントの時間的な発生や経過を正確に測定できます。

- 定期的な処理

定期的な処理の実行をスケジューリングできます。

- 時間指定の処理

特定の時間に処理を実行したり、時間範囲内での特定のイベントを検出したりする場合に役立ちます。

6.4.1 タイムスタンプを取得する関数

タイムスタンプを取得する関数には、ナノ秒単位の関数と秒単位の関数があります。

● lguTimestamp関数

戻り値がタイムスタンプとなり、ナノ秒（ns）単位のUNIX時間です。

```
uint64_t lguTimestamp(void)
```

● lguTime関数

戻り値がタイムスタンプとなり、秒（s）単位のUNIX時間です。

```
double lguTime(void)
```

6.4.2　3つのLEDを1Hz、2Hz、3Hzで点滅させる

LED0を1Hz、LED1を2Hz、LED2を3Hzで10秒間、同時に点滅させるプログラムを使用して作成します（**図6-11**）。10秒間の点滅時間の計測にはlguTime関数を使い、1Hz、2Hz、3Hzのパルス信号の周期作成にはlguTimestamp関数を使用します。

◯図6-11：3つのLEDを1Hz、2Hz、3Hzで点滅させるタイミングチャート

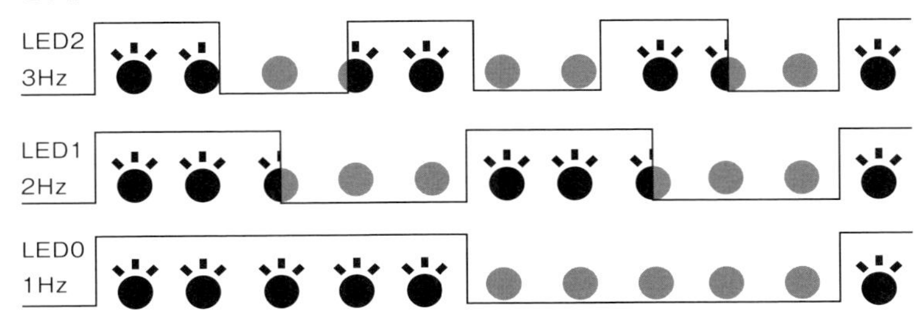

6.4.3 フローチャート

LED0を1Hz、LED1を2Hz、LED2を3Hzで10秒間、同時に点滅させるフローチャートを**図6-12**に示します。

◯図6-12：タイムスタンプを使用したフローチャート

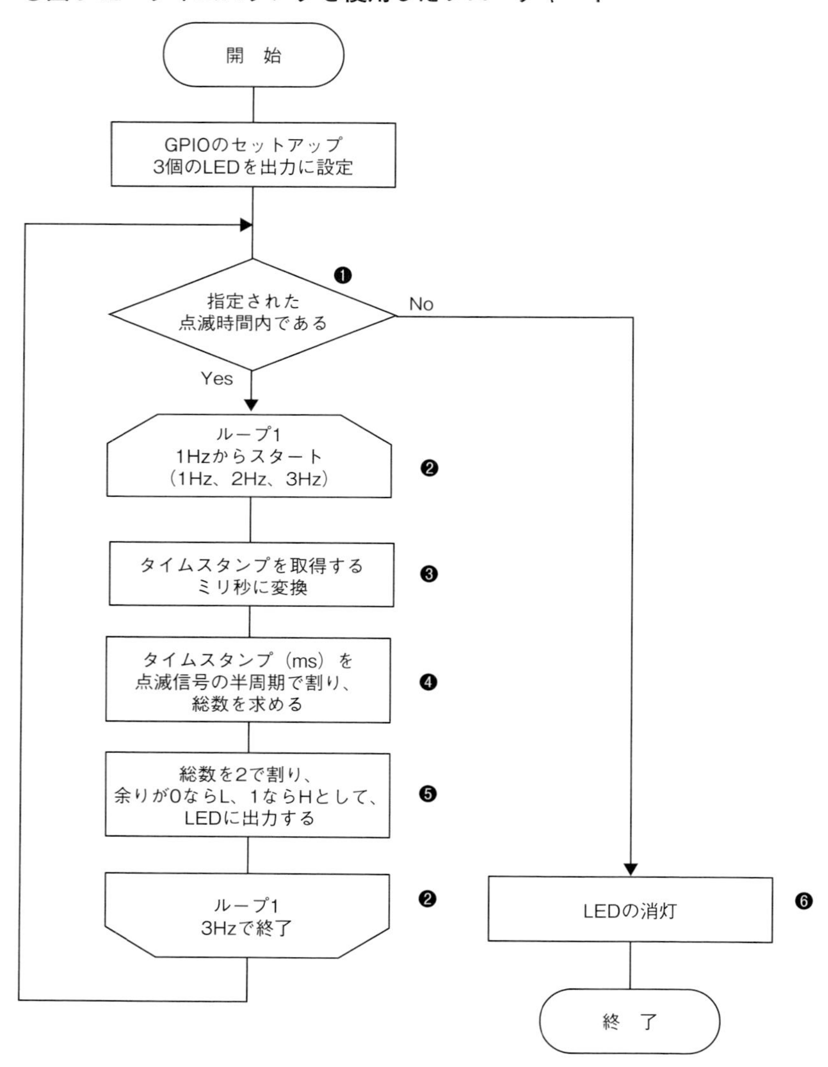

❶ 点滅時間が10秒以内なら、「Yes」へ分岐し、10秒を経過したら「No」へ分岐します。

❷「Yes」の場合、ループ1を処理します。ループ1では、1Hz、2Hz、3Hzの順でパルス信号を出力します。**図6-11**より、LEDを点滅させるパルス信号は、半周期ごとにHとLを繰り返すので、半周期を基本量とします。取得したタイムスタンプを半周期で割り、

その総数（商）が奇数か偶数かを判定します。そして、そのときのタイムスタンプにおけるパルス信号の出力を、奇数の場合はHレベル、偶数の場合はLレベルとします。それを、1Hz、2Hz、3Hzの順に計算して信号を出力し、❶に戻ります。

❸ lguTimestamp関数で取得したタイムスタンプ（ナノ秒）をミリ秒に変換します。

❹ 取得したタイムスタンプから、半周期の総数を求めます。

❺ 総数を2で割り、余りが0ならLレベル、1ならHレベルをLEDに出力します。

❻「No」の場合、3つのLEDを消灯して終了します。

6.4.4　ソースコード

ソースコードは**リスト6-3**のとおりです。ビルドして実行し、3つのLEDが1Hz、2Hz、3Hzで10秒間点滅することを確認します。

◯リスト6-3：6-Time01.c

```
#include <stdio.h>
#include <stdlib.h>      //EXIT_SUCCESS
#include <unistd.h>      //usleep
#include <lgpio.h>       //lguTimestamp,etc
#define PI5     4
#define PI4B    0
#define LED0    23
#define LED1    22
#define LED2    25
#define LNUM    3        //LEDの数

int main (void){
    int i,pin;                                  ┐
    double endTime,blinkTime=10.0;              │
    uint64_t ms;                                │
    int hnd;                                    │
    int lFlgOut=0;                              ├①
    int leds[LNUM]={LED0,LED1,LED2};            │
    int levels[LNUM]={0,0,0};                   │
    uint64_t gMsk=0b111;                        │
    int cycleHz[LNUM]={1,2,3};                  ┘
    hnd = lgGpiochipOpen(PI5);
    lgGroupClaimOutput(hnd,lFlgOut,LNUM,leds,levels);
    endTime=lguTime()+blinkTime; ―――②
    while(endTime>lguTime()){ ―――③
        for(i=0;i<LNUM;i++){                                ┐
            ms = lguTimestamp()/1000000;                    │
            pin=!((int)(ms*2*cycleHz[i]/1000)%2);           ├④
            lgGpioWrite(hnd,leds[i],pin);                   │
        }                                                   ┘
        usleep(1000);    //CPU使用率の抑制のため
    }
    lgGroupWrite(hnd,LED0,0,gMsk); ―――⑤
    lgGpiochipClose(hnd);
    return EXIT_SUCCESS;
}
```

① lgGroupClaimOutput関数を使用してLED0～LED2をグループ化して出力に設定しています。新しく使用する変数について説明します。

- 変数pinは、各LEDに出力する値であり、1または0の値です。
- 変数endTimeは、点滅の終了時間（UNIX時間）です。
- 変数blinkTimeは点滅時間のことで、10秒に設定します。
- 変数msは、ミリ秒単位のタイムスタンプ（UNIX時間）です。
- 配列cycleHzに、1Hz、2Hz、3Hzのパルス信号の周波数を定義します。

②endTimeに点滅の終了時間（UNIX時間）を設定します。IguTime関数で取得したタイムスタンプ（秒）に10秒の点滅時間を加算します。

③終了時間と現在のタイムスタンプを比較して、終了時間内であれば④の処理に進み、終了時間を経過したら⑤の処理に進みます。

④for文を使用して、1Hz、2Hz、3Hzの順でパルス信号を出力するため、3回ループします。タイムスタンプを変数ms（ミリ秒）に代入します。フローチャートで解説したように、UNIXエポックからのパルス信号の半周期の総数を求めます（式6-4）。式6-4の分母は、パルス信号の周波数から半周期の時間を計算し、ミリ秒に換算したものです。

$$総数 = \frac{ms}{\frac{1}{cycleHz[i]} \times \frac{1}{2} \times 1000} \quad [式6\text{-}4]$$

次に、総数が奇数か偶数かを判定するために、%（モジュロ）演算子を使用して2で割った余り（1または0）を求めます。その値をpinに代入してLEDに出力すると、1Hz、2H、3Hzのパルス波形が得られます。図6-13（a）は実際に測定した波形ですが、LED0の1HzとLED1の2Hzの立ち上がりエッジが揃っていません。その理由は、1Hzの総数が奇数と偶数に切り替わるとき、2Hzも同じタイミングで切り替わります。2Hzの総数は1Hzの2倍になるため常に偶数で余りが0になり、Lレベルが出力されるからです。そして、2Hzの半周期が経過したところで、2Hzの総数が奇数となりHレベルが出力されます。同様に、他の偶数の周波数のパルス信号でも位相ズレが生じます。

そこで、各パルス信号を否定（反転）して出力すると、立ち上がりエッジが揃った波形が出力されます（図6-13（b））。

なお、図6-14に示すように各LEDの点滅時間は10秒間ですが、プログラム実行時に取得したタイムスタンプは、LEDへ出力するパルス信号の立ち上がりとは非同期です。1Hzのパルス信号は途中からスタートして、先頭のHIGHの周期が分割されて11回点灯する場合もあります（図6-14）。

⑤すべてのLEDを消灯して終了します。

○図6-13：LED0からLED2の出力波形

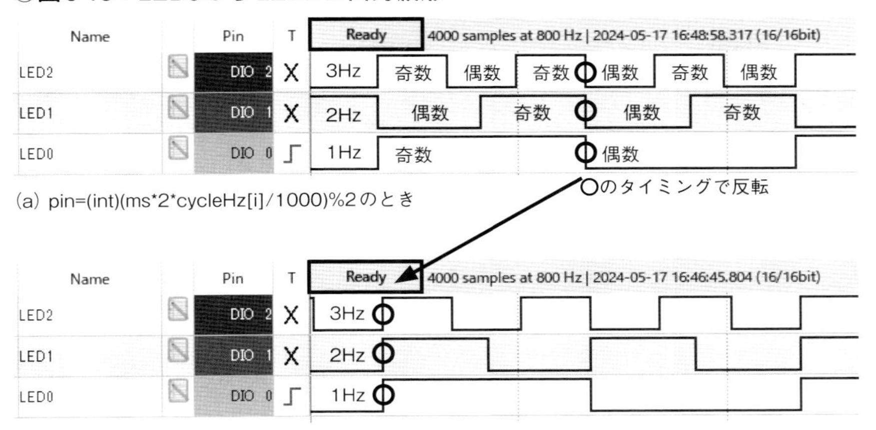

(a) pin=(int)(ms*2*cycleHz[i]/1000)%2のとき

(b) pin=!((int)(ms*2*cycleHz[i]/1000)%2)のとき

○図6-14：10秒間の点滅パターン

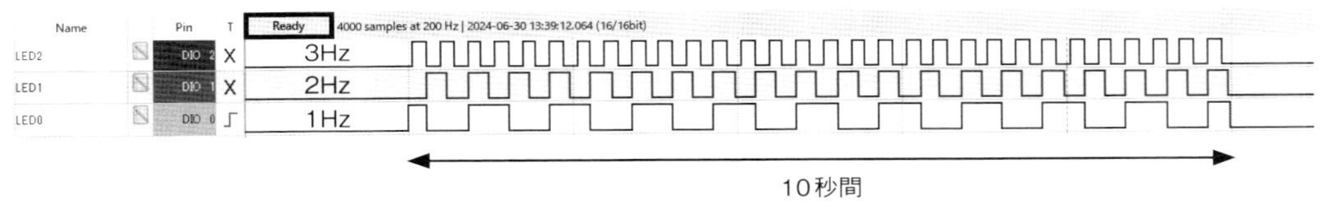

6.5 スレッドとは

Linuxに準拠したRaspberry Pi OSは、複数のプログラム（タスク）を同時に実行できるマルチタスクOSです。UNIXおよびLinuxでは、プロセス（process）とスレッド（thread）を処理の単位として使用します。

プロセスとは実行中のプログラムのことです。マルチタスクOSは複数のプロセスを並行処理しています。各プロセスは他のプロセスとできるだけ干渉しないように、メモリ空間などのリソースが独立しています。これは、あるプロセスに不具合が生じた場合に他のプロセスの動作に影響を与えないためです。そのため、他のプロセスが使用しているメモリには原則として直接アクセスできないようになっています。

しかし、ソフトウェアの設計によっては、メモリ空間を共有して直接アクセスできるほうが便利な場合があります。それを可能にするのがスレッドです。スレッドとは、1つのプロセス内部における処理の単位であり、並行処理が可能です。1つのプロセスは、1つ以上のスレッドから構成されます。C言語のmain関数も1つのスレッドとして扱います。本書ではmainスレッドと呼びます。プロセスにmainスレッドだけのときは、シングルスレッド（single thread）と呼びます。また、1つのプロセス内に複数のスレッドがある場合、それらが並行処理されることをマルチスレッド（multi-thread）と言います（**図6-15**）。

○図6-15：シングルスレッドとマルチスレッド

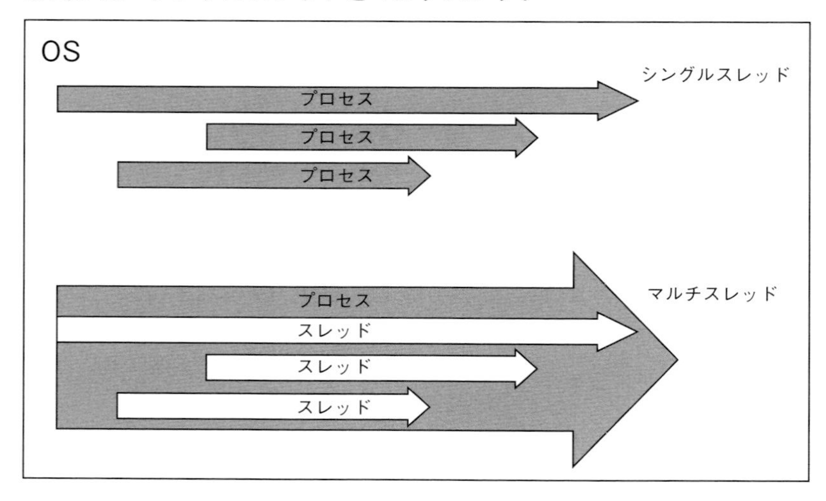

次に、マルチスレッドを使用することで、コードがより整理され、読みやすくなる事例を紹介します。たとえば、**図6-16**のように、2つのLEDに周波数を変えて点滅させる場合、従来の1つのmainスレッドのソースコードでは**図6-17（a）**に示すように、LED0とLED1の点灯と消灯の命令を交互に記述するため複雑になり、**図6-16**の動作を読み取りにくいものになります。

一方、**図6-17（b）**のようにmain0とmain1のマルチスレッドにできれば、LED0とLED1の点滅の動作を独立して記述できるので、動作を理解しやすくなります。それぞれのスレッドが独自の処理を実行するため、LED0とLED1の処理をより直感的にコーディングできます。

マルチスレッドを使用するメリットには、次のようなものがあります。

- 並行処理

マルチスレッドを使用すると、複数の処理を同時に実行できます。これにより、複数のタスクを効率的に処理でき、プログラムのパフォーマンスが向上します。

- タスクの分割

複雑なタスクを複数のスレッドに分割することで、プログラムのメンテナンス性が向上します。各スレッドは特定の役割を担当し、独立して実行するため、ソースコードの理解と管理が容易になります。

- リソースの共有

スレッド間でメモリなどのリソースを共有することが容易です。

○図6-16：2つのLEDを1Hz、2Hzで点滅させるタイミングチャート

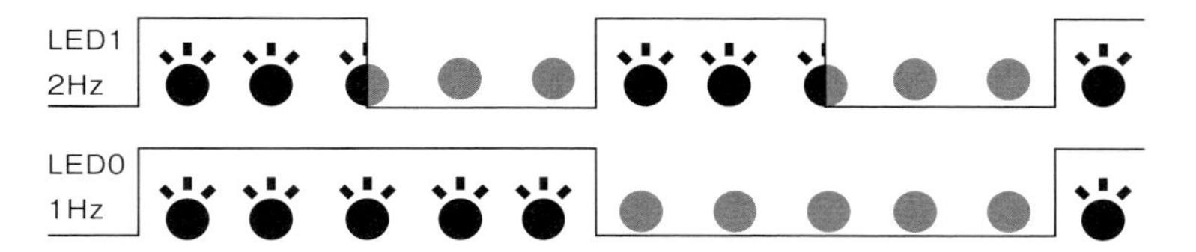

○図6-17：1つのmainと2つのmain0、main1のソースコードのイメージ

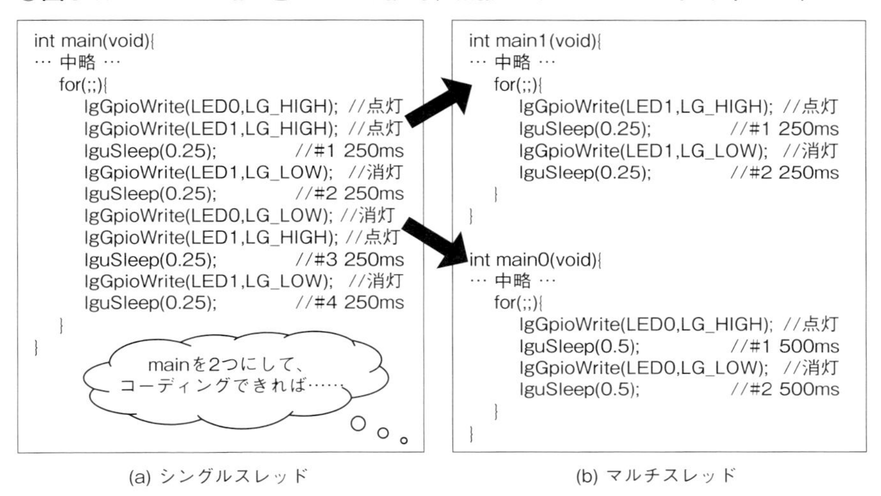

(a) シングルスレッド　　(b) マルチスレッド

6.5.1　スレッドで使用する関数

lgpioのスレッド関数は、Pthreads（ピースレッド）を使用しています。Pthreadsは、UNIX系OSのスレッドに関するライブラリであり、頭文字PはPOSIX（ポジックス）に由来します。POSIX（Portable Operating System Interface）は、UNIX系OSが最低限満たすべき仕様をまとめた規格（IEEE Std 1003.1）です。UNIX系OSに共通のAPIを定め、移植性の高いアプリケーション開発環境を推進しています。

Raspberry Pi OSには、Pthreadsライブラリが標準で装備されています。ここでは、lgpioのスレッド関数（実行と終了）とPthreadsライブラリの一部を使用します。

● pthread_tデータ型

Pthreadsライブラリのデータ型で、スレッドID（識別子）を宣言します。下記の例では、thread0とthread1の2つのスレッドIDを宣言します。

```
pthread_t thread0, thread1;
```

● lgThreadStart関数

lgpioライブラリの関数で、スレッドを実行します。

```
pthread_t *lgThreadStart(lgThreadFunc_t func, void *userdata)
```

- 戻り値は、pthread_tのポインタです。
- funcには、ユーザーが作成するスレッド関数名を設定します。lgThreadFunc_tは、ヘッダファイルlgpio.hで、汎用ポインタ型（void *）に定義されています。
- userdataは、ポインタ渡しで使用されるポインタ変数です。ユーザーが使用できる変数です。main関数などの呼び出し側から、変数のアドレス（&userdata）を渡します。

● lgThreadStop関数

lgpioライブラリの関数で、スレッドを終了します。

```
void lgThreadStop(pthread_t *pth)
```

- pthは、pthread_tで宣言したスレッドIDです。

● ユーザーが作成するスレッドfunc関数

lgThreadStart関数を使用して、ユーザーが作成したスレッドfunc関数を実行します。関数名はユーザーが自由に付けられます。

```
void *func(void *userdata)
```

- userdataは、lgThreadStart関数から渡されるポインタです。

● pthread_exit関数

Pthreadsライブラリのスレッドを終了する関数です。ユーザーが作成したスレッド関数に記述します。lgThreadStop関数は、main関数などのスレッドを呼び出す側に記述します。

```
void pthread_exit(void * retval)
```

- retvalはスレッドの戻り値を書き込む領域へのポインタです。たとえば、スレッドを生成したmainスレッド側でpthread_join関数を実行することにより、戻り値を取得できます。戻り値がない場合はヌルポインタ（NULL）とします。一般にポインタはアドレスを指しますが、NULLは「何も指さない」ことを意味します。なお、ヌルポインタは文字列の終端を表すヌル文字の意味ではありません。

6.5.2　3つのLEDを1Hz、2Hz、3Hzで点滅させる

タイムスタンプを利用して、3つのLEDを1Hz、2Hz、3Hzで点滅させました（P.159の**図6-11**）。同じ課題を、スレッドを利用して作成します。

6.5.3　フローチャート

スレッドを使用して、LED0を1Hz、LED1を2Hz、LED2を3Hzで10秒間、同時に点滅させるフローチャートを**図6-18**に示します。main関数では、LED0を1Hzで点滅させます。そして、2つのスレッドを使用して、LED1を2Hz、LED2を3Hzで点滅させます。フローチャートが3つに増えますが、それぞれが特定の役割を担当して独立しているため、わかりやすくなりました。

◯図6-18：スレッドを使用したフローチャート

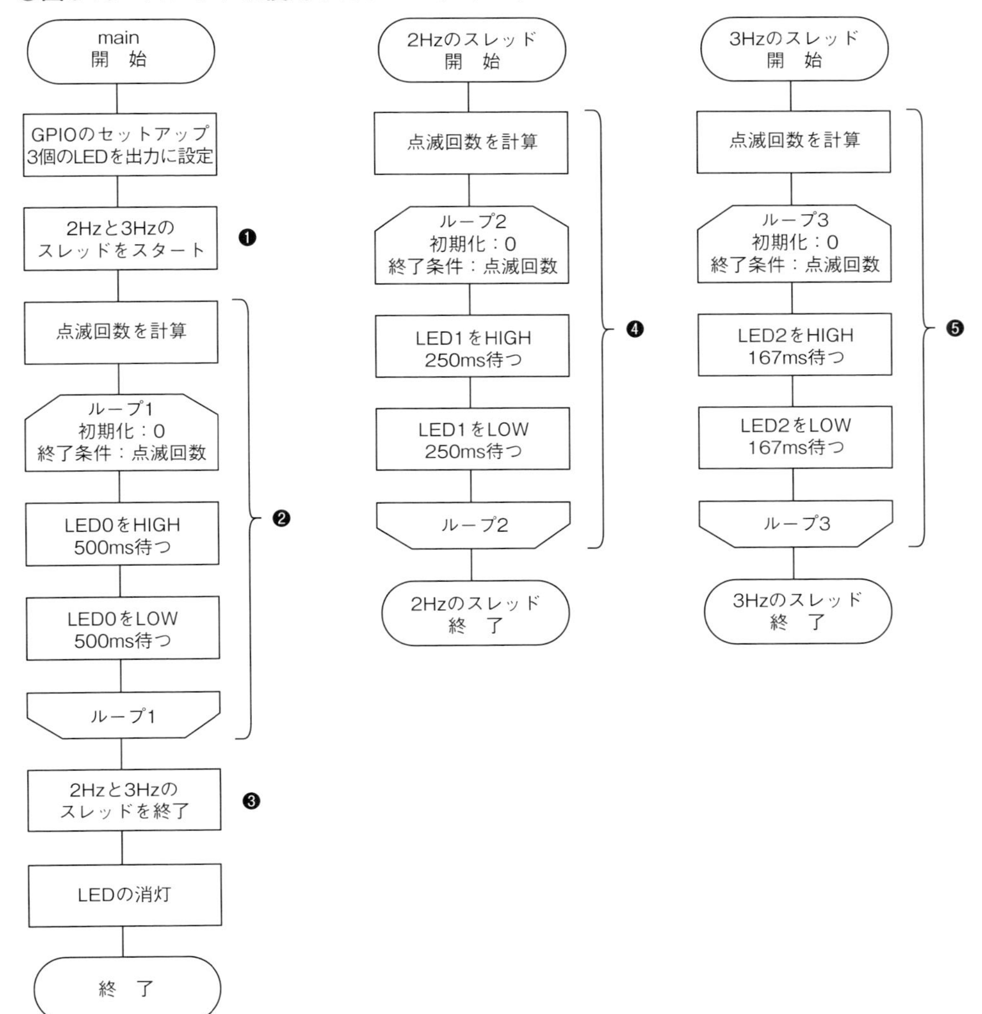

❶LED1を2Hzで点滅させるスレッドとLED2を3Hzで点滅させるスレッドをスタートします。
❷10秒間、LED0を1Hzで点滅させます。
❸2Hzで点滅させるスレッドと3Hzで点滅させるスレッドを終了します。
❹2Hzのスレッドでは、LED1を10秒間2Hzで点滅させます。
❺3Hzのスレッドでは、LED2を10秒間3Hzで点滅させます。

6.5.4 ソースコード

ソースコードは**リスト6-4**のとおりです。ビルドして実行し、3つのLEDが1Hz、2Hz、3Hzで10秒間点滅することを確認します。

○リスト6-4：6-Thread01.c

```
#include <stdio.h>       //printf
#include <stdlib.h>      //EXIT_SUCCESS
#include <lgpio.h>       //lgThreadStart,lgThreadStop,etc
#define PI5     4
#define PI4B    0
#define LED0    23
#define LED1    22
#define LED2    25
#define LNUM    3
/* プロトタイプ宣言 */
void *Led2Hz(void *userdata);  ┐
void *Led3Hz(void *userdata);  ┘①
/* グローバル変数 */
int g_hnd; ――②

int main (void){
    int i,t;                               ┐
    int userdata=10000;                    │
    pthread_t *p2Hz,*p3Hz;                 │
    int lFlgOut=0;                         ├③
    int leds[LNUM]={LED0,LED1,LED2};       │
    int levels[LNUM]={0,0,0};              │
    uint64_t gMsk=0b111;                   ┘
    g_hnd = lgGpiochipOpen(PI5);
    lgGroupClaimOutput(g_hnd,lFlgOut,LNUM,leds,levels);

    p2Hz = lgThreadStart(Led2Hz,&userdata);  ┐
    p3Hz = lgThreadStart(Led3Hz,&userdata);  ┘④
    t=userdata;                              ┐
    for(i = 0; i < t/1000; i++){             │
        lgGpioWrite(g_hnd,LED0,LG_HIGH);     │
        lguSleep(0.5);                       ├⑤
        lgGpioWrite(g_hnd,LED0,LG_LOW);      │
        lguSleep(0.5);                       │
    }                                        ┘
    printf("End of main¥n"); ――⑥
    lguSleep(0.1); ――⑦
    lgThreadStop(p2Hz);  ┐
    lgThreadStop(p3Hz);  ┘⑧
    lgGroupWrite(g_hnd,LED0,0,gMsk);   ⑨
    lgGpiochipClose(g_hnd);
```
↗

```
↘
    return EXIT_SUCCESS;
}

void *Led2Hz(void *userdata){
    int i,t;
    t = *(int*) userdata;  ――⑩
    for(i = 0; i < t/500; i++){              ┐
        lgGpioWrite(g_hnd,LED1,LG_HIGH);     │
        lguSleep(0.25);                      ├⑪
        lgGpioWrite(g_hnd,LED1,LG_LOW);      │
        lguSleep(0.25);                      │
    }                                        ┘
    printf("End of Led2Hz¥n");  }⑫
    pthread_exit(NULL);
}

void *Led3Hz(void *userdata){                ┐
    int i,t;                                 │
    t = *(int*) userdata;                    │
    for(i = 0; i < (int) t/333; i++){        │
        lgGpioWrite(g_hnd,LED2,LG_HIGH);     │
        lguSleep(0.167);                     ├⑬
        lgGpioWrite(g_hnd,LED2,LG_LOW);      │
        lguSleep(0.167);                     │
    }                                        │
    printf("End of Led3Hz¥n");               │
    pthread_exit(NULL);                      ┘
}
```

● main関数

①2Hzで点滅するスレッドと3Hzで点滅するスレッドをプロトタイプ宣言します。

②lgGpiochipOpen関数の戻り値g_hndを、スレッドの関数でも使用可能にするため、グローバル変数で宣言します。

③lgGroupClaimOutput関数を使用してLEDをグループ化して出力に設定しています。本課題で、新しく使用する変数について説明します。

- 変数tに、点滅時間（ミリ秒）を設定します。
- 変数userdataは、10秒の点滅時間（ミリ秒）です。
- p2Hzとp3Hzは、スレッドID（識別子）のポインタです。ポインタの指定はlgpioライブラリの仕様です。

④lgThreadStart関数を使用して、スレッド関数Led2HzとLed3Hzを実行します。

⑤10秒間、LED0を1Hzで点滅させます。

⑥ターミナルに、main関数の点滅の終了を表示します。

⑦スレッドの終了が遅れる場合があるため、0.1秒待機します。**図6-19**は、波形測定器で記録したLED0、LED1、LED2に出力するパルス信号です。LED2の信号は*p3Hz関数が出力しますが、LED0とLED1と比較して11.25ms遅延しています。スレッドを起動させるタイミングがOSやlgpioライブラリに依存しているためです。

◯図6-19：遅延が生じたLED2の出力波形

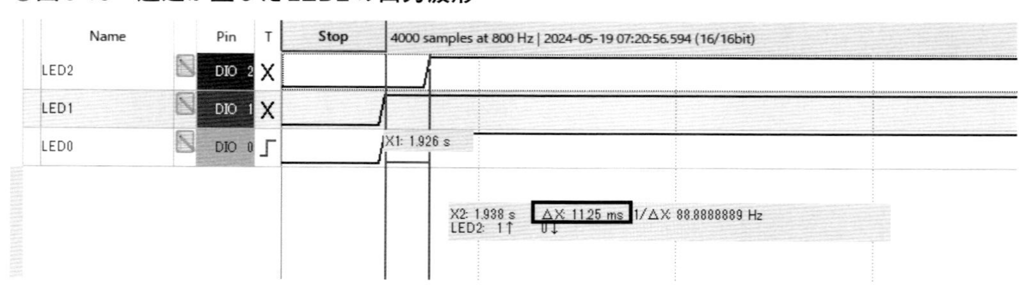

⑧スレッドLed2HzとLed3Hzを終了させます。
⑨すべてのLEDを消灯して終了します。

● Led2Hz関数

⑩voidへのポインタには*演算子が使えないため、一度intへのポインタにキャストしてから、*演算子を使用してint型のデータを取得します。
⑪点滅時間からfor文のカウントの終了条件を計算して、LED1を2Hz点滅させます。
⑫ターミナルに、Led2Hz関数の点滅の終了を表示して、スレッドを終了します。

● Led3Hz関数

⑬LED2を3Hzで10秒間点滅させます。

Column printfデバッグのすすめ

printfデバッグとは、プログラムの任意の箇所にprintf関数を挿入して、変数の値やプログラムの状態を出力することで、実行時の挙動を確認するデバッグ手法です。この方法により、プログラムの実行順序や変数の変化を把握できるため、プログラムの流れを理解しやすくなります。また、適所にprintf関数を追加していくことで、プログラムのどの部分に問題があるかを効率的に特定することが容易になります。

Chapter 7

I^2Cバスを使う

I^2Cバスは、LCD、温度センサ、距離センサ、加速度センサ、メモリ、ADコンバータ、RTC、モータ制御などさまざまなデバイスに利用されています。これらのデバイスは、今や組込みシステムやIoT（Internet of Things）の世界で欠かせない存在です。I^2Cバスを習得することは、組込みエンジニアとしての成長につながる重要な知識の1つと言えます。一緒に挑戦しましょう。

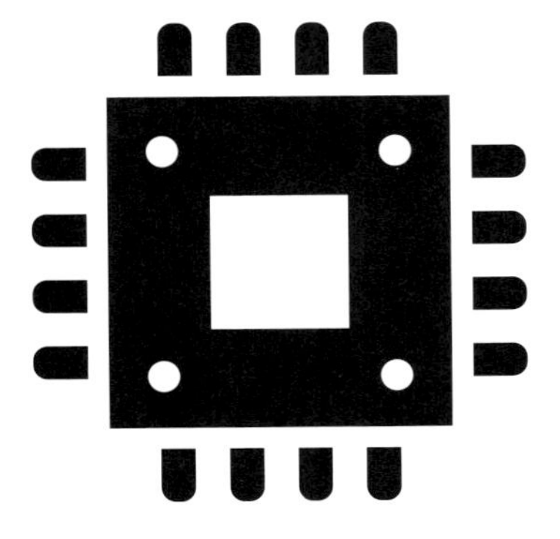

7.1 本章で準備するもの

本章の電子工作で新たに必要とするものを**表7-1**に示します。また、本章以前に準備したものも使用します。

○**表7-1：本章で準備する主なもの**

名称	個数	説明	参考品（秋月電子通商）
抵抗 4.7kΩ	1	1/4 W	125472
電解コンデンサ 47uF	1	電源の安定化に使用。	110270
LCD モジュール（AE-AQM1602A（KIT））	1	16文字×2行のキャラクタLCDです。LCDとピッチ変換基板のはんだ付けが必要です。	108896（①）
温度センサモジュール（AE-ADT7410）	1	温度の測定範囲は-55℃から+150℃です。ピンヘッダのはんだ付けが必要です。	106675（②）

①

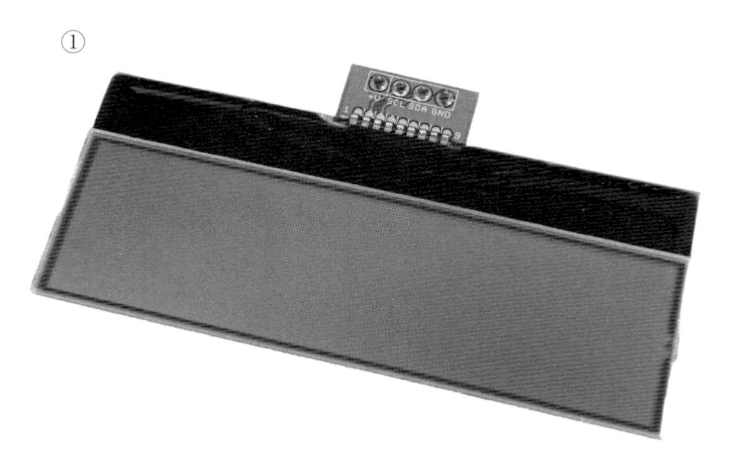

②

7.2 I²Cバスとは

I²C（Inter-Integrated Circuit）はオランダのフィリップス社（現：NXP Semiconductors）が提唱した2線式シリアルバスです。I²Cは、Inter-IC、アイスクエアードシー、アイツーシーとも呼ばれています。

I²Cバスはデバイス間のデータ通信として設計された組込み機器向けのシリアルバスです。2線式で構成されるI²Cバスは、構成がシンプルなためデバイスのピン数や配線数が少なくて済みます。また、通信手順（プロトコル）がデバイスに組み込まれているため、デコーダなどの外付け回路が不要になるなどの長所があります。

図7-1に示すように、I²Cバスのデバイス間にはマスタとスレーブという関係があります。マスタはマスタトランスミッタ（データ送信）またはマスタレシーバ（データ受信）として機能します。なお、I²Cバスは、複数のマスタを接続できるマルチマスタバスです。

I²Cバスに接続されている各デバイスには固有のスレーブアドレスがあります。アドレスはメーカーで決められている場合とユーザーが設定できる場合があります。同じアドレスを複数のデバイスに割り当てることはできません。アドレス空間は7bitと10bitの仕様がありますが、本書では7bitの仕様を使用します。7bitのアドレス空間のうち、最大112のアドレスを使用できます。ただし、バスに接続できるデバイスの数は、Standard-mode規格ではバスの容量性負荷（最大400pF）によって制限されます。

7.2.1 I²Cバスの信号

I²Cバスの信号は、クロック信号（SCL：Serial Clock Line）とデータ信号（SDA：Serial DAta line）の2本です。 SCLとSDAはどちらも双方向の信号線です。

● SCL（Serial Clock Line）クロック信号

SCLは双方向データ転送のタイミングを決定するために使用されます。初期の規格（Standard-mode）では、I²Cバスの通信速度の最大値は100kbit/sでしたが、高速の要求を満たすために仕様が拡張されました。なお、ラズパイのデフォルトの通信速度は、100kbit/sです。

- Standard-mode（Sm）　：最大100kbit/s
- Fast-mode（Fm）　：最大400kbit/s
- Fast-mode Plus（Fm+）：最大1Mbit/s
- High-speed mode（HS）：最大3.4Mbit/s
- Ultra fast mode（UFm）：最大5Mbit/s（片方向）

● SDA（Serial DAta line）データ信号

I²Cバスでは、マスタとスレーブが1本の双方向データ信号（SDA）を共有しています。通信方式は「半二重」となります。半二重通信とは、他者の送信が終わってから情報を送信する通信方式です。複数のデバイスが同時に送信すると情報の衝突が発生し、情報が失われます。マスタはスレーブに対して、データ転送を指示します。

○図7-1：I²C バスのマスタとスレーブの接続例

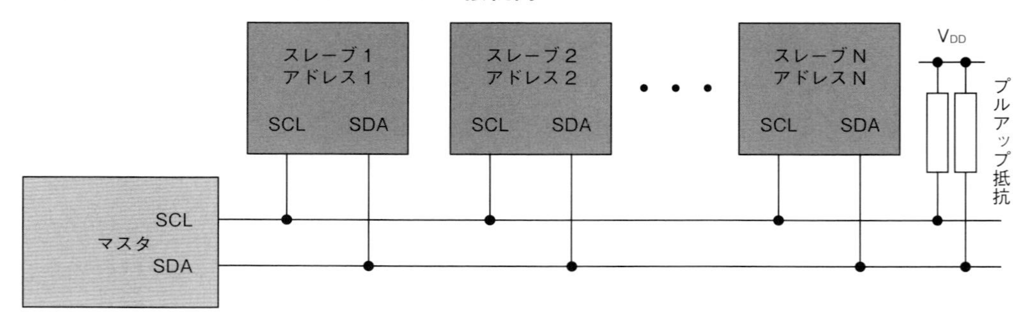

7.3 ラズパイのI²Cバス

ラズパイのI²Cインタフェースの信号名とコネクタ番号を**表7-2**に示します。

○表7-2：I²C バスの信号と拡張コネクタのピン番号

信号名	拡張コネクタ	
	GPIO	ピン番号
SCL	GPIO3	5
SDA	GPIO2	3

7.3.1 I²Cバスの設定方法

I²Cを有効にする方法は、デスクトップ画面の［Menu］⇒［設定］⇒［Raspberry Piの設定］の順にクリックします。次に、「Raspberry Piの設定」画面の［インターフェイス］タブをクリックします。**図7-2**の「I2C」のスイッチ（❶）を有効にし、「OK」（❷）をクリックして、OSを再起動します。

○図7-2：I²C バスの設定画面

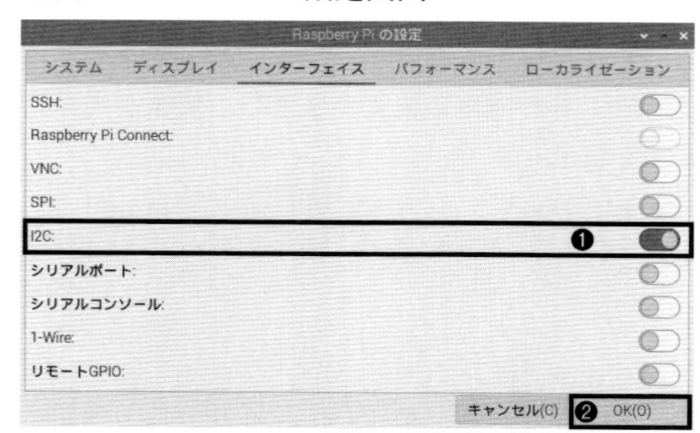

7.3.2　I^2Cバスの有効の確認

ターミナルから次のコマンドを実行して、デバイスファイル名が表示されるとI^2Cは有効です。ラズパイのモデルによって表示が異なるかもしれませんが、ユーザーが使用できるデバイスファイルは「/dev/i2c-1」です。

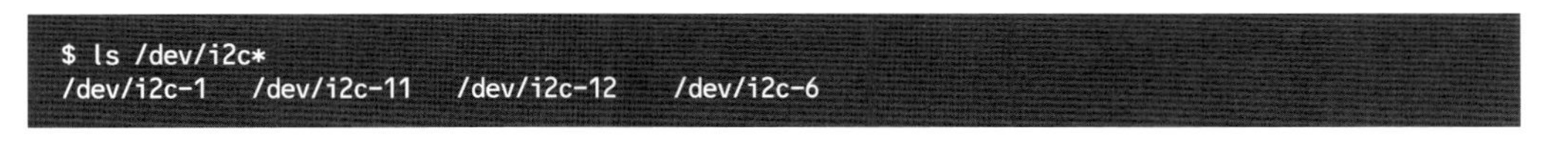

```
$ ls /dev/i2c*
/dev/i2c-1   /dev/i2c-11   /dev/i2c-12   /dev/i2c-6
```

「/dev/i2c-1」が表示されない場合は、**図7-2**の「I2C」スイッチが有効になっているかどうか確認してください。

また、コマンド「i2cdetect」を実行して、スレーブアドレスを16進数で表示できます。

```
$ i2cdetect -y 1
```
（数字の「1」です。）

- -y：I^2Cバス上のデバイスのスレーブアドレスをスキャンする。
- 1：I^2Cバスのバス番号。デバイスファイル名の数字がバス番号です。

○図7-3：スレーブアドレス0x3eと0x48の2つのデバイスが表示されている例

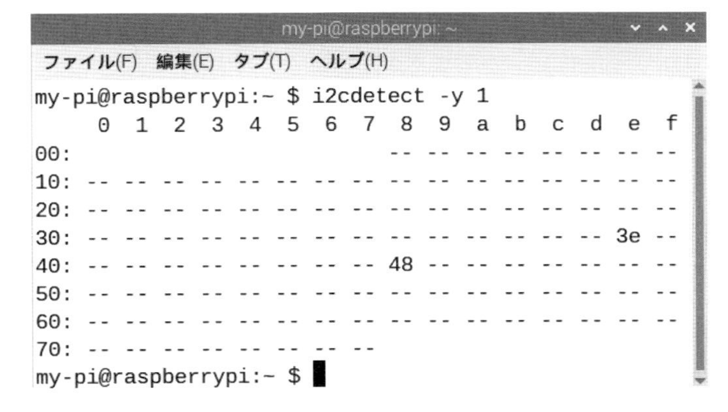

```
my-pi@raspberrypi:~ $ i2cdetect -y 1
     0  1  2  3  4  5  6  7  8  9  a  b  c  d  e  f
00:                         -- -- -- -- -- -- -- --
10: -- -- -- -- -- -- -- -- -- -- -- -- -- -- -- --
20: -- -- -- -- -- -- -- -- -- -- -- -- -- -- -- --
30: -- -- -- -- -- -- -- -- -- -- -- -- -- -- 3e --
40: -- -- -- -- -- -- -- -- 48 -- -- -- -- -- -- --
50: -- -- -- -- -- -- -- -- -- -- -- -- -- -- -- --
60: -- -- -- -- -- -- -- -- -- -- -- -- -- -- -- --
70: -- -- -- -- -- -- -- --
my-pi@raspberrypi:~ $
```

7.3.3　I^2Cバスで使用する関数

lgpioライブラリにはI^2Cバスの関数が多数ありますが、本章ではlgI2cOpen関数、lgI2cClose関数、lgI2cWriteByteData関数、lgI2cReadWordData関数を使用します。

● lgI2cOpen関数

スレーブアドレスで指定したデバイスの「handle」（ハンドル）を戻り値として取得します。

デバイスごとにハンドルは必要です。

```
int lgI2cOpen(int i2cDev, int i2cAddr, int i2cFlags)
```

- 戻り値：デバイスのハンドル
- i2cDev：I^2C バスのバス番号を設定します。本章では「1」です。
- i2cAddr：デバイスのスレーブアドレスを設定します。
- i2cFlags：I^2C オープンコマンド用のフラグですが、現在未定義のため「0」です。

● lgI2cClose関数

デバイスをクローズします。

```
int lgI2cClose(int handle)
```

- handle：lgI2cOpen関数の戻り値「handle」を設定します。

● lgI2cWriteByteData関数

デバイスに1バイトのデータをライトします。

```
int lgI2cWriteByteData(int handle, int i2cReg, int byteVal)
```

- handle：lgI2cOpen関数の戻り値「handle」を使用します。
- i2cReg：デバイスのレジスタ番号を設定します。
- byteVal：ライトする1バイトのデータを設定します。

● lgI2cReadWordData関数

デバイスから2バイトのデータをリードします。

```
int lgI2cReadWordData(int handle,  int i2cReg)
```

- 戻り値：リードした2バイトのデータ。
- handle：lgI2cOpen関数の戻り値「handle」を使用します。
- i2cReg：デバイスのレジスタ番号を設定します。

Chapter 1
Chapter 2
Chapter 3
Chapter 4
Chapter 5
Chapter 6
Chapter 7
Chapter 8
Chapter 9
Chapter 10
Chapter 11
Chapter 12
信号対応表 配線図

7.4　LCDとは

I²Cバスの接続事例として、小型キャラクタLCDモジュール（AQM1602）を使用して、文字や数字を表示します。LCD（Liquid Crystal Display）は「液晶表示器」と呼ばれ、高価なハイビジョンテレビから安価な玩具に至るまで、表示機器として使用されています。その液晶は固体（結晶）と液体の中間の性質を持ち、外部から電圧を加えると液晶の分子の並び方が変わる性質があります。LCDはこの性質を利用して表示を行っています。

モノクロLCDの事例で、その基本原理を**図7-4**に示します。液晶は2枚のガラス板の狭い空間に入っています。ガラス板には偏光フィルムと透明電極が貼られています。偏光フィルムはある方向のみ振動する光の波を通過させます。上部の偏光フィルムは縦方向に振動する光の波を通過させ、下部の偏光フィルムは横方向に振動する光の波を通過させます。棒状の液晶分子は**図7-4（a）**のように90度ねじれた配列で製造されています。ツイストネマティック（TN: Twisted Nematic）型液晶と呼ばれます。このねじれがミソで、縦方向に振動した光の波は液晶分子を通過することで、横方向に振動する光の波となり、下部の偏光フィルムを通過します。明るい表示となります。

次に、**図7-4（b）**の透明電極に電圧を加えると、液晶分子の長手方向が電圧を加えた向きに回転します。縦方向に振動した光の波は振動の方向を変えられないまま液晶分子を通過し、下部の偏光フィルムを通過することはできないため、暗い表示になります。

LCDでは液晶表示素子が格子(グリッド)状に配置されて、各グリッドの明暗により数字、文字などの情報を表示します。

◯図7-4：液晶表示素子の基本原理

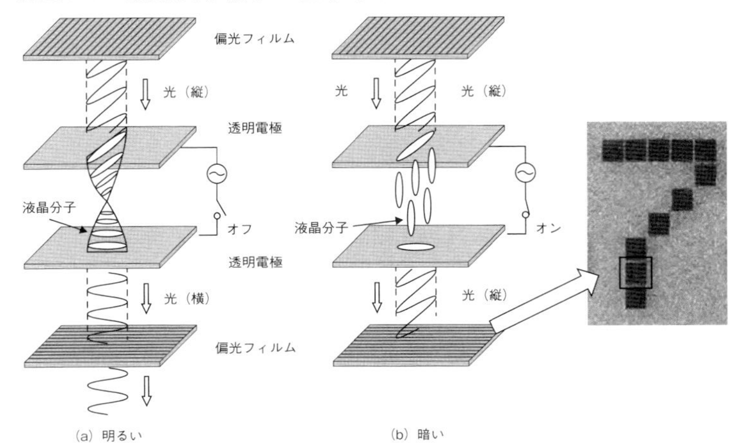

※出典：『イラスト図解 液晶のしくみがわかる本』、竹添秀男／宮地弘一／高西陽一 著、技術評論社

7.5 LCD AQM1602の仕様と内部レジスタ

7.5.1 LCD AQM1602の仕様

LCD AQM1602の外観（**図7-5**）と主な仕様（**表7-3**）を示します。I²CのLCDのスレーブアドレスはメーカーで0x3eに固定されて、ユーザーは変更できません。

AQM1602の文字パターンとコードを**図7-6**に示します。英数字と一部の記号は、ASCII（アスキー）コードに準拠しています。たとえば、数字「1」のコードは、**図7-6**の表から行と列の座標が2進数でそれぞれ（0011）、（0001）であることから、16進数で0x31であることがわかります。

なお、**表7-1**のLCDモジュール（AQM1602）では、ピッチ変換基板にLCDやピンヘッダをはんだ付けする作業が必要となります。はんだ付けの作業方法や注意事項については、著者のサポートページを参照してください。

URL https://raspi-gh2.blogspot.com/

○図7-5：LCD AQM1602の外観

○表7-3：LCD AQM1602の主な仕様

項目	備考
ディスプレイ	16文字×2行 モノクロ
文字パターン	記号、数字、英字、カタカナ
ディスプレイパターン	横5×縦8　ドット
コントラスト	ソフトウェアによる設定
電源電圧	3.1V ～ 5.5V
SCLクロック周波数	400kHz (Max)
スレーブアドレス	0x3e
プルアップ抵抗用ジャンパーパッド	ハンダジャンパーパッドには、はんだ付けをしません。ラズパイとの仕様の違いから通信できない場合があります。

◯図7-6：AQM1602の文字パターンとコード

0 1 2 3 4 5 6 7 8 9 A B C D E F ← 上位

CHARACTER PATTERNS

b7-b4 / b3-b0: 0000 0001 0010 0011 0100 0101 0110 0111 1000 1001 1010 1011 1100 1101 1110 1111

0 0000, 1 0001, 2 0010, 3 0011, 4 0100, 5 0101, 6 0110, 7 0111, 8 1000, 9 1001, A 1010, B 1011, C 1100, D 1101, E 1110, F 1111

CG RAM

↑ 下位

※出典：「I2C接続小型キャラクタLCDモジュール（16×2行・3.3V/5V）ピッチ変換キット」のLCDデータシート（参考資料）、URL https://akizukidenshi.com/catalog/g/g108896/

7.5.2 LCDのインストラクションレジスタとデータレジスタ

LEDや圧電サウンダは電気信号を与えると光ったり、音が鳴ったりと単純でしたが、LCDのように制御ICを内蔵しているデバイスはソフトウェアで初期化したり、指示したりしないと動作しません。初期化の手続きはラズパイから書き込み（ライト）を行います。LCDへのライトの方法は、**図7-7**に示すように、I^2Cバスを経由して3バイトで行われます。

先頭の1バイト目はLCDのスレーブアドレス（0x3e）を指定します。2バイト目はコントロールバイトと呼ばれ、「インストラクションレジスタ」または「データレジスタ」を選択します。

- インストラクションとはLCDへの命令のことで、LCDの初期化設定、ディスプレイのクリア、カーソル表示の有無、コントラストの調整などを指示します。インストラクションレジスタを指定する番号は0x00です。
- データとはLCDに表示する文字コード（**図7-6**）のことです。データレジスタを指定する番号は0x40です。

3バイト目はデータバイトと呼ばれ、「インストラクションコード」や「文字コード」を指定します。

◯図7-7：インストラクションとデータのライトの手続き

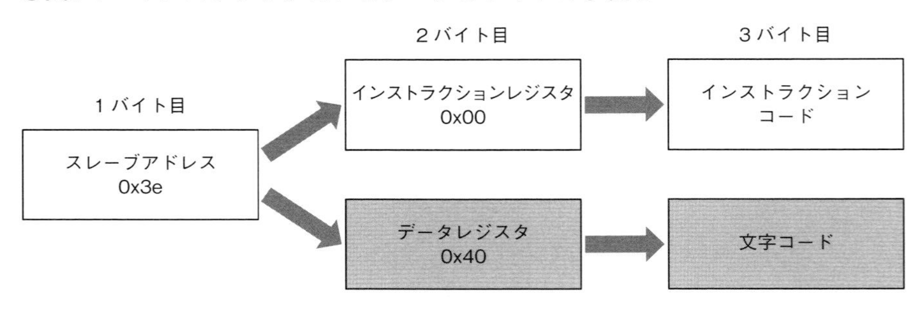

7.6　LCDを制御する関数

LCDに何かメッセージ（文字列）を表示させるのが最終目的ですが、そのためには、LCDを初期化する、1文字を表示させる、改行する、などの機能がなければなりません。本章では、lgpioのI²C関連の関数を利用して**表7-4**の関数を作成します。

◯表7-4：LCDを制御するために作成する関数

関数名	機能
LcdSetup関数	LCD AQM1602を初期化する関数
LcdWriteChar関数	1文字を表示する関数
LcdNewline関数	改行を処理する関数
LcdClear関数	ディスプレイをクリアにする関数
LcdWriteString関数	文字列を表示する関数

7.6.1　LCDを初期化するLcdSetup関数

LCD AQM1602のデータシートより、初期化の手続きを**図7-8**に示します。初期化には9つの項目（❶～❾）があり、標準的な設定値を16進数で示しています。時間待ちについては、データシートより少し長めに設定しています。なお、各項目の詳細な内容については、LCD AQM1602のデータシートを参照してください。

```
int LcdSetup(int hndLcd)
```

- 戻り値：関数の実行が成功した場合は「0」、失敗した場合は負の値です。
- hndLcd：lgI2cOpen関数の戻り値です。

○図7-8：LCD初期化のフローチャート

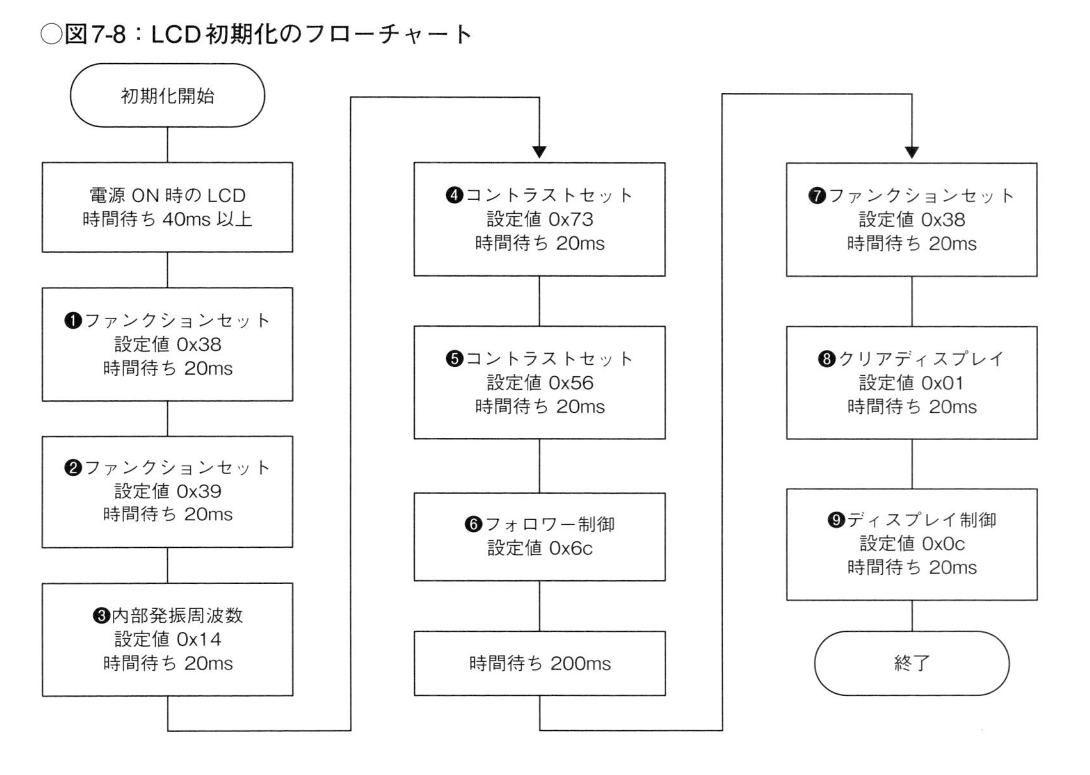

図7-8のLCD初期化を実行するLcdSetup関数のソースコードは**リスト7-1**のとおりです。

○リスト7-1：LcdSetup関数

```
#define LCD_IR    0x00 ――①
int LcdSetup(int hndLcd){ ――②
    int i,err;
    char lcdCmd1[6]={0x38,0x39,0x14,0x73,0x56,0x6c};  ┐
    char lcdCmd2[3]={0x38,0x01,0x0c};                  ┘③

    for (i=0;i<6;i++){                                         ┐
        err = lgI2cWriteByteData(hndLcd,LCD_IR,lcdCmd1[i]);   ├④
        lguSleep(0.02);                                        ┘
    }
    lguSleep(0.2); ――⑤

    for (i=0;i<3;i++){                                         ┐
        err = lgI2cWriteByteData(hndLcd,LCD_IR,lcdCmd2[i]);   ├⑥
        lguSleep(0.02);                                        ┘
    }
    lguSleep(0.2); ――⑦
    return err; ――⑧
}
```

① インストラクションレジスタのマクロ定義です。

② LcdSetup関数の引数hndLcdは、lgI2cOpen関数の戻り値です。

③ 初期化のインストラクションコードを配列で定義します。データシートより、インストラクションコードの6項目と7項目が200msの時間待ちで区切られているため、lcdCmd1とlcdCmd2の配列に分けています。
④ 前半の6バイトのインストラクションコードを20msの時間待ちを挟んで、lgI2cWriteByteData関数でライトします。
⑤ 200msの時間待ち。
⑥ 後半の3バイトのインストラクションコードを20msの時間待ちを挟んで、lgI2cWriteByteData関数でライトします。
⑦ データシートにはないのですが、LCDの初期化の安定のため200msの待ち時間を挿入しています。動作確認により時間を短くしても構いません。
⑧ lgI2cWriteByteData関数の戻り値を返します。errは関数の実行が成功した場合は「0」、失敗した場合はlgpio関数のエラーコード（負の値）です。

7.6.2　よく使用するインストラクション

インストラクションコードでよく使用するのがディスプレイクリアとLCD表示アドレスの指定です。

● ディスプレイクリア

```
err = lgI2cWriteByteData(hndLcd,LCD_IR, 0x01)
```

- err：関数の実行が成功した場合は「0」、失敗した場合はlgpio関数のエラーコード（負の値）です。
- hndLcd：lgI2cOpen関数の戻り値です。
- LCD_IR：インストラクションレジスタ（0x00）を指定します。
- 0x01：LCD AQM1602のディスプレイをクリアするインストラクションコードです。

● LCD表示アドレスの指定

```
err = lgI2cWriteByteData(hndLcd,LCD_IR, 0x0c6)
```

- 0x0c6は表示アドレスデータの一例で、LCDの2行目の左から7文字目にカーソルを移動させます（**図7-9**）。LCDの16文字×2行の任意の位置から文字を表示させるには、表示アドレスに位置をセットしてから文字を表示させます。表示アドレスのビット構成を**図7-10**に示します。7ビット目は「1」に固定（0x80）され、6ビット目から0ビット目が表示アドレスです。LCDの各表示アドレスは**図7-9**に示すように決まっています。たとえば、**図7-9**のLCDの2行目の左から7文字目に表示アドレス（0x46）を指定する場合、表示アドレスは0x80（7ビット目の1）と0x46を足して0xc6となります（図7-11）。

◯図7-9：LCDの表示アドレス（16進数）

1行目	00	01	02	03	04	05	06	07	08	09	0a	0b	0c	0d	0e	0f
2行目	40	41	42	43	44	45	46	47	48	49	4a	4b	4c	4d	4e	4f

◯図7-10：表示アドレスデータのビット構成

B7	B6	B5	B4	B3	B2	B1	B0
1	AC6	AC5	AC4	AC3	AC2	AC1	AC0

※AC（Address Counter）

◯図7-11：表示アドレスの計算

B7	B6	B5	B4	B3	B2	B1	B0
1	AC6	AC5	AC4	AC3	AC2	AC1	AC0
1	1	0	0	0	1	1	0

0x80　0x46

0x80 + 0x46 = 0xc6

7.6.3　1文字を表示させるLcdWriteChar関数

```
int LcdWriteChar(int hndLcd, char c)
```

- 戻り値:関数の実行が成功した場合は「0」、失敗した場合はlgpio関数のエラーコード（負の値）です。
- hndLcd：lgI2cOpen関数の戻り値です。
- c：1バイトの文字データです。

● 文字の位置情報の変数positionと行の位置情報の変数line

LcdWriteChar関数は1文字を表示するだけでなく、改行処理も行っています。初期化直後のLCDに文字データをライトすると、**図7-9**に示すLCDの表示アドレス00番地から順番に表示します。しかし、LCDには1行目の17文字目（**図7-12**）を2行目に自動的に改行したり、2列目33文字目（**図7-13**）を先頭へ移動させたりの機能はありません。

これらの表示の制御については、ユーザーがプログラムを作成します。そこで、LcdWriteChar関数では、ディスプレイをクリアするLcdClear関数と改行処理をする

LcdNewLine関数を利用して文字データの表示の制御を行っています。

LcdWriteChar関数では、**図7-14**に示すようにpositionとlineで文字の位置と行の位置を管理しています。positionはLCDに表示される32文字の0～31の値ですlineはLCDの行を表し、1行目を0、2行目を1としています。positionとlineの初期値は0です。

○図7-12：1行目の17文字目の改行処理

01	02	03	04	05	06	07	08	09	10	11	12	13	14	15	16
17	18	19	20	21	22	23	24	25	26	27	28	29	30	31	32

17

○図7-13：2行目の33文字目の改行処理

01	02	03	04	05	06	07	08	09	10	11	12	13	14	15	16
17	18	19	20	21	22	23	24	25	26	27	28	29	30	31	32

33

○図7-14：変数positionと変数line

line	position（0～31）															
0	0	1	2	3	4	5	6	7	8	9	10	11	12	13	14	15
1	16	17	18	19	20	21	22	23	24	25	26	27	28	29	30	31

○リスト7-2：LcdWriteChar関数

```
#define LCD_DR  0x40 ———①
int g_position = 0;
int g_line = 0;
int g_charsPerLine = 16;    ②
int g_dispLines = 2;
int LcdWriteChar(int hndLcd, char c){
    int err;
    if( c < 0x08) return EXIT_FAILURE; ———③
    if( g_position==(g_charsPerLine*(g_line+1))){
        LcdNewline(hndLcd);                        ④
    }
    err = lgI2cWriteByteData(hndLcd,LCD_DR,c);
    g_position +=1;                                ⑤
    lguSleep(0.001);
    return err;
}
```

① データ指定のマクロ定義です。

② グローバル変数にして、他の関数からも利用できるようにします。

- 変数g_positionと変数g_lineは、**図7-14**で定義した文字の位置と行の位置です。
- 変数g_charsPerLineは1行の表示文字数、g_dispLinesは表示行数です。

③ 図7-6のLCD非表示文字コード（0x00～0x07）が入力されたときはLcdWriteChar関数を終了します。
④ 変数g_positionが16（17文字目）または32（33文字目）ならば、LcdNewline関数で次のように改行処理します。
- 変数g_positionが16（17文字目）ならば、2行目の左端（g_position=16）に17文字を表示させます。
- 32（33文字目）ならば、ディスプレイをクリアにしてLCDの1行目の左端（g_position=0）に33文字目を表示させます。

⑤ 引数cの1バイトの文字データをライト（LCDに表示）して、変数g_positionを1カウントアップさせます。

7.6.4 改行を処理するLcdNewline関数

LCDの1行目で改行する場合は2行目の左端へ移動し、2行目で改行する場合はディスプレイをクリアして1行目の左端へ移動します（**リスト7-3**）。

```
int LcdNewline(int hndLcd)
```

- 戻り値：関数の実行が成功した場合は「0」、失敗した場合はlgpio関数のエラーコード（負の値）です。
- hndLcd：lgI2cOpen関数の戻り値です。

○リスト7-3：LcdNewline関数

```
int LcdNewline(int hndLcd){
    int err;
    if (g_line == (g_dispLines-1)){   ①
        LcdClear(hndLcd);
    }else{
        g_line +=1;
        err = lgI2cWriteByteData(hndLcd,LCD_IR,0xc0);   ②
        lguSleep(0.01);
    }
    return err;
}
```

① g_lineが2行目ならば、LcdClear関数でLCDのディスプレイをクリアします。g_lineは0から始まるので、1の値のときが2行目です。
② 1行目の改行処理で、2行目の左端へ移動します。行の位置情報g_lineをインクリメントします。0xc0は2行目の左端を示す表示アドレスデータで、**図7-11**の手順から0xc0に求まります。lgI2cWriteByteData関数で、インストラクションレジスタを指定して、表示アドレスデータをライトします。LCDを安定的に動作させるために他の関数でも10msの遅延時間を挿入していますが、動作確認により短くできます。

7.6.5 ディスプレイをクリアにするLcdClear関数

LcdClear関数のソースコードはリスト7-4のとおりです。

```
int LcdClear(int hndLcd)
```

- 戻り値:関数の実行が成功した場合は「0」、失敗した場合はlgpio関数のエラーコード（負の値）です。
- hndLcd：lgI2cOpen関数の戻り値です。

○リスト7-4：LcdClear関数

```
int LcdClear(int hndLcd){
    int err;
    err = lgI2cWriteByteData(hndLcd,LCD_IR,0x01); ———①
    g_position =0; ┐
    g_line=0;      ┘②
    lguSleep(0.01);
    return err;
}
```

① 0x01はデータシートよりClear Displayのインストラクションです。
② 文字の位置と行の位置を初期化します。

7.6.6 文字列を表示させるLcdWriteString関数

文字列の表示は1字を表示させるLcdWriteChar関数を利用して、先頭の文字から順番に文字列の長さまで表示させます（リスト7-5）。

```
int LcdWriteString(int hndLcd, char *s)
```

- 戻り値:関数の実行が成功した場合は「0」、失敗した場合はlgpio関数のエラーコード（負の値）です。
- hndLcd：lgI2cOpen関数の戻り値です。
- s：文字列のポインタです。

○リスト7-5：LcdWriteString関数

```
int LcdWriteString(int hndLcd, char *s){ ———①
    int i,err;
    for(i=0;i<strlen(s);i++){ ———②
        err = LcdWriteChar(hndLcd, s[i]); ┐
      lguSleep(0.001);                    ┘③
    }
    return err;
}
```

① 表示させる文字列をポインタとして引数で受け取ります。
② strlen関数を使用して文字列sのバイト数を計算し、for文の終了条件としています。strlen関数を使用するときは、文字列操作のヘッダファイルstring.hをインクルードします。
③ LcdWriteChar関数で文字列sを1文字ずつLCDに表示します。なお、確実にLCDに表示させるために1ms待ち時間を入れます。

7.7　LCDに文字や数字を表示させる

LCD AQM1602にメッセージを表示させましょう。プログラムは、main関数にコマンドライン引数がないときは、**図7-15**のように表示します。一方、main関数にコマンドライン引数があるときは引数をLCDに表示します。**図7-16**は、ターミナルから引数「I love Raspberry Pi」を与えて実行した例です。main関数の引数はコマンドライン引数と呼ばれます。

◯図7-15：LCDの表示例（引数がないとき）

```
* Hello World! *
0123456789ABCDEF
```

◯図7-16：LCDの表示例（引数があるとき）

```
I love Raspberry
 Pi
```

7.7.1　回路図

ラズパイとLCD AQM1602の回路図を**図7-17**に示します。I^2Cバスの特長は、信号線が少なく、回路の構成がシンプルになることです。なお、ラズパイとLCD AQM1602の電気的な仕様の違いにより、ディスプレイに文字が表示されない場合があります。対策として、SDA信号線に4.7kΩのプルダウン抵抗を配線します。

○図7-17：ラズパイとLCD AQM1602の回路図

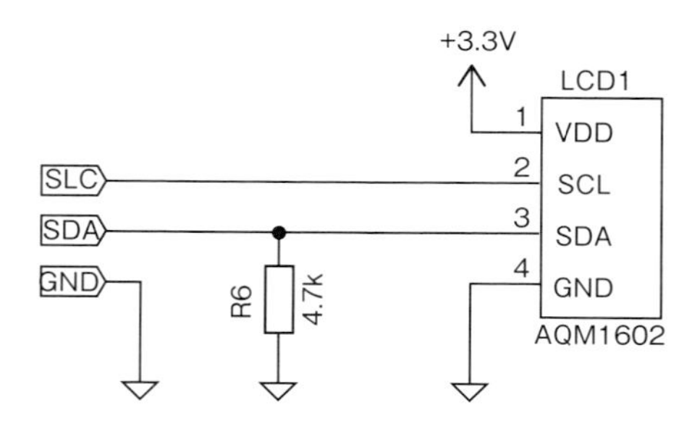

7.7.2　配線図

LCD AQM1602とP.197で使用する温度センサモジュールを追加した配線図（**図7-18**）と写真（**図7-19**）を示します。ブレッドボードの2枚目にLCDを実装します。左側のブレッドボードから、+3.3VとGNDを右側のブレッドボードに配線します。また、2枚目のブレッドボードの電源の入り口に電解コンデンサ（47uF）を挿入して電源を安定させます。

○図7-18：LCDと温度センサモジュールを追加した配線図

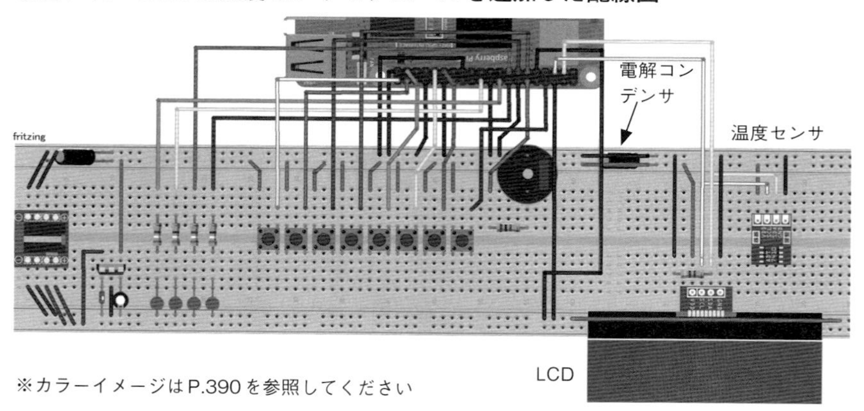

※カラーイメージはP.390を参照してください

○図7-19：LCDと温度センサモジュールを追加した配線写真

7.7.3 フローチャート

LCDを制御するために作成した関数（表7-4）を使用してフローチャートを作成します。main関数にコマンドライン引数がない場合は題意のメッセージ（図7-15）をディスプレイに表示し、引数がある場合は引数をディスプレイに表示するフローチャートを図7-20に示します。

○図7-20：LCDに文字データを表示させるフローチャート

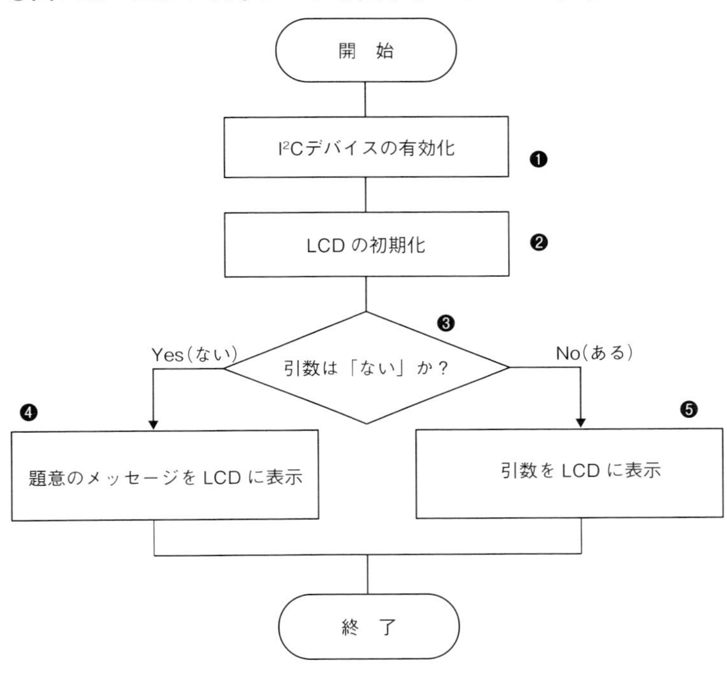

❶ I²CデバイスのLCDを有効にします。

❷ LCDを初期化します。

❸ main関数にコマンドライン引数がないかどうか判断します。

❹ 引数がなければ、題意のメッセージをLCDに表示します。

❺ 引数があれば、引数をLCDに表示します。

7.7.4 ソースコード

ソースコードはリスト7-6のとおりです。ここではmain関数について説明します。

○リスト7-6：7-Lcd01.c

```
#include <stdio.h>      //fprintf
#include <stdlib.h>     //EXIT_SUCCESS
#include <string.h>     //strlen
#include <lgpio.h>      //lgI2cOpen,etc

#define I2C_BUS     1    // /dev/i2c-1
#define LCD_ADR     0x3e //LCD スレーブアドレス
#define LCD_IR      0x00 //インストラクションレジスタ
#define LCD_DR      0x40 //データレジスタ

//LCD用関数のプロトタイプ宣言
int LcdSetup(int hndLcd);
int LcdWriteChar(int hndLcd, char c);
int LcdNewline(int hndLcd);
int LcdClear(int hndLcd);
int LcdWriteString(int hndLcd, char *s);

/* グローバル変数  */
int g_position = 0;         //文字の位置
int g_line = 0;             //行の位置
int g_charsPerLine = 16;    //1行の最大文字数
int g_dispLines = 2;        //LCDの行数

int main(int argc, char *argv[]){ ――①
    int i;
    int hndLcd,err;
    hndLcd = lgI2cOpen(I2C_BUS,LCD_ADR,0); ―― ②
    err=LcdSetup(hndLcd);
    if(err<0){
        fprintf(stderr,"%s(%d).¥n",lguErrorText(err),err);
        lgI2cClose(hndLcd);                                   ③
        return EXIT_FAILURE;
    }

    if(argc ==1){
        LcdWriteString(hndLcd, "* Hello World! *");        ④
        LcdWriteString(hndLcd, "0123456789ABCDEF");
    }else{
        LcdWriteString(hndLcd, argv[1]);
        for (i=2;i<argc;i++){
            LcdWriteChar(hndLcd, ' ');                 ⑤
            LcdWriteString(hndLcd, argv[i]);
        }
    }
    lgI2cClose(hndLcd);
    return EXIT_SUCCESS;  ⑥
}

//LCDの初期化
int LcdSetup(int hndLcd){
    int i,err;
    char lcdCmd1[6]={0x38,0x39,0x14,0x73,0x56,0x6c};
    char lcdCmd2[3]={0x38,0x01,0x0c};

    for (i=0;i<6;i++){
        err = lgI2cWriteByteData(hndLcd,LCD_IR,lcdCmd1[i]);
        lguSleep(0.02);
    }
    lguSleep(0.2);
```

```
↘
    for (i=0;i<3;i++){
        err = lgI2cWriteByteData(hndLcd,LCD_IR,lcdCmd2[i]);
        lguSleep(0.02);
    }
    lguSleep(0.2);
    return err;
}

//1文字の表示
int LcdWriteChar(int hndLcd, char c){
    int err;
    if( c < 0x08) return EXIT_FAILURE;
        if( g_position==(g_charsPerLine*(g_line+1))){
        LcdNewline(hndLcd);
    }
    err = lgI2cWriteByteData(hndLcd,LCD_DR,c);
    g_position +=1;
    lguSleep(0.001);
    return err;
}

//LCD改行処理
int LcdNewline(int hndLcd){
    int err;
    if (g_line == (g_dispLines-1)){
        LcdClear(hndLcd);
    }else{
        g_line +=1;
        err = lgI2cWriteByteData(hndLcd,LCD_IR,0xc0);
        lguSleep(0.01);
    }
    return err;
}

//LCDのディスプレイクリア
int LcdClear(int hndLcd){
    int err;
    err = lgI2cWriteByteData(hndLcd,LCD_IR,0x01);
    g_position =0;
    g_line=0;
    lguSleep(0.01);
    return err;
}

//LCDに文字列を表示
int LcdWriteString(int hndLcd, char *s){
    int i,err;
    for(i=0;i<strlen(s);i++){
        err = LcdWriteChar(hndLcd, s[i]);
        lguSleep(0.001);
    }
    return err;
}
```

① main関数にコマンドライン引数を記述します。

- argcは引数カウントを意味し、プログラムとコマンドライン引数の数です。
- argv[]は引数ベクトルを意味し、引数で受け取った個々の文字列へのポインタの配列です。

【例】./7-Lcd01 hello world

- argcは、プログラム（7-Lcd01）と2つの引数（helloとworld）を含むため、合計で3となります。
- argvは、argv[0]は「./7-Lcd01」、argv[1]は「hello」、argv[2]は「world」となります。

② LCDを有効にして、LCDのハンドル（hndLcd）を取得します。

③ LcdSetup関数を実行してLCDを初期化します。初期化に失敗した場合は、ターミナルにエラーメッセージが表示されます。

④ コマンドライン引数があるかどうか判断します。argcが1のときは、引数がないため題意のメッセージをLCDに表示します。

⑤ コマンドライン引数をLCDに表示します。引数が複数ある場合は、引数の間にスペースを入れます。

7.7.5 実行結果

リスト7-6にコマンドライン引数がない場合（図7-21（a））と、ある場合（図7-21（b））の表示です。引数を与える場合は、ターミナルから次のように操作してください。

```
$ cd  MyApp2
$ ./7-Lcd01  I love Raspberry Pi
```

○図7-21：7-Lcd01の実行結果

(a) 引数なし

(b) 引数あり

7.8 ライブラリファイルの作成

LCDの表示は便利なので本章以降の課題で使用しますが、全体のソースコードが長くなります。そこで、LCD用関数をライブラリにして、ビルド時に自動的にLCD用関数をリンクしてくれれば便利です。そこで、LCD用関数を静的ライブラリに登録して活用します[注1]。ファイル名をMyPi2として、ヘッダファイルとライブラリファイルを作成します。

注1　ライブラリには「静的ライブラリ」と「共有ライブラリ」の2種類があります。静的ライブラリを使用する場合、実行形式のファイルを作成するときに静的ライブラリを取り込みます。共有ライブラリでは、実行形式のファイルが実行時に共有ライブラリを呼び出す（リンク）仕組みです。

7.8.1　ヘッダファイルMyPi2.hの作成

リスト7-6でプロトタイプ宣言したLCD用関数をMyPi2.h（**リスト7-7**）に記述して、MyApp2フォルダに保存します。externは記憶域クラス指定子の1つで、指示された関数が他の場所で定義されていることを宣言しています。

○リスト7-7：MyPi2.h

```
extern int LcdSetup(int hndLcd);
extern int LcdWriteChar(int hndLcd, char c);
extern int LcdNewline(int hndLcd);
extern int LcdClear(int hndLcd);
extern int LcdWriteString(int hndLcd, char *s);
```

7.8.2　ソースコードMyPi2.cの作成

リスト7-6を流用して、MyPi2.c（**リスト7-8**）を作成して、ディレクトリ「MyApp2」に保存します。MyPi2.cはライブラリなので、main関数はありません。

○リスト7-8：MyPi2.c

```
#include <stdio.h>      //printf
#include <stdlib.h>     //EXIT_SUCCESS
#include <string.h>     //strlen
#include <lgpio.h>      //lgI2cWriteByteData
#include "MyPi2.h"      //マイライブラリ ———①

#define PI5    4        // /dev/gpiochip4
#define PI4B   0        // /dev/gpiochip0
//LCD  AQM1602A
#define I2C_BUS     1    // /dev/i2c-1
#define LCD_ADR     0x3e //LCD スレーブアドレス
#define LCD_IR      0x00 //インストラクションレジスタ
#define LCD_DR      0x40 //データレジスタ
/* グローバル変数  */
int g_position = 0;         //文字の位置
int g_line = 0;             //行の位置
int g_charsPerLine = 16;    //1行の最大文字数
int g_dispLines = 2;        //LCDの行数
//LCDの初期化
int LcdSetup(int hndLcd){
    int i,err;
    char lcdCmd1[6]={0x38,0x39,0x14,0x73,0x56,0x6c}; //データシートより
    char lcdCmd2[3]={0x38,0x01,0x0c};                //データシートより

    for (i=0;i<6;i++){
        err = lgI2cWriteByteData(hndLcd,LCD_IR,lcdCmd1[i]);
        lguSleep(0.02);     //20ms時間待ち
    }
    lguSleep(0.2);          //200ms時間待ち
```

```
↘
 for (i=0;i<3;i++){
        err = lgI2cWriteByteData(hndLcd,LCD_IR,lcdCmd2[i]);
        lguSleep(0.02);     //20ms時間待ち
    }
    lguSleep(0.2);  //安定用
    return err;
}
//1文字の表示
int LcdWriteChar(int hndLcd, char c){
    int err;
    if( c < 0x06) return EXIT_FAILURE;  //LCDの非表示文字コードの排除
    //行の最大文字数を超えたかの判定
    if( g_position==(g_charsPerLine*(g_line+1))){
        LcdNewline(hndLcd);        //改行処理
    }
    err = lgI2cWriteByteData(hndLcd,LCD_DR,c);
    g_position +=1;
    lguSleep(0.001);        //1ms時間待ち
    return err;
}
//LCD改行処理
int LcdNewline(int hndLcd){
    int err;
    if (g_line == (g_dispLines-1)){
        LcdClear(hndLcd);
    }else{
        g_line +=1;
        err = lgI2cWriteByteData(hndLcd,LCD_IR,0xc0);
        lguSleep(0.01);     //10ms時間待ち
    }
    return err;
}
//LCDのディスプレイクリア
int LcdClear(int hndLcd){
    int err;
    err = lgI2cWriteByteData(hndLcd,LCD_IR,0x01);
    g_position =0;
    g_line=0;
    lguSleep(0.01);     //10ms時間待ち
    return err;
}
//LCDに文字列を表示
int LcdWriteString(int hndLcd, char *s){
    int i,err;
    for(i=0;i<strlen(s);i++){
        err = LcdWriteChar(hndLcd, s[i]);
    lguSleep(0.001);        //1ms間待ち
    }
    return err;
}
```

① include文に"MyPi2.h"を追記します。

include文の「< >」と「" "」では、指定したヘッダファイルを参照するパスが異なります。「< >」はデフォルトのディレクトリ（/usr/includeなど）を参照します[注2]。「" "」はソースコー

注2　gccにオプション「-v」を付加すると、参照するパスが表示されます。

ドが置かれているカレントディレクトリから参照します。なお、ユーザーが作成したヘッダファイルやライブラリは、標準のライブラリなどと区別したほうが管理しやすいので、ソースコードと同じディレクトリに置くようにします。

7.8.3　静的ライブラリの作成

MyPi2.cをコンパイルします。Geanyのメニューバーの［ビルド］⇒［Compile］をクリックします。コンパイルが成功すると、オブジェクトファイルMyPi2.oが作成されます。

ターミナルを起動してMyApp2ディレクトリへ移動し、nmコマンドでオブジェクトファイルMyPi2.oのLCD用関数のシンボルを確認します。

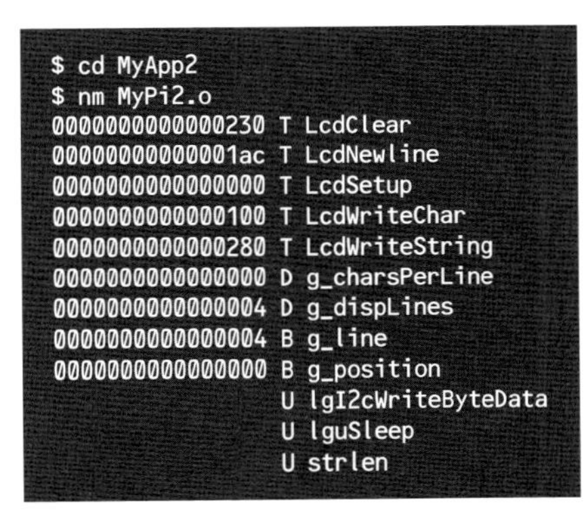

＜シンボルを表示するnmコマンド＞
オブジェクトファイルのシンボルを表示します。1列目はアドレス、2列目はシンボルのタイプ、3列目はシンボル名です。

- T：テキスト（code）セクションシンボル
- U：未定義シンボル
- D：初期化されているデータシンボル
- B：初期化されていないデータシンボル
- C：コモンシンボル

arコマンドを利用して静的ライブラリファイルを作成します。arは書庫（archive）ファイルの作成、変更、および書庫からファイルを取り出します。rcsはarコマンドのオプションで、アーカイブファイルを作成してオブジェクトファイルの関数を書き込みます。なお、ライブラリファイル名の先頭には「lib」を付けます。

```
$ ar  rcs  libMyPi2.a  MyPi2.o
```

ライブラリファイル（libMyPi2.a）のシンボルを確認します。nmコマンドを実行して、LCD用関数のシンボルが表示されることを確認します。

```
$ nm  libMyPi2.a
```

7.8.4 ライブラリを使用したビルドの方法

GeanyのビルドコマンドのBeta設定にlibMyPi2.aを追記します。

```
gcc -Wall -o "%e" "%f" -llgpio -lpthread -g -O0  libMyPi2.a
```

7.8.5 ソースコード

作成したライブラリファイル（libMyPi2.a）を使用して、リスト7-6と同じ動作するソースコードを作成しましょう（リスト7-9）。include文に「"MyPi2.h"」を追記しました。libMyPi2.aライブラリの利用によりmain関数だけになり、ソースコードがすっきりしました。リスト7-9をビルドして、実行結果がリスト7-6と同じになることを確認します。

○リスト7-9：7-Lcd02.c

```
#include <stdio.h>      //fprintf
#include <stdlib.h>     //EXIT_SUCCESS
#include <lgpio.h>      //lgI2cOpen,etc
#include "MyPi2.h"      //マイライブラリ
#define I2C_BUS    1    // /dev/i2c-1
#define LCD_ADR    0x3e //LCD スレーブアドレス

int main(int argc, char *argv[]){
    int i;
    int hndLcd,err;
    hndLcd = lgI2cOpen(I2C_BUS,LCD_ADR,0);
    err=LcdSetup(hndLcd);
    if(err<0){
        fprintf(stderr,"%s(%d).¥n",lguErrorText(err),err);
        lgI2cClose(hndLcd);
        return EXIT_FAILURE;
    }

    if(argc ==1){
        LcdWriteString(hndLcd, "* Hello World! *");
        LcdWriteString(hndLcd, "0123456789ABCDEF");
    }else{
        LcdWriteString(hndLcd, argv[1]);
        for (i=2;i<argc;i++){
            LcdWriteChar(hndLcd, ' ');
            LcdWriteString(hndLcd, argv[i]);
        }
    }
    lgI2cClose(hndLcd);
    return EXIT_SUCCESS;
}
```

7.9　センサで温度を測る

センサは測定値をアナログ量で出力するものが多いですが、近年ではI^2CやSPIなどのシリアルバスを備えたセンサICも増えてきました。本章では、I^2Cバスを備えた温度センサモジュールを利用して、温度を測定する事例を紹介します。

7.9.1　温度センサとは

温度の測定に使用される代表的なセンサを**表7-5**に示します。これらのセンサは、用途、測定温度範囲、精度、コストなどに応じて、使い分けられています。日常生活の範囲の温度測定を目的とした場合、「サーミスタは安価だが誤差が大きい」「白金抵抗は高精度だが高価」「熱電対の回路は大きくなる」などの事情もあり、半導体温度センサが使われます。

半導体温度センサの出力信号の形式には、2種類のタイプがあります。

- アナログ出力:温度をアナログ電圧で線形的に出力します。例:LM61CIZ、LM335Zなど。
- デジタル出力：温度をデジタルデータで出力します。例：ADT7410、DS18B20+など

デジタルデータで出力する半導体温度センサの内部には、測定したアナログ量をデジタルデータに変換するアナログ・デジタル変換回路が内蔵されています。データの伝送のインタフェースとして、I^2Cバスなどが用いられています。それで、マイコンやラズパイから簡単に温度計測ができるのです。

◯表7-5：各種温度センサ

温度センサ	説明
サーミスタ	サーミスタは温度の変化により内部抵抗値が変化します。温度と抵抗値の関係を近似式で表せるため、多く使用されています。
白金抵抗	白金抵抗（Pt100）は、温度と抵抗値の関係が優れた線形特性があり、正確な温度測定に使用されています。Pt100とは0℃で100Ωの意味です。
熱電対	熱電対は、2種類の金属線の片側を接合し、もう片側に生じた電位差が温度に比例します。熱電対の材料については、JIS規格で定義されています。
半導体温度センサ	シリコンダイオードの順方向電圧には「-2mV/℃」の温度係数があり、ダイオードの電圧を測定することで間接的に温度が測定できます。

7.9.2　温度センサADT7410の仕様

表7-1に示したI^2C温度センサモジュール（AE-ADT7410）を使用します。I^2C温度センサモジュール（以下、温度センサモジュール）はアナログ・デバイセズ社の温度センサADT7410を実装しています。ADT7410は半導体温度センサのタイプです。

主な仕様を**表7-6**に示します。ADT7410の温度精度は±0.5℃で、測定範囲は－40℃から

105℃です。ADT7410は2ビットのアドレスデコーダ回路を内蔵しているので、I²Cバス上で4個のADT7410を使用できます。

○表7-6：温度センサ（ADT7410）の主な仕様

項目	データ
温度精度	±0.5℃@－40℃～＋105℃
	条件：V_{DD}（2.7V ～ 3.6V）
温度分解能	0.0078℃ @16bit分解能
	0.0625℃ @13bit分解能
動作温度	－55℃～＋150℃
電源電圧V_{DD}	2.7V ～ 5.5V
I²C SCLクロック周波数	400kHz（Max）
I²C スレーブアドレス	0x48（デフォルト），0x49, 0x4A, 0x4Bのうち1つを選択
温度レジスタ	0x00
プルアップ抵抗用ジャンパーパッド	ハンダジャンパーパッドには、はんだ付けをしません。ラズパイとの仕様の違いから通信できない場合があります。

7.9.3 温度データフォーマットと温度の計算

ADT7140温度センサの温度範囲は－40℃から＋105℃ですが、ADT7140のデータシートより13bit温度データフォーマット上の温度範囲は－55℃から＋150℃になります（**表7-7**）。温度データは符号付き整数型（2の補数）で表現され、MSB（最上位ビット）は符号ビットで、温度データは12bit長になります。温度のデータはADT7140内部の温度レジスタに保存されます。

○表7-7：13bit温度データフォーマット

温度（℃）	2進数 MSB LSB 12--------------0	16進数
－55	1 1100 1001 0000	0x1C90
－50	1 1100 1110 0000	0x1CE0
－25	1 1110 0111 0000	0x1E70
－0.0625	1 1111 1111 1111	0x1FFF
0	0 0000 0000 0000	0x0000
＋0.0625	0 0000 0000 0001	0x0001
＋25	0 0001 1001 0000	0x190
＋50	0 0011 0010 0000	0x320
＋125	0 0111 1101 0000	0x7D0
＋150	0 1001 0110 0000	0x960

ここでは、温度の計算は、正と負の場合で分けて考えます。

● 正の温度のとき

温度データに0.0625℃を乗算します。0.0625℃は13bit温度フォーマットの温度分解能です。

● 負の温度のとき

負の温度データは2の補数（負の整数）で表現されているので、正の整数に変換して、−0.0625を乗算します。2の補数を正の2進数に変換するには、ビットごとに反転して1を加えます。

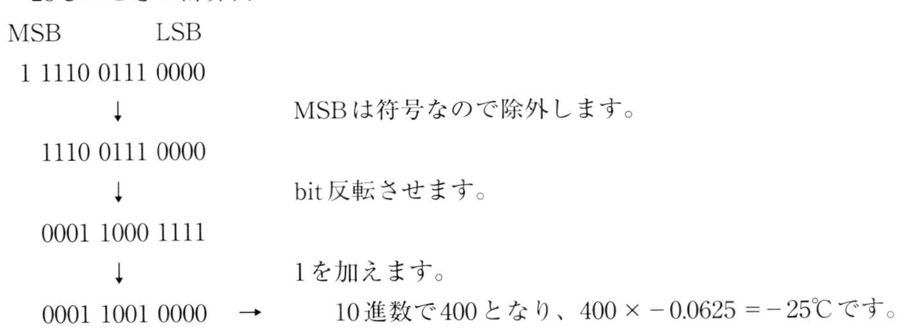

【例】−25℃のときの計算例

MSB　　　LSB
1 1110 0111 0000
↓　　　MSBは符号なので除外します。
1110 0111 0000
↓　　　bit反転させます。
0001 1000 1111
↓　　　1を加えます。
0001 1001 0000　→　10進数で400となり、400 × −0.0625 = −25℃です。

7.9.4　回路図

図7-17のLCDの回路図に、温度センサモジュールを追加した回路図を**図7-22**に示します。I²Cバスを延長するだけです。配線図は**図7-18**を参照してください。温度センサモジュールでは、ピンヘッダを本体基板に取り付けるためのはんだ付け作業が必要となります。

○**図7-22：温度センサモジュールを追加した回路図**

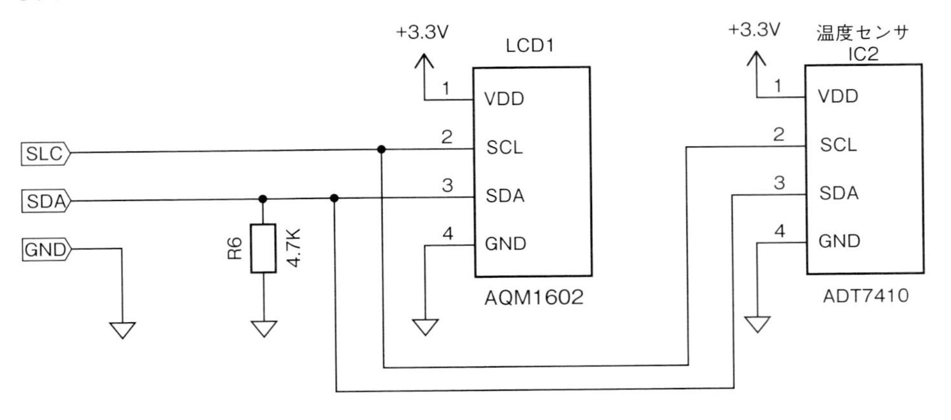

7.9.5 フローチャート

温度センサ ADT7410から13bitフォーマットで温度を0.5秒ごとに取得し、ターミナルとLCDに表示させます。フローチャートは**図7-23**のとおりです。

◯図7-23：温度センサの測定のフローチャート

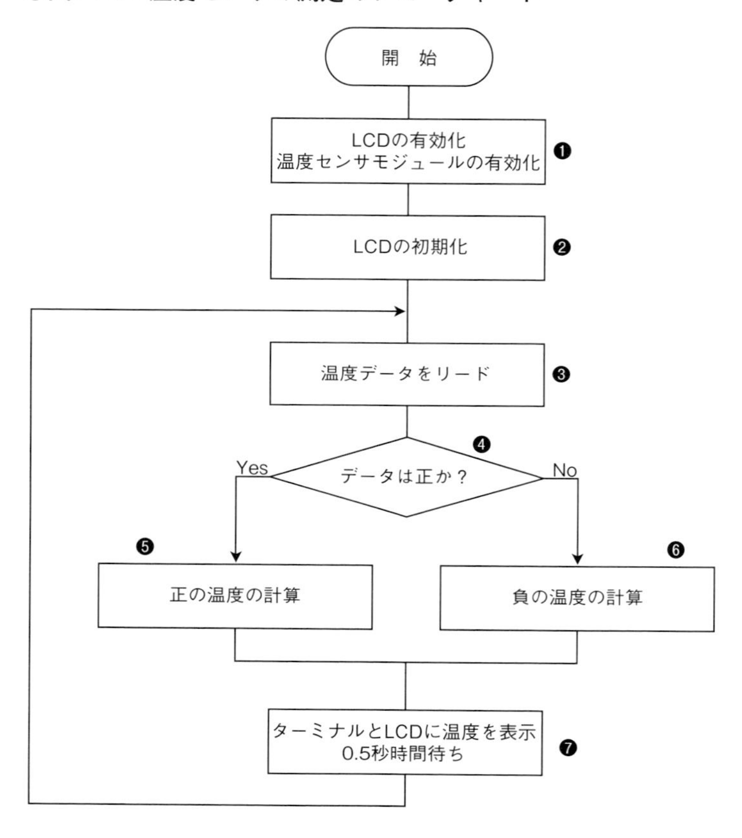

❶ LCDと温度センサモジュール（ADT7410）のI²Cデバイスを有効にします。
❷ LCDを初期化します。
❸ 温度センサモジュールから温度データをリードします。
❹ 温度データの正負を判断します。
❺ 正の温度を計算します。
❻ 負の温度を計算します。
❼ ターミナルとLCDに温度を表示して、0.5秒時間待ちします。

7.9.6 ソースコード

ソースコードはリスト7-10のとおりです。

○リスト7-10：7-Temp01.c

```
#include <stdio.h>       //printf,sprintf,etc
#include <stdlib.h>      //EXIT_SUCCESS
#include <lgpio.h>       //lgI2cReadWordData,etc
#include "MyPi2.h"       //マイライブラリ

#define I2C_BUS      1
#define LCD_ADR      0x3e
#define ADT7410_ADR 0x48  ①
#define ADT7410_REG 0

int main(void){
    int hndLcd,hndTmp,err;
    short wdat;                              //温度データ
    double temp;                             //温度 実数値℃        ②
    const float tempDelta = 0.0625F;         //温度の分解能  0.0625℃
    char s1[17];                             //LCD16文字+ヌル文字

    hndLcd = lgI2cOpen(I2C_BUS,LCD_ADR,0);
    err=LcdSetup(hndLcd);
    if(err<0){
        fprintf(stderr,"%s(%d).¥n",lguErrorText(err),err);  ③
        lgI2cClose(hndLcd);
        return EXIT_FAILURE;
    }

    hndTmp = lgI2cOpen(I2C_BUS,ADT7410_ADR,0); ―― ④

    while(1){
        wdat = lgI2cReadWordData(hndTmp, ADT7410_REG); ―― ⑤
        wdat = (wdat&0xff00)>>8 | (wdat&0xff)<<8;
        wdat = wdat >>3;                              ⑥

        if ((wdat&0x1000)==0){
            temp = wdat *tempDelta;
        }else{                                        ⑦
            temp = ((~wdat&0x1fff)+1)*(-tempDelta);
        }
        printf("%4.1f C¥n",temp); ―― ⑧
        sprintf(s1,"%4.1f C",temp);
        LcdClear(hndLcd);                ⑨
        LcdWriteString(hndLcd, s1);
        lguSleep(0.5);
    }
    lgI2cClose(hndLcd);
    lgI2cClose(hndTmp);
    return EXIT_SUCCESS;
}
```

① ADT7410のスレーブアドレスと温度レジスタのマクロ定義です。

② 変数の定義です。

- hndLcdとhndTmpはハンドルで、デバイスごとに必要です。

- wdatは2バイトの温度データです。
- tempは摂氏温度です。
- tempDeltaは13bit温度フォーマットの温度分解能を定数で定義します。0.0625Fの末尾のFは実数を表現しています。

③ LCDを有効にして、LCDのハンドルを取得し、LCDを初期化します。

④ ADT7410を有効にして、ADT7410のハンドルを取得します。

⑤ lgI2cReadWordData関数を使用して、温度データを取得します。関数名のWordは2バイトデータの意味です。lgI2cReadWordData関数は、「温度レジスタのライト」と「温度データのリード」の2つの動作を実行しています（**図7-24**）。

- 温度レジスタのライト：lgI2cReadWordData 関数は、温度センサのスレーブアドレスを指定して、温度レジスタをライトします。これにより、温度センサは温度データを出力します。
- 温度データのリード：lgI2cReadWordData 関数、スレーブアドレスを指定して、2バイトの温度データをリードします。

○**図7-24：lgI2cReadWordData関数による温度データを取得するタイミングチャート**

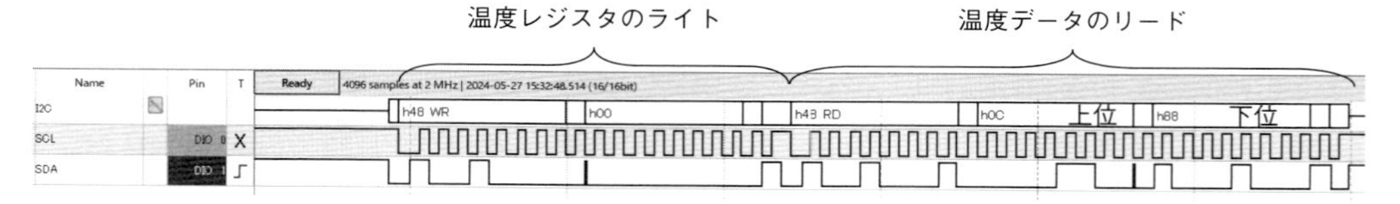

⑥ ADT7410は**図7-24**に示すように2バイトデータを上位、下位の順番で出力しますが、lgI2cReadWordData関数は2バイトデータを下位、上位で変数wdatに保存します。そのため変数wdatの下位バイトと上位バイトを交換します。また、ADT7410の仕様から、13bitの温度データが変数wdatの15ビット目から始まるため、3ビット右へシフトします。上位3bitには0が入ります。なお、wdat&0xff00などのビットマスク処理により、対象外のビットを念のため0にしています。

⑦ 13bitフォーマットのMSBの符号を検査します。正なら、wdatに0.0625℃を乗算します。負なら、正の数に変換してから−0.0625℃を乗算します。

⑧ ターミナルに温度を表示します。

⑨ sprintf関数で実数を文字列にして、LCDに表示します。

7.9.7　実行結果

リスト7-10の実行結果は**図7-25**のようになります。ADT7410のパッケージに指をあてると温度が上昇します。

○図7-25：リスト7-10の実行結果

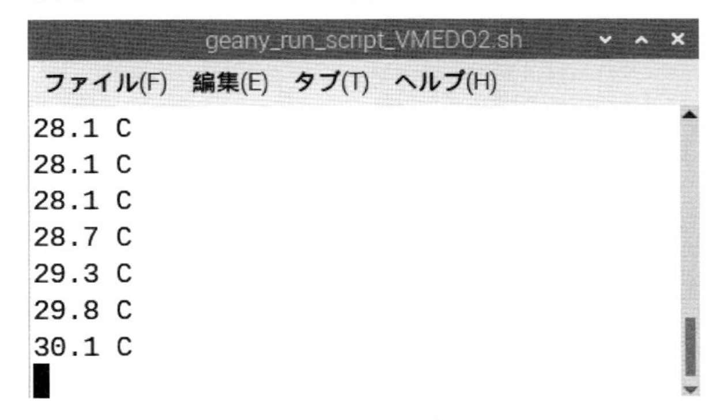

(a) ターミナルの表示

(b) LCDの表示

Column 測定ツールを相棒にしよう

ラズパイにさまざまな周辺デバイスを接続して目的の機能を実現することは、楽しく達成感があります。しかし、必ずしも順調に事が運ぶとは限りません。デバイスが「ウンでもスンでもない」時もありますが、問題の原因は必ずどこかにあります。仮にハードウェアに起因する場合は、ソフトウェアのアプローチだけでは解決は困難です。そのときは、デバイスのデータシートを参照して、信号波形を確認する必要があります。一般的に、オシロスコープやロジックアナライザと呼ばれる波形測定器を利用しますが、これらは高価で、操作には知識やスキルが必要です。

最近では、手軽に取り扱えるPC接続型の測定ツールが販売されています。たとえば、Digilent社のAnalog Discoveryシリーズにはオシロスコープやロジックアナライザなどの機能があります。また、I^2Cバス、SPIバス、UARTなどの通信データを表示する機能もあり、デバッグに威力を発揮します。本書でも測定結果を使用しています。機会があれば、いろいろな測定器に親しんでみましょう。

○図7-A：Analog Discoveryとラズパイ学習ボード

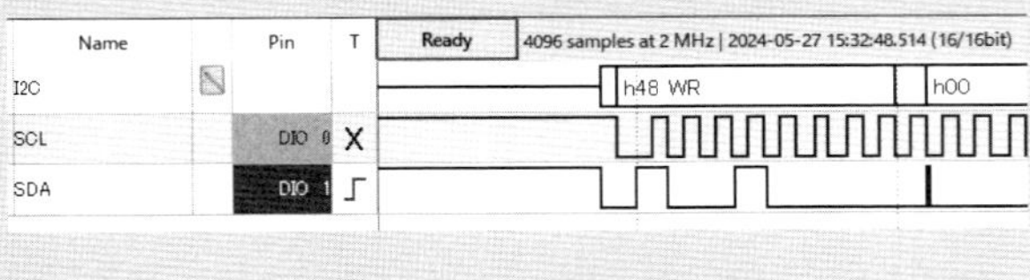

Chapter 8

SPIバスを使う

SPIバスも、I^2Cバスと同様に周辺デバイスとの通信に使用されます。SPIバスがI^2Cバスより優位な点としては、高速な通信速度、全二重通信、シンプルなプロトコル、マルチデバイス接続などが挙げられます。本章では、SPIバスの活用事例として、D/AコンバータとA/Dコンバータを使用します。併せて、これらのデバイスの原理や仕組みについても解説します。一般的なセンサはアナログ信号を出力するものが多いので、A/Dコンバータを使用することで、アナログ信号をデジタル信号に変換し、ラズパイで処理できるようになります。これらの知識とスキルにより、エンジニアとしての技術的な幅がさらに広がることでしょう。

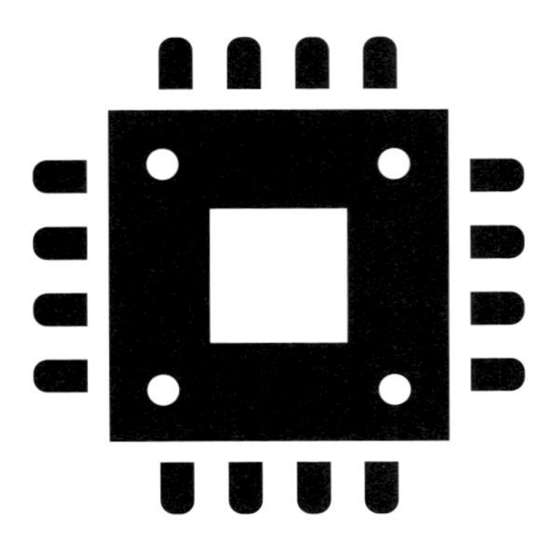

8.1　本章で準備するもの

本章の電子工作で新たに必要とするものを**表8-1**に示します。また、本章以前に準備したものも使用します。

○表8-1：本章で準備するもの

名称	個数	備考	参考品
D/Aコンバータ	1	マイクロチップ社の12bit D/AコンバータMCP4922を使用します。	秋月電子通商 102090（①）
A/Dコンバータ	1	マイクロチップ社の12bit A/DコンバータMCP3208を使用します。	秋月電子通商 100238（②）
可変抵抗 50kΩ	1	0V ～ 3.3Vに電圧を可変するため、つまみ付きが便利です。	秋月電子通商 106112（③）
積層セラミックコンデンサ 0.1uF	2	D/AコンバータとA/Dコンバータの V_{DD} とGND間に挿入してバイパスコンデンサとして使用します。	秋月電子通商 110147

①

②

③

8.2　SPIバスとは

SPI（Serial Peripheral Interface）はモトローラ社（現：NXP Semiconductors）が提唱した4線式シリアルバスです。SPIはシリアル・ペリフェラル・インタフェースまたはエスピーアイとも呼ばれています。SPIもI^2Cと同様に、プリント基板上に実装された複数のデバイス間で通信する用途に使用されます（**図8-1**）。SPIバスはI^2Cバスと比較して、高速な通信速度、全二重通信、シンプルなプロトコル、同一デバイスの複数接続などのメリットがあります。

8.2.1　SPIバスの信号

SPIバスには、SCK、MOSI、MISO、SSの4種類の信号があります。

● SCK（Serial ClocK）クロック信号

SCKはマスタから出力され、マスタとスレーブ間のデータ転送のタイミングを決定する

◯図8-1：SPIバスの応用例

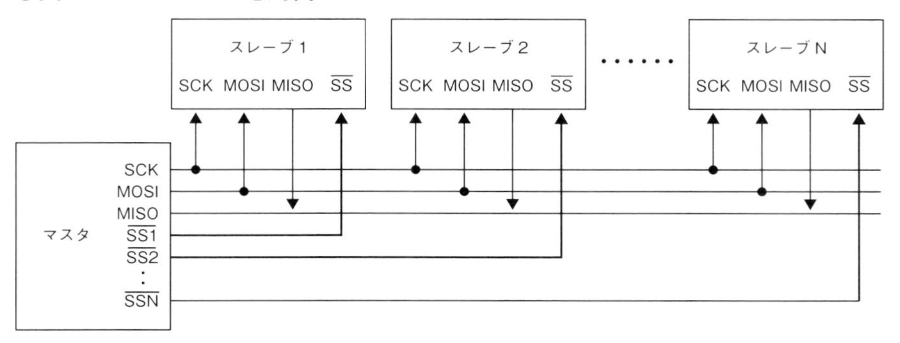

ために使用されます。マスタは通信速度を数十kbpsから数Mbpsの範囲で設定しますが、スレーブ側の仕様に合わせる必要があります。

● MOSI（Master Out Slave In）マスタの送信信号

マスタからスレーブへのデータ伝送信号です。

● MISO（Master In Slave Out）マスタの受信信号

スレーブからマスタへのデータ伝送信号です。なお、MOSI（送信信号）とMISO（受信信号）は独立しているため、通信方式は「全二重」が可能です。全二重通信とは、送信と受信が同時に行える通信方式です。

● SS（Slave Select）スレーブセレクト信号

マスタはスレーブセレクト信号を使用して、複数のスレーブの中から1つを選択します。スレーブの数だけマスタ側に信号を用意します。マスタはスレーブに対して情報の送信と受信を指示できます。一般的に、マスタはコンピュータがなり、スレーブは各種センサなどの周辺デバイスがなります。なお、**図8-1**のSS信号の上線は「バー（bar）」と呼ばれ、信号が「0」のときに有効となる負論理（アクティブロー）を示します。

8.3　ラズパイのSPIバス

ラズパイのSPIバスの信号を**表8-2**に示します。スレーブセレクト信号はSS0とSS1の2本があるので、2個のデバイスを使用できます。

○表8-2：SPIバスの信号と拡張コネクタのピン番号

信号名		拡張コネクタ		信号方向（マスタ）
		GPIO	コネクタピン	
SCK		11	23	出力
MOSI		10	19	出力（送信）
MISO		9	21	入力（受信）
SS	SS0	8	24	出力
	SS1	7	26	出力

8.3.1　SPIバスの設定方法

SPIバスを有効にする方法は、タスクバーのメニュー⇒［設定］⇒［Raspberry Piの設定］で「Raspberry Piの設定」（**図8-2**）を開き、［インターフェイス］タブ⇒「SPI」のスイッチ（①）を有効にして、「OK」（②）をクリックし、OSを再起動します。

○図8-2：SPIバスの設定画面

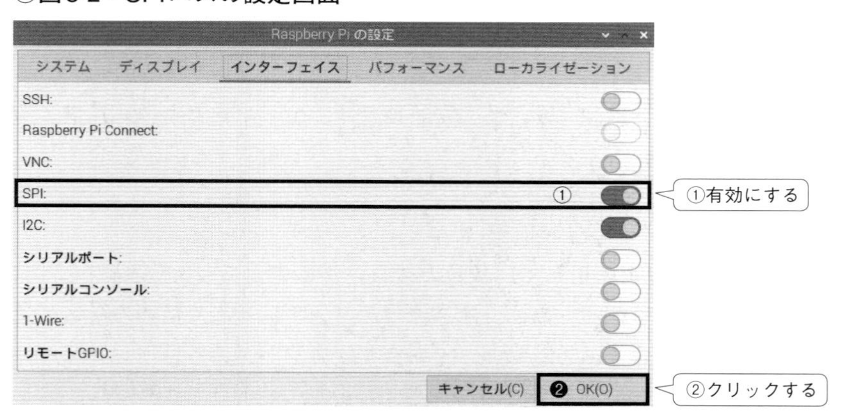

8.3.2　SPIバスの有効の確認

ターミナルから次のコマンドを実行して、デバイス名が表示されるとSPIは有効です。ラズパイのモデルによって表示が異なるかもしれませんが、ユーザーが使用できるデバイスファイルは、「/dev/spidev0.0」と「/dev/spidev0.1」です。「/dev/spidev0.0」はSS0、「/dev/spidev0.1」はSS1に対応しています。

```
$ ls /dev/spi*
/dev/spidev0.0 /dev/spidev0.1 /dev/spidev10.0
```

「/dev/spidev0.0」と「/dev/spidev0.1」が表示されない場合は、図8-2の「SPI」のスイッチが有効になっているかどうか確認してください。

8.3.3 SPIバスで使用する関数

lgpioにはSPIバスの関数は、オープン/クローズ、リード/ライトなど5つあります（P.90の表3-8）。その中でも、lgSpiXfer関数はSPIバスの全二重通信を可能とする関数です。

● lgSpiXfer関数

SPIバスは送信と受信を同時に行うことができ、lgSpiXfer関数を使用することで効率的なデータのやり取りが可能になります。送信データを配列txBufに格納して、lgSpiXfer関数を実行すると、受信データは配列rxBufに保存されます。引数countで設定したバイト数が伝送されます。

```
int lgSpiXfer(int handle, const char *txBuf, char *rxBuf, int count)
```

- handle：lgSpiOpen関数の戻り値「handle」を使用します。
- txBuf：データをライト（送信）する配列名を設定します。
- rxBuf：データをリード（受信）する配列名を設定します。
- count：伝送するバイト数を設定します。

8.4 D/Aコンバータとは

D/A変換とはデジタル値をアナログ量に変換することです（図8-3）。この機能を電子回路やICにしたものをD/Aコンバータ（Digital Analog Converter、以下DAC）と呼びます。身近なところでは、スマホで通話を聞いたり、音楽を聴いたりなどの音を出力する回路に使用されています。DACの方式には、パルス幅変調信号にローパスフィルタを通してアナログ信号を出力するPWM方式、抵抗回路網とオペアンプ増幅回路を利用した抵抗ラダー方式などさまざまな方式があります。

本書では抵抗ラダー方式のDACを利用するため、その基本原理を解説します。ラダーとは「はしご」のことで、抵抗回路網がはしごのように見えることから名付けられています。ラダー型DACは、ラダー型抵抗回路とオペアンプ増幅回路を組み合わせた回路構成です。原理を説明するために、4bitのラダー型抵抗回路を図8-4に示します。なお、回路方式には電流加算型と電圧加算型がありますが、本章では電圧を出力する電圧加算型で説明します。

ラダー型抵抗回路は、2種類の抵抗（Rと2R）を組み合わせています。なお、2RはRの2

○図8-3：デジタル・アナログ変換

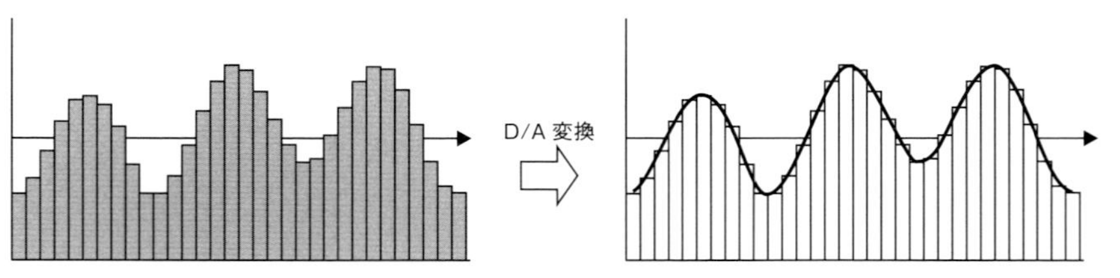

※出典：「デジタル-アナログ変換回路」『ウィキペディア日本語版』。2019年3月11日（月）21:55 UTC、
URL https://ja.wikipedia.org

○図8-4：4bitラダー抵抗回路

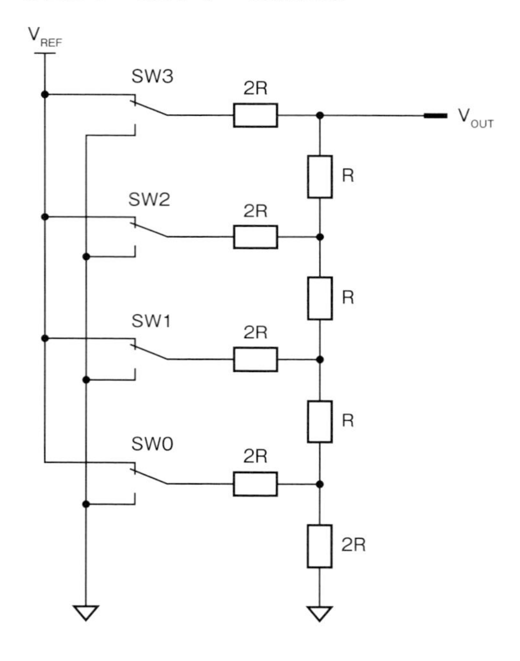

倍なので、実質的に1種類の抵抗Rで構成されています。4つの三路スイッチは、GNDとV_{REF}に切り替えられます。V_{REF}は基準電圧と呼ばれ、ラダー型抵抗回路はV_{REF}を分圧して出力します。まさに分圧の基となる基準電圧なのです。なお、温度や電源電圧などの要因でV_{REF}が変動するとD/A変換の精度に影響を与えます。

各スイッチのONとOFFの状態からV_{OUT}を求めます。すべてのスイッチがGND側のとき、V_{OUT}は0Vです。SW3がV_{REF}側で、残りのスイッチがGND側のときの等価回路を**図8-5（a）**に示します。

- SW0部の合成抵抗は、2Rと2Rの並列接続のためRとなります。
- SW1部の合成抵抗は、SW0部の合成抵抗RとRが直列接続になって2Rとなり、SW1側の2Rと並列接続のためRとなります。

- SW2部の合成抵抗も同様にRとなります。
- 最終的に合成回路は**図8-5（b）**となり、**式8-1**よりV_{OUT}は$V_{REF}/2$となります。

$$V_{OUT} = \frac{2R}{2R + 2R} \times V_{REF} = \frac{1}{2} V_{REF} \qquad [式8\text{-}1]$$

◯図8-5：SW3がV_{REF}のときの等価回路から合成抵抗を求める

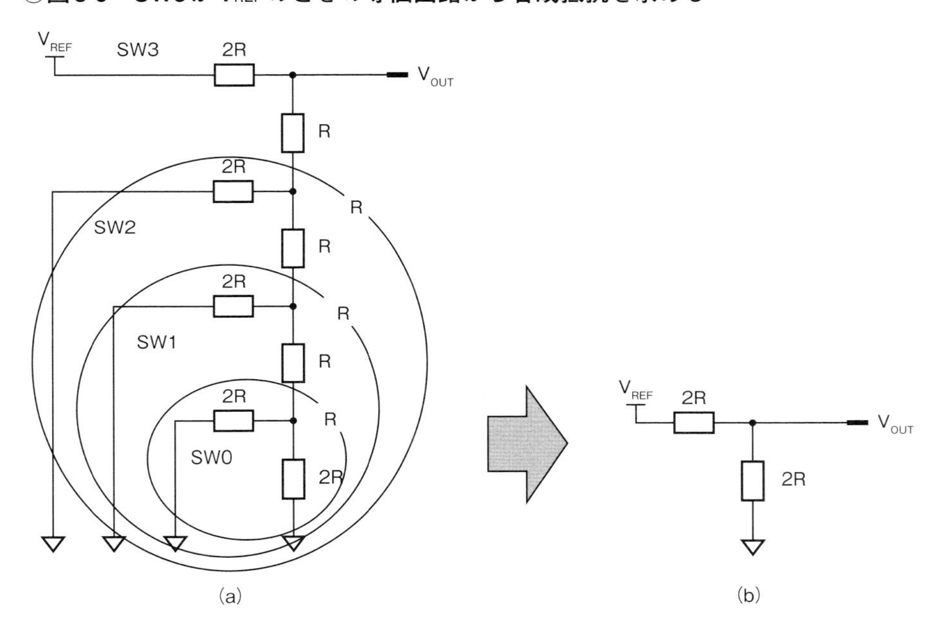

同様に、SW2、SW1、SW0の場合も、合成抵抗からV_{OUT}が求まります。

- SW2がV_{REF}側で、残りのスイッチがGND側のときのV_{OUT}は$V_{REF}/4$となります。
- SW1がV_{REF}側で、残りのスイッチがGND側のときのV_{OUT}は$V_{REF}/8$となります。
- SW0がV_{REF}側で、残りのスイッチがGND側のときのV_{OUT}は$V_{REF}/16$となります。

各スイッチの動作はONかOFFかの論理値になるので、V_{REF}に接続したときを1、GNDに接続したときを0とします。スイッチの状態を変数（D3、D2、D1、D0）と置き換えます。また、「重ね合わせの理」[注1]より、任意のスイッチの状態におけるV_{OUT}は2進数の重みがある**式8-2**に表せます。変数（D3、D2、D1、D0）を0～15までの変化させたときのV_{OUT}を**表8-3**に示します。変数（D3、D2、D1、D0）の入力により、$1/16V_{REF}$刻みで電圧が変化しています。また、V_{REF}を16で分割していますが、V_{OUT}の出力に0を含めるためすべてのスイッ

注1　重ね合わせの理は「複数の電源がある回路において、それぞれの電源が単独に存在していた場合の和に等しくなる」ことです。

チがONのときは15/16V_{REF}になります。

実際のDACは、スイッチの入力部はデジタル回路で構成し、V_{OUT}の出力部はオペアンプなどのアナログ回路で増幅します。

$$V_{OUT} = \frac{V_{REF}}{2}D3 + \frac{V_{REF}}{4}D2 + \frac{V_{REF}}{8}D1 + \frac{V_{REF}}{16}D0$$

$$= (2^3 \cdot D3 + 2^2 \cdot D2 + 2^1 \cdot D1 + 2^0 \cdot D0) \times \frac{V_{REF}}{16}$$

［式8-2］

○表8-3：変数（D3、D2、D1、D0）とV_{OUT}の関係

10進数	2進数				V_{OUT}
	D3	D2	D1	D0	
0	0	0	0	0	0
1	0	0	0	1	1/16 V_{REF}
2	0	0	1	0	2/16 V_{REF}
3	0	0	1	1	3/16 V_{REF}
4	0	1	0	0	4/16 V_{REF}
5	0	1	0	1	5/16 V_{REF}
6	0	1	1	0	6/16 V_{REF}
7	0	1	1	1	7/16 V_{REF}
8	1	0	0	0	8/16 V_{REF}
9	1	0	0	1	9/16 V_{REF}
10	1	0	1	0	10/16 V_{REF}
11	1	0	1	1	11/16 V_{REF}
12	1	1	0	0	12/16 V_{REF}
13	1	1	0	1	13/16 V_{REF}
14	1	1	1	0	14/16 V_{REF}
15	1	1	1	1	15/16 V_{REF}

8.5　DAC　MCP4922の仕様

デジタル値をアナログ値に変換するデバイスを学習するためにマイクロチップ社の12bit D/AコンバータMCP4922を使用します。主な仕様を**表8-4**に示します。なお、MCP4922の仕様については、本書で学習する範囲を中心に解説します。

◯表8-4：MCP4922の主な仕様

項目	仕様
電源電圧	2.7V ～ 5.5V
SPIクロック周波数	20MHz（Max）
分解能	12bit
DAC出力数	2チャンネル

8.5.1 ピン配置

MCP4922のピン配置と内部ブロック図を**図8-6**に示します。

● V_{DD}、V_{SS} (Supply Voltage) 電源入力

V_{DD}は2.7V ～ 5.5Vの範囲で設定できます。V_{SS}はグランドです。

● $\overline{CS}$（Chip Select）チップ・セレクト入力

$\overline{CS}$は負論理の信号で、LOWのときにMCP4922の動作を有効にします。SPIバスのSS信号と接続します。

● SCK（Serial Clock Input）クロック入力

SPIバスのSCKと接続します。20MHzまで設定できます。

● SDI（Serial Data Input）シリアルデータ入力

SPIバスのMOSIと接続します。

● $\overline{LDAC}$（Latch DAC Input）ラッチDAC入力

MCP4922の内部レジスタはInput RegisterとDAC Registerの2段構成の回路になっています（**図8-6（b）**）。$\overline{LDAC}$信号により、Input RegisterのデータがDAC Registerへ転送されます。

● $\overline{SHDN}$（Hardware Shutdown Input）：ハードウェア・シャットダウン入力

$\overline{SHDN}$がLOWになると、オペアンプとV_{OUT}の間にあるスイッチがOFFとなり、V_{OUT}は出力されません。

● V_{OUTA}、V_{OUTB}（Analog Output）アナログ出力

V_{OUTA}はDAC_Aの出力ピンで、V_{OUTB}はDAC_Bの出力ピンです。それぞれの出力にはオペアンプがあり、電圧の出力範囲はV_{SS}からV_{DD}までです。

● V_{REFA}、V_{REFB}（Voltage Reference Input）基準電圧入力

基準電圧は、DACのアナログ出力信号の電圧範囲を定めます。

● NC（No Connection）ノン・コネクション

どこにも接続しません。未接続にします。

○図8-6：MCP4922のピン配置と内部ブロック図

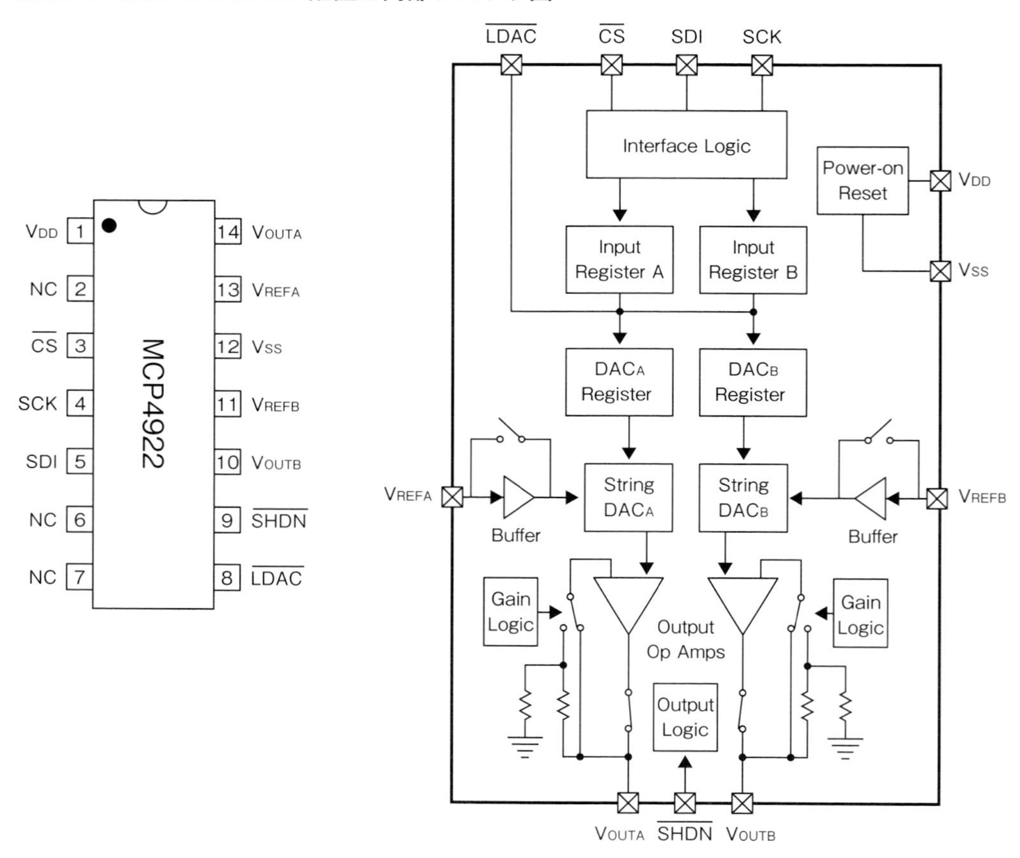

（a）ピン配置　（b）内部ブロック図

※出典：「MCP4902/4912/4922」のデータシート

8.5.2 ライトコマンドのタイミングチャート

MCP4922のライトコマンドのタイミングチャートを図8-7に示します。ライトコマンドは16bitで、DACを設定する4bit のconfig bitと12bitのDACコードで構成されます。

◯図8-7：MCP4922のライトコマンドのタイミングチャート

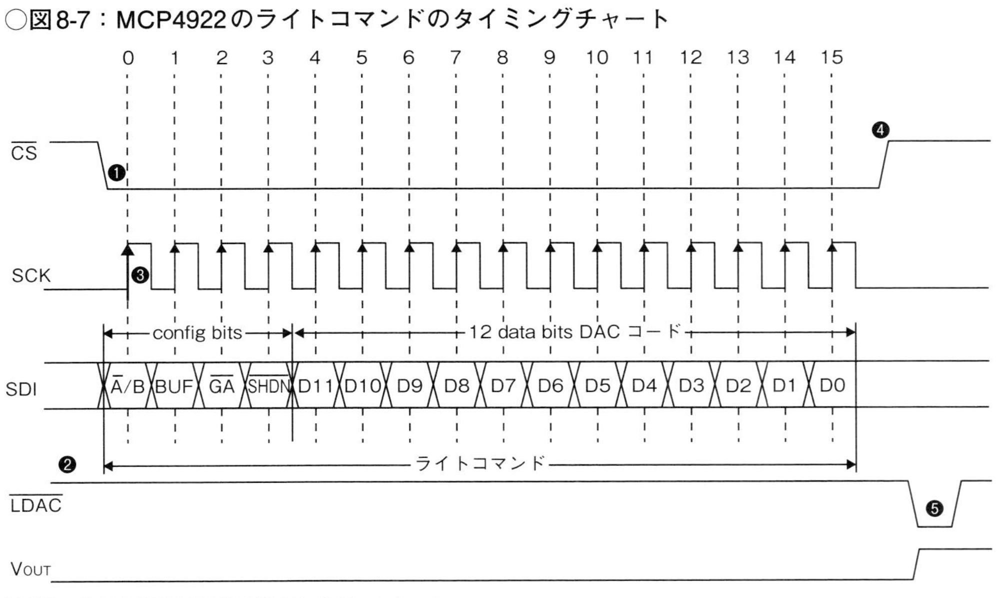

※出典：「MCP4902/4912/4922」のデータシート

❶ $\overline{\text{CS}}$信号をLOWにして、MCP4922の動作を有効にします。

❷ マスタからSDIにコマンドをライトします。config bitの各bitの役割は次とおりです。

- $\overline{\text{A}}$/B：DAC_AまたはDAC_Bの選択bit

  1 = DAC_B

  0 = DAC_A

- BUF：V_{REF}バッファ（Buffer）のコントロールbit

  1 = バッファを有効にする

  0 = バッファを無効にする

- GA：ゲイン（利得）の選択bit

  1 = 1倍

  0 = 2倍

- $\overline{\text{SHDN}}$：シャットダウンのコントロールbit

  1 = シャットダウンを無効にし、V_{OUT}の出力を有効にします。

  0 = シャットダウンを有効にし、V_{OUT}の出力を無効にします。

❸ ライトコマンドは、SCKの立ち上がりエッジでライトされます。

❹ マスタからMCP4922へDACコードの送信が完了したら、$\overline{\text{CS}}$信号をHIGHに戻します。
$\overline{\text{CS}}$信号が立ち上がった後、DACコードはMCP4922のInput Registerに保存されます。

❺ $\overline{\text{LDAC}}$信号をLOWにすると、DACコードがアナログ電圧として、V_{OUT}から出力されます。

【例】DAC_Aを指定して、V_{REF}バッファを無効、ゲインを1倍、シャットダウンを無効にして、DACコードの最大値（0xfff）を出力する場合は、**表8-5**のように設定します。

○表8-5：ライトコマンドの例

$\overline{A}$/B	BUF	$\overline{GA}$	$\overline{SHDN}$	D11 (MSB)	D10	D9	D8	D7	D6	D5	D4	D3	D2	D1	D0 (LSB)
0	0	1	1	1	1	1	1	1	1	1	1	1	1	1	1

上位バイトtxBuf[0]（A/B〜D8）　下位バイトtxBuf[1]（D7〜D0）

8.5.3　D/A変換の計算式

12bit D/AコンバータのMCP4922のアナログ出力電圧V_{OUT}を**式8-3**に示します。

$V_{REF} \div 2^{12}$は最小分解能のことで、1LSBで表現します。出力できる最小電圧です。V_{REF}が3.3Vの場合、1LSBの電圧は約0.8mVとなります。

$$V_{OUT} = \frac{V_{REF}}{2^{12}} \times D_n \times G \qquad [式8\text{-}3]$$

ここで、

V_{OUT} = アナログ出力電圧

V_{REF} = 基準電圧

D_n：DACコード

G：ゲイン選択　1 = 1倍($V_{OUT}=V_{REF} \times D_n/4096$)、0=2倍($V_{OUT}=2 \times V_{REF} \times D_n/4096$)

【例】V_{REF}基準電圧を3.3V、Gゲインを1倍で、DACコードに0xfff（10進数4095）を与えたとき、アナログ電圧V_{OUT}の最大値は**式8-4**となります。変換範囲は0から3.3Vですが、V_{OUT}は0を含みますので、最大値はV_{REF}の3.3Vから1LSB（約0.8mV）を引いた値になります。

$$V_{OUT} = \frac{3.3}{4096} \times 4095 = 3.2992 \quad [V] \qquad [式8\text{-}4]$$

8.6　DACから電圧を出力させる

ターミナルから16進数で0からfffまでの12bitのDACコードを入力し、MCP4922のV_{OUTA}とV_{OUTB}の両方からアナログ電圧を出力します。**式8-3**より出力電圧の計算値を小数点第三位まで表示させます。また、0〜fff以外の値が入力された場合、「値が範囲外です」というエラーメッセージを表示し、V_{OUTA}とV_{OUTB}の出力電圧を0Vにします。

デジタルテスターを利用して、MCP4922のV_{OUTA}とV_{OUTB}のピンとGND間の電圧を測定し、計算値と比較します。

【実行例】
16進数で0からfffまでの値を入力してください >>>7ff
VoutA,VoutB = 1.649V

16進数で0からfffまでの値を入力してください >>>fff
VoutA,VoutB = 3.299V

16進数で0からfffまでの値を入力してください >>>8888
値が範囲外です

8.6.1　回路図

ラズパイとMCP4922との回路図を**図8-8**に示します。ラズパイのSPIバスのSS1信号をMCP4922の$\overline{CS}$ピンへ、SCK信号はMCP4922のSCKピンに、MOSI信号はMCP4922のSDIピンに接続します。MCP4922の$\overline{LDAC}$ピンはGNDに接続してLOWとし、SPIバスよりDACコードがライトされたら、すぐにV_{OUTA}とV_{OUTB}からアナログ電圧が出力します。V_{REFA}とV_{REFB}は3.3Vに接続します。なお、V_{DD}とGNDの間にバイパスコンデンサ[注2]（0.1uF）を実装して、電源のコンディションを良くします。

○図8-8：D/AコンバータMCP4922の回路図

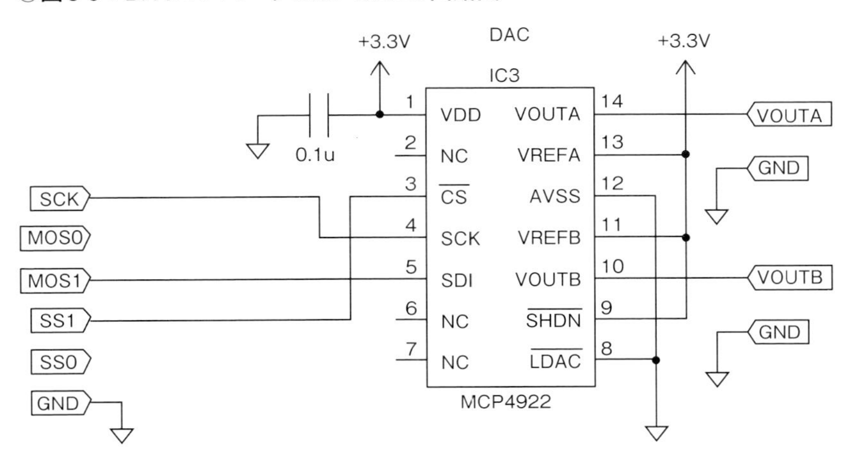

注2　バイパスコンデンサとは直流電源の電圧変動やノイズを吸収することを目的にしてICの電源（V_{DD}）とGND間に挿入するコンデンサのことです。積層セラミックコンデンサが効果的です。

8.6.2 配線図

MCP4922の配線図を**図8-9**（a）に示します。これまでのブレッドボードの延長上に配線した図を**図8-9**（b）に示します。**図8-9**（b）には、次項のA/Dコンバータの回路も含まれています。

◯図8-9：D/AコンバータMCP4922の配線図

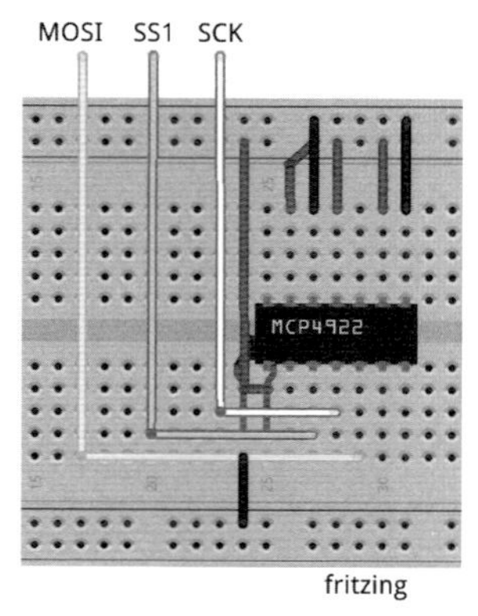

（a）MCP4922の配線図

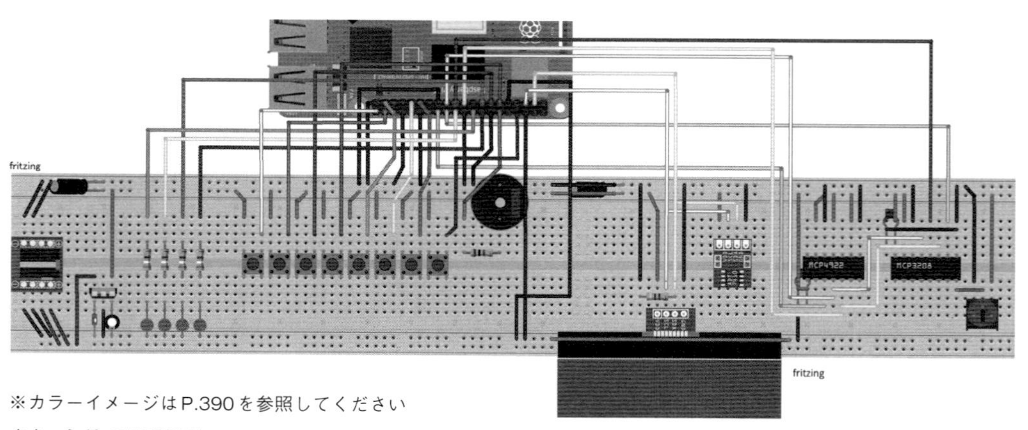

※カラーイメージはP.390を参照してください

（b）全体の配線図

8.6.3 フローチャート

D/A変換の処理をライブラリに登録できるよう、main関数から独立した関数（Mcp4922Write）として作成します。main関数の内容については比較的容易なため割愛し、Mcp4922Write関数についてフローチャートで説明します（**図8-10**）。

○図8-10：Mcp4922Write関数のフローチャート

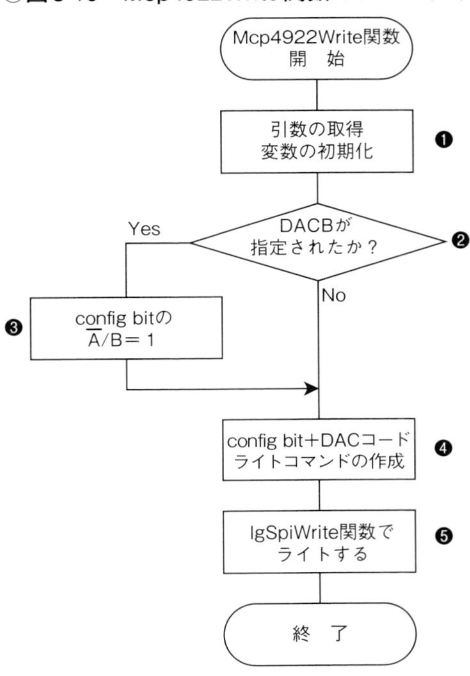

❶ 引数には、DACのハンドル、DACチャンネル、DACコードがあります。

❷ DACチャンネルの引数にDAC$_{B}$が指定されたかどうか判断します。

❸ DAC$_{B}$が指定されたならば、config bitの$\overline{A}$/Bを1にセットします。DAC$_{A}$の場合は$\overline{A}$/Bは0のままです。

❹ config　bitとDACコードから、表8-5に示したライトコマンドのビット配列を作成します。

❺ lgSpiWrite関数でMCP4922にライトします。

8.6.4　ソースコード

ソースコードはリスト8-1のとおりです。

○リスト8-1：8-Dac01.c

```
#include <stdio.h>      //printf,scanf
#include <stdlib.h>     //EXIT_SUCCESS
#include <lgpio.h>      //lgSpiOpen,lgSpiWrite,etc

//SPIバスインタフェース
#define SPI_BUS     0       // /dev/spidev0
#define SPI_SS1     1       //DACのスレーブセレクト番号      ①
#define SPI_SPEED   500000  //クロック信号の周波数
#define SPI_MODE    0       //SPIモード0

//D/Aコンバータ  MCP4922
#define MCP4922_DACA    0
#define MCP4922_DACB    0b10000000     ②
#define MCP4922_GAx1    0b00100000
#define MCP4922_SHDN    0b00010000

int Mcp4922Write(int hndDac, unsigned char dacCh, unsigned short dacCode); ③

int main (void){
```

```
↘
    int hndDac;
    unsigned int dacCode;
    hndDac = lgSpiOpen(SPI_BUS, SPI_SS1, SPI_SPEED, SPI_MODE); ———④
    while(1){
        printf("16進数で0からfffまでの値を入力してください >>>");  }⑤
        scanf("%x",&dacCode);                                   }
        if(0<=dacCode && dacCode <=0xfff){  ⑥
            printf("VoutA,VoutB = %5.3f V¥n¥n", ((3.3/4096) * dacCode));  }
            Mcp4922Write(hndDac,MCP4922_DACA,dacCode);                     }⑦
            Mcp4922Write(hndDac,MCP4922_DACB,dacCode);                     }
        }else{
            printf("値が範囲外です¥n¥n");         }
            Mcp4922Write(hndDac,MCP4922_DACA,0);  }⑧
            Mcp4922Write(hndDac,MCP4922_DACB,0);  }
        }
    }
    lgSpiClose(hndDac);    }⑨
    return EXIT_SUCCESS;   }
}

int Mcp4922Write(int hndDac,unsigned char dacCh, unsigned short dacCode)  ⑩
{
    int ret;
    char txBuf[2]={0,0}; ———⑪
    if(dacCh == MCP4922_DACB){         }⑫
        txBuf[0] |= MCP4922_DACB;      }
    }
    txBuf[0] = txBuf[0]|MCP4922_GAx1|MCP4922_SHDN;  }⑬
    txBuf[0]|= dacCode>>8;                          }
    txBuf[1] = dacCode&0x00ff;
    ret = lgSpiWrite(hndDac, txBuf, sizeof(txBuf)); ———⑭
    return ret;
}
```

① SPIバスインタフェースのマクロ定義です。MCP4922のスレーブセレクト信号をSS1とし、SPIのSCKクロック周波数を500kHz に設定します。SPIバスのモードには0から3までの4種類があり、一般的なモード0を選択します。

② MCP4922のconfig bitのマクロ定義です。

③ MCP4922へDACコードをライトするMcp4922Write関数のプロトタイプ宣言です。

④ MCP4922を有効にし、DACのハンドル（hndDac）を取得します。

⑤ 16進数でDACコードを入力するようにターミナルにメッセージを表示し、scanf関数で値を取得します。

⑥ 取得したデータがif文で0～0xfffの正しい範囲かどうか判断します。

⑦ 正しい範囲内であれば、出力電圧の計算値を小数点第三位までターミナルに表示し、アナログ電圧をV_{OUTA}とV_{OUTB}から出力します。

⑧ 範囲外であれば、エラーメッセージを表示し、V_{OUTA}とV_{OUTB}の出力電圧を0Vに設定します。

⑨ main関数は永久ループになっているため、⑨が実行されることはありませんが、プログラムを終了する際にはオープンしたものをクローズする慣習があります。そのため、SPIバスのクローズを記述しています。

⑩ Mcp4922Write関数の引数と戻り値は次のとおりです 。
- 引数 hndDacには、lgSpiOpen関数の戻り値を指定します。
- 引数 dacChには、DACチャンネル（DACA=0, DACB=0b10000000）を指定します。
- 引数 dacCodeには、12bit DACコード（0000-0fff）を設定します。
- 戻り値は、lgSpiWrite関数の戻り値です。

⑪ **表8-5**に示す2バイトのライトコマンドを格納するtxBuf配列を用意します。lgSpiWrite関数は、txBuf[0]からSPIバスに出力します（**図8-7**）。そのため、txBuf[0]がライトコマンドの上位バイトであり、txBuf[1]が下位バイトになります。

⑫ 引数dacChにDACBが指定された場合は、txBuf[0]のMSBである「$\overline{A}$/B」に1をセットします（**表8-5**）。

⑬ txBuf[0]にconfig bitをセットします。12bitのDACコードを上位4bitと下位8bitに分けて、txBuf[0]とtxBuf[1]にそれぞれセットします（**表8-5**）。

⑭ lgSpiWrite関数を利用して、MCP4922にライトコマンドをライトします。3番目の引数はtxBufのバイト数で、sizeof演算子でバイト数を計算しています。

8.6.5 実行結果

リスト8-1の実行結果を**図8-11**に示します。MCP4922、電圧V_{REF}、測定器にはそれぞれの誤差が含まれていますが、計算値に近似していることを確認できます。

◯図8-11：8-Dac01の実行結果

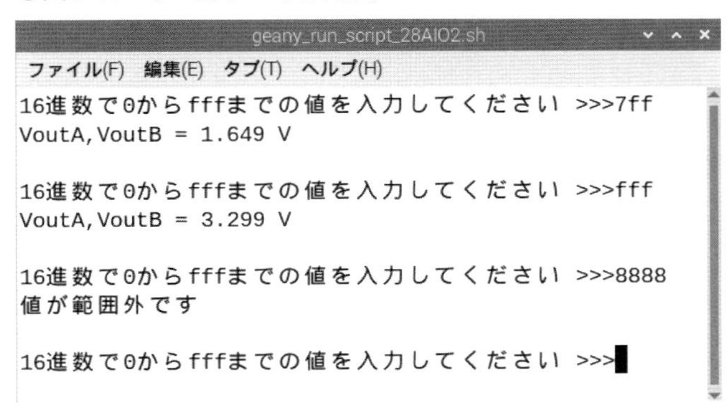

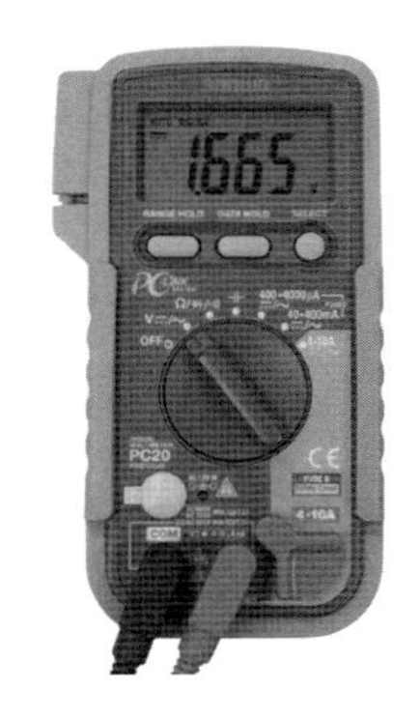

Chapter 1 Chapter 2 Chapter 3 Chapter 4 Chapter 5 Chapter 6 Chapter 7 Chapter 8 Chapter 9 Chapter 10 Chapter 11 Chapter 12 信号対応表 配線図

8.7　A/Dコンバータとは

A/D変換とはアナログ量をデジタル値に変換することです（**図8-12**）。A/D変換の機能を電子回路やICにしたものをA/Dコンバータ（Analog Digital Converter、以下ADC）と呼びます。身近なところでは、スマホで話したり、音を録音したりなどの音を入力する回路に使用されています。

◯図8-12：アナログ・デジタル変換

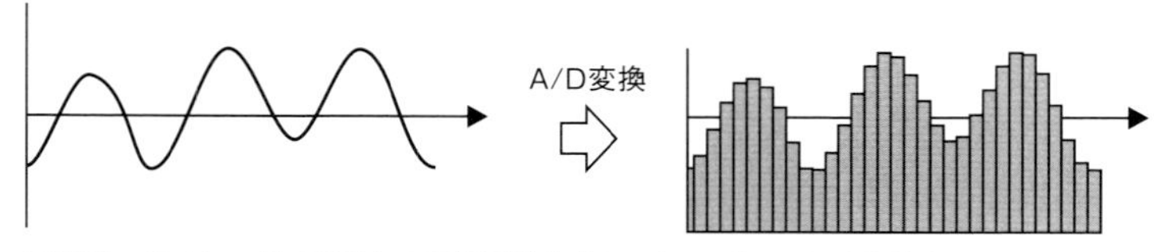

※出典：「アナログ-デジタル変換回路」『ウィキペディア日本語版』。
2016年7月24日（日）11:26 UTC、URL https://ja.wikipedia.org

ADCの方式には、いくつかの種類があります。たとえば、基準電圧を細かく設定したコンパレータを並べてアナログ入力電圧と一致する電圧を判定する並列比較（フラッシュ）方式、マイコンに内蔵される逐次比較方式、変換速度は低速ですが高精度な二重積分方式、音声処理などに利用されアナログ信号をパルス列で出力するΔΣ（デルタシグマ）方式などがあります。

本書ではマイコンで使用されることが多い、逐次比較方式のADCについて解説します。**図8-13**に基本構成を示すように、逐次比較型ADCの内部には、S&H（サンプル＆ホールド回路）、コンパレータ（比較器）、逐次比較レジスタ（SAR：Successive Approximation Register）、DACから構成されています。

- S&Hとは、刻々と変化するアナログ入力信号の瞬間をサンプリング（標本化）し、変換処理中にその電圧をホールド（保持）する回路です。
- コンパレータは、未知のアナログ入力信号とDACが出力する既知の電圧を比較します。
- 逐次比較型ADCにはDACが内蔵されており、DACはスケールの役割をします。
- 逐次比較レジスタは、スケールの目盛りとしての働きをしています。この目盛りはDACコードとして出力されます。ADCの分解能がNビットのとき、逐次比較レジスタもNビットで構成されます。

◯図8-13：逐次比較型ADCの基本構成

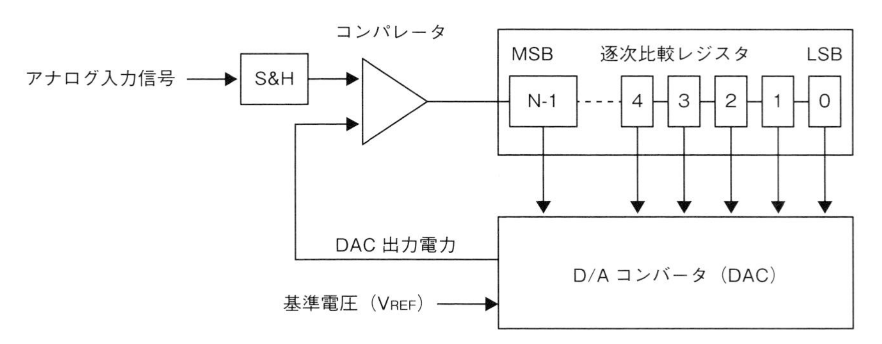

次に、3bit ADCの事例で、A/D変換の原理を解説します。**図8-14**のDACコード（2進数）は逐次比較レジスタで設定されます。ADCコード（2進数）はアナログ入力信号を変換したデジタル値です。各ADCコードには範囲があり、**図8-14**では説明のためADCコード「000」は、DACコードの「000」以上、「001」未満の範囲とします。

ここで、未知のアナログ入力信号X（以下、未知X）をA/D変換します。未知XとDAC出力電圧を比較した結果から、DACコードの該当ビットを次のように設定します。

- 未知X ≧ DAC出力電圧 ⇒ DACコードの該当ビットを1とする。
- 未知X < DAC出力電圧 ⇒ DACコードの該当ビットを0とする。

図8-14に示した電位に、未知Xがあるとします。A/D変換では、DACコードのMSB(2ビット目）からLSB（0ビット目）への順番で比較していきます。

① DAC=100として、フルスケールの半分の電圧を出力し、未知Xと比較します。未知X < 100なので、未知Xは下位半分に存在することがわかります。DACコードの2ビット目を0とします。
② DAC=010として、下位半分の半分の電圧を出力し、未知Xと比較します。未知X > 010なので、未知Xは下位半分を上下に二等分した上位部に存在することがわかります。DACコードの1ビット目を1とします。
③ DAC = 011として、**図8-14**（③）の電圧を出力して、未知Xと比較します。未知X > 011なので、DACコードの0ビット目を1とします。

以上の手続きより、「DACコード = ADCコード」となり、ADCコードは011と求まりました。逐次比較方式では、ADCの分解能がA/D変換の手順の回数になります。

○図8-14：3bit A/D変換の手続き

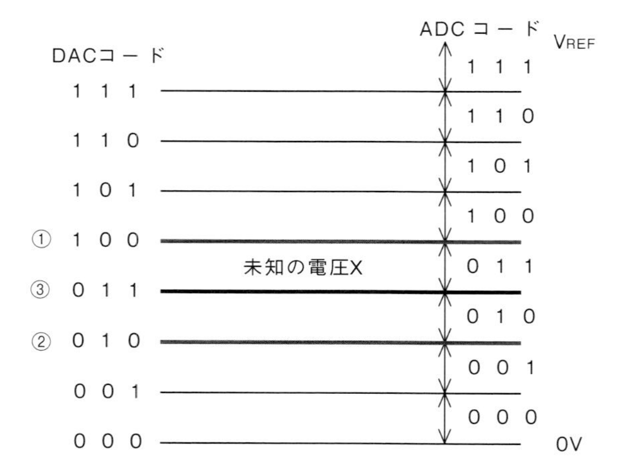

8.7.1 誤差

理想的なA/Dコンバータは量子化誤差以外の誤差は含みませんが、実際には使用している部品の精度やノイズなどの要因によって、さまざまな誤差を含みます。D/Aコンバータと共通している誤差には、オフセット誤差、利得誤差、微分非線形誤差、積分非線形誤差などがあります。線形とはコンバータの理想的な特性を表し、0からフルスケールを結んだ直線のことを指します。一方、非線形とは直線以外の線のことです。以下では、主な誤差について説明します。

● 量子化誤差（Quantization Error）

連続的なアナログ量をA/Dコンバータでデジタル値に変換する際、1LSB（最小分解能）ごとの段階的な値になります（P.222の**図8-12**）。この変換により、連続した値が不連続な数値に置き換えられることを量子化（quantization）といいます。量子化により、アナログ値が最も近いデジタル値に丸められるため、±(1/2)LSBの量子化誤差が生じます（**図8-15**）。量子化誤差は避けられませんが、分解能やサンプリングレートを高くすることでその影響を

○図8-15：量子化誤差

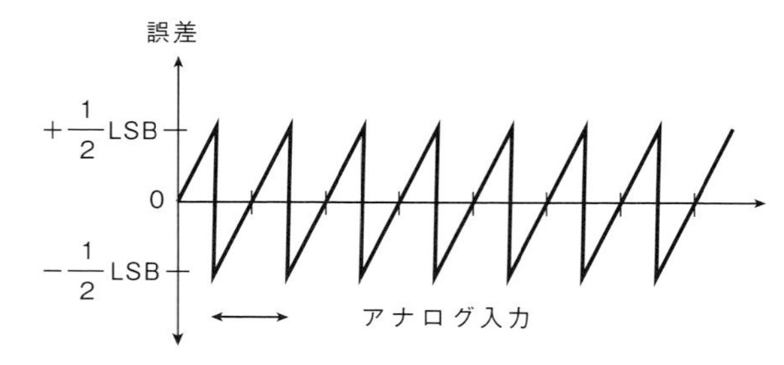

Chapter 1
Chapter 2
Chapter 3
Chapter 4
Chapter 5
Chapter 6
Chapter 7
Chapter 8
Chapter 9
Chapter 10
Chapter 11
Chapter 12
信号対応表 配線図

最小限に抑えられます。

● オフセット誤差（Offset Error）

オフセット誤差とは、A/Dコンバータで変換したデジタル値が0のとき、A/Dコンバータに入力した電圧とグランド間に生じる差を指します。**図8-16**に示すように、理想的なA/Dコンバータの伝達関数（破線）ではこの差は0Vですが、実際の特性では正または負にずれが生じます。

○図8-16：オフセット誤差

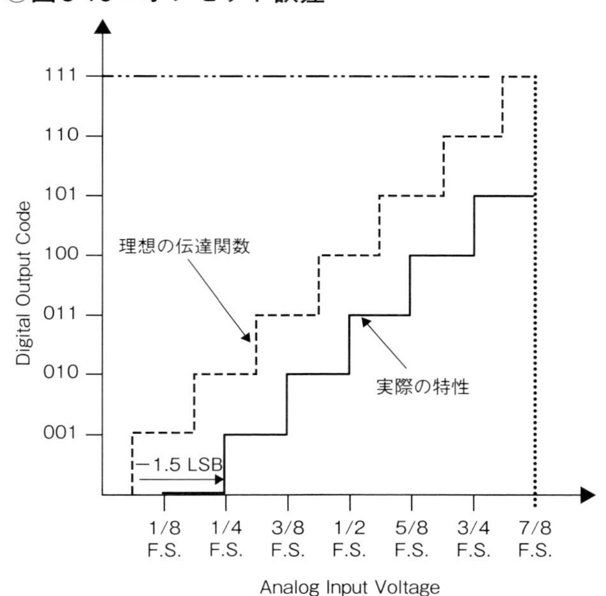

※出典：「マイクロチップ社、AN693 A/Dコンバータの性能仕様値の意味」の参考資料

● 利得誤差（Gain Error）

利得（ゲイン）誤差とは、オフセット誤差を補正した後に、A/Dコンバータのデジタル値がフルスケールになるよう入力した電圧と基準電圧との差を指します（**図8-17**）。

● 微分非線形誤差（DNL：Differential Non-Linearity）

微分非線形誤差は、理想のコード幅（1LSB）と実際のコード幅との偏差を指します。実際のA/Dコンバータでは、コード幅が広くなったり狭くなったりします（**図8-18**）。

○図 8-17：利得誤差

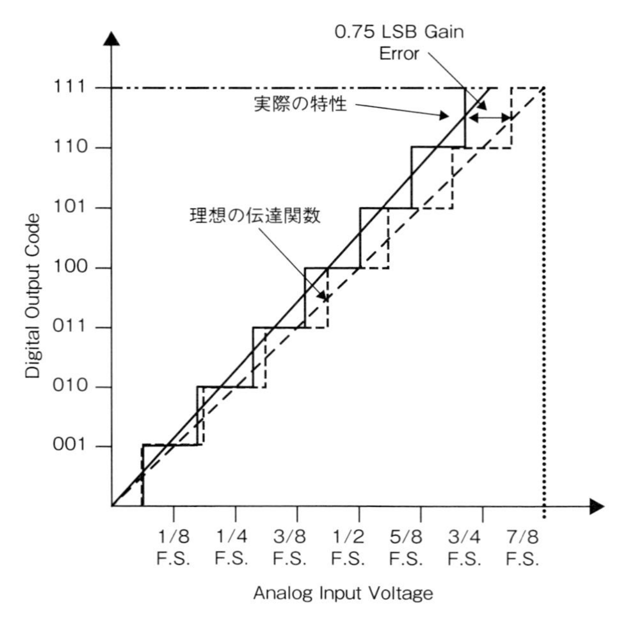

※出典：「マイクロチップ社、AN693 A/D コンバータの性能仕様値の意味」の参考資料

○図 8-18：微分非線形誤差

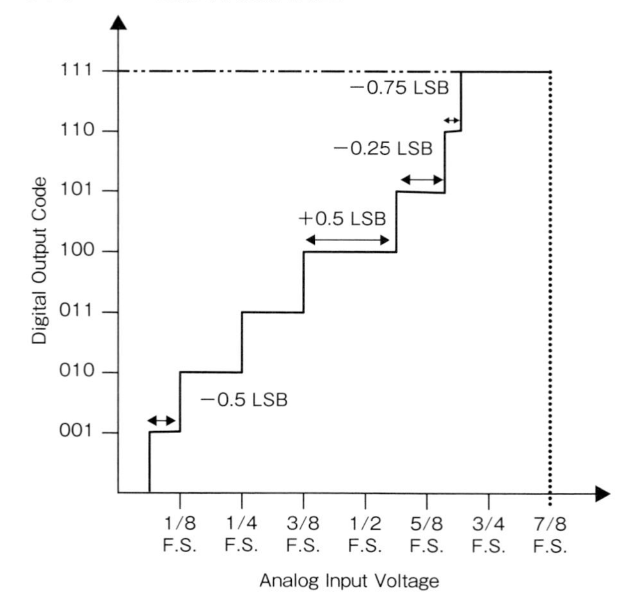

※出典：「マイクロチップ社、AN693 A/D コンバータの性能仕様値の意味」の参考資料

● 積分非線形誤差（INL：Integral Non-Linearity）

積分非線形誤差は、オフセット誤差と利得誤差を補正した後に残る、実際の特性と直線伝達関数との最大偏差を指します。**図8-19**は、エンドポイント法を用いて、実際の特性の最初と最後を直線で結んだ伝達関数と比較しています。

◯図8-19：積分非線形誤差

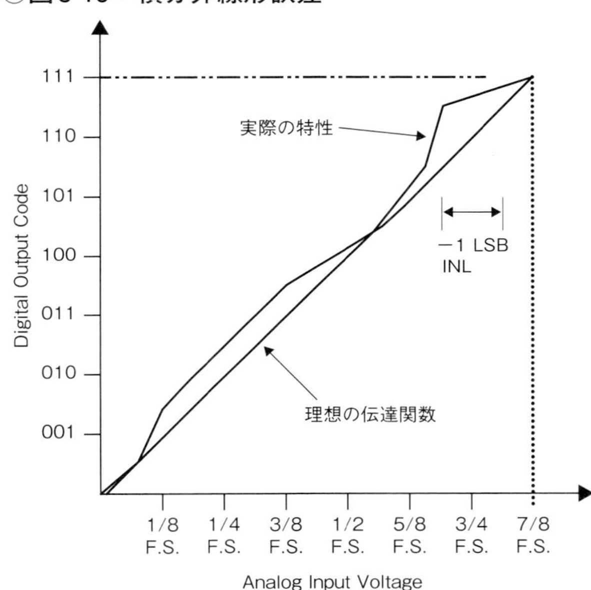

※出典：「マイクロチップ社、AN693 A/Dコンバータの性能仕様値の意味」の参考資料

8.8　ADC MCP3208の仕様

ADCの学習にマイクロチップ社のMCP3208を使用します。主な仕様を**表8-6**に示します。なお、MCP3208の仕様については、本書で学習する範囲を中心に解説します。

◯表8-6：MCP3208の主な仕様

項目	仕様
電源電圧V_{DD}	2.7Vから5.5V
SPIクロック周波数	1MHz（Max）V_{DD}= 2.7V
分解能	12bit
アナログ入力数	8チャンネル

8.8.1　ピン配置

MCP3208のピン配置と内部ブロック図を**図8-20**に示します。

● V_{DD}、DGND、AGND（Supply Voltage）電源入力

V_{DD}は2.7V ～ 5.5V の範囲で設定できます。DGNDはデジタルグランドで、内部のデジタル回路に接続されています。AGNDはアナロググランドで、内部のアナログ回路に接続されています。一般的に、アナログ回路とデジタル回路の両方を構成するデバイスでは、アナロググランドとデジタルグランドを分離してデジタル・ノイズによってアナログ回路の性能が低下しないように工夫しています。DGNDとAGNDは外部のブレッドボード上で電源のグランドと接続します。これはデバイスの外部でDGNDとAGNDを接続したほうが内部で接続した場合より、ノイズの影響が減少するからです。

● V_{REF}（Voltage Reference Input）基準電圧入力

基準電圧は、ADCのアナログ入力信号の電圧範囲を定めます。

● CH0 ～ CH7（Analog Inputs）アナログ入力

アナログ入力は8チャンネルあります。しかし、**図8-20（b）**よりA/D変換回路は1つしかないので同時に複数のアナログ入力を変換できません。マルチプレクサ（MUX：multiplexer）でチャンネルを選択して、A/D変換を行います。

● CLK（Serial Clock）クロック入力

SPIバスのSCK信号と接続します。

● D_{IN}（Serial Data Input）シリアルデータ入力

SPIバスのMOSI信号と接続します。A/D変換の入力方式やアナログ入力のチャンネル番号を指定します。

● D_{OUT}（Serial Data Output）シリアルデータ出力

SPIバスのMISO信号と接続します。A/D変換されたADCコードを出力します。

● $\overline{CS}$/SHDN（Chip Select/Shutdown）：チップ・セレクト/シャットダウン入力

LOWのときにMCP3208の動作を有効にします。SPIバスのSS信号と接続します。HIGHのときはMCP3208を低電力の待機状態にします。

◯図8-20：MCP3208のピン配置と内部ブロック図

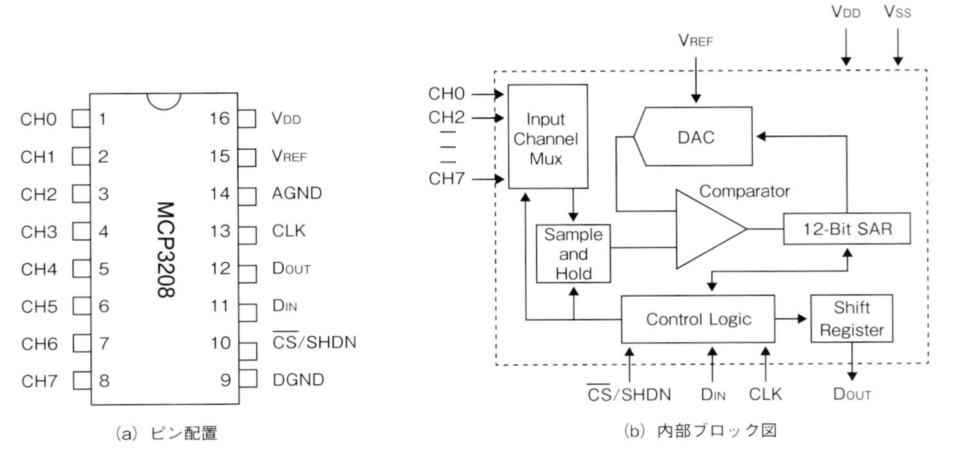

※出典：「MCP3204/3208」のデータシート

8.8.2 リード/ライトコマンドのタイミングチャート

MCP3208のリード/ライトコマンドのタイミングチャートを**図8-21**に示します。A/D変換の手順は、5bitのコマンドのライトと12bitのADCコードの順番で行います。

◯図8-21：MCP3208のリード/ライトのタイミングチャート

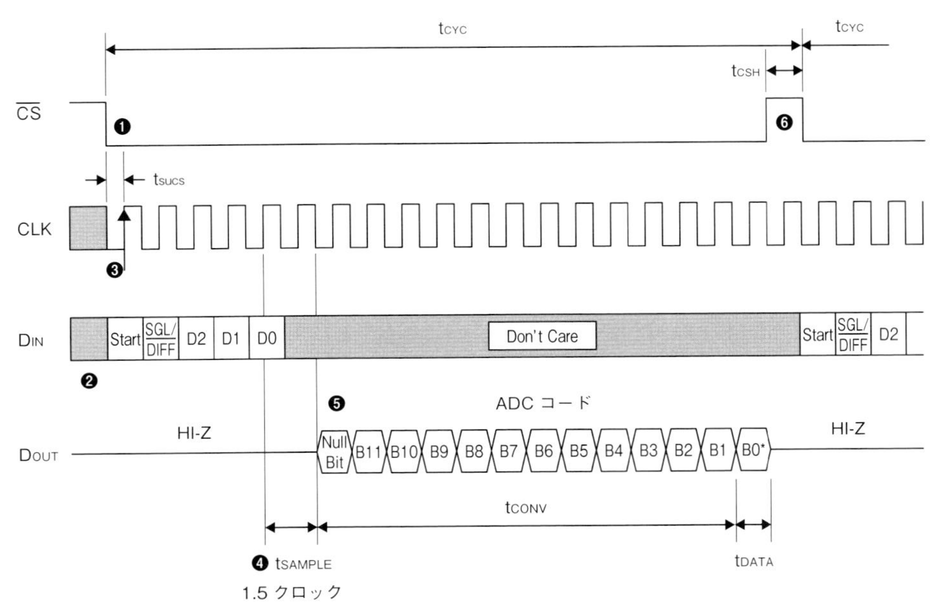

※出典：「MCP3204/3208」のデータシート

❶ $\overline{CS}$信号をLOWにして、MCP3208の動作を有効にします。

❷ マスタからD_{IN}へコマンドをライトします。コマンドの各bitの役割は以下のとおりです。

- Start：ライトの合図bit
  1 = Start
- SGL/$\overline{DIFF}$：A/D変換の入力方式の選択bit
  1 = single-ended　8チャンネルがアナログ入力となる方式
  0 = differential　2チャンネル間の差動変換方式
- D2、D1、D0：アナログ入力のチャンネル番号（**表8-7**）

○表8-7：アナログ入力のチャンネル番号

D2	D1	D0	チャンネル番号
0	0	0	CH0
0	0	1	CH1
0	1	0	CH2
0	1	1	CH3
1	0	0	CH4
1	0	1	CH5
1	1	0	CH6
1	1	1	CH7

❸ CLK信号の立ち上がりでコマンドがMCP3208にライトされます。

❹ t_{SAMPLE}の期間でA/D変換が行われます。

❺ A/D変換が終了すると、Dout出力信号はハイインピーダンス状態（HI-Z）からNull Bit（LOW）に切り替わり、ADCコードを出力します。Null Bitは0でありADCコードに含めません。

❻ マスタはMCP3208からのADCコードのリードが完了したら、$\overline{CS}$信号をHIGHに戻します。

【例】チャンネルに7を指定して、single-ended方式でA/D変換する場合、**表8-8**のように設定します。

○表8-8：MCP3208のコマンドの例

Start	SGL/$\overline{DIFF}$	D2	D1	D0
1	1	1	1	1

8.8.3　A/D変換の計算式

12bit A/DコンバータのMCP3204のアナログ入力電圧V_{IN}を**式8-5**に示します。

$V_{REF} \div 2^{12}$は最小分解能のことで、1LSBで表現します。サンプリングできる最小電圧です。V_{REF}が3.3Vのときは、約0.8mVとなります。

$$V_{IN} = \frac{V_{REF}}{2^{12}} ADcode \qquad [式8\text{-}5]$$

ここで、

V_{IN} = アナログ入力電圧
V_{REF} = 基準電圧
ADcode = ADCコード

【例】V_{REF}基準電圧を3.3V、ADCコードが最大値0xfff（10進数4095）のとき、アナログ入力電圧V_{IN}は**式8-6**より求まります。変換範囲は0 ～ 3.3Vですが、V_{IN}は0を含みますので、最大値はV_{REF}の3.3Vから1LSB（約0.8mV）を引いた値になります。

$$V_{IN} = \frac{3.3}{4096} \times 4095 = 3.2992 \quad [V] \qquad [式8\text{-}6]$$

8.9 ADCを使用して電圧を測定する

12bit A/DコンバータMCP3208のCH7に、可変抵抗（50kΩ）で0V ～ 3.3V範囲で任意の電圧を入力します。入力電圧を0.5秒ごとにA/D変換して、実行例のように16進数でADCコードを、**式8-5**から10進数で電圧をターミナルに表示させます。

【実行例】

```
CH7 = 5H        電圧 = 0.004 V
CH7 = 3B4H      電圧 = 0.764 V
CH7 = 7CAH      電圧 = 1.606 V
CH7 = 80FH      電圧 = 1.662 V
CH7 = BEEH      電圧 = 2.460 V
CH7 = FFFH      電圧 = 3.299 V
```

8.9.1 回路図

図8-8（P.217）のD/Aコンバータの回路にMCP3208の回路を追加します（**図8-22**）。ラズパイ側のSPIバスのSS0信号をMCP3208の$\overline{CS}$ピンに、SCK信号はMCP3208のCLKピンに、MISO信号はD_{OUT}ピンに、MOSI信号はD_{IN}ピンに接続します。V_{REF}は電源の3.3Vに接

○図8-22：A/DコンバータMCP3208の回路図

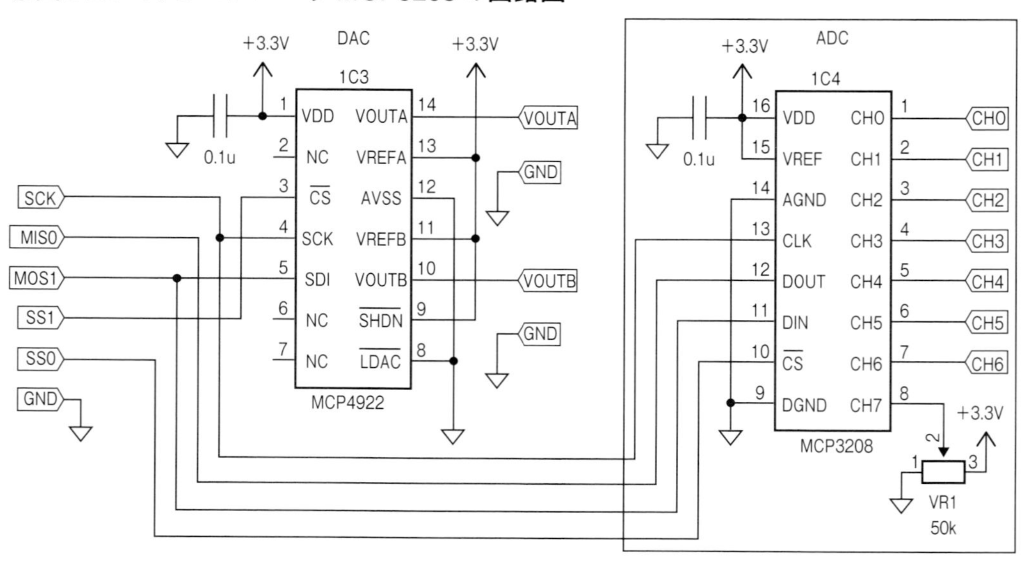

続します。MCP3208のCH7ピンを、可変抵抗VR1（50kΩ）の可動接点の端子に接続します。

8.9.2　配線図

MCP3208の配線図を**図8-23**に示します。これまでの回路の延長上に配線した図は**図8-9(b)**（P.218）に示します。また、V_{DD}とGND間にバイパスコンデンサ（0.1uF）を実装して、電源のコンディションを良くします。**図8-24**はMCP3208をブレッドボードに実装した写真です。

○図8-23：A/DコンバータMCP3208の配線図

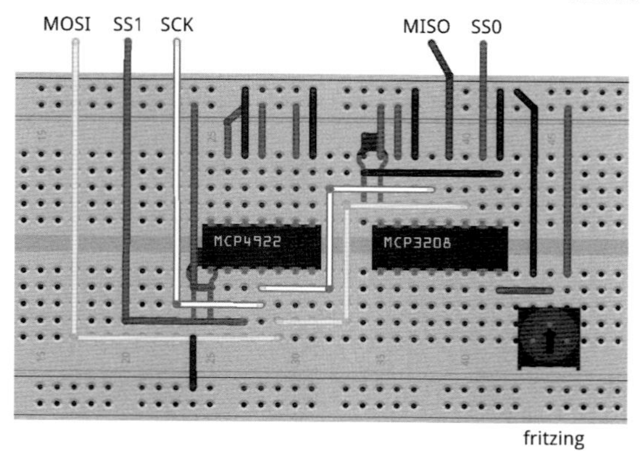

※カラーイメージはP.391を参照してください

○図8-24：A/DコンバータMCP3208の配線写真

8.9.3 フローチャート

A/D変換の処理をライブラリに登録できるよう、main関数から独立した関数（Mcp3208RW）として作成します。main関数の内容については比較的容易なため割愛し、Mcp3208RW関数についてフローチャートで解説します（図8-25）。

○図8-25：Mcp3208RW関数のフローチャート

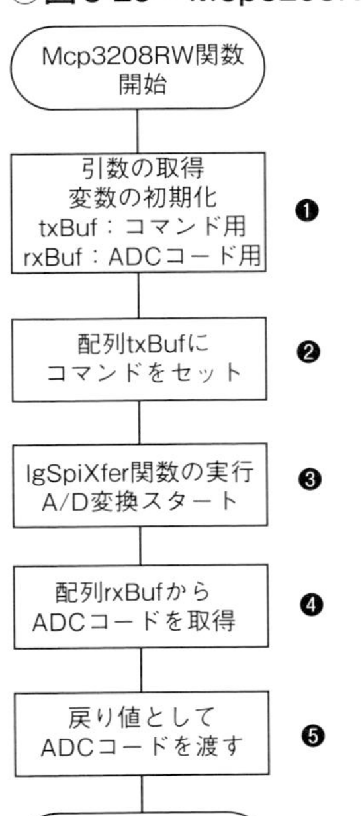

❶ Mcp3208RW関数には、ADCのハンドルとADCチャンネルが引数として与えられます。また、MCP3208へライトとリードを行うためにlgSpiXfer関数で使用する配列を用意します。

❷ 配列txBufにA/D変換を開始するためのコマンド（Start, SGL/$\overline{\mathrm{DIFF}}$, D2, D1, D0）を設定します。

❸ lgSpiXfer関数を実行して、A/D変換を開始します。

❹ A/D変換が完了すると、配列rxBufにADCコードが保存されます。

❺ ADCコードを戻り値とします。

8.9.4 ソースコード

ソースコードはリスト8-2のとおりです。

○リスト8-2：8-Adc01.c

```
#include <stdio.h>      //printf
#include <stdlib.h>     //EXIT_SUCCESS
#include <lgpio.h>      //lgSpiOpen,lgSpiXfer,etc
//SPIインタフェース
#define SPI_BUS     0       // /dev/spidev0                 ┐
#define SPI_SS0     0       //ADCのスレーブセレクト番号          │①
#define SPI_SPEED   500000  //クロック信号の周波数             │
#define SPI_MODE    0       //SPIモード0                    ┘
//A/Dコンバータ MCP3208
#define MCP3208_CH0 0       // CH0入力                       ┐
#define MCP3208_CH1 1       // CH1入力                       │
#define MCP3208_CH2 2       // CH2入力                       │
#define MCP3208_CH3 3       // CH3入力                       │②
#define MCP3208_CH4 4       // CH4入力                       │
#define MCP3208_CH5 5       // CH5入力                       │
#define MCP3208_CH6 6       // CH6入力                       │
#define MCP3208_CH7 7       // CH7入力                       ┘
unsigned short  Mcp3208RW(int hndAdc, unsigned char adcCh); ───③

int main(void)
{
    int hndAdc;
    unsigned short adcCode   = 0;
    hndAdc = lgSpiOpen(SPI_BUS, SPI_SS0, SPI_SPEED, SPI_MODE); ───④
    while(1){
        adcCode = Mcp3208RW(hndAdc, MCP3208_CH7);            ┐
        printf("CH7 = %3XH", adcCode);                       │⑤
        printf("¥t電圧 = %5.3f V¥n", ((3.3/4096) * adcCode)); │
        lguSleep(0.5);                                       ┘
    }
    lgSpiClose(hndAdc);
    return EXIT_SUCCESS;
}

unsigned short Mcp3208RW(int hndAdc, unsigned char adcCh) ───⑥
{
    unsigned short adcCode = 0;                              ┐
    char txBuf[3]={0,0,0};                                   │⑦
    char rxBuf[3];                                           ┘
    txBuf[0] =0b00000110|(adcCh>>2);                         ┐
    txBuf[1]=adcCh<<6;                                       │⑧
    lgSpiXfer(hndAdc, txBuf, rxBuf, sizeof(rxBuf));          ┘
    adcCode =(((rxBuf[1]&0x0f) << 8) | rxBuf[2]);            ┐⑨
    return adcCode;                                          │
}                                                            ┘
```

① SPIバスインタフェースのマクロ定義です。MCP3208のスレーブセレクト信号をSS0とします。

② アナログ入力のチャンネル番号のマクロ定義です。

③ Mcp3208RW関数のプロトタイプ宣言です。

④ MCP3208を有効にして、ADCのハンドル（hndAdc）を取得します。

⑤ Mcp3208RW関数を利用してA/D変換データであるADCコードを取得します。printf文でADCコードと**式8-5**から計算した電圧値を表示します。0.5秒待って、繰り返します。

⑥ Mcp3208RW関数の引数と戻り値は次のとおりです。なお、Mcp3208RW関数ではA/D変換の入力方式を「single-ended」専用にしています。

- 引数 hndAdcには、lgSpiOpen関数の戻り値を指定します。
- 引数 adcChに、チャンネル番号を設定します。
- 戻り値は、A/D変換データであるADCコード（2バイト）です。

⑦ 変数を宣言します。配列txBufとrxBufは3バイトで、lgSpiXfer関数への引数になります。

- 変数adcCodeは、ADCコードを保存し、戻り値になります。
- 配列txBufには、MCP3208へのコマンドを設定します。
- 配列rxBufには、A/D変換データが保存されます。

⑧ lgSpiXfer関数は、ライトとリードを同時に実行します。**図8-21**（P.229）のMCP3208のA/D変換のタイミングチャートより、コマンドをライトすると2クロック後にA/D変換データが出力されて、rxBuf配列に保存されます。txBufとrxBufは、クロックごとに同時に処理されるので、A/D変換データのLSBがrxBuf[2]のLSBと一致するように、データをリードすると、ADCコードの変換が容易になります。そこで、**図8-26**に示すように、txBuf[0]の先頭の5ビットに「0」を入れることにより、B0をLSBに合わせられます。そのため、txBuf[0]とtxBuf[1]の各ビットに、（Start, SGL/$\overline{\text{DIFF}}$, D2, D1, D0）を**表8-9**のようにセットします。また、A/D変換データは配列rxBufに**表8-10**に示すように取り込まれます。

⑨ rxBuf[1]とrxBuf[2]に格納されたA/D変換データを2バイト長のADCコードにして、戻り値とします。

○**図8-26：8bitセグメントによるリード/ライトのタイミングチャート**

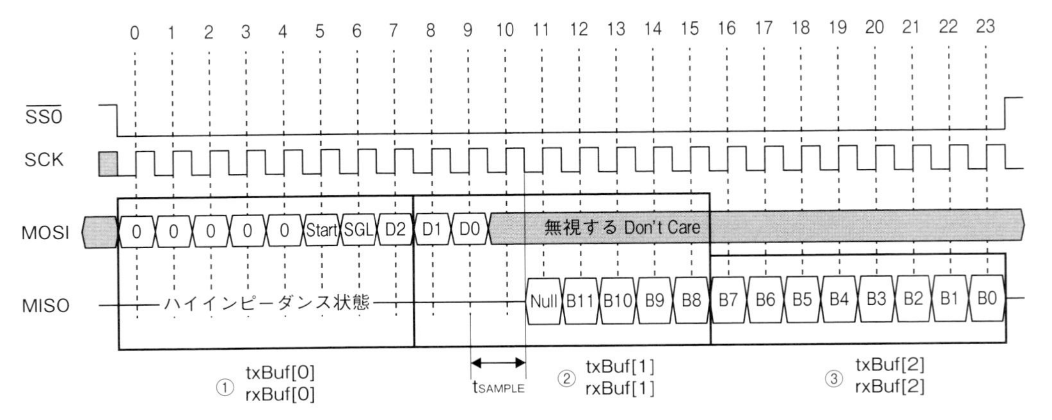

○表8-9：配列txBufのコマンド

	7	6	5	4	3	2	1	0
txBuf[0]	0	0	0	0	0	Start	SGL/$\overline{\text{DIFF}}$	D2
txBuf[1]	D1	D0	0	0	0	0	0	0
txBuf[2]	0	0	0	0	0	0	0	0

○表8-10：配列rxBufのA/D変換データ

	7	6	5	4	3	2	1	0
rxBuf[0]	0	0	0	0	0	0	0	0
rxBuf[1]	0	0	0	Null	B11	B10	B9	B8
rxBuf[2]	B7	B6	B5	B4	B3	B2	B1	B0

8.9.5　実行結果

リスト8-2をビルドして実行します。可変抵抗VR1の操作部を回転させると、MCP3208のCH7への入力電圧が変化することが図8-27から確認できます。

○図8-27：8-Adc01の実行結果

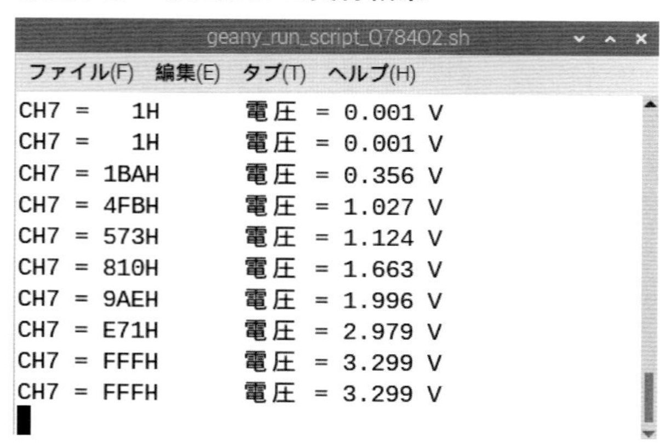

Chapter 9

Piカメラで撮影する

ラズベリーパイカメラモジュール3は高画質なイメージセンサを搭載しており、オートフォーカス機能もあり、その性能の高さに驚くことでしょう。さらに、カメラアプリを使えば、意外にも簡単にC言語でプログラムを作成できます。

この章では、カメラモジュールの仕組み、取り付け方法、カメラライブラリ、そしてカメラアプリの使い方を学びます。活用事例では、センサで人を検知した時に自動的にカメラが撮影するプログラムを作成します。カメラモジュールを駆使すれば、監視カメラやドライブレコーダー、そして画像処理など、さまざまな用途に活用できることが分かることでしょう。カメラモジュールの最初の一歩を、楽しみながら学んでいきましょう。

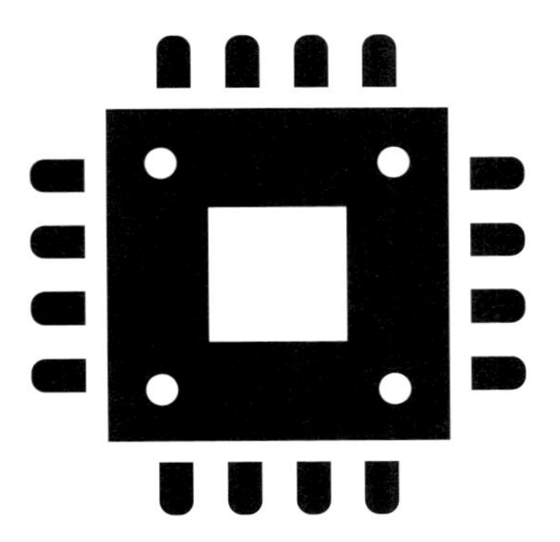

9.1　本章で準備するもの

本章の電子工作で新たに必要とするものを**表9-1**に示します。また、本章以前に準備したものも使用します。カメラにはRaspberry Pi財団の公式Camera Module 3（以下、Piカメラ3）またはCamera Module 3 Wide（広角）を使用します。Pi 5を使用する場合、MIPI（P.28の**図1-7**）のコネクタがPiカメラ3に付属している標準リボンケーブルと異なるため使用できません。別途、カメラ用ミニケーブルを用意してください。

○表9-1：本章で準備する主なもの

名称	個数	備考
Raspberry Pi財団の公式カメラモジュール	1	Camera Module 3（①）またはCamera Module 3 Wide
カメラ用ミニケーブル	1	Pi 5用（②）
USBマイク	1	サンワサプライ MM-MCU02BK（③）
焦電センサモジュール	1	デジタル出力タイプ 秋月電子通商 106835（④）

9.2　イメージセンサとは

9.2.1　人の目の構造と映像

人の目では被写体を水晶体（レンズ）と虹彩（こうさい）（しぼり）を通して、網膜に映します（**図9-1**）。網膜の細胞で光から電気信号に変換され、脳へ情報が伝えられます。なお、虹彩は目の中に入る光を調整するために、伸びたり縮んだりして瞳孔（ひとみ）の大きさを変えます。明るい場所では光の量を減らすために瞳孔は小さくなり、暗い場所ではより多くの光を捉えるために大きくなります。

◯図9-1：人の目の構造と映像

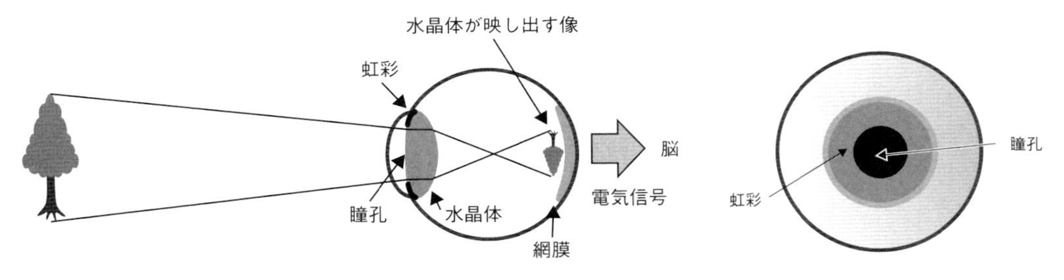

9.2.2 デジタルカメラと映像

デジタルカメラも人の目と同じ仕組みで、被写体をレンズとしぼりを通してイメージセンサに映します（**図9-2**）。イメージセンサで光は電気信号に変換（光電変換）され、デジタル画像データとして出力されます。このデータはデジタルカメラの頭脳と呼ばれる画像処理エンジン（LSI）に伝送され、ノイズ除去や画質調整などの処理が行われて、画像が生成されます。なお、画像処理エンジンで処理する前のイメージセンサが出力した画像データは「RAWデータ」と呼ばれ、英語で「生の」や「原料のままの」という意味になります。

◯図9-2：デジタルカメラと映像

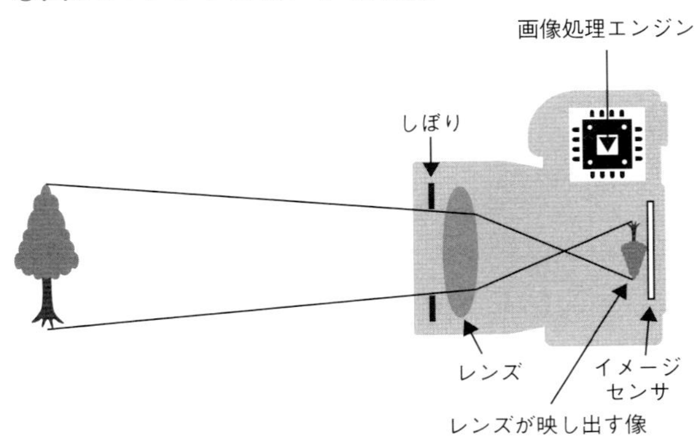

9.2.3 イメージセンサの構造

イメージセンサの表面は四角い撮像面になっており、この撮像面に被写体が映ります。撮像面は大量のフォトダイオードを敷き詰めた構造になっています（**図9-3**）。

フォトダイオードは光を電流に変換する光電センサの一種です。各フォトダイオードはアンプを利用して、それぞれの場所の明るさに相当する電気的なアナログ量（電圧）を出力します。すべてのアナログ電圧をA/D変換して集計すると、画像のデジタルデータになります。画像の画素がフォトダイオードになるので、フォトダイオードの数が多いほど高画質な画像が得られます。画素はピクセル（pixel）と呼ばれ、単位は略記された「px」です。

○図9-3：イメージセンサの構造

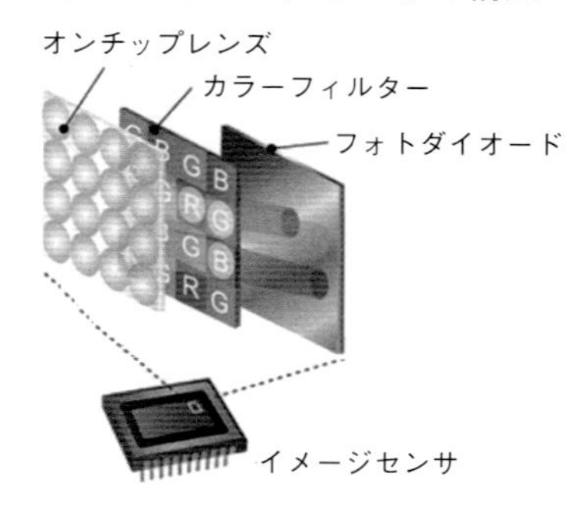

たとえば、Piカメラ3のイメージセンサの画素数は1,190万画素なので、フォトダイオード1,190万個で構成されていることになります。1,190万本の信号線をイメージセンサから出力するのは困難ですから、フォトダイオードの出力信号を順番に取り出す工夫をします。

工夫の1つにXYアドレス型があります（**図9-4**）。各画素のフォトダイオードにスイッチ（半導体スイッチ）を取り付けます。縦に並ぶスイッチをYアドレス・スイッチと呼びます。各列にXアドレス・スイッチがあります。これで、すべてのフォトダイオードをXY座標でスイッチを指定して、出力信号を順番に取り出してADC回路でデジタル信号に変換します。

○図9-4：XYアドレス型

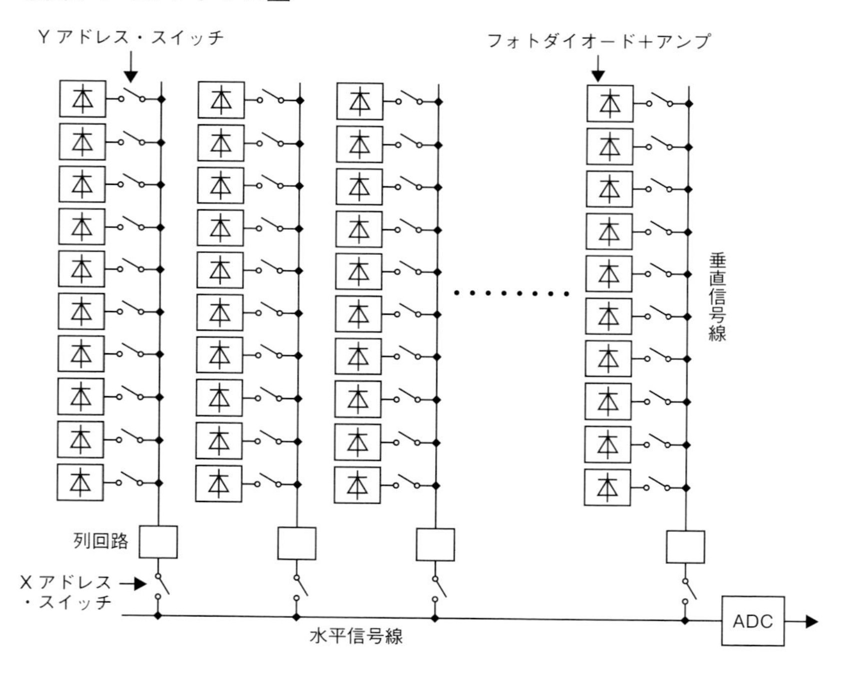

イメージセンサはCCD（Charge-Coupled Device）イメージセンサが実用化されましたが、現在ではCMOS（Complementary Metal Oxide Semiconductor）イメージセンサが主流になっています。CMOSイメージセンサのほうがCCDイメージセンサより読み出し速度が速いことと、CMOS LSIの製造プロセスを使用するためイメージセンサの同一チップ内に、ADC、カメラ信号処理、画像処理、レジスタなどの回路を集積することが可能になったからです。これはイメージセンサの機能の拡張と低コスト化にも貢献しています。

1969年に米国ベル研究所のWillard Boyle（ウィラード・ボイル）氏とGeorge E. Smith（ジョージ・E・スミス）氏がCCDイメージセンサを発明しました。この功績により2人は2009年のノーベル物理学賞を受賞しました。1980年代には業務用のテレビカメラなどで実用化され、2000年代にはデジタルカメラのイメージセンサとして普及しました。

9.3　Piカメラ3の概要

9.3.1　Piカメラ3の仕様

Raspberry Pi財団の公式カメラには、普及型のPiカメラ3、高画質なHQ（High Quality）カメラ、ハイスピード撮影が可能なGS（Global Shutter）カメラ、夜間などの低照度環境での撮影に適したNoIR（赤外線フィルタなし）版があります。本章で対象とするPiカメラ3の標準タイプと広角タイプの外観を**図9-5**に、前モデルのModule V2（以下、Piカメラ2）と比較した仕様を**表9-2**に示します。Piカメラ3は以下の機能が強化されています。

- イメージセンサの高解像度化：800万画素から1,190万画素
- オートフォーカス機能
- HDR（High Dynamic Range）機能
- Piカメラ3広角タイプにおいては撮影距離約5cmまでの接写が可能など

◯図9-5：Piカメラ3の外観

(a) Piカメラ3標準タイプ

(b) Piカメラ3広角タイプ

◯表9-2：Piカメラモジュールの主な仕様

	Piカメラ3標準タイプ	Piカメラ3広角タイプ	Piカメラ2
イメージセンサ	Sony IMX708	Sony IMX708	Sony IMX219
センササイズ	6.45×3.63mm 1/2.43型	6.45×3.63mm 1/2.43型	3.68×2.76mm 1/4型
センサ解像度	4608×2592px	4608×2592px	3280×2464px
静止画解像度	11.9メガピクセル	11.9メガピクセル	8メガピクセル
ビデオモード	2304×1296p56 2304×1296p30 HDR 1536×864p120	2304×1296p56 2304×1296p30 HDR 1536×864p120	1920×1080p30 1280×720p60 640×480p90
フォーカス機能	オート	オート	マニュアル
被写界深度	約10cm～∞	約5cm～∞	約10cm～∞
焦点距離	4.74mm	2.75mm	3.04mm
F値	F1.8	F2.2	F2.0
画角	66×41°	102×67°	62.2×48.8°
最大露光時間	112秒	112秒	11.76秒

Piカメラモジュールはデリケートなので、優しく扱ってください。

9.3.2 Piカメラ3の取り付け

ラズパイの電源をOFFにします。Pi 5ではMIPIコネクタ（P.28の**図1-7**）、Pi 4BではCSIコネクタを使用します（P.28の**図1-8**）。なお、Pi 4BにはCSIと同じ形状のDSIコネクタがあるので挿し間違えないようにします。

コネクタのロックパーツの両端を指で摘まんで、優しく上方向に引き上げます（**図9-6**

(a)）。力を入れ過ぎると、ロックパーツが外れたり、ツメが折れたりします。続いて、Piカメラ3のフレキシブルケーブルをコネクタに挿し込みます。ケーブルの先端は、信号の接点側と絶縁側に分かれています。接点側を**図9-6（b）**に示す側に向けて、ケーブルを奥まで挿し込みます。このとき、ケーブルの先端が傾かないように真っ直ぐであることを確認します。そして、ロックパーツを押し込みます（**図9-6（c）**）。

○図9-6：Pi 5本体へカメラケースの取り付け

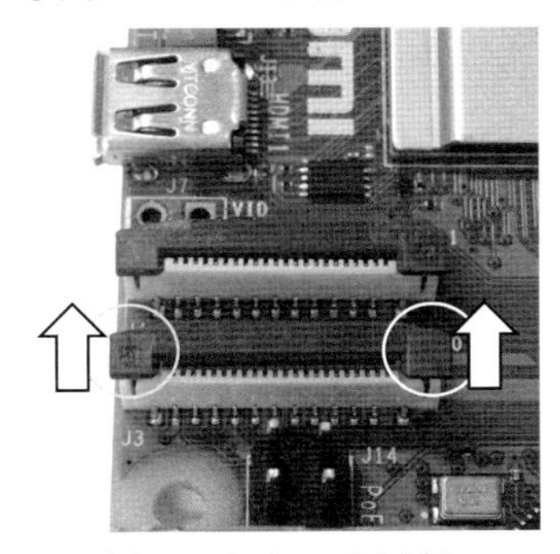

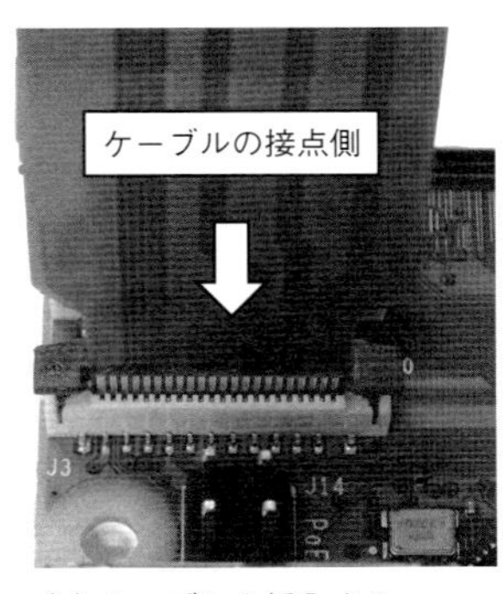

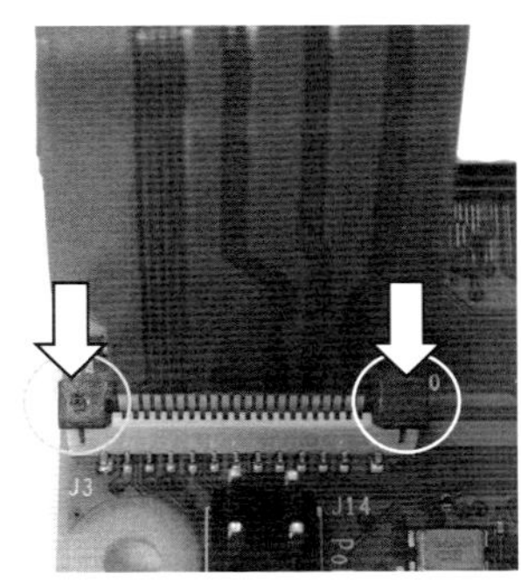

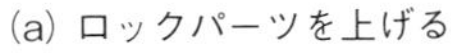

（a）ロックパーツを上げる　（b）ケーブルを挿入する　（c）ロックパーツを下げる

図9-7のようにPiカメラ3をマスキングテープで箱に簡易的に固定します。箱の底面に大きめのゼムクリップを付けると少し安定します。

○図9-7：Piカメラ3の簡易的な固定

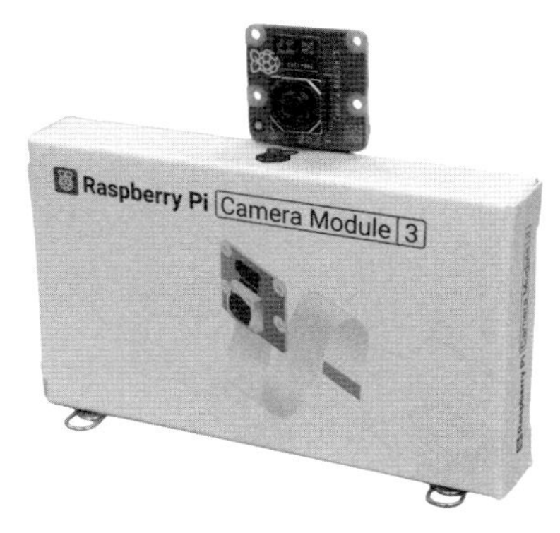

（a）正面

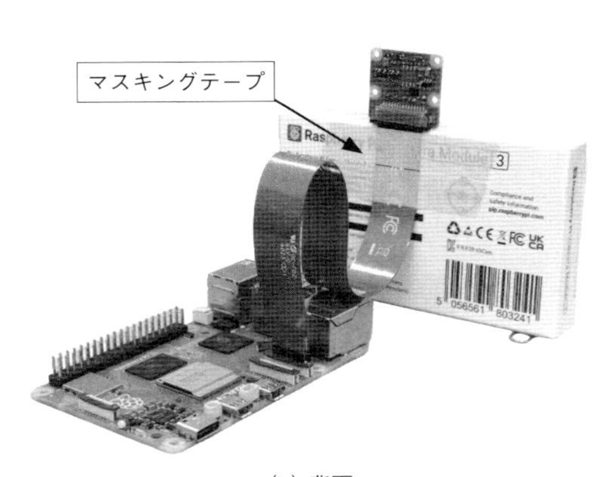

（b）背面

＜画像が映らないときのトラブルシューティング＞

- ケーブルの先端を奥まで挿していますか？　ロックパーツでケーブルを固定しましたか？
- ケーブルを真っ直ぐに挿していますか？　ケーブルの先端が傾いてはいけません(**図9-A**)。信号がショートします。
- ケーブルには表と裏があります。向きを確認してください。
- Pi 4Bではケーブルを HDMIコネクタ側のCSIコネクタに挿します。DSIコネクタでは動作しません。
- ラズパイに供給する電源に十分な余裕がありますか？

○図9-A：傾けて挿してはいけない

9.4　カメラアプリ libcameraとは

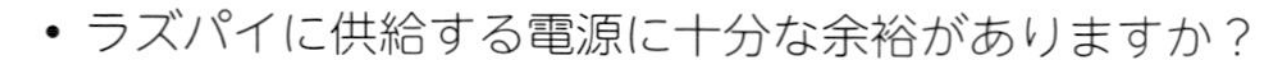

9.4.1　libcameraの概要

Raspberry Pi OSのコードネームBusterまではPiカメラ用にraspistillやraspividなどのラズパイ独自のアプリがありましたが、コードネームBullseyeからはLinuxベースのシステムに対応したオープンソースのカメラサポートライブラリlibcamera[注1]が採用されました。アプリケーション開発にはlibcamera C++ APIを使用しますが、ラズパイには使い易い「rpicam-apps」アプリが提供されています。主なアプリを紹介します。

- rpicam-hello

Piカメラの映像をプレビュー表示するアプリです。Piカメラを取り付けたら、最初に試したい「hello, world」[注2]的なアプリで、カメラの動作確認に適しています。

- rpicam-jpeg

JPEG形式の静止画を撮影するアプリです。

注1　libcamera URL https://libcamera.org/index.html

注2　"hello, world"は、B.W.カーニハンとD.M.リッチー共著の『プログラミング言語C』の最初の例題のプログラムに由来します。これはプログラミング言語を学ぶ際に最初に触れる簡単なプログラムで、「第一歩」的な意味合いがあり、動作確認の役割を果たします。組込みプログラミングでは、LEDを点滅させることなどを指して「Lチカ」がこれに相当します。

- rpicam-still

静止画を撮影するアプリで、JPEG（デフォルト）、PNG、BMPなどのファイル形式に対応しています。また、「rpicam-hello」と「rpicam-jpeg」に相当する機能があります。デフォルトの解像度は、4,608 × 2,592pxです。

- rpicam-vid

動画を撮影するアプリで、ビデオコーデック[注3]はH.264（デフォルト）、mjpeg、yuv420に対応しています。また、FFmpeg[注4]が提供する動画・音声のコーデックライブラリ（libav）も使用できます。なお、H.264はMPEG-4 AVC（Advanced Video Coding）とも呼ばれています。デフォルトの解像度は640 × 480pxです。

- rpicam-raw

イメージセンサから直接、Bayer[注5]形式の「RAWデータ」を取り込みます（キャプチャ）。

本章では静止画用「rpicam-still」と動画用「rpicam-vid」のアプリについて解説します。

9.4.2 rpicam-stillとrpicam-vidの主なオプション

rpicam-stillとrpicam-vidの主な共通オプションを**表9-3**から**表9-5**に、rpicam-stillの主な専用オプションを**表9-6**に、rpicam-vidの主な専用オプションを**表9-7**に示します。

◯表9-3：主な共通オプション（その1）

オプション名	オプション	機能
help（ヘルプ）	-h [--help]	アプリのオプションを簡潔に表示します。 【例】$ rpicam-still -h
version（バージョン）	--version	アプリのバージョンとビルドされた日付が表示されます。
list cameras（カメラの情報）	--list-cameras	ラズパイに接続されているカメラの番号と情報を表示します。Pi 5ではオンボードに2台までのカメラを取り付けられます。
camera（カメラの選択）	--camera 値	--list-camerasオプションで表示されたカメラ番号で、カメラを選択します。 【例】1番のカメラをプレビューします。 $ rpicam-still --camera 1
verbose（実行の情報表示）	-v [--verbose] 値	アプリ実行時の情報の表示レベルを設定します。0は「表示なし」、1は標準的な表示（デフォルト）、2は詳細表示。

注3　コーデックとは画像や音声データをエンコード（符号化）／デコード（復号化）するソフトウェアのこと。

注4　FFmpeg URL https://ffmpeg.org/

注5　Eastman Kodak社のBryce E. Bayer氏が特許にしたRGBのカラー・フィルタ配列。

info-text (情報表示)	--info-text 情報	タイトルバーにフレーム番号やシャッター速度などの情報を表示します。%frame(フレーム番号)、%fps(フレームレート)、%exp(シャッター速度)、%lp(レンズ位置)など。レンズ位置は -lens-position を参照。 【例】フレーム番号を表示します。 $ rpicam-still --info-text %frame
fullscreen(フルスクリーン)	-f [--fullscreen]	フルスクリーンでプレビューします。
nopreview (非プレビュー)	-n [--nopreview]	プレビューを表示しません。CPUの負荷が軽減されるので、高画質な動画撮影においてフレームドロップを回避できます。 【例】プレビューなしで静止画を撮影します。 $ rpicam-still -n -o test.jpg
width(横幅)	--width 値	画像の横幅をピクセルで設定します。
height(縦幅)	--height 値	画像の縦幅をピクセルで設定します。 【例】横幅640px、縦幅480pxのサイズになります。 $ rpicam-still --width 640 --height 480 -o test1.jpg
timeout (動作時間)	-t [--timeout] 値	アプリの動作時間をミリ秒で設定します。デフォルトは5,000ms(5秒)です。 ・rpicam-stillでは、動作時間が経過した後に静止画を撮影します。 ・rpicam-vidでは、動作時間が録画時間になります。

○表9-4:主な共通オプション(その2)

オプション名	オプション	機能
output (ファイル出力)	-o [--output] ファイル名	撮影する静止画や動画のファイル名を指定します。
hflip(左右反転)	--hflip	画像を左右反転にします。
vflip(上下反転)	--vflip	画像を上下反転にします。
rotation(回転)	--rotation 値	画像を「0°」または「180°」に回転させます。 【例】画像を180°回転させます。 $ rpicam-still --rotation 180
roi(デジタルズーム)	--roi x,y,w,h	デジタルズームする領域の左上隅の座標(x, y)を指定して、幅(w)と高さ(h)で領域のサイズを設定します。これらの値は0から1の範囲でスケーリングされた値になります。 【例】画像中央の4分の1の領域をズームします。 $ rpicam-still --roi 0.25,0.25,0.5,0.5 (0,0) (x,y)=(0.25,0.25) ズーム領域 h=0.5 w=0.5 (1.1)

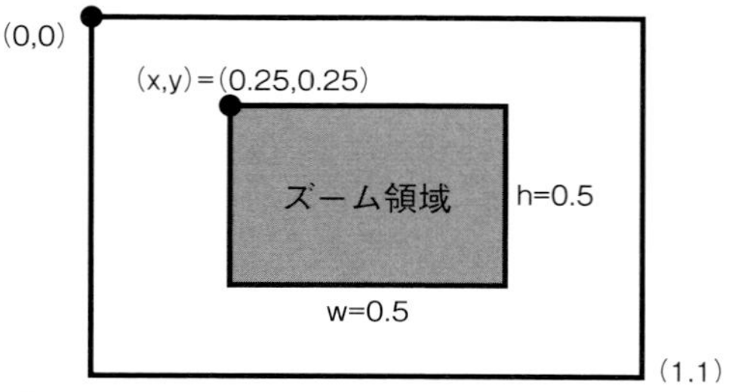

<table>
<tr><td>shutter（シャッター速度）</td><td>--shutter 値</td><td>シャッター速度をマイクロ秒で設定します。</td></tr>
<tr><td>ev（露出補正）</td><td>--ev 値</td><td>露出補正を－10.0 ～ 10.0の範囲で設定します。デフォルトは0です。</td></tr>
<tr><td>awb（ホワイトバンス）</td><td>--awb モード</td><td>ホワイトバンスのモードを設定します。モードには、auto、incandescent、tungsten、fluorescent、indoor、daylight、cloudyなどがあります。
<table>
<tr><th>モード名</th><th>色温度</th></tr>
<tr><td>auto（自動）</td><td>2500K ～ 8000K</td></tr>
<tr><td>incandescent（電球）</td><td>2500K ～ 3000K</td></tr>
<tr><td>tungsten（タングステン）</td><td>3000K ～ 3500K</td></tr>
<tr><td>fluorescent（蛍光灯）</td><td>4000K ～ 4700K</td></tr>
<tr><td>indoor（室内）</td><td>3000K ～ 5000K</td></tr>
<tr><td>daylight（太陽光）</td><td>5500K ～ 6500K</td></tr>
<tr><td>cloudy（曇天）</td><td>7000K ～ 8500K</td></tr>
</table>
【例】暖色を加えて色合いを補正します 。
$ rpicam-still --awb cloudy -o cloudy.jpg</td></tr>
<tr><td>brightness（明るさ）</td><td>--brightness 値</td><td>明るさの値を－1.0 ～ 1.0の範囲で調整します。デフォルトは0です。－1.0では、ほぼ黒い映像になり、1.0では白い映像になります。</td></tr>
<tr><td>contrast（コントラスト）</td><td>--contrast値</td><td>コントラストのデフォルトは1.0で 、最小値は0です。1.0より大きくすると、コントラストを強調します。</td></tr>
<tr><td>saturation（彩度）</td><td>--saturation 値</td><td>彩度のデフォルトは1.0で、0にするとグレースケールになります。1.0より大きくすると、彩度を強調します。</td></tr>
<tr><td>sharpness（シャープネス）</td><td>--sharpness 値</td><td>シャープネスのデフォルトは1.0で、最小値は0です。1.0より大きくすると、シャープネスを強調します。</td></tr>
<tr><td>framerate（フレームレート）</td><td>--framerate 値</td><td>プレビューとrpicam-vidの動画におけるフレームレートを設定します。フレームレートとは1秒間に表示できる画像数のことで、単位はfps（frame per second）です。</td></tr>
</table>

◯表9-5：主なオプション（その3）

<table>
<tr><th>オプション名</th><th>オプション</th><th>機 能</th></tr>
<tr><td>autofocus-mode（オートフォーカスモード）</td><td>--autofocus-mode モード</td><td>オートフォーカスモードを設定します。
• continuous（デフォルト）：連続してオートフォーカスします。
• auto：アプリの起動時に一度だけオートフォーカスします。
• manual：手動モード。--lens-positionでレンズの位置を調整します。</td></tr>
<tr><td>lens-position（レンズの位置）</td><td>--lens-position 値</td><td>レンズを指定の位置に設定して、ピントを合わせられます。値が0.0のとき無限遠に設定されます。値の計算式は次式です。
値 = 1 ÷撮影距離（m メートル）
【例】撮影距離20cmの位置にピントを合わせます。
$ rpicam-still --lens-position 5</td></tr>
</table>

hdr（ハイ・ダイナミック・レンジ）	--hdr モード	ハイ・ダイナミック・レンジで合成した画像を生成します。
		• off：hdrを無効にします。
		【例】HDR機能を使用した場合、解像度は2304×1296pxとなり、非HDR静止画の横幅と縦幅の半分のサイズになります。
		$ rpicam-still --hdr -o hdr.jpg
		【例】HDRで動画を撮影します。
		$ rpicam-vid --width 1920 --height 1080 --codec libav -b 8000000 -o hdr.mp4 --hdr

○表9-6：rpicam-still専用の主なオプション

オプション名	オプション	機能
quality（JPEG品質）	-q [--quality] 値	JPEGの品質を1～100の範囲で設定します。デフォルトは93です。 【例】品質を85に設定します。品質が85を超えると画像のデータ量は急増しますが、視覚的な品質はほとんど向上しないといわれています。 $ rpicam-still -q 85 -o q85.jpg
exif（Exifフォーマット）	-x [--exif] 値	Exif（Exchangeable Image File Format）フォーマットに情報を設定します。 【例】画像データのArtist情報にMyNameを設定します。 $ rpicam-still --exif IFD0.Artist=MyName -o exif.jpg
timelapse（タイムラプス）	--timelapse 値	タイムラプス撮影の時間間隔をミリ秒で設定します。 【例】実行の2秒後から2秒間隔で5枚撮影します。 $ rpicam-still --timelapse 2000 -t 11000 -o timelapse_%03d.jpg
datetime（ファイル名の日付形式）	--datetime	出力ファイル名を日付形式（mmddHHMMSS.jpg）にする。 【例】$ rpicam-still --datetime
keypress（キー入力）	-k [--keypress]	プレビュー画面ではなく、ターミナル画面でキーボードの Enter を押すと、静止画像を撮影します。「x」とタイプし、次に Enter を押すか、または、Ctrl + c で終了します。 【例】 Enter を押すごとに、静止画が生成されます。 $ rpicam-still -t 0 -k -o keypress_%03d.jpg
encoding（エンコード）	-e [--encoding] エンコード名	静止画のエンコードを指定します。「jpg」「png」「rgb」「bmp」「yuv420」などのエンコードがあります。 • jpg：JPEG形式（デフォルト） • png：PNG形式 • bmp：BMP形式 • rgb：RGB形式（RAWデータ） • yuv420：YUV420形式（輝度信号Y、色差信号UとV）

◯表9-7：rpicam-vid専用の主なオプション

オプション名	オプション	機　能
bitrate（ビットレート）	-b [--bitrate] 値	ビットレートはH.264コーデックでエンコードするときの1秒あたりのデータ量で、単位はbpsです。ビットレートを高くすると画質が向上する一方で、データ量が増大するデメリットもあります。一般的には、フルHD（1080p30）の場合、5Mbps ～ 18Mbpsの範囲がよく使用されます。動きの少ない被写体ではビットレートを低くしてデータ量を節約し、動きの多い被写体ではビットレートを高くして画質を優先します。
codec（コーデック）	--codec 値	動画のコーデックを指定します。h264（デフォルト）、libav（コーデックライブラリ）、mjpeg、yuv420があります。
libav-format（フォーマット）	--libav-format 値	コンテナフォーマットを指定します。 【例】コンテナの種類を確認できます。 $ ffmpeg -formats
frame（フレーム）	--frames 値	指定したフレーム数を取り込みます。 【例】640x480px,30fpsで301フレーム（約10秒間）を取り込みます。 $ rpicam-vid --frames 301 --codec libav -o frame.mp4
libav-audio（音声）	--libav-audio	【例】USBマイクなどを使用して、動画と一緒に音声も取り込みます。音声のコーデックはAAC（デフォルト）です。 $ rpicam-vid -t 10000 --codec libav --libav-audio -b 10000000 -o libav-audio.mp4

9.4.3　rpicam-stillアプリの使用例

● プレビュー表示

オプションなしで実行すると、カメラの映像が約5秒間プレビュー表示されます。この動作は、「rpicam-hello」アプリと同じです。

```
$ rpicam-still
```

● フルスクリーンでプレビュー表示

フルスクリーンでプレビュー表示を継続します。プレビューを終了する場合は、キーボードの Alt と F4 を同時に押すか、または先に Alt を押して、次に Tab を押して「ターミナル」を表示させて、Ctrl と c を同時に押します。

```
$ rpicam-still -f -t 0
```

- 「-f」オプションでは、フルスクリーンでプレビュー表示します。
- 「-t 0」オプションで0を指定すると、キャンセルされるまで表示を継続します。

● ファイル名を指定して静止画を保存

プレビュー表示の約5秒後に静止画を撮影し、指定したファイル名で保存します。サイズは横4608×縦2592px、アスペクト比は16:9で保存されます。ファイルマネージャでimage.jpgをダブルクリックすると、自動的に画像ビューアが起動し、image.jpgが表示されます。画像ビューアはメニューの［グラフィックス］の中にあります。

```
$ rpicam-still -o image.jpg
```

- 「-o」オプションで、ファイル名「image.jpg」を指定します。

● ファイル名を撮影した日時で名付ける

dateコマンドを使用して日時の情報を取得します。%から始まる英字はdateコマンドのフォーマットで、それぞれY（年）、m（月）、d（日）、H（時）、M（分）、S（秒）を表します。以下の例では、$()構文でコマンド置換した「date +'%Y%m%d-%H%M%S'」が先に実行されて、年月日時分秒を取得してファイル名とします。

```
$ rpicam-still -t 1000 -o $(date +'%Y%m%d-%H%M%S').jpg
```

「'」はShift＋7です。

- 「-t 1000」オプションで、プレビュー表示の1,000ミリ秒後に撮影します。

● タイムラプス撮影

rpicam-stillアプリには、タイムラプス機能があり、一定の間隔で複数の静止画を撮影できます。撮影される複数の静止画は、ファイル名に含むカウンタ値で区別されます。

以下の例では、撮影時間は31秒で、6秒ごとに静止画が5つ作成されます。ファイル名は、image000.jpgからimage004.jpgまでです。

```
$ rpicam-still --timelapse 6000 -t 31000 --width 640 --height 480 -o image%03d.jpg
```

- 「--timelapse」オプションで、撮影の間隔（ミリ秒）を指定します。
- 「-t」オプションで、全体の撮影時間（ミリ秒）を指定します。
- 「--width 640 --height 480」オプションで、静止画のサイズを指定します。
- 「-o image%03d.jpg」オプションでは、%03dがカウント値の書式を示し「000」から3桁になります。

9.4.4　rpicam-vidアプリの使用例

● 約5秒間の動画を撮影して、ファイル名を指定して保存

撮影時間を指定しない場合、約5秒間の動画が撮影されます。デフォルトの解像度は、VGA画質(640×480px)です。以下の例で作成された動画video1.mp4を再生するには、「VLCメディアプレイヤー」を使用します。ファイルマネージャでvideo1.mp4をダブルクリックすると、VLCメディアプレイヤーが自動的に起動し、動画が再生されます。VLCメディアプレイヤーはメニューの［サウンドとビデオ］の中にあります。

```
$ rpicam-vid --codec libav --libav-format mp4 -o video1.mp4
```

- 「--codec libav」オプションで、H.264/MPEG-4 AVCのコーデックを指定します。
- 「--libav-format mp4」オプションで、動画ファイル（コンテナ）を「MP4（.mp4ファイル)」に指定します。
- 「-o」オプションで、ファイル名（video1.mp4）を指定します。なお、「-o」オプションでファイルの拡張子を「mp4」と指定すると、アプリがファイル形式を推定するので「--libav-format mp4」の指定を省略できます。

● USBマイクで音声データを録音してフルHD画質で保存

USBマイク（サンワサプライ：MM-MCU02BK）を使用して、音声データも含めて10秒間の動画を撮影します。USBマイクをラズパイのUSBハブに接続します（図9-8（a））。USBマイクは自動的に認識され、デスクトップのタスクバーにマイクのアイコンが表示されます（図9-8（b））。コマンドは紙面の都合上2行で表記していますが、実際には1行で入力します。作成された動画video2.mp4をVLCで再生すると、HDMIディスプレイがスピーカーを内蔵している場合、USBマイクで録音した音声も再生されます。

```
$ rpicam-vid -t 10000 --width 1920 --height 1080 --codec libav --libav-audio -b 10000000 -o
video2.mp4
```

- 「-t 10000 」オプションで、10秒間撮影します。
- 「--width 1920　--height 1080」オプションで、横1920×縦1080pxのフルHD画質を指定します。
- 「--libav-audio」オプションで、音声データを取り込みます。
- 「-b 10000000」オプションで、ビットレートを10Mbpsに指定します。ビットレートを高くすると画質が向上しますが、データ量も増大するため、トレードオフの関係にあります。

○図9-8：USBマイクを接続したラズパイ

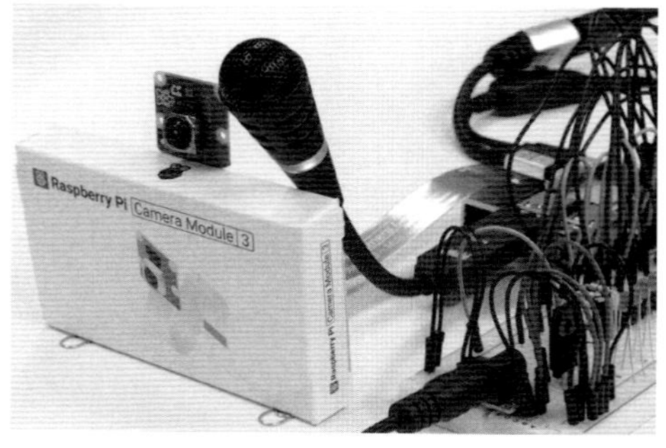

(a) USBマイク

(b) マイクのアイコン

Column コーデックとコンテナ

動画ファイルは、動画データ、音声データ、テキストなどを格納する入れ物のことで、コンテナフォーマットと呼ばれます（**図9-B**）。通称「コンテナ」と略され、動画と音声を同期させます。形式には、.mp4、.move、.mkv、.wmvなどがあり、拡張子で識別します。一方、コーデックは、動画や音声をエンコード（符号化）／デコード（復号化）するソフトウェアのことです。動画のコーデックにはH.264/MPEG-4 AVC、H.265などがあり、音声のコーデックにはAAC、MP3などがあります。

○図9-B：音声・動画データと動画ファイルの関係

動画ファイル（コンテナ）

動画データ
H.264/MPEG-4 AVC

音声データ
AAC

静止画、テキストなど

次の例では、動画データがH.264/MPEG-4 AVCでコーデックされ、拡張子も指定されていますが、コンテナが指定されていません。そのため、VLCなどのメディアプレイヤーでは、動画が再生されない、またはスムーズに再生されない場合があります。

```
$ rpicam-vid -t 10000 -o test.h264
```

9.5　人を検知したらPiカメラで撮影する

図9-9に示すParallax社の焦電センサモジュール（PIR：Passive Infra-Red）を使用して、人を検知したらPiカメラ3で撮影します。焦電センサモジュールは焦電素子と周辺回路を内蔵しています。焦電素子に内蔵された強誘電体は、赤外線を受光すると赤外線の変化に比例して表面に電荷が誘起されます。この現象を焦電効果と呼びます。人が焦電センサモジュールに近づくと、人から発せられる赤外線の変化を受けて焦電素子の強誘電体に電荷が発生し、出力信号はHIGHになり、フレネルレンズ[注6]内の赤色LEDが点灯します（**表9-8**）。

◯図9-9：Parallax社の焦電センサモジュール

検出範囲

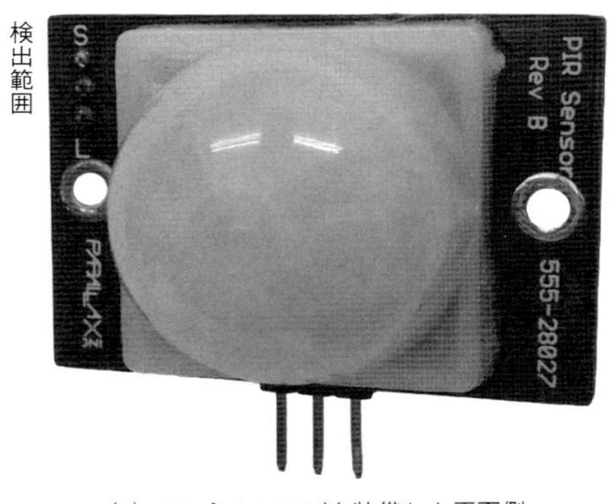

(a) フレネルレンズを装備した正面側

(b) フレネルレンズ内にある焦電素子

◯表9-8：Parallax社の焦電センサモジュールの主な仕様

項目	内容
電源電圧	3V ～ 6V
検出範囲	S：約4.6m、L：約9.1m
出力信号	検出あり：HIGH 検出なし：LOW

焦電センサモジュールで人を検知したら、Piカメラ 3で撮影するプログラムを作成します。

【仕様】

- 焦電センサモジュールの検出範囲を短距離（S）に設定します。
- 撮影された静止画は、dateコマンドを利用してファイル名を撮影した日時で名付け、JPEGフォーマットで保存します。たとえば、2024年1月30日13時30分00秒に撮影

注6　フランスの物理学者オーギュスタン・ジャン・フレネル氏（1788年5月10日～ 1827年7月14日）の発明に由来します。発明したレンズは灯台に使用され、光達距離を飛躍的に向上させ、安全な船舶航行に貢献しました。PIR用のレンズは、灯台のレンズとは形状が異なります。

した場合、ファイル名は「20240130-133000.jpg」となります。
- 連射防止のため、撮影後は1秒間の時間待ちをします。

9.5.1　回路と配線図

焦電センサモジュールの回路図と配線図を**図9-10**と**図9-11**に示します。出力信号（OUT）はラズパイの拡張コネクタのGPIO16へ配線します。

◯**図9-10：焦電センサモジュールの回路図**

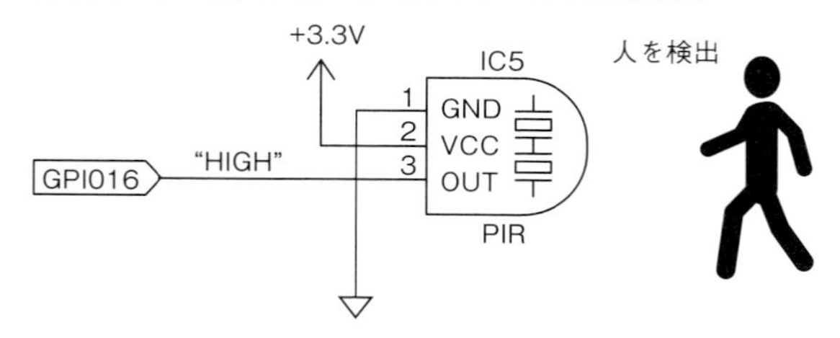

◯**図9-11：焦電センサモジュールの配線図**

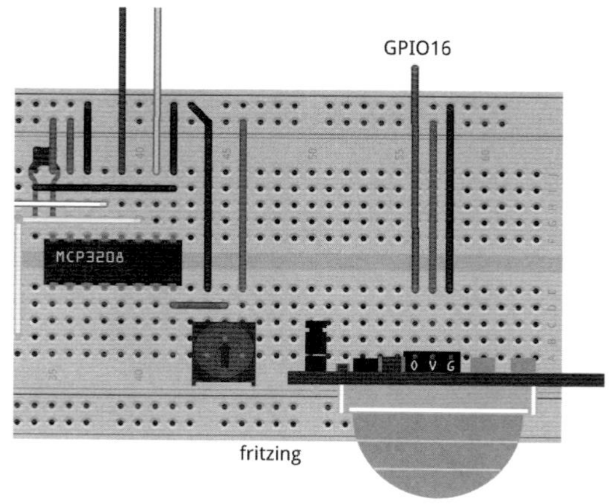

※カラーイメージはP.391を参照してください

9.5.2　フローチャート

焦電センサモジュールで人を検知したら、rpicam-stillアプリを実行するループ文になっています（**図9-12**）。

○図9-12：静止画の撮影用のフローチャート

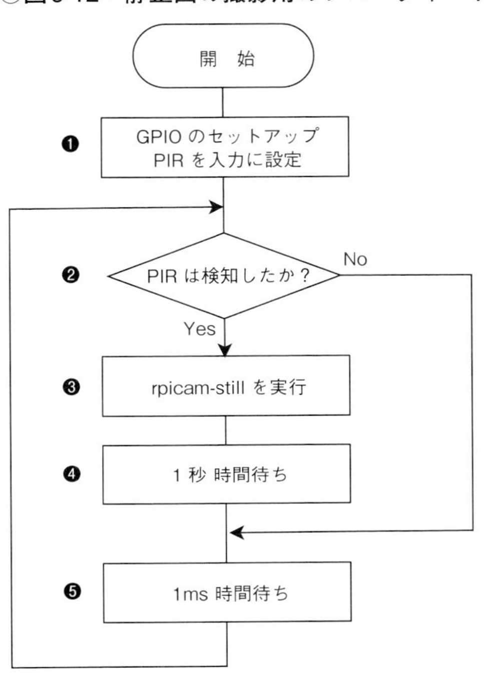

❶ PIRに接続されたGPIO16を入力に設定し、プルダウン抵抗を有効にします。
❷ 焦電センサモジュールが人を検知したときは「Yes」で❸へ分岐し、検知していないときは「No」で❺へ分岐します。
❸「Yes」なら、rpicam-stillで静止画を撮影します。
❹ 連射防止のため、1秒間時間待ちします。
❺ CPUの使用率を抑制するために、1msの待ち時間を挿入します。

Chapter 1
Chapter 2
Chapter 3
Chapter 4
Chapter 5
Chapter 6
Chapter 7
Chapter 8
Chapter 9
Chapter 10
Chapter 11
Chapter 12
信号対応表 配線図

9.5.3 ソースコード

ソースコードは**リスト9-1**のとおりです。ビルドして実行し、焦電センサモジュールで人を検知したらPiカメラ3で撮影することを確認します。

○リスト9-1：9-Cam01.c

```
#include <stdio.h>
#include <stdlib.h>     //system,EXIT_SUCCESS
#include <lgpio.h>      //lgGpiochipOpen,lgGpioRead,etc
#define PI5     4       // /dev/gpiochip4
#define PI4B    0       // /dev/gpiochip0
#define PIR     16      //GPIO16をPIRと定義

int main(void){
    int hnd;
    int inFlg = LG_SET_PULL_DOWN;
    hnd = lgGpiochipOpen(PI5);                 ①
    lgGpioClaimInput(hnd,inFlg,PIR);

    while(1){
        if(lgGpioRead(hnd, PIR)==LG_HIGH){ ──②
            system("rpicam-still -t 300 -o $(date +'%Y%m%d-%H%M%S').jpg");  ③
            lguSleep(1);
        }
                                                                        ↗
```

```
↘
        lguSleep(0.001); ———④
    }
    lgGpiochipClose(hnd);
    return EXIT_SUCCESS;
}
```

①GPIO16を入力に設定し、信号の立ち下がりエッジを急峻にするためにプルダウン抵抗を有効にします。

②if文により焦電センサモジュールで人を検知したかどうか判断します。

③system関数を利用してrpicam-stillアプリを実行します。rpicam-stillアプリのオプションを利用しています。連射防止のため、1秒間時間待ちします。待ち時間は調整してください。

- -t 300は、0.3秒（300ms）後に静止画を撮影します。
- -o $(date +'%Y%m%d-%H%M%S').jpgは、dateコマンドを利用してファイル名を撮影した日時で名付け、JPEGフォーマットで保存します。

④1msの時間待ちをwhile文に挿入して、ループ回数を制限し、CPUの使用率を抑制します。

Chapter 10

自走ロボットを製作する

本章からは、これまで本書で学んできた知識を応用して、自走ロボットの製作に挑戦します。自走ロボットの構成や仕組み、製作方法の解説に従って、実際にロボットを組み上げていきます。自分の手で作ったロボットが走行する感動を、ぜひ体験してください。自走ロボットのものづくりは、貴重な体験となるでしょう。

製作作業には、細かい配線が多く含まれていますので、焦らず慎重に一つずつ確認しながら進めてください。また、刃物類やはんだごてを使用しますので、安全に十分注意しながら、楽しく作業してください。ロボット製作を通じて、学びを深めていきましょう。

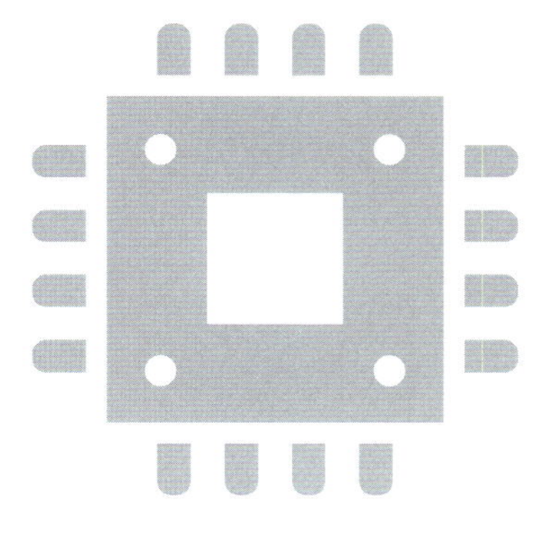

10.1　本章で準備するもの

自走ロボットの製作で必要な部品や工具を**表10-1～表10-5**に示します。参考品の欄には入手情報などを載せましたが、他のブランドや持ち合わせのものでも結構です。また、本章以前に準備したものも使用します。工作にはケガ、やけどなどの危険がありますので、安全に十分な注意を払いながら楽しく作業してください。ロボットの製作方法の補足情報は、著者のサポートページ[注1]で紹介しています。

なお、Pi 5は高性能ですが、従来のモデルより消費電力が大きいという事情があります。電流容量が限られているバッテリーを使用する場合、Pi 4BやZero 2Wの利用を推奨します。

○表10-1：ライン検出基板の製作で使用する部品など

回路記号	名称	個数	備考	参考品
C1	セラミックコンデンサ 0.1uF	1	ノイズ吸収用バイパスコンデンサ（パスコン）	秋月電子通商110147
C2	電解コンデンサ 47uF16V	1	電源電圧変動吸収用デカップリングコンデンサ	秋月電子通商110270
IC1	TC74HC14AP	1	DIP形CMOSタイプ	秋月電子通商110923
	14ピンICソケット	1	IC1用	秋月電子通商100028
LED1	LED緑色	1	φ3mm	秋月電子通商111635
LED2	LED黄色	1	φ3mm	秋月電子通商111639
LED3	LED赤色	1	φ3mm	秋月電子通商111577
OC1, OC2, OC3	LBR-127HLD	3	反射型フォトセンサ	秋月電子通商104500
R1, R4, R7	抵抗 100Ω	3	1/4 W	秋月電子通商125101
R2, R5, R8	抵抗 300Ω	3	1/4 W	秋月電子通商125301
R3, R6, R9	抵抗 390Ω	3	1/4 W	秋月電子通商125391
VR1, VR2, VR3	半固定抵抗10kΩ	3	ー	秋月電子通商103277
CN1	ボックスヘッダ	1	ストレート型	秋月電子通商112664
	両面スルーホール・ガラス・ユニバーサル基板	1	サイズ155×114mm。メインボードと共用します。	秋月電子通商117830
	はんだメッキ線	1	φ0.8mm	秋月電子通商112888
	リボンケーブル	1	10ピン	秋月電子通商103796
	ジュンフロン線	1式	信号線の手張り配線に使用します。φ0.26mm	マルツオンライン 0.26ETFE2X7 7色

注1　URL https://raspi-gh2.blogspot.com

◯表10-2：メインボードの製作で使用する部品など

回路記号	名称	個数	備考	参考品
C1, C2, C3, C4	電解コンデンサ 47uF16V	4	電源電圧変動吸収用デカップリングコンデンサ	秋月電子通商110270
C5, C6, C7, C8	セラミックコンデンサ 0.1uF	4	高周波ノイズ吸収用バイパスコンデンサ（パスコン）	秋月電子通商110147
CN1	DCジャック DIP化キット	1	給電用	秋月電子通商105148
CN2	40ピンソケット	1	ラズパイ用	秋月電子通商109717
CN3	ボックスヘッダ	1	横型	秋月電子通商113178
CN4	4ピンソケット	1	LCD用	秋月電子通商110099
	LCD	1	Chapter7のLCDを使用します。	—
	5ピンソケット 10mm	1	LCDのサポート用	秋月電子通商106360
	5ピンソケット 15mm	1	LCDのサポート用	秋月電子通商110397
CN5	4ピンソケット	1	距離センサ用	秋月電子通商110099
CN6	ターミナルブロック	2	DCモータの接続用。DC/DCコンバータの付属品を使用します。	—
CN7	3ピンヘッダ	1	RCサーボモータ用に、3ピンにカットします。	秋月電子通商100167
DC1	DC/DCコンバータ	1	5VからDCモータに供給する電圧に変換します。	秋月電子通商107728
	多回転半固定 ボリューム横型1kΩ	1	横型により、完成後のロボットでも調整可能です。	秋月電子通商115464
	3ピンヘッダ	2	VINとVOUT用。CN7の余りを使用。	—
	シングルピンソケット	2	3ピンにカット。	秋月電子通商103138
IC1	DRV8835	1	モータ駆動IC。	秋月電子通商109848
	6ピンICソケット	2	IC1用。14ピンのICソケットやシングル丸ピンでも流用可能。	秋月電子通商108617
IC2	BA033CC0T	1	3.3V三端子レギュレータ	秋月電子通商113675
	M3ネジナットセット	1式	基板にφ3.5mmの穴を加工してIC2を固定します。	秋月電子通商101885
LED1	LED 赤色	1	φ3mm	秋月電子通商111577
PE1	圧電サウンダ	1	Chapter 6のサウンダを使用します。	—
R1	抵抗 390Ω	1	1/4 W	秋月電子通商125391
R2	抵抗 4.7kΩ	1	1/4 W	秋月電子通商125472

R3	抵抗 1kΩ	1	1/4 W	秋月電子通商125102
R4, R5	抵抗 3.3kΩ	2	1/4 W	秋月電子通商125332
SW1	トグルスイッチ	1	メインスイッチ用	秋月電子通商100300
SW2	タクタイルスイッチ	1	赤色	秋月電子通商103646
SW3	タクタイルスイッチ	1	白色	秋月電子通商103648
TP1	チェック端子	1	テスター用のグランド	秋月電子通商107591
	サーボホーン	1	RCサーボモータの付属品。	―
	M2×5mmプラスチックなべ小ねじ＋六角ナットセット	1式	サーボホーンの固定に使用。表10-3の金属製でも可。	秋月電子通商113238
	両面スルーホール・ガラス・ユニバーサル基板	1	ライン検出基板の残りを使用します。	―
	はんだメッキ線	1式	ライン検出基板の残りを使用します。	―
	ジュンフロン線	1式	ライン検出基板の残りを使用します。	―
	絶縁電線	1式	モータ用の配線の残りを使用します。	―

○表10-3：RCサーボモータに取り付ける部品など

名称	個数	備考	参考品
RCサーボモータ	1	SG-90	秋月電子通商108761
距離センサ	1	GP2Y0E03	秋月電子通商107547
ピンヘッダ	1	距離センサに使用します。CN7の余りを4ピンにカット。	―
結束バンド150mm	1	距離センサの固定用	―
アングル材	1	シャーシのユニバーサルプレートセットの付属品を使用します。	―
M2×8mm なべ小ねじ＋六角ナット	3	アングル材とカメラの固定に使用します。	金属製
カメラモジュール	1	Chapter 9のカメラを使用します。	―
M3プラスチック六角ナット	2	表10-2の残りを使用します。	―

○表10-4：シャーシの製作で使用する部品など

名称	個数	備考	参考品
ユニバーサルプレートセット	1	メインボードの固定用	タミヤ ITEM 70098
ダブルギヤボックス	1	FA-130 DCモータ2個付き。	タミヤ ITEM 70168
タッピングビスM3×8mm	2	ダブルギヤボックスの付属品。	―

セラミックコンデンサ 0.1uF	6	DCモータのノイズ対策用	秋月電子通商110147
絶縁電線 赤色 φ1.2mm	1式	DCモータ用の可とう性のある電線	秋月電子通商111610
絶縁電線 黒色 φ1.2mm	1式	DCモータ用の可とう性のある電線	秋月電子通商111611
スポーツタイヤセット	1	2本入り。	タミヤ ITEM 70111
ボールキャスター	1	2セット入り。	タミヤ ITEM 70144
モバイルバッテリー	1	自走ロボットに装着できるサイズ。電流容量は10000mAh以上のものが望ましい。	Anker PowerCore 10000
ファスナーテープ	1式	モバイルバッテリーの固定用	―
2.1mm標準DCプラグ	1	バッテリーケーブル用	秋月電子通商106712
USBコネクタAタイプオス	1	バッテリーケーブル用	秋月電子通商107664
なべ小ねじM3×8mm	10	ユニバーサルプレートセットに付属	―
六角ナット M3	6	ユニバーサルプレートセットに付属	―
プラスチックナット＋スペーサ（M3×10mm）セット	1式	メインボードやラズパイの固定用	秋月電子通商101864
スペーサM3×25mm	2	ライン検出基板の支柱用	秋月電子通商107571
スペーサM3×30mm	2	ラズパイの支柱用	秋月電子通商107572
40ピンソケット	1	ラズパイ用スタッキングコネクタ	秋月電子通商110702

◯表10-5：工具など

名称	備考	参考品
精密ピンセット	細かい部品の組み立て作業やジュンフロンの心線のひっかけに使用します。	HOZAN P-87
ワイヤストリッパ	電線の被覆を剥くために使用します。	HOZAN P-967
M3用プラスドライバ	組み立て作業に使用します。	HOZAN D-58
M2用プラスドライバ	調整や組み立て作業に使用します。	HOZAN D-52
M3用ナットドライバ	六角ナット（M3）の固定に使用します。	HOZAN D-840-5.5
黒色ゴムマット	ロボット走行用マット。100×70cm以上のサイズ。	ホームセンターなどで購入
白色テープ（5cm幅）	ライントレース用のラインに使用します。	―
金切鋸	ユニバーサル基板やユニバーサルプレートを加工します。	―
Pカッター	ユニバーサル基板の切断に使用します。	OLFA 205B
平形ヤスリ	カットした基板のバリ取りに使用します。	―
キリ	ユニバーサル基板の穴あけ加工に使用します。	―
丸形ヤスリ	ユニバーサル基板のM3ネジの丸穴加工などに使用します。	―

10.2 自走ロボットの概要

ラズパイにモータとセンサなどの機能を付加して、床面とする黒いゴムマットに貼った白線に沿って走行する自走ロボットを製作します。線（ライン）に沿って走行することを「ライントレース」といいます。

ラジオコントロール模型のように人がロボットを操作するのではなく、直線や曲線などをさまざまに組み合わせたラインを自走ロボット自身が認識して自律的に走行します（自動運転）。物流倉庫や製造工場では、数百kgを超える荷物を運ぶ無人搬送ロボットが多数利用され、作業者への負担の軽減や省力化に役立っています。

今回、製作する自走ロボットは人間の感覚器や身体に相当する機能を装備しています（**図10-1**）。各センサ、モータ、LCDなどの機能を上手く使って、自走ロボットを実現します。しかし、ハードウェアが揃っているだけでは自走ロボットは走行できません。ソフトウェアという知恵が必要です。

近年、自動車のトレンドは衝突被害軽減、音声対話支援、自動運転などのインテリジェント化へ加速しています。実際の自動車を改造することは困難ですが、ラズパイと自走ロボット（模型）なら、いろんなアイデアを試せます。メーカーの開発の現場でも、プロトタイプ（試作品）から始まっています。皆さんの新しいアイデアに期待しています。

◯図10-1：自走ロボットの基本構成

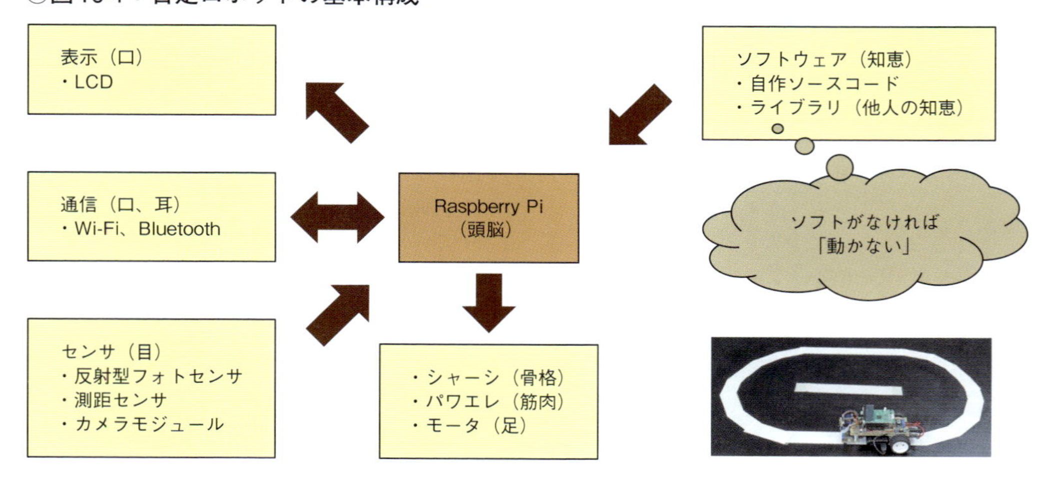

10.3 自走ロボットの仕組み

自走ロボットのブロック図を**図10-2**に示します。ロボットの進行方向の前方側には、ラインを検出する反射型フォトセンサ、画像を取得するカメラモジュール、障害物までの距離を測定する距離センサ、センサの情報を表示するLCDがあります。ロボットの後方側には、電源スイッチ、操作用スイッチ、圧電サウンダ、左右のタイヤが独立した駆動部があります。

自走ロボットの表面（**図10-3**）と底面（**図10-4**）を示します。自走ロボットは後輪駆動方式です。前輪の代わりにボールキャスターを使用します。

今回の自走ロボットには、乗用車のような操舵機構はありませんが、後輪のタイヤは2個のモータで独立して制御できるため、左右のタイヤの回転方向を変えることにより、右前進、左前進、バックなどの動作をさせることができます。ギヤボックスはモータの回転力（トルク）を増幅させる働きがあります。本書で製作する自走ロボットのサイズはティッシュボックス位の大きさになります（**表10-6**）。

◯**図10-2：自走ロボットのブロック図**

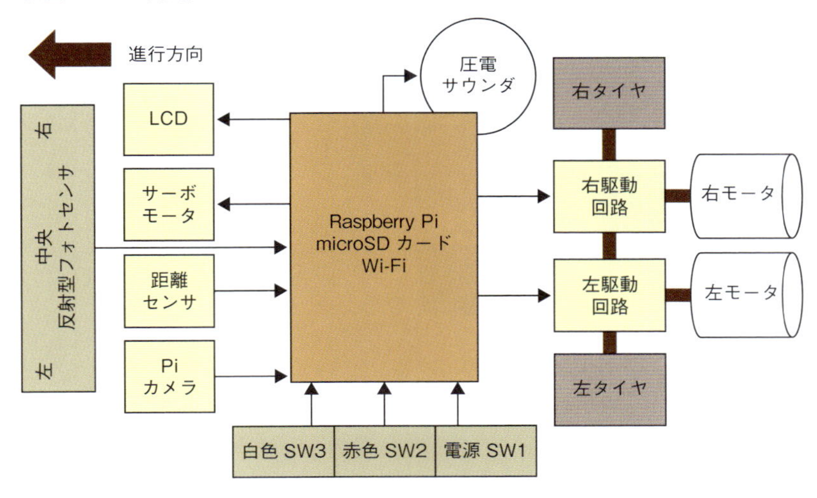

○図10-3：ラズパイを搭載した自走ロボット（表面）

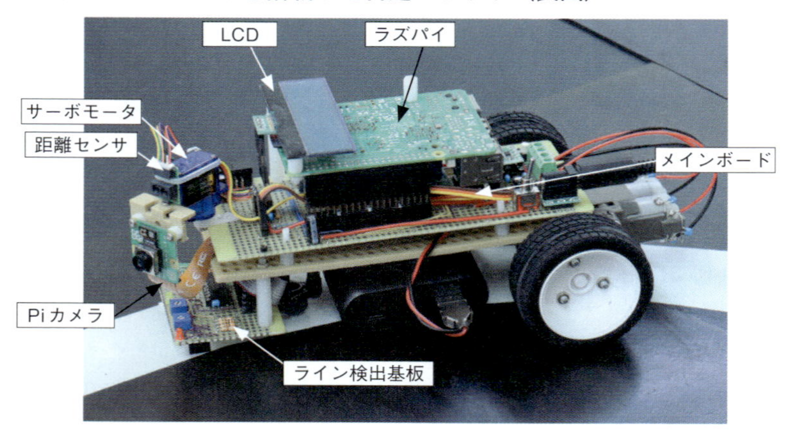

○図10-4：自走ロボット（底面）

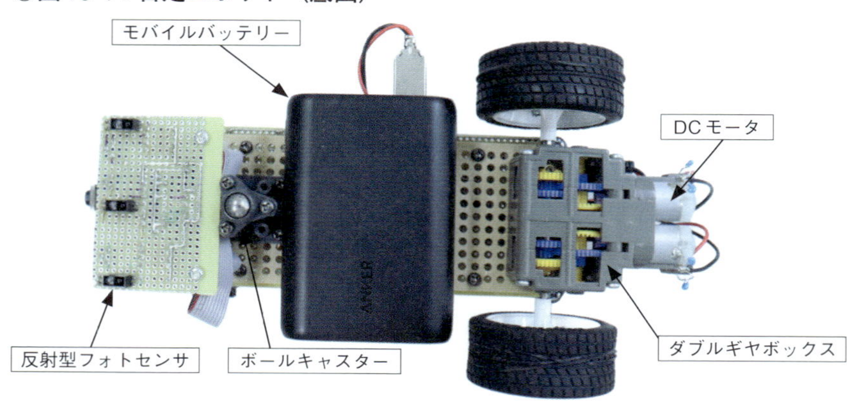

○表10-6：自走ロボットの寸法など

全長	約22cm
幅	約7cm（本体のみ）、13cm（タイヤ含む）
高さ	約10cm
重量	約370 g （バッテリー除く）

10.4　ライン検出基板の製作

10.4.1　ライン検出基板とは

自走ロボットにあらかじめ床面に貼られたラインをトレースさせるには、ラインを検出する機能が自走ロボットに必要になります。今回は、光が物体に反射する性質を利用して、反射型フォトセンサを使用します。また、ラインの色は光を良く反射する白色とし、床面は光の反射が少ない黒色としました。ここでは、反射型フォトセンサを使用したライン検出基板を製作します（図10-5）。

○図10-5：ライン検出基板

10.4.2　反射型フォトセンサとは

「反射型フォトセンサ」は、光の性質を利用して物体の有無や表面の状態の変化などを検出するセンサです。反射型フォトセンサは光を出す投光部と光を受ける受光部から構成されています（図10-6）。投光部から投光された光は、検出物体で反射し、その反射光が受光部に入光します。受光部ではこの光の量を電気信号に変換して出力します。今回、使用する反射型フォトセンサは、投光部が赤外LED、受光部がフォトトランジスタです（図10-7）。

赤外LEDとは赤外線を発光するLEDのことで、家電製品のリモコンなどに使用され、TVやエアコンに赤外線信号を送信します。赤外線は人の目には見えませんが、スマートフォンのイメージセンサを通すと発光しているのを確認できます。

フォトトランジスタはフォトダイオードと同じ、光電素子です。フォトトランジスタにはベースに端子はありませんが、ベースの部分に光が当たるとコレクタ電流が流れます。コレクタ電流は電流増幅率h_{FE}を乗じた値になるため、フォトダイオードより大きな出力電流を得られます。

○**図10-6：反射型フォトセンサLBR-127HLDの受光部と投光部**

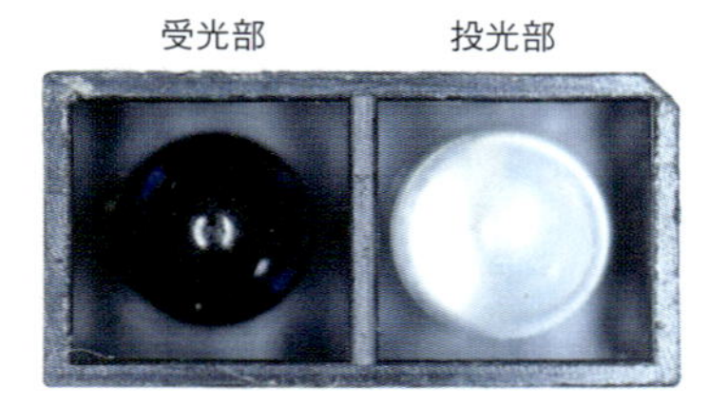

○**図10-7：反射型フォトセンサの電気用図記号**

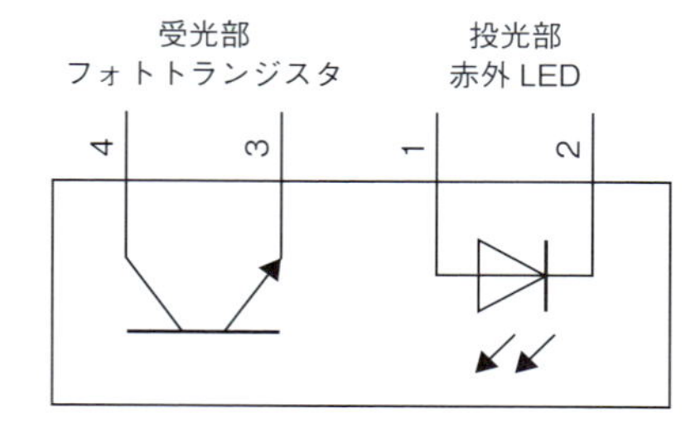

反射型フォトセンサの動作

検出物が白色の場合は光を多く反射します（**図10-8（a）**）。黒色の場合は吸収される光もあり、反射される光は少なくなります（**図10-8（b）**）。吸収された光は物体の熱に変化します。

○**図10-8：検出物の色の違いによる反射光の量**

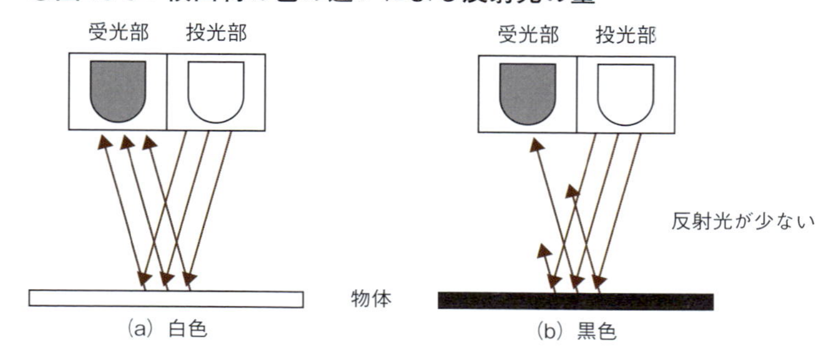

自走ロボットにライントレースをさせますが、ラインから多少脱線しても修正しながら走行できるようにするには反射型センサはどの位置に、いくつあればよいのでしょうか？

ラインの進行方向と垂直にセンサの数を増やせば、ロボットの位置情報の正確さが増します。しかし、コストが増大するので、本設計では**図10-9**のように、黒色のゴムマットに貼られた5cm幅の白線を検出するために3個の反射型フォトセンサを使用します。白線の外側に配置した右と左の反射型フォトセンサで白線の検出は可能ですが、自走ロボットが白線から大きく脱線したことを検知するために、中央にもフォトセンサを実装しています。

◯図10-9：白線と反射型フォトセンサの位置（トップビュー）

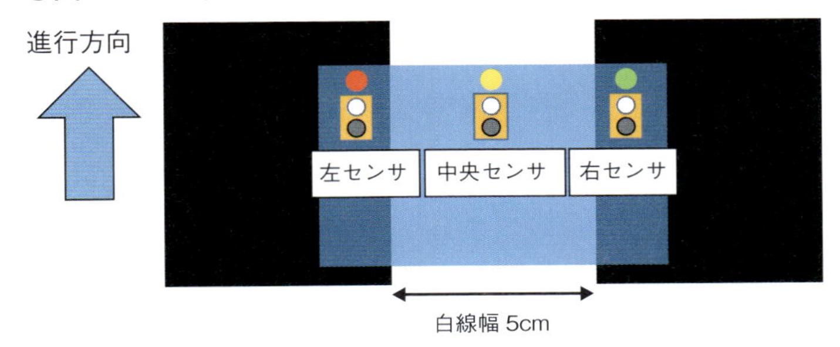

10.4.3 ライン検出回路の設計

ライン検出回路の回路図を図10-10に示します。

3個の反射型フォトセンサを使用しています。基本的に同じ回路ですが、中央の反射型フォトセンサにTTLインバータ（74HC14）を2ゲート使用しています。ライン検出基板が白線に対して図10-9の位置にあるとき、左右のフォトセンサは黒色を検出しますが、中央のフォトセンサは白色を検出します。左右と中央のフォトセンサの出力信号の論理を合わせるために、中央のフォトセンサの出力に2個のインバータを直列に接続しています。

赤外LEDに20mA程度の順方向電流を流すために、抵抗を100Ωとしました。半固定抵抗でフォトセンサの出力信号の感度を調整できます。300Ωの抵抗は、半固定抵抗の抵抗値を0Ωにした場合、フォトトランジスタへの過電流防止のために接続します。シュミットトリガタイプのインバータ（74HC14）を使用して、フォトセンサの出力信号をデジタル信号に整形しています。フォトセンサの感度の調整時に、フォトセンサの信号状態を目視できるようにインバータの出力側にLED点灯回路を付けました。

ライン検出回路の各フォトセンサの出力信号は負論理で設計したため、ライン検出基板が図10-9の位置にあるとき、各反射型フォトセンサの出力はLOWになります。また、左センサと右センサが白線を検出したり、中央センサが黒色を検出したりするなど、ラインから脱線した状態のときは、各フォトセンサの出力はHIGHになります（表10-7）。

○図10-10：ライン検出基板の回路図

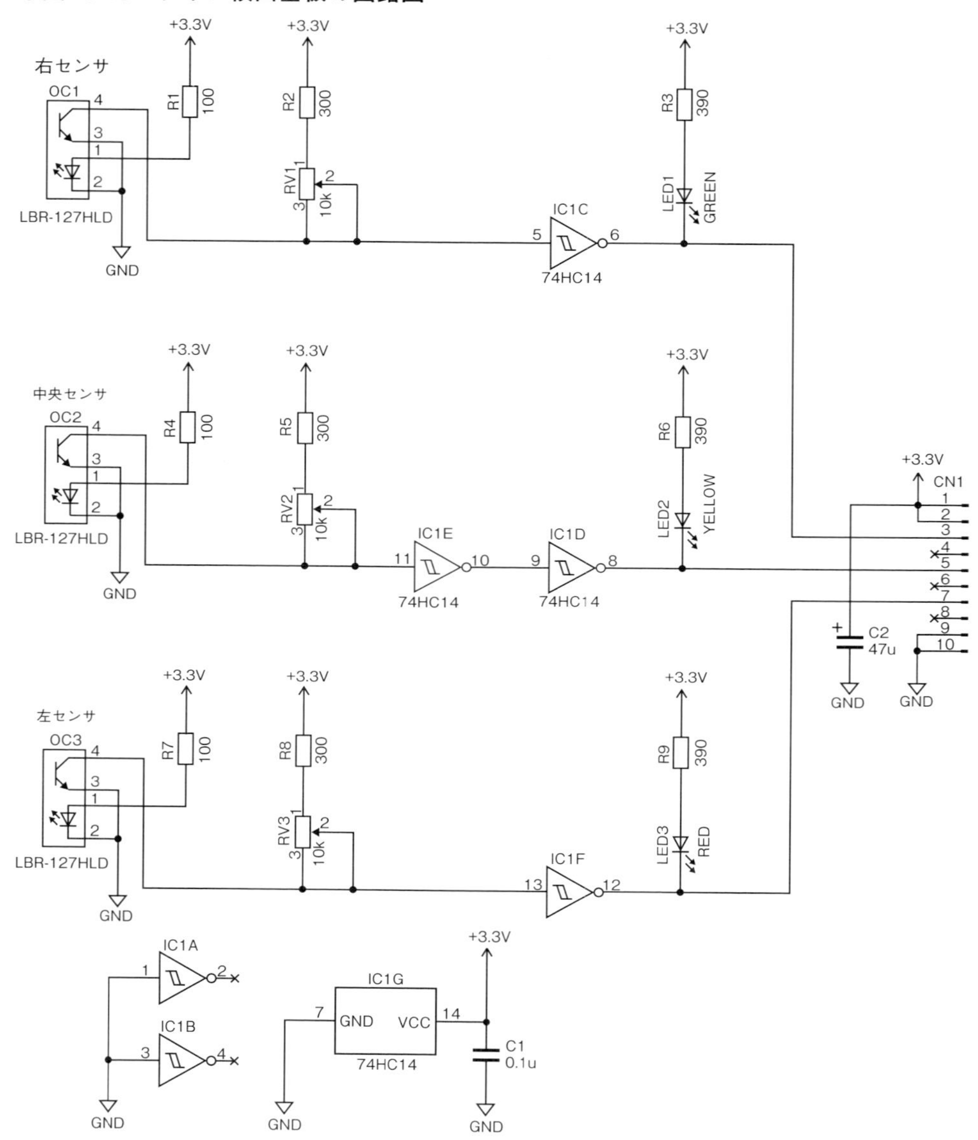

○表10-7：ライン検出回路の出力信号の仕様

		左センサ	中央センサ	右センサ
ライン上にあるとき（図10-9）	検出色	黒色	白色	黒色
	出力信号	LOW	LOW	LOW
脱線したとき	検出色	白色	黒色	白色
	出力信号	HIGH	HIGH	HIGH

10.4.4　ライン検出基板の外形加工

ライン検出基板の外形寸法を**図10-11**に示します。ユニバーサル基板のスルーホールはインチ単位で製造されているため、寸法はミリの小数点第一位まで表示しています。ユニバーサル基板のカットには、スルーホール上に切れ目を入れると作業が楽です。また、スペーサを固定するためにφ3.5mmの穴を2箇所に加工しますが、実際に加工するときは基板の端から3つ目のスルーホールに加工してください。

○図10-11：ライン検出基板の外形寸法

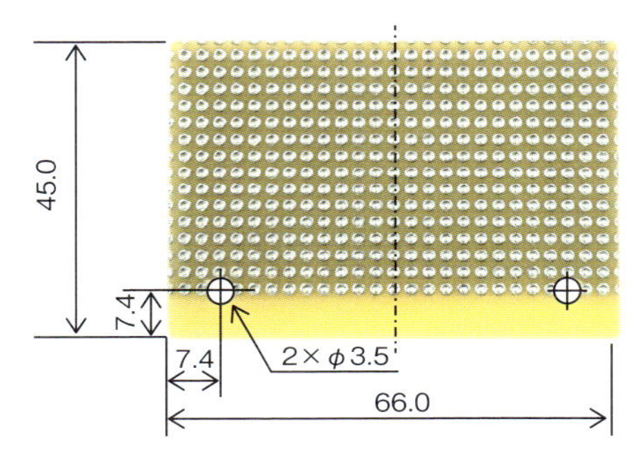

10.4.5　ライン検出回路の配線

● ライン検出回路のはんだ面の配線図

太い配線は3.3Vとグランドで、はんだメッキ線（φ0.8mm）や部品のリード線などで配線します（**図10-12**）。なお、**図10-12**は、はんだ面から見た図となるので、回路記号がミラー反転しています。

○図10-12：ライン検出基板のはんだ面の配線図

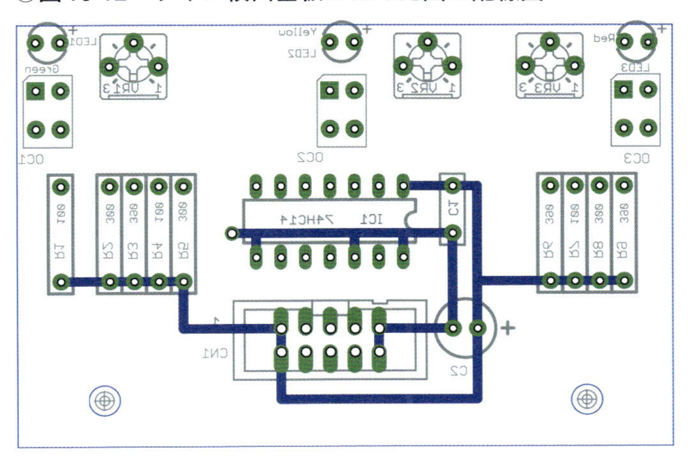

ライン検出回路の部品面の配線図

太い配線はグランドで、はんだメッキ線（φ0.8mm）で配線します（**図10-13**）。細い線は信号線で、ジュンフロン線で配線します。配線を識別しやすいように、反射型フォトセンサの回路ごとにジュンフロン線の色を変えたほうがよいでしょう。なお、はんだメッキ線の伸ばし方、はんだ付けなどの方法については、著者のサポートページ（P.258の注1を参照）で紹介しています。

○**図10-13：ライン検出基板の部品面の配線図**

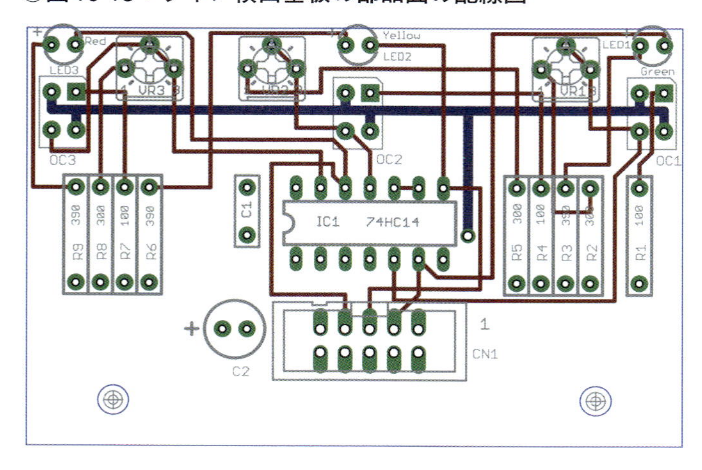

ライン検出基板の配線作業

完成したライン検出基板の部品面とはんだ面の写真を**図10-14**と**図10-16**に示します。これらの写真を参考に、各部品の位置を合わせます。反射型フォトセンサと白線の位置を確認します（**図10-9**）。他の部品も、位置合わせを確認してから、少量のはんだで仮付けします。部品を仮付けすることで、はんだ面を上に向けたとき部品が落ちません。また、部品のピンやリード線により、配線作業が容易になります。

部品面のLEDと半固定抵抗は、認識性や作業性から進行方向側に実装します。TTL（74HC14）はICソケットを付けて実装したほうが、万が一TTLが故障した場合の交換が容易です。CN1のボックスヘッダのピン番号を**図10-15（a）**に示します。ピン番号はちどり配置になっています。部品にピン番号は明記されていませんが、切り欠き側には三角形の目印が1番ピンを指しています（**図10-15（b）**）。なお、**図10-15（a）**は、はんだ面から見た図なので、部品面から見るとピン番号が左右反転するため、誤配線に注意してください。はんだ面には、反射型フォトセンサを実装します（**図10-16**）。進行方向側が投光部です。

すべての部品の仮付けが終わりましたら、**図10-12**と**図10-13**に示した太い線をはんだメッキ線（φ0.8mm）や部品のリード線で配線します。次に、部品面にジュンフロン線（**表10-1**）で信号線を配線します。はんだ面では、ジュンフロン線の配線を最小限に抑えます。それは、はんだ付け作業によって、こて先がジュンフロン線の被覆を溶かして不要なショートを防ぐためです。

◯図10-14：ライン検出基板の部品面

◯図10-15：ボックスヘッダのピン番号（はんだ面）

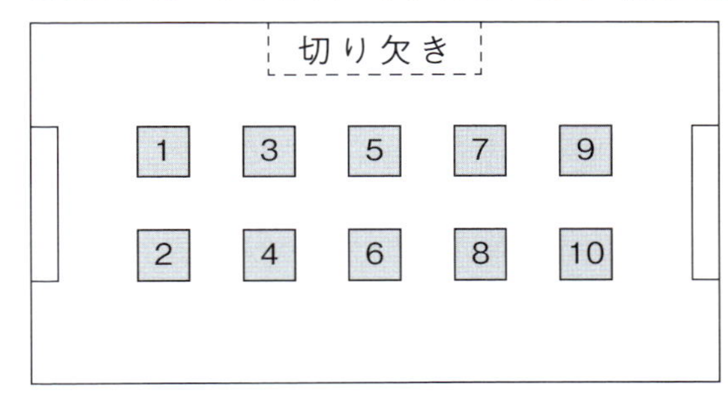

(a) はんだ面

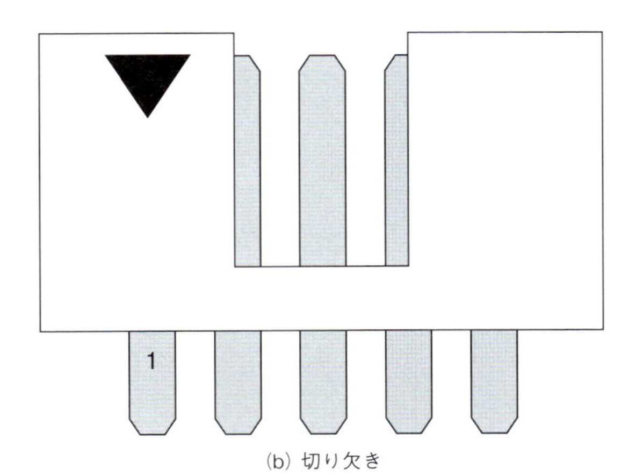

(b) 切り欠き

◯図10-16：ライン検出基板のはんだ面

10.4.6 検査回路の検査

ライン検出基板を検査します。デジタルテスターの抵抗測定または導通の機能を使用して、ライン検出基板の3.3Vとグランドが短絡していないかどうか検査します。短絡の過電流により、ACアダプタが故障する場合があります。短絡している場合は、不具合の箇所を探して修正します。

リボンケーブルのヘッダソケットピン番号を**図10-17**に示します。リボンケーブルの赤いラインがヘッダソケットの1番ピンに接続され、ヘッダソケットには1番ピンを表す三角の目印があります。また、ヘッダソケットの誤挿入防止の凸部をボックスヘッダの切り欠きに合わせて挿入します（**図10-18**）。

◯図10-17：リボンケーブル・ヘッダソケットのピン番号と目印

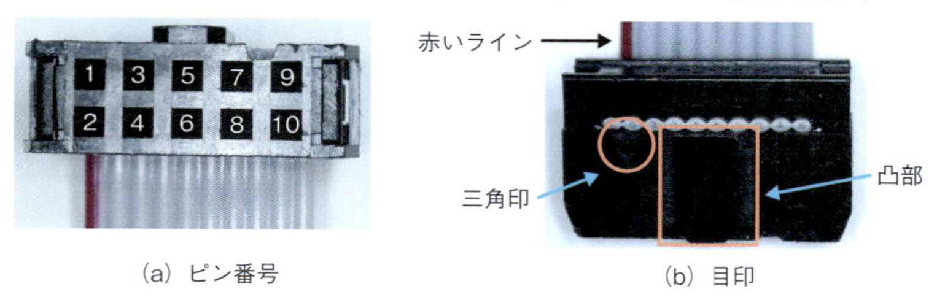

(a) ピン番号　(b) 目印

◯図10-18：ヘッダソケットの凸部の方向

検査回路をブレッドボードに実装

DCジャック型ACアダプタをDCジャックDIP化キットに接続して5Vを供給します。三端子レギュレータ（BA033CC0T：**表10-2**）で5Vを受けて、ライン検出基板に3.3Vを供給します（**図10-19**）。三端子レギュレータの配線については、Chapter 4の「DCジャックと三端子レギュレータの配線」（P.105）と自走ロボットのメインボードの回路図を参照してください（**図10-22**）。

リボンケーブルのヘッダソケットの信号線を**表10-8**に示します。また、ライン検出基板の反射型フォトセンサの信号をブレッドボード側のLED点灯回路にジャンパーワイヤで接続します。LED点灯回路はChapter 4の**図4-8**のLED点灯の回路図を参考にして試作します。

◯図10-19：検査用回路を実装したブレッドボード

○表10-8：リボンケーブル・ヘッダソケットの信号名

番号	信号名
1	3.3V
3	右センサ信号線
5	中央センサ信号線
7	左センサ信号線
9	GND

10.4.7 反射型フォトセンサの感度調整の方法

ライン検出基板を図10-20のように左センサと右センサで白線を挟む位置に合わせ、はんだ面の反射型フォトセンサを床面から5㎜程度浮かせた状態にします。

○図10-20：センサ回路の調整

各センサ回路の半固定抵抗を調整してLEDが点灯するようにM2用プラスドライバで調整します。調整の方法は、各反射型フォトセンサが白色と黒色のそれぞれを検出したときに、出力信号がすぐに切り替わる位置に合わせます。LEDの点灯や消灯を目安にします。

なお、表10-7に示すように出力信号は負論理です。そのため、ライン検出基板のLEDと、ブレッドボードのLEDの点灯の関係は論理が反転します。

<ライン検出基板のトラブルシューティング>

- 半固定抵抗を回してもセンサの信号が出力されない場合
  - 反射型フォトセンサやLEDの極性を確認します。
  - TTL（74HC14）の14番ピンが3.3V、7番ピンがGNDに配線されているかを確認します。また、テスターで電圧を確認します。
  - リボンケーブルの不具合（断線や短絡）をデジタルテスターで確認します。
- ブレッドボード側のLEDが点灯しない場合
  - LEDの極性を確認します。
  - 各部品のGNDの接続を確認します。
  - 三端子レギュレータの出力電圧3.3Vをデジタルテスターで確認します。

10.5　メインボードの製作

10.5.1　メインボードとは

メインボードは**表10-9**に示した周辺回路とラズパイとのインタフェースを担います（**図10-21**）。

○図10-21：メインボード

○表10-9：メインボードの周辺回路

番号	周辺回路名
1	LEDの点灯回路
2	タクタイルスイッチの入力回路
3	LCDの表示回路
4	圧電サウンダの回路
5	ライン検出基板のインタフェース回路
6	DCモータの駆動回路
7	RCサーボモータのインタフェース回路
8	距離センサのインタフェース回路

10.5.2　メインボード回路の設計

メインボードの回路図を図10-22に示します。また、周辺回路とラズパイのGPIOの対応を表10-10に示します。

◯図10-22：自走ロボットのメインボードの回路図

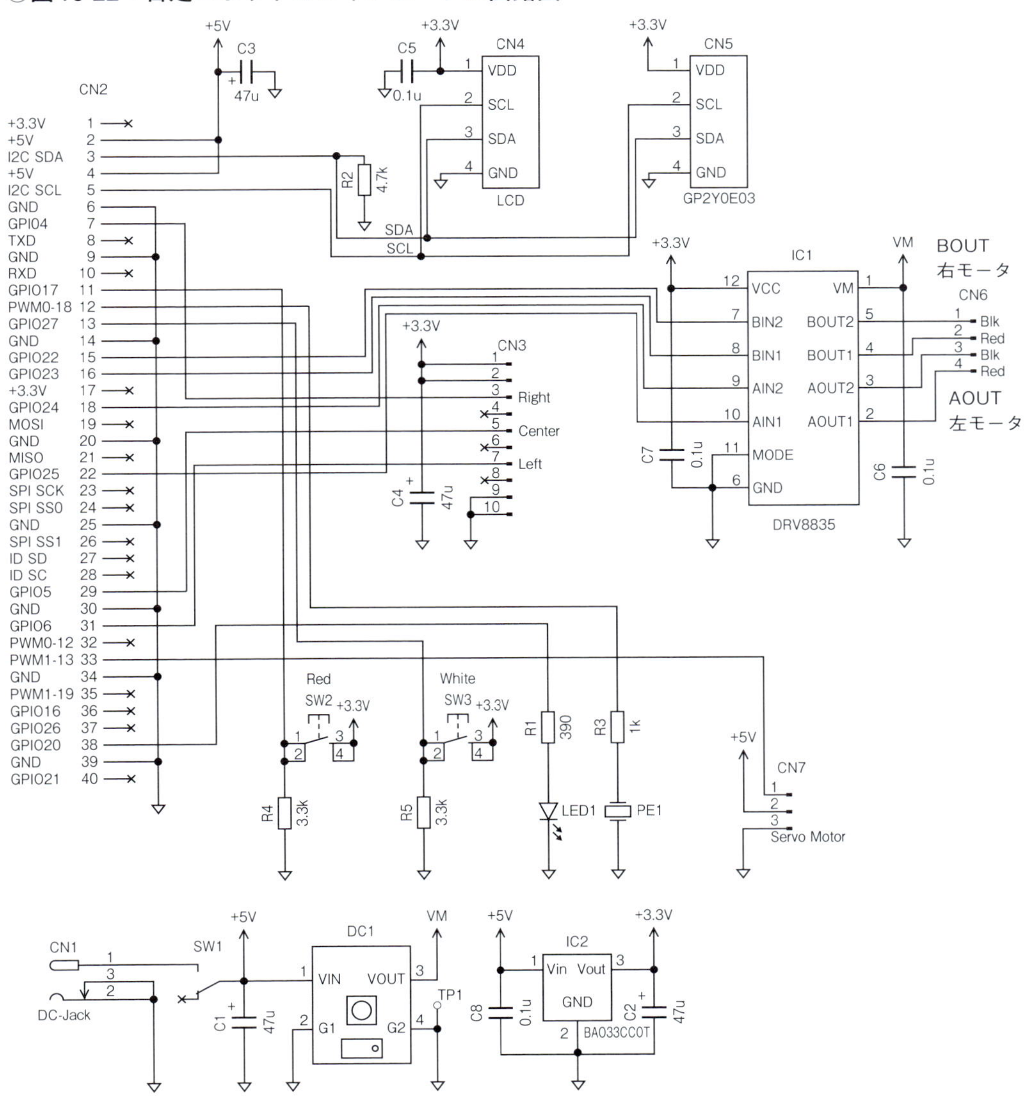

◯表10-10：Raspberry Piの40ピン拡張コネクタの信号表

内容		信号名	番号		信号名	内容
ー		3.3V	1	2	5V	ー
LCD、距離センサ	I^{2}C	GPIO2/SDA	3	4	5V	ー
LCD、距離センサ		GPIO3/SCL	5	6	GND	ー
反射型フォトセンサ（右）		GPIO4	7	8	GPIO14/TXD	ー
ー		GND	9	10	GPIO15/RXD	ー
SW2 赤色		GPIO17	11	12	GPIO18	圧電サウンダ
SW3白色		GPIO27	13	14	GND	ー
右モータBIN2		GPIO22	15	16	GPIO23	右モータBIN1
ー		3.3V	17	18	GPIO24	左モータAIN2
ー		GPIO10/MOSI	19	20	GND	ー
ー		GPIO9/MISO	21	22	GPIO25	左モータAIN1
ー		GPIO11/SCK	23	24	GPIO8/SS0	ー
ー		GND	25	26	GPIO7/SS1	ー
ー		ID SD	27	28	ID SC	ー
反射型フォトセンサ（中央）		GPIO5	29	30	GND	ー
反射型フォトセンサ（左）		GPIO6	31	32	GPIO12	ー
RCサーボモータ		GPIO13	33	34	GND	ー
ー		GPIO19	35	36	GPIO16	ー
ー		GPIO26	37	38	GPIO20	LED 1
ー		GND	39	40	GPIO21	ー

- CN1

DCジャックで、モバイルバッテリーから5Vをメインボードに給電します。

- CN2

ラズパイと接続する40ピンのピンソケットです。ラズパイへの電源は40ピンソケットの2番ピンと4番ピンから5Vを供給します。

- CN3

ライン検出基板と接続するリボンケーブルのコネクタです。

- CN4とCN5

ラズパイのI^{2}Cバスに接続されています。LCDはCN4に接続し、距離センサはCN5に接続します。R2はSDA信号のプルダウン抵抗です。

- CN6

2個のDCモータに接続します。

- CN7

RCサーボモータに接続します。

- DC1

DC/DCコンバータは、5VからDCモータに必要な電圧を出力します。

- IC1

モータ駆動IC（DRV8835）で2個のDCモータを駆動します。

- IC2
  三端子レギュレータで5Vから3.3Vを出力し、各デバイスに供給します。
- SW1
  自走ロボットのメインスイッチです。
- SW2とSW3
  SW2（赤色）はシャットダウン用、SW3（白色）は操作用として使用します。
- LED1
  電源ランプや点滅パターンを工夫してインディケータとして使用します。
- PE1
  Chapter 6で使用した圧電サウンダです。

10.5.3 メインボードの外形加工

メインボードの外形加工の寸法は**図10-23**のとおりです。ユニバーサル基板のスルーホールがインチ単位で製造されているため、寸法がミリの小数点第1位まで表示していますが、**図10-23**のスルーホールの位置を目安に加工してください。

RCサーボモータ用のサーボホーンを取り付けるためにφ2mmの穴2箇所を加工しますが、1箇所はスルーホールがない場所に加工します。また、Piカメラ3のリボンケーブルを通すために、幅1.8ミリ、長さ25.2ミリの切込みを加工します。

◯**図10-23：メインボードの外形寸法**

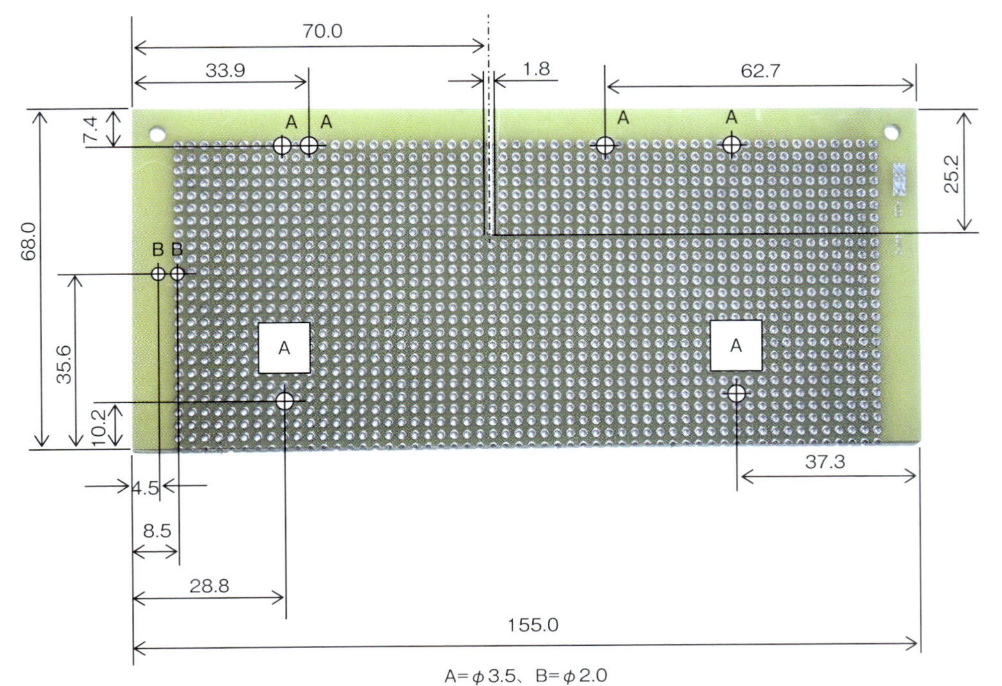

10.5.4 メインボードの配線

はんだ面の配線図

はんだ面はすべて太い配線で、電源系とモータ用です（**図10-24**）。はんだ面から見た図となるので、回路記号がミラー反転しています。

○**図10-24：メインボードのはんだ面の配線図**

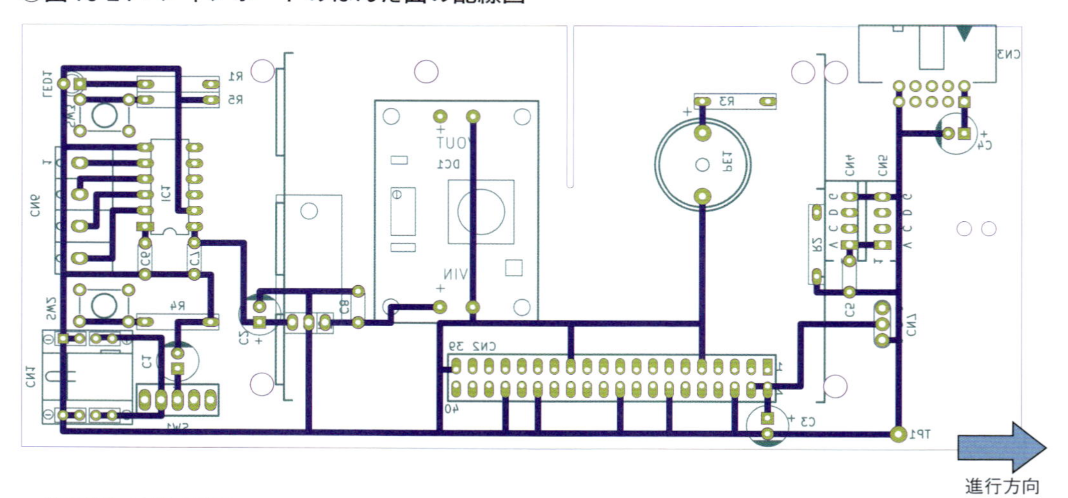

部品面の配線図

図10-25の太い配線は電源系の配線です。細い配線は信号線などです。配線が交差しているので、**図10-22**の回路図を確認しながら配線します。

○**図10-25：メインボードの部品面の配線図**

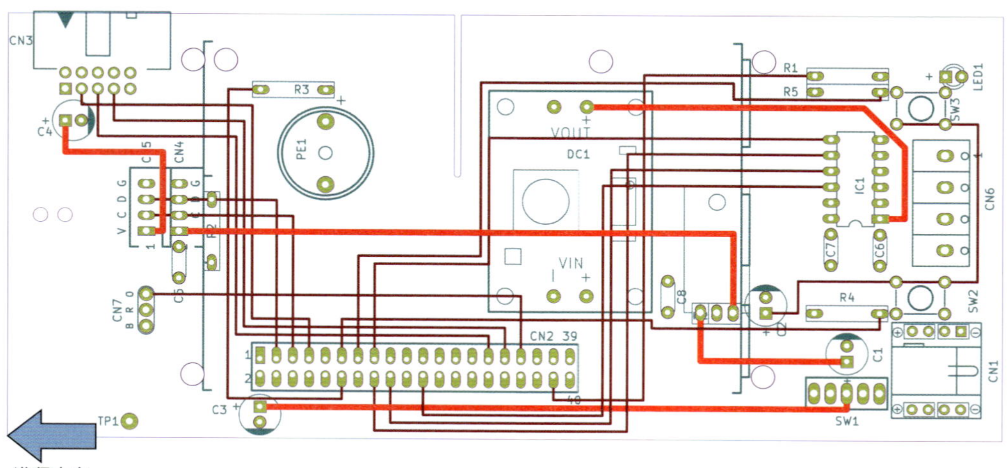

メインボードの配線作業

完成したメインボードの部品面とはんだ面の写真を**図10-26**と**図10-27**に示します。配線をする前に、**図10-26**を参考に、各部品の位置を合わせます。このとき、**図10-48**（P.295）のラズパイを使用して、CN2とスペーサの取り付け穴の位置などを確認します。他の部品も、位置合わせを確認してから、少量のはんだで仮付けします。部品を仮付けすることで、はんだ面を上に向けたとき部品が落ちません。また、部品のピンやリード線により、配線作業が容易になります。

◯**図10-26：メインボードの部品面**

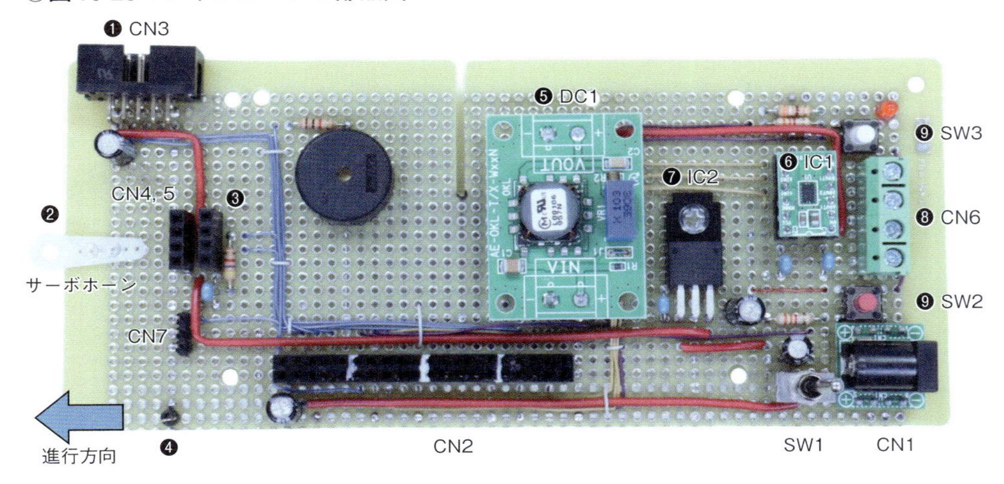

C1 ～ C4は電源電圧の変動を吸収するデカップリングコンデンサとして使用するので、極性に注意して回路図で指定された部品の側に実装します。同様に、セラミックコンデンサ（C5 ～ C8）も指示された部品の側に実装します。

❶ ライン検出基板のコネクタ（CN3）はリボンケーブルのコネクタを挿入できる向きに合わせます。

❷ サーボホーンの2箇所にはM2×5mmのプラスチック製のなべ小ねじを挿入し、六角ナットで固定します。

❸ LCDと距離センサのCN4とCN5は1列空けて実装します。

❹ GNDのチェック端子（TP1）は、テスターのプローブが挿せるように、基板の端に実装します。

❺ DC1のVOUTを上に向けて実装します（**図10-26**）。また、DC1を取り外しができるように、ピンヘッダとシングルピンソケットを使用します。なお、DC1のVINとVOUTに取り付けたピンヘッダのピンが長いので、2mm程度カットします。

❻ IC1（DRV8835）の1番ピンを下に向けて実装します（**図10-26**）。IC1が故障したときに交換できるように、ICソケットを使用します。

❼ IC2（三端子レギュレータ）のリードをL形に加工して実装します。また、IC2の取り付け穴の位置にφ3.5mmの穴を加工して、M3ねじで固定します。
❽ CN6（ターミナルブロック）の電線挿入孔を右側に向けて実装します（図10-26）。
❾ SW2とSW3のタクトスイッチは、操作性のため基板の端に実装します。

すべての部品の仮付けが終わりましたら、はんだ面を配線します。図10-27を参考にして、はんだメッキ線（φ0.8mm）や部品のリード線などの太い線で配線します。

次に、部品面を被覆付きの電線で配線します。太い配線にはモータ用の絶縁電線（表10-4）を使用し、細い信号線にはジュンフロン線（表10-1）を使用します。誤配線を防止するため、コネクタやデバイスごとに被覆の色を変えて配線します。

○図10-27：メインボードのはんだ面

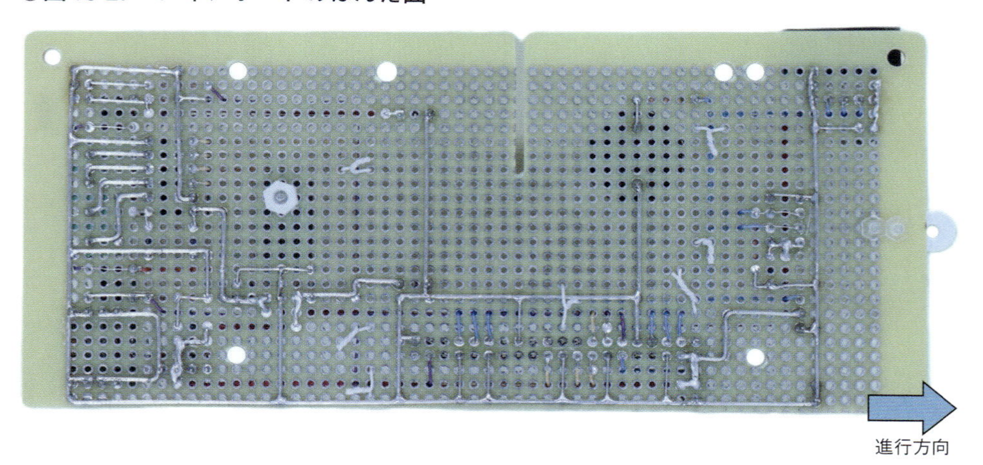

10.5.5　メインボードの検査

電源ラインの短絡を検査します。デジタルテスターの導通の機能を使用して、メインボードの5Vとグランド間、3.3Vとグランド間、5Vと3.3V間が短絡していないかどうか検査します。短絡している場合は、不具合の箇所を探して修正します。

10.6　シャーシの組み立て

10.6.1　ギヤボックスの組み立て

ギヤボックスに、タミヤ製「楽しい工作シリーズ No.168 ダブルギヤボックス 左右独立4速タイプ」を使用します（図10-28）。ギヤボックスのギヤ比は、A～Dの4タイプの中から選択できます。自走ロボットの走行に適したギヤ比はCタイプ（114.7:1）です（仕様は表

10-11）。ダブルギヤボックスの組立説明図に従って、組み立てます。

◯図10-28：ギヤボックス（Cタイプ）

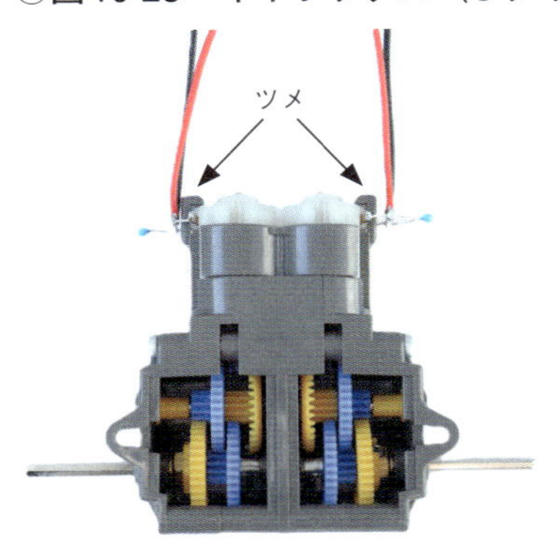

◯表10-11：ギヤボックス（Cタイプ）とモータの仕様

項目	内容
ギヤ比	114.7：1
回転数	115 rpm
トルク	809 gf・cm
モータタイプ	FA-130
モータの定格電圧	3V

DCモータの内部にあるブラシと整流子の接点でノイズが発生します。このノイズは、電子回路に悪い影響を与えます。ノイズを低減させるために、3個のセラミックコンデンサを使用します（図10-29（a））。セラミックコンデンサのリードをDCモータの端子間にひっかけて、長さ10mmでカットします（図10-29（b））。モータを固定するギヤボックスのツメ（図10-28）を通すため、このコンデンサのリード間にある程度の余裕が必要です。次に、モータの端子とケース間にセラミックコンデンサをはんだ付けします（2箇所）。モータをクランプで固定すると、部品がずれるのを防ぎ作業効率がアップします。

◯図10-29：ノイズ対策用のセラミックコンデンサ

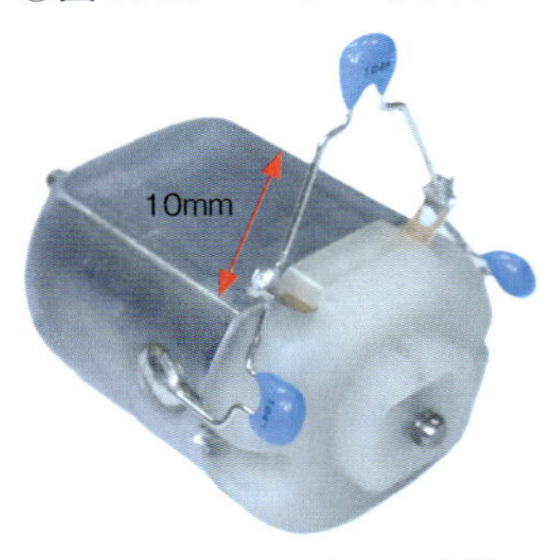

(a) 3箇所のコンデンサの位置

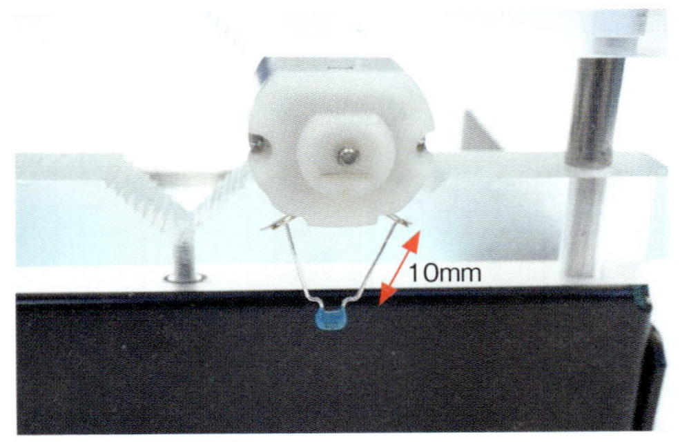

(b) クランプで固定したモータ

赤色（12cm）と黒色（13cm）の絶縁電線（**表10-4**）を各2本用意します。**図10-30**のように、絶縁電線の心線をDCモータの端子にひっかけからげで取り付け、はんだ付けします。また、2個のモータで、赤色と黒色の配線を逆にします（**図10-30**）。

○**図10-30：ひっかけからげはんだ付け**

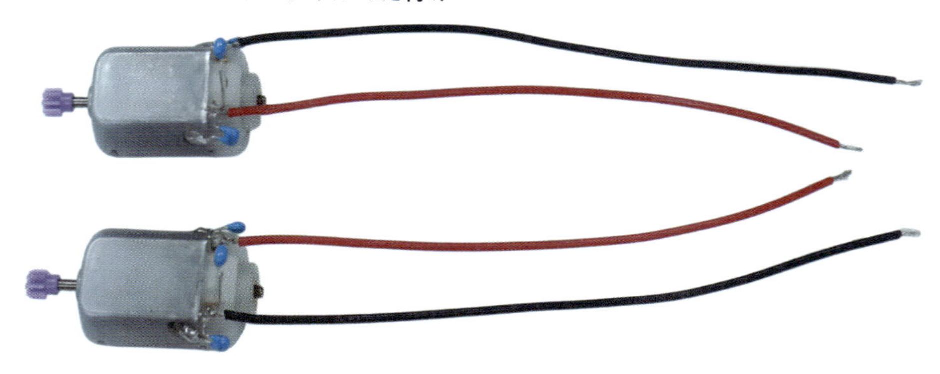

10.6.2　スポーツタイヤの組み立て

タイヤにはタミヤ製「楽しい工作シリーズ No.111 スポーツタイヤセット（56mm径）」を使用します（**図10-31**）。組立説明図に従って、ホイールハブ1をホイールの裏側に取り付けます。

○**図10-31：スポーツタイヤ**

10.6.3　ボールキャスターの組み立て

ボールキャスターにはタミヤ製「楽しい工作シリーズNo.144 ボールキャスター」を使用します（**図10-32**）。組立説明図に従って、キャスターの高さを37mmで組み立てます。

◯図10-32：ボールキャスター

10.6.4　ユニバーサルプレートの加工

図10-33のユニバーサルプレートを参考に、2箇所の切り取り加工を行い、部品の取り付け位置をマーキングします。

◯図10-33：ユニバーサルプレートの外形

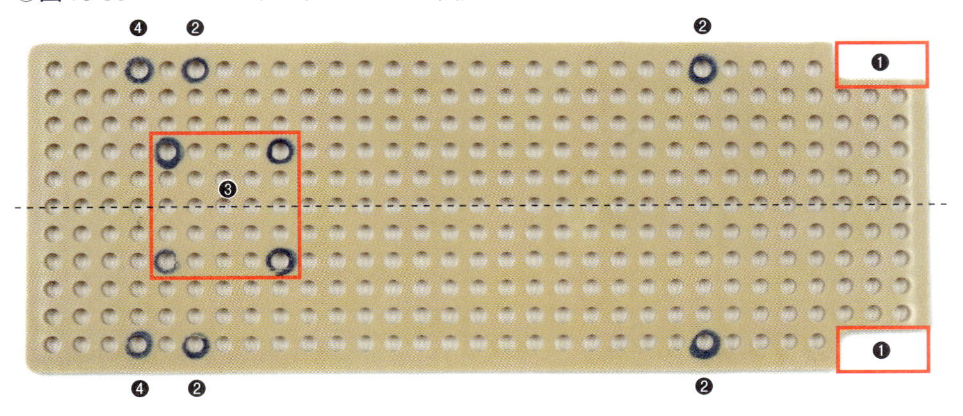

❶ ダブルギヤボックスを取り付けるために、金切鋸などで赤い枠の箇所を切り取ります。
❷ メインボードを固定するために、10mmのスペーサを取り付けます。
❸ ボールキャスターを取り付けます。
❹ ライン検出基板を固定するために、25mmのスペーサを取り付けます。

10.6.5　機構部品の取り付け

ユニバーサルプレートに、ダブルギヤボックス、ボールキャスター、スペーサを取り付けて、自走ロボットのシャーシを製作します。シャーシの表面は図10-34、底面は図10-35のように部品を取り付けます。

○図10-34：シャーシの表面

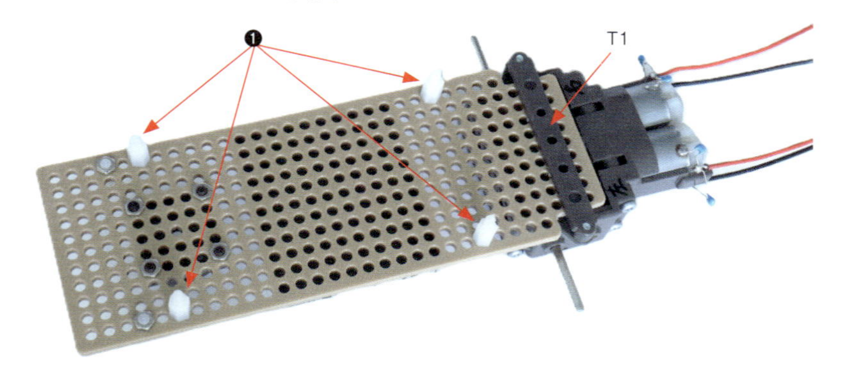

❶ 4箇所に10mmのスペーサ（オネジ・メネジ）をユニバーサルプレート付属のなべ小ねじ（M3×8mm）で固定します。

○図10-35：シャーシの底面

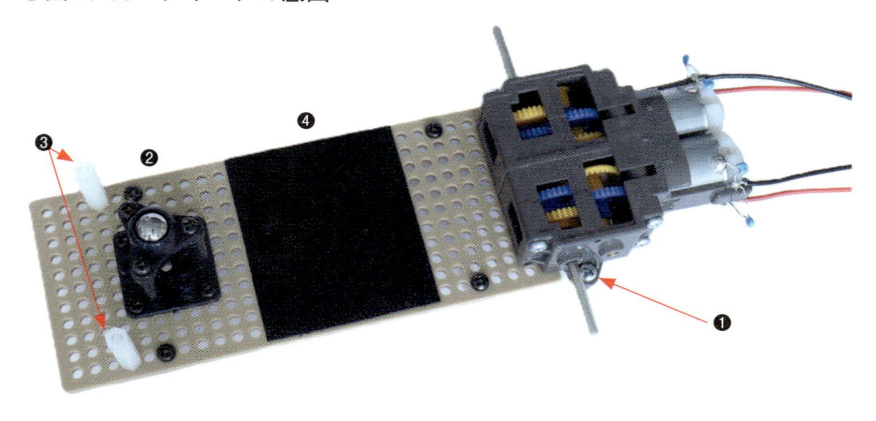

❶ ダブルギヤボックス付属のT1部品（図10-34）とタッピングビス（M3×8mm）で、ユニバーサルプレートにダブルギヤボックスを固定します。

❷ ユニバーサルプレート付属のなべ小ねじ（M3×8mm）と六角ナット（M3）で、ボールキャスターをシャーシに固定します。このとき、ボールキャスターの2本の支柱を前方に向けます。

❸ 25mmのスペーサ（オネジ・メネジ）のオネジをユニバーサルプレートの穴に挿入し、表面からM3 六角ナット（M3）で固定します。

❹ モバイルバッテリーを固定するファスナーテープを貼ります。テープの位置は現物合わせで行います。

10.6.6　ライン検出基板とメインボードの取り付け

ライン検出基板にリボンケーブルのコネクタを挿入します（**図10-36（a）**）。ライン検出基板をなべ小ねじ（M3×8mm）で固定します（**図10-36（b）**）。

◯図10-36：ライン検出基板の取り付け

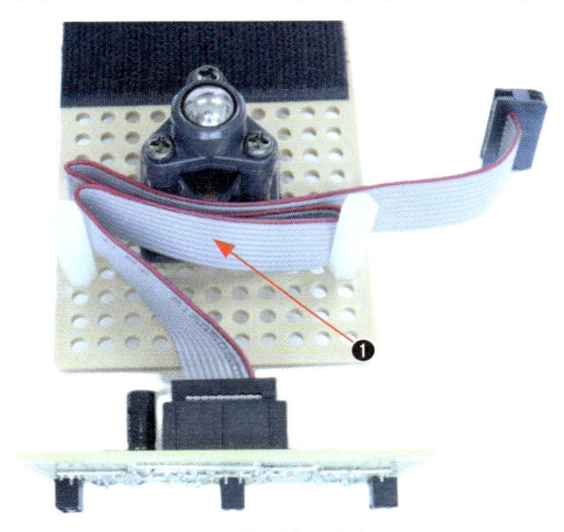

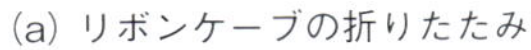
（a）リボンケーブの折りたたみ

（b）なべ小ねじでの固定

❶ リボンケーブルは長いので、**図10-36（a）**に示すように折りたたみ、反対のコネクタ部を約5cm右側から出します。

❷ なべ小ねじ（M3×8mm）でスペーサに固定します。

次に、バッテリーケーブルを製作します（**図10-37**）。モータの配線に使用した絶縁電線の赤色と黒色を各25cmにカットします。赤色の電線を5V、黒色の電線をGNDとします。

DCプラグのセンターコンタクトに赤色の電線をはんだ付けします。スリーブ端子には黒色の電線をはんだ付けし、スリーブ端子のツメで電線を固定します。2本の電線が離れないように、適度により合わせます。次に、USBコネクタAタイプオスの1ピンに赤色の電線をはんだ付けします。4ピンに黒色の電線をはんだ付けします。なお、コネクタにはピン番号が明記されていないので、**図10-37**を参考にしてはんだ付けします。バックシェルのツメをラジオペンチでフロントシェルにかしめます。

○図10-37：バッテリーケーブルの製作

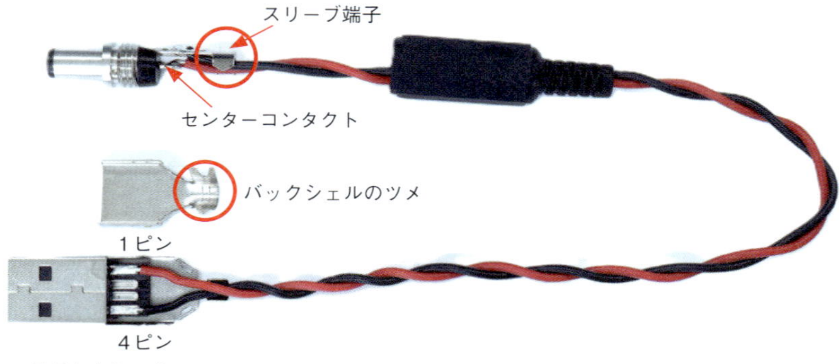

次に、メインボードをシャーシに取り付けます（**図10-38**）。バッテリーケーブルのDCプラグをモータ側に向けます。ライン検出基板のリボンケーブルのコネクタをメインボードのCN3に接続します。メインボードをプラスチック製のナット（M3）で固定します。

○図10-38：メインボードの取り付け

ワイヤストリッパでDCモータの電線の被覆を約5mm剥き、心線がほつれない程度に軽くよじるだけとし、はんだ付けはしません。モータの赤色と黒色の電線の心線をターミナルブロックの電線挿入孔に挿入し、プラスドライバでターミナルブロックのねじを回して心線を固定します（**図10-39**）。

◯図10-39：DCモータの配線

10.6.7　モバイルバッテリーの取り付け

モバイルバッテリーにファスナーテープを貼り、シャーシ（底面）のボールキャスターとギヤボックスの間に収まるように、取り付けます。そして、バッテリーケーブルをモバイルバッテリーに接続します。

◯図10-40：モバイルバッテリーの取り付け

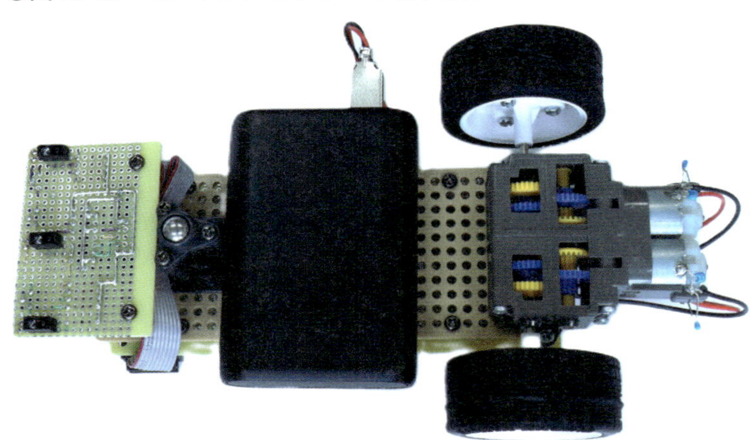

10.7 自走ロボットのテスト走行

実は、自走ロボットは直線や緩やかなカーブであれば、ラズパイがなくてもライントレース走行をさせることができます。ラズパイなしで走行させるために、ライン検出基板の左右の反射型フォトセンサの出力信号（フィードバック）を左右のモータ駆動回路の入力信号（指令）として使用します。

本節では、ラズパイなしでライントレースできるように、ライン検出基板の感度を調整します。なお、本テスト走行が上手く動作したものは、ラズパイでも制御ができる証明にもなります。黒いゴムマットと白色テープ（5cm幅）を利用して、**図10-41**のようなテストコースを作成します。緩やかなカーブにすると、周回できるようになります。

○**図10-41：テストコース**

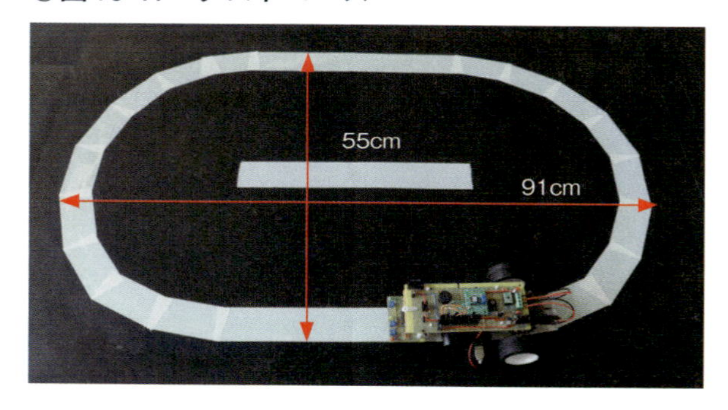

10.7.1 ライントレースの仕組み

ライン検出基板には3つの反射型フォトセンサがありますが、ここでは右側の反射型フォトセンサ（右センサ）と左側の反射型フォトセン（左センサ）の2つを使用し、ライントレースの仕組みを解説します。なお、センサの出力信号を位置情報と呼ぶことにします。

図10-42の簡略図のように、自走ロボットが白線の中心上に位置するとき、左右のセンサはゴムマットの黒色を検出してライン検出回路の出力信号はどちらもLOWになります（P.268の**表10-7**）。そして、自走ロボットの左右のタイヤを前進させます。

◯図10-42：白線上を走行

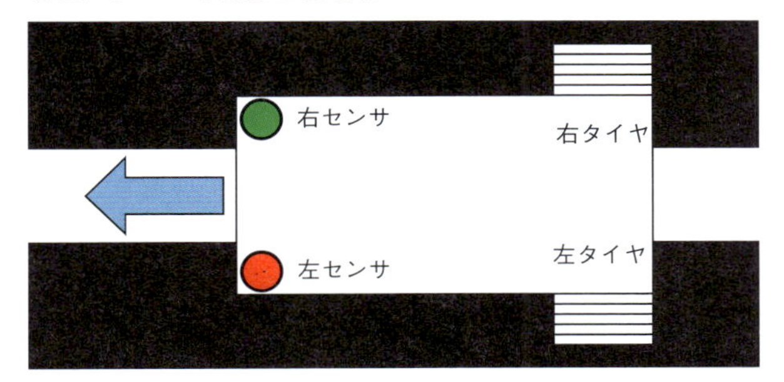

次に、自走ロボットが図10-43の位置にあるとき、左センサが白線を検出してHIGHになって、右側へ脱線したことが判明します。右側へ脱線したときは、左タイヤをストップさせ、右タイヤを前進させることで、自走ロボットを左へ曲げる動作になり、軌道を修正できます。

◯図10-43：白線の右側へ脱線した場合

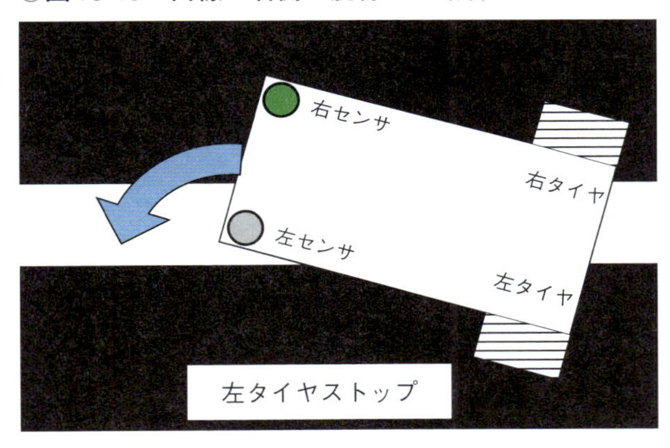

また、自走ロボットが図10-44の位置にあるとき、右センサが白線を検出してHIGHとなって、左側へ脱線したことが判明します。左側へ脱線したときは、右タイヤをストップさせ、左タイヤを前進させることで、自走ロボットを右へ曲げる動作になり、軌道を修正できます。

○図10-44：白線の左側へ脱線した場合

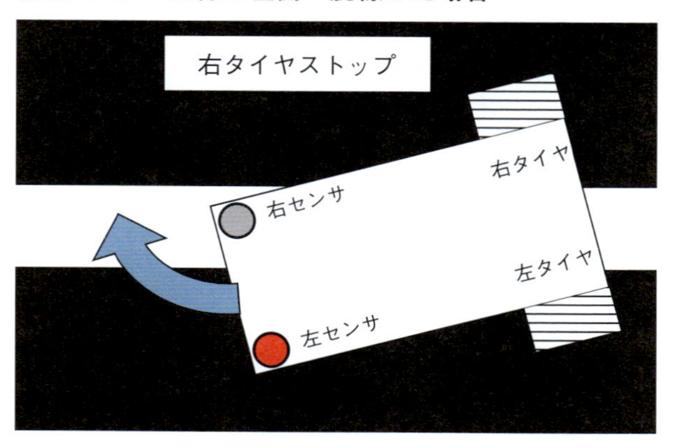

以上のセンサの位置情報と自走ロボットへの指示の関係を**表10-12**に示します。

○表10-12：位置情報からの自走ロボットへの指示

図	反射型フォトセンサの位置情報		自走ロボットの位置	自走ロボットへの指示
	左センサ	右センサ		
図10-42	LOW	LOW	白線の中心にいる	左右のタイヤを前進
図10-43	HIGH	LOW	右側へ脱線	左タイヤストップ、 右タイヤ前進
図10-44	LOW	HIGH	左側へ脱線	左タイヤ前進、 右タイヤストップ

メインボードの回路図（**図10-22**）よりGPIOの論理値とタイヤの動作の関係を**表10-13**に示します。各タイヤの駆動回路には、IN1とIN2の2つの入力信号があります。IN1がHIGHで、IN2がLOWのとき、タイヤは「前進」方向に回転します。また、IN1とIN2がHIGHのとき「ストップ」します。

○表10-13：GPIOの信号と左右のタイヤの動作

			タイヤの動作	
			前進	ストップ
左タイヤ	AIN2	GPIO24	LOW	HIGH
	AIN1	GPIO25	HIGH	HIGH
右タイヤ	BIN2	GPIO22	LOW	HIGH
	BIN1	GPIO23	HIGH	HIGH

図10-43の脱線した場合より、左タイヤをストップさせればよいので、左センサの信号（GPIO6、HIGH）を左タイヤのAIN2（GPIO24）に入力します。また、**図10-44**の脱線した場合、右タイヤをストップさせるため、右センサの信号（GPIO4、HIGH）を右タイヤのBIN2（GPIO22）に入力します。

したがって、自走ロボットの反射型センサとモータ駆動回路の関係は**図10-45**のようになります。メインボードの拡張コネクタでのジャンパーワイヤの配線を**表10-14**に示します。配線した写真を**図10-46**に示します。

○図10-45：自走ロボットの配線

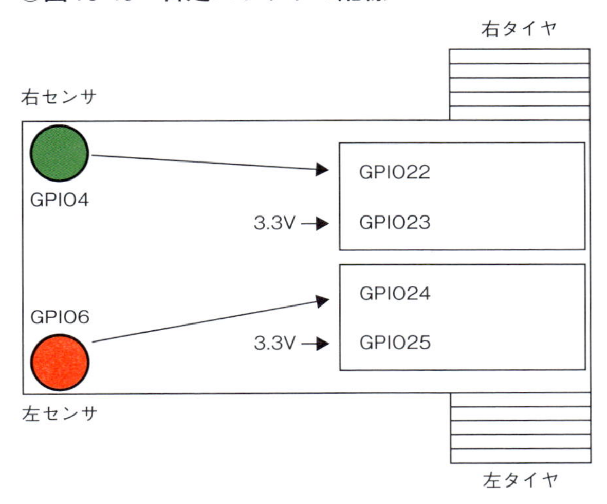

○表10-14：メインボードの40ピンコネクタでの配線

進行方向（↑）

信号名	番号		信号名
5V	2	1	—
5V	4	3	GPIO2/SDA
GND	6	5	GPIO3/SCL
GPIO14/TXD	8	7	GPIO4
GPIO15/RXD	10	9	GND
GPIO18	12	11	GPIO17
GND	14	13	GPIO27
GPIO23	16	15	GPIO22
GPIO24	18	17	—
GND	20	19	GPIO10/MOSI
GPIO25	22	21	GPIO9/MISO
GPIO8/SS0	24	23	GPIO11/SCK
GPIO7/SS1	26	25	GND
ID SC	28	27	ID SD
GND	30	29	GPIO5
GPIO12	32	31	GPIO6
GND	34	33	GPIO13
GPIO16	36	35	GPIO19
GPIO20	38	37	GPIO26
GPIO21	40	39	GND

CN5 1ピン（3.3V）↔ GPIO23
CN4 1ピン（3.3V）↔ GPIO25

◯図10-46：自走ロボットの拡張コネクタでの配線

10.7.2 ライン検出基板の感度の調整

自走ロボットを緩やかなコースをライントレースさせて、白線から脱線しないように、各反射型フォトセンサの半固定抵抗を調整します。デジタルテスターを使用して、DC/DCコンバータの多回転半固定ボリュームを操作して出力電圧VMを1.5V～2.0V程度に調整して、ロボットの動作を確認します。

◯図10-47：自走ロボットのテスト走行

動画のURL：https://youtu.be/AIgovnYvYh4

QRコードを読み取ると動画が見られます

＜自走ロボットのテスト走行のトラブルシューティング＞

- **表10-14**の拡張コネクタでのジャンパーワイヤの配線を確認します。
- DC/DCコンバータの出力電圧が1.5V～2.0Vであることを確認します。電圧が低すぎるとモータは動作しません。また、電圧が高すぎると脱線します。
- モバイルバッテリーの電圧や容量を確認します。
- 配線の間違いや配線の忘れ、部品の誤挿入がないかを確認します。
- はんだ付け不良（はんだブリッジ、はんだ忘れ）を確認します。
- ケーブルや配線の接触不良や断線を確認します。

10.8　自走ロボットの組み立て

10.8.1　ラズパイにコネクタとスペーサの取り付け

ラズパイの部品面の40ピン拡張コネクタにスタッキングコネクタを装着します（**図10-48**）。3箇所にスペーサのオネジ（M3）を挿入するのですが、ラズパイの取り付け穴が狭いため丸棒やすりなどで穴を拡げます。

ラズパイのはんだ面から10mmのスペーサのオネジを挿入し、**図10-48**に示すように2箇所を30mmのスペーサで、1箇所をM3のプラスチック製のナットで固定します。

○図10-48：スタッキングコネクタとスペーサの取り付け

● LCDの取り付け

LCDにピンソケットで下駄を履かせて、自走ロボットの見やすい位置に配置します。4ピンのピンソケットがないため、5ピンソケットから1ピンを抜いたものを使用します。10mmと15mmのソケットを接続して、LCDをピンソケットに挿します（**図10-49**）。

なお、LCDのピンヘッダがピンソケットに対して緩い場合、メインボードのCN7に使用したノーマルタイプのピンヘッダに交換します。

○図10-49：LCDとピンソケット2段

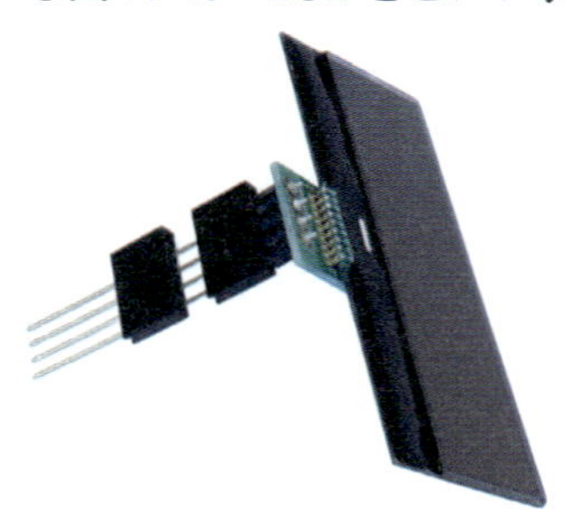

最後に、ラズパイをメインボードに実装し、CN4にピンソケット2段を挿したLCDを実装します。LCDが2個の10mmのスペーサに載せるように高さを調整します（**図10-50**）。なお、モバイルバッテリーは、「11.11　緩やかなラインをトレースする」（P.339）で取り付けます。

○図10-50：自走ロボットにラズパイとLCDの実装

Chapter 11

自走ロボットを制御する（基礎編）

この章では、いよいよ自分が組み上げたロボットの動作を確認します。まずは、ソフトウェアで周辺回路や各デバイスの動作をステップバイステップで確認していきます。そして、ここまで学んできた技術や知識が形になり、自走ロボットが動き出す瞬間はまさに感動的です。ライントレース走行するロボットを見て、自信と達成感を味わいましょう。

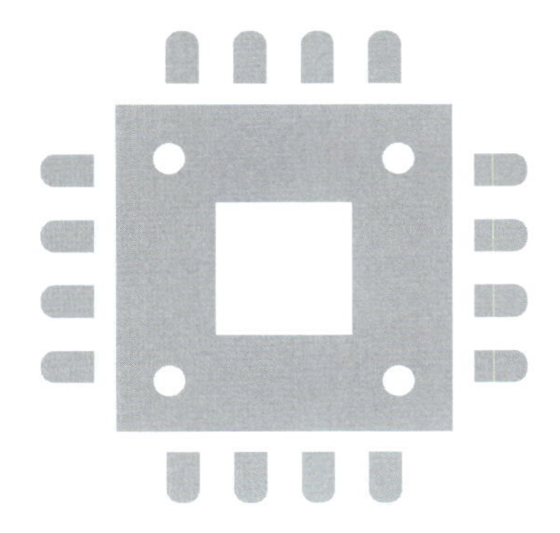

11.1　基礎編について

本章のゴールは「スタートボタンを押したら、自走ロボットが白線を検出して、ライントレース走行する」ことです。このゴールが高いか、低いかは、読者自身の判断になります。

本章では、いきなりライントレースのプログラムを作成することを難しく感じる読者のために、これまでの学習した内容の振り返りを含めて、**図11-1**のように階段を上がるように課題に取り組み、達成感を感じて、最終的にライントレースのプログラムを作成できるように工夫しました。また、チャレンジできる読者は、ご自身のアイデアでプログラムを作成することを期待します。

○図11-1：目標達成の階段

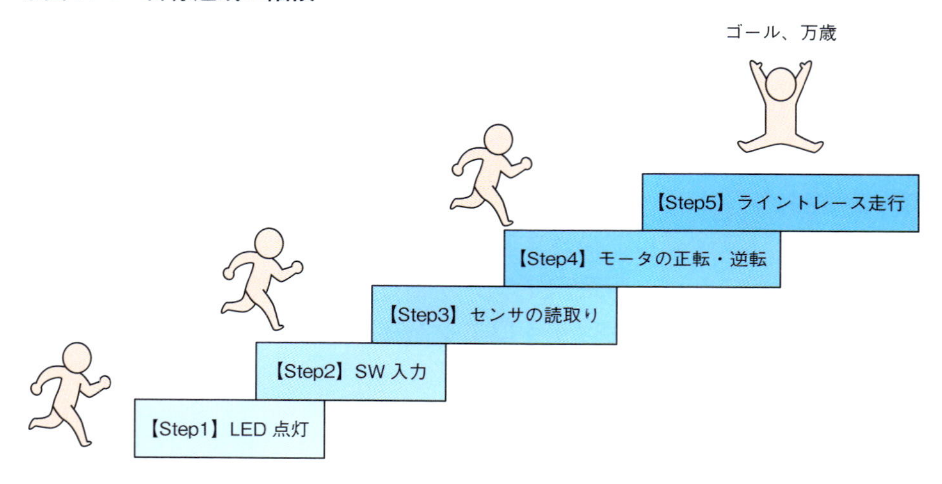

11.2　VNCの設定

前章で自走ロボットを完成させました。本章ではラズパイでプログラムを作成し、各周辺回路の動作を確認します。まずは、自走ロボットに搭載したラズパイをVNC（Virtual Network Computing）で遠隔操作するための環境を整えます。

11.2.1　VNCとは

クライアントからネットワークを介してVNCサーバに接続し、そのサーバのデスクトップ画面を表示して操作できます。ここでは、VNCサーバがラズパイで、クライアントがPCになります。ラズパイのOSにはVNC Serverがプリインストールされており、Raspberry Piの設定で有効にします。PC側のクライアント用アプリとしては、無料で使用可能なTiger VNC Viewerがあります。**図2-1**（P.38）に示したネットワーク環境で、ラズパイをWi-Fiに接続します。VNCではデスクトップ画面を送受信するため、通信の情報量が多くなります。そのため、高速な5GHz帯のWi-Fi（11ac）を推奨します。

11.2.2 ラズパイ側の設定

デスクトップ画面の「Menu」をクリックして、「設定」を選択し、「Raspberry Piの設定」をクリックします。「Raspberry Piの設定」画面の「インターフェイス」タブを選択します（**図11-2**）。「SSH」と「VNC」を有効にして（①）、［OK］をクリックし（②）、再起動します。

◯図11-2：「インターフェイス」タブのSSHとVNCの有効にチェック

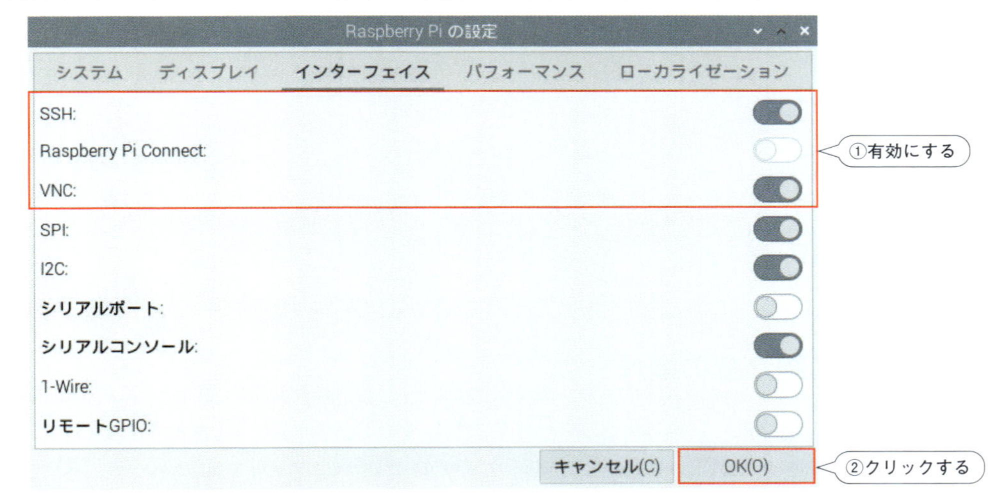

PCからラズパイにVNCで接続する際に、ラズパイのIPアドレスが必要になります。ターミナルでhostnameコマンドを実行してIPアドレスを控えておきます。

```
$ hostname -I
```

11.2.3 Tiger VNC Viewerのダウンロード

SourceForgeサイトのTiger VNCページから、Tiger VNC ViewerのPC用実行形式ファイルをダウンロードします。執筆時点ではバージョン1.13.1です。「vncviewer64-1.13.1.exe」をクリックして（①）アプリをダウンロードします。vncviewer64-1.13.1.exeは、インストール不要で、スタンドアローン実行可能なファイルです。ダウンロードフォルダからデスクトップに移動します。

URL https://sourceforge.net/projects/tigervnc/files/stable/1.13.1/

○図11-3：VNC Viewerのダウンロード

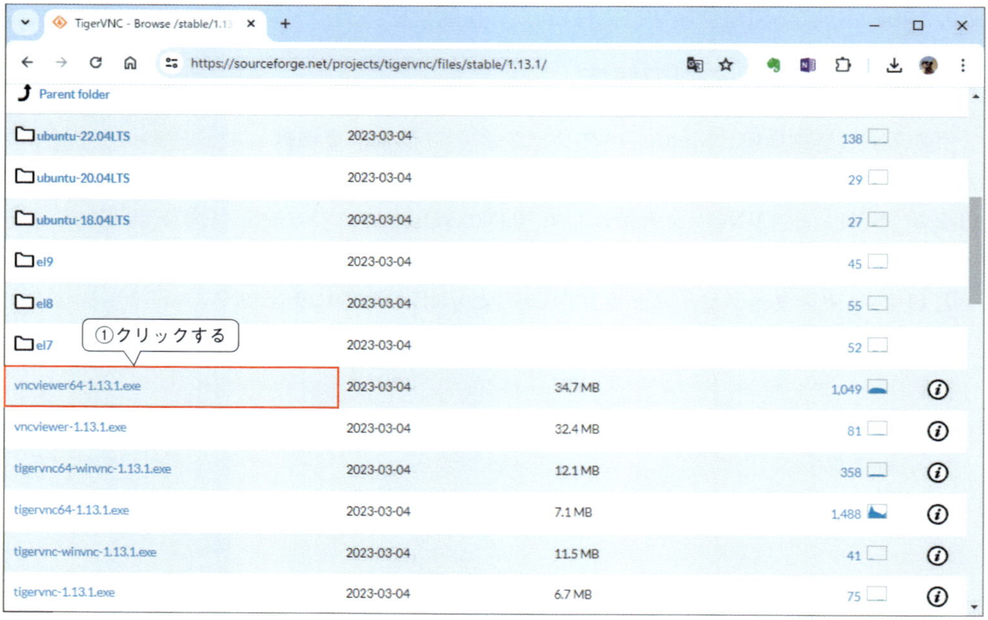

11.2.4　PC側からの操作

Tiger VNC Viewerのアイコンをダブルクリックして、Tiger VNC Viewerを起動します。**図11-4**の「VNC Viewer: Connection Details」ダイアログボックスの「VNC server」(①)に、ラズパイのIPアドレスを入力します。「Certificate hostname mismatch」のダイアログボックスの［Yes］（②）をクリックします。

次に、「Unknown certificate issuer」ダイアログボックスで、This certificate has been signed by an unknown authorityとの警告に対して、［Yes］（③）をクリックして、ラズパイを例外とします。「VNC authentication」ダイアログボックスでユーザー名とパスワード（④）を入力し、［OK］（⑤）をクリックすると、リモートデスクトップ画面が表示されます。Tiger VNC Viewerを利用して、自走ロボットのプログラムを開発します[注1]。

注1　2024年7月4日のRaspberry Pi OSのアップデートで、本書の前版で紹介したRealVNC Viewerも使用できるようになりました。

○図11-4：Tiger VNC Viewerの接続の手続き

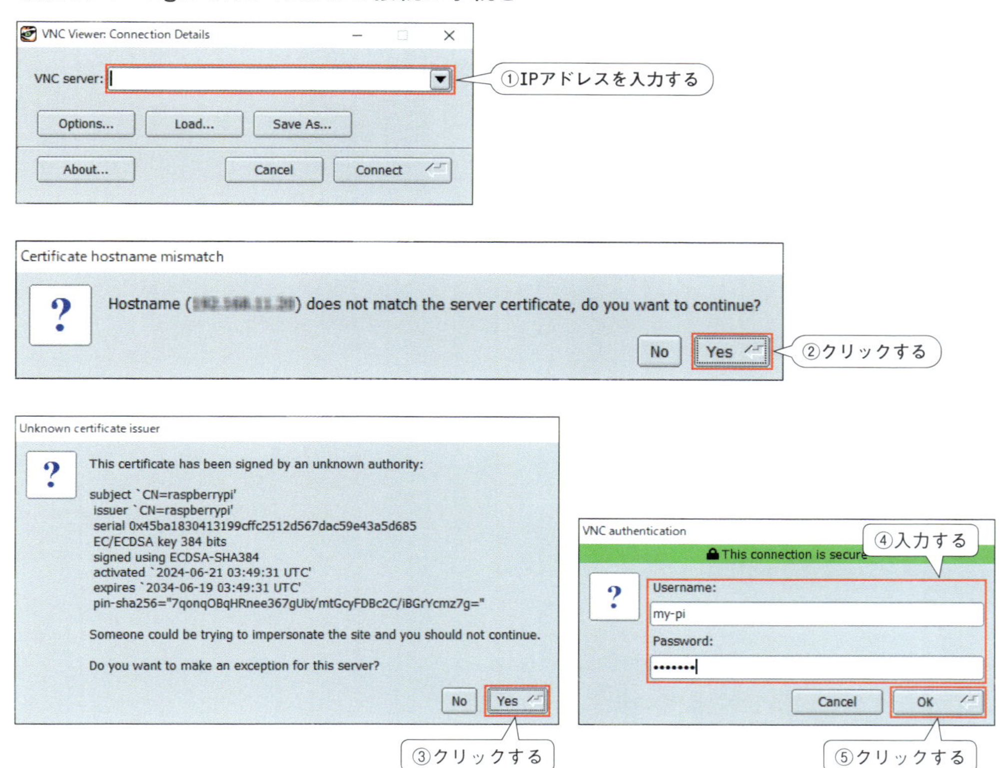

リモートデスクトップ画面において、キーボードの F8 キーを押すと、Tiger VNC Viewerのメニューが表示されます（図11-5）。❶「Disconnect」をクリックするとTiger VNC Viewerを終了します。❷「Full screen」にチェックを入れると、リモートデストップ画面がユーザーのディスプレイに全画面表示されます。

◯図11-5：Tiger VNC Viewerのメニュー

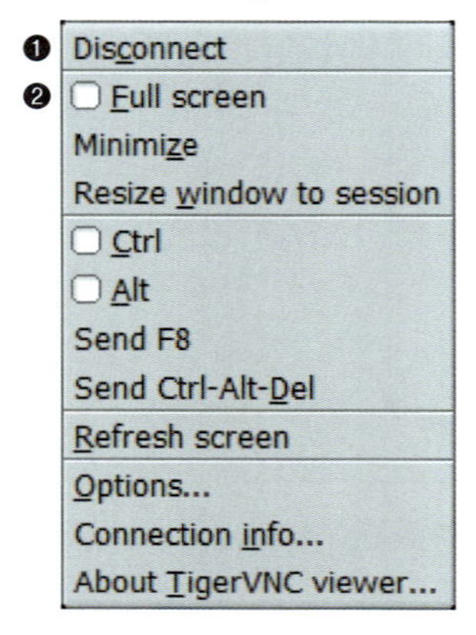

11.3 LEDを点滅させる

メインボードのLED1はGPIO20に接続されています（P.277の図10-22）。LED1に0.5秒間隔で点滅させるプログラムを作成しましょう。なお、これまでのlibMyPi2.aとMyPi2.hを引き続き使用します。Geanyのビルドの設定は、Chapter 7の「7.8.4　ライブラリを使用したビルドの方法」（P.196）のとおりです。なお、自走ロボットの電源として「11.10　シャットダウンボタンを追加する」の課題まで、安定したDCジャック型ACアダプタを使用します。

11.3.1 ハードウェアの仕様

本課題で使用するGPIOの仕様を表11-1に示します。

◯表11-1：GPIOの仕様

LED1	GPIO20

11.3.2 ソースコード

ソースコードはリスト11-1になります。

○リスト11-1：11-Led.c

```
#include <stdio.h>
#include <stdlib.h>     //EXIT_SUCCESS
#include <lgpio.h>      //lgGpiochipOpen,lgGpioWrite,etc
#include  "MyPi2.h"     //マイライブラリ
#define PI5     4       // /dev/gpiochip4
#define PI4B    0       // /dev/gpiochip0
#define LED1    20 ————①

int main(void) {                                          ┐
    int hnd;                                              │
    int lFlgOut=0;                                        │
    hnd = lgGpiochipOpen(PI5);                            ├②
    //hnd = lgGpiochipOpen(PI4B);                         │
    lgGpioClaimOutput(hnd,lFlgOut,LED1,LG_LOW);           ┘
    for(;;){                                              ┐
        lgGpioWrite(hnd,LED1,LG_HIGH);                    │
        lguSleep(0.5);      //0.5秒待つ                   ├③
        lgGpioWrite(hnd,LED1,LG_LOW);                     │
        lguSleep(0.5);      //0.5秒待つ                   │
    }                                                     ┘
    lgGpiochipClose(hnd);
    return EXIT_SUCCESS;
}
```

① GPIO20をLED1とマクロ定義します。

② gpiochipをオープンして、LED1を出力に設定します。自走ロボットにPi 4Bを使用する場合は、次のようにPi 5の行をコメントアウトして、Pi 4Bのgpiochipをオープンします。

//hnd = lgGpiochipOpen(PI5);

hnd = lgGpiochipOpen(PI4B);

③ for文で、0.5秒間隔でLED1をHIGHとLOWにして、点滅動作を繰り返します。

11.4 LCDに変数の値を表示させる

LCD AQM1602を使用して、変数iを1秒ごとにカウントアップさせてLCDに表示するプログラムを作成しましょう（図11-6）。

○図11-6：LCDの表示例

i=1

11.4.1 ハードウェアの仕様

LCDの仕様を表11-2に示します。

○表11-2：LCDの仕様

LCD型番	AQM1602
LCDスレーブアドレス	0x3e

11.4.2 フローチャート

フローチャートを図11-7に示します。

○図11-7：変数iを1秒ごとにカウントアップさせてLCDに表示するフローチャート

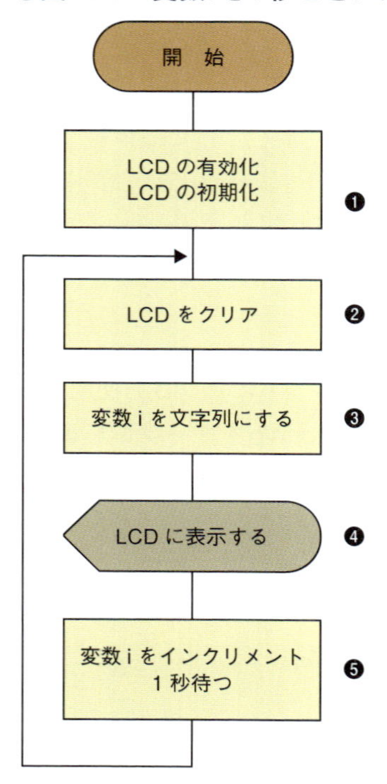

❶ I²Cデバイスの LCDを有効にし、LCDを初期化します。

❷ LCDをクリアすることにより、毎回1行目の左端から表示されます。

❸ 変数iを文字列に変換します。

❹ LCDに表示します。

❺ 変数iをインクリメントし、1秒間待ってから❷へ戻ります。

11.4.3 ソースコード

ソースコードはリスト11-2になります。

○リスト11-2：11-Lcd.c

```
#include <stdio.h>          //sprintf
#include <stdlib.h>         //EXIT_SUCCESS
#include <lgpio.h>          //lgI2cOpen,etc
#include  "MyPi2.h"         //マイライブラリ
#define I2C_BUS     1       // /dev/i2c-1
#define LCD_ADR     0x3e    //LCD スレーブアドレス

int main(void){
    int i=0;
    int hndLcd;
    char s1[17]; ―――①

    hndLcd = lgI2cOpen(I2C_BUS,LCD_ADR,0);  }②
    LcdSetup(hndLcd);

    while(1){ ―――――――――③
        LcdClear(hndLcd);              }
        sprintf(s1,"i=%d",i);          }④
        LcdWriteString(hndLcd,s1);     }
        i++;            }⑤
        lguSleep(1);    }
    }
    lgI2cClose(hndLcd);
    return EXIT_SUCCESS;
}
```

① LCDに表示させる17文字分の配列を宣言します。LCDの1行は16文字ですが、文字列の終端を表すヌル文字（null）を含めるため17文字としています。
② LCDを有効にしてLCDのハンドルを取得し、LCDを初期化します。
③ main関数を永久ループとします。
④ LcdClear関数を使用してLCDのディスプレイをクリアします。sprintf関数は、変数iを書式指定に従って文字列s1に変換します。
⑤ 変数iをインクリメントして、1秒間待ちします。

11.5　赤色SWと白色SWをテストする

図11-8に示すように、赤色SWが押されたらLCDの1行目に「Red SW is ON」と表示し、押されていないときは「Red SW is OFF」と表示します。同様に、白色SWが押されたらLCDの2行目に「White SW is ON」と表示し、押されていないときは「White SW is OFF」と表示します。なお、ループ文でLCDにメッセージを高速に上書きすると、文字が薄く表示されてしまうので、見づらくならないように工夫します。

◯図11-8：SWの状態を示すLCDの表示例

Red SW is OFF
White SW is OFF

(a) どちらのSWも押されていないとき

Red SW is OFF
White SW is ON

(b) 白色SWが押されたとき

Red SW is ON
White SW is OFF

(c) 赤色SWが押されたとき

Red SW is ON
White SW is ON

(d) 両方のSWが同時に押されたとき

11.5.1　ハードウェアの仕様

本課題で使用するGPIOとLCDの仕様を**表11-3**に示します。

◯表11-3：GPIOとLCDの仕様

赤色SW	GPIO17
白色SW	GPIO27
LCDスレーブアドレス	0x3e

11.5.2 フローチャート

フローチャートは図11-9です。

◯図11-9：赤色SWと白色SWをテストする課題のフローチャート

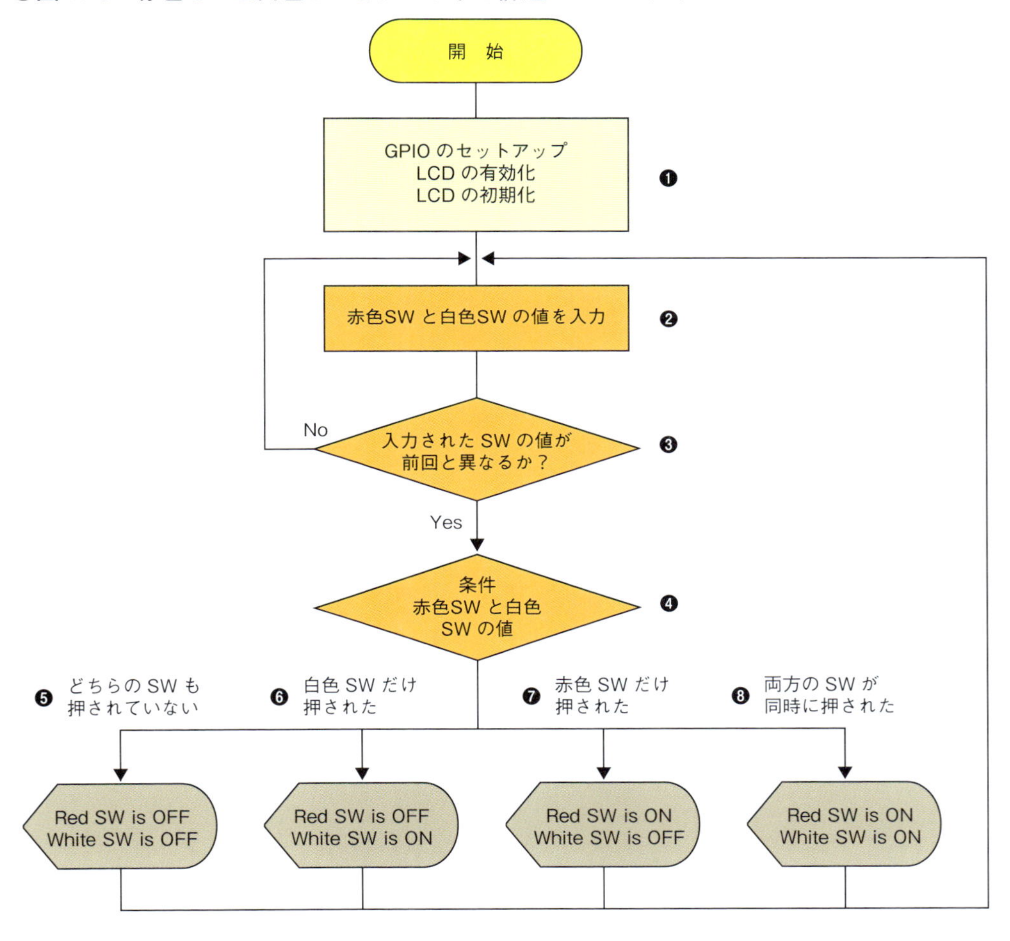

❶ GPIOをセットアップします。I²CデバイスのLCDを有効にし、LCDを初期化します。

❷ 赤色SWと白色SWの値を入力します。

❸ 前回の入力した値と異なるかどうか判断します。同じ場合は再びSWの入力❷に戻り、異なる場合はメッセージを表示する処理❹へ行きます。

❹ 赤色SWと白色SWの値から、4通りの表示に分岐します。

❺「赤色SWと白色SWのどちらも押されていない」ときは、指定されたメッセージを表示し、❷のSWの入力へ戻ります。

❻「白色SWが押された」ときは、指定されたメッセージを表示し、❷のSWの入力へ戻り

ます。

❼「赤色SWが押された」ときは、指定されたメッセージを表示し、❷のSWの入力へ戻ります。

❽「両方のSWが同時に押された」ときは、指定されたメッセージを表示し、❷のSWの入力へ戻ります。

11.5.3 ソースコード

ソースコードはリスト11-3になります。

○リスト11-3：11-Sw.c

```
#include <stdio.h>      //sprintf
#include <stdlib.h>     //EXIT_SUCCESS
#include <lgpio.h>      //lgGpiochipOpen,lgGpioRead,etc
#include  "MyPi2.h"     //マイライブラリ
#define PI5         4   // /dev/gpiochip4
#define PI4B        0   // /dev/gpiochip0
#define SW_RED      17  //赤色SW
#define SW_WHITE    27  //白色SW
#define I2C_BUS     1   // /dev/i2c-1
#define LCD_ADR     0x3e //LCD スレーブアドレス

int main(void){
    int hnd,hndLcd;
    int swNow =0;       }①
    int swPre = 0b11;   }
    char s1[17];
    int lFlgIn=LG_SET_PULL_NONE;

    hnd = lgGpiochipOpen(PI5);                    ┐
    //hnd = lgGpiochipOpen(PI4B);                 │
    lgGpioClaimInput(hnd,lFlgIn,SW_RED);          ├②
    lgGpioClaimInput(hnd,lFlgIn,SW_WHITE);        │
    hndLcd = lgI2cOpen(I2C_BUS,LCD_ADR,0);        │
    LcdSetup(hndLcd);                             ┘

    while(1){ ───③
        swNow = lgGpioRead(hnd, SW_RED)*2+lgGpioRead(hnd, SW_WHITE); ───④
        if(swNow != swPre){ ───⑤
            LcdClear(hndLcd); ───⑥
            switch(swNow){                                               ┐
                case 0b00:                                               │
                    sprintf(s1,"Red SW is OFF");   //文字列に変換        │
                    LcdWriteString(hndLcd, s1);    //LCDに表示           │
                    LcdNewline(hndLcd);            //改行                │
                    sprintf(s1,"White SW is OFF"); //文字列に変換        │
                    LcdWriteString(hndLcd, s1);    //LCDに表示           │
                    swPre = swNow;                                       │
                    break;                                               ├⑦
                case 0b01:                                               │
                    sprintf(s1,"Red SW is OFF");                         │
                    LcdWriteString(hndLcd, s1);                          │
                    LcdNewline(hndLcd);                                  │
                    sprintf(s1,"White SW is ON");                        │
                    LcdWriteString(hndLcd, s1);                          │
```
↗

```
↘
                    swPre = swNow;
                    break;
                case 0b10:
                    sprintf(s1,"Red SW is ON");
                    LcdWriteString(hndLcd, s1);
                    LcdNewline(hndLcd);
                    sprintf(s1,"White SW is OFF");
                    LcdWriteString(hndLcd, s1);
                    swPre = swNow;
                    break;
                case 0b11:
                    sprintf(s1,"Red SW is ON");
                    LcdWriteString(hndLcd, s1);
                    LcdNewline(hndLcd);
                    sprintf(s1,"White SW is ON");
                    LcdWriteString(hndLcd, s1);
                    swPre = swNow;
                    break;
            }
        }
        lguSleep(0.001);    //CPU使用率の抑制のため
    }
    lgI2cClose(hndLcd);
    lgGpiochipClose(hnd);
    return EXIT_SUCCESS;
}
```

① 変数swNowは、赤色SWと白色SWの状態を入力したときに保存する変数です。変数swPreは、swNowの1つ前（過去）の値が保存されています。swNowとswPreの0bit目に白色SWの値が、1bit目に赤色SWの値が格納されています（**表11-4**）。

◯**表11-4：変数swNowとswPreの各スイッチのビット位置**

MSB	…………	4bit	3bit	2bit	1bit	0bit（LSB）
0	…………	0	0	0	赤色SW	白色SW

② 赤色SWと白色SWを入力に設定します。LCDを有効にしてLCDのハンドルを取得し、LCDを初期化します。

③ main関数を永久ループとします。

④ 赤色SWと白色SWの値を入力します。赤色SWの値に2を乗じて変数swNowの1bit目へ移動させます。SWが押されていないときの値は0で、押されたときは1になります。

⑤ if文で今入力したswNowと1つ前に入力したswPreを比較して、異なればメッセージを表示します。同じ場合はSWの入力に戻ります。このif文の処理により、LCDの文字が見えづらくなるのを防止しています。

⑥ ディスプレイをクリアします。

⑦ **表11-5**に示すように、変数swNowの値に従って、LCDへのメッセージを切り替えて表示します。LCDの2行目に改行するために、LcdNewline関数を使用します。変数swPreに変数swNowを代入して、swPreを更新します。

○表11-5：LCDのメッセージ

変数swNow		LCDのメッセージ	
1bit目 赤色SW	0bit目 白色SW	1行目	2行目
0	0	Red SW is OFF	White SW is OFF
0	1	Red SW is OFF	White SW is ON
1	0	Red SW is ON	White SW is OFF
1	1	Red SW is ON	White SW is ON

11.6　圧電サウンダを鳴らす

「6.2.3　圧電サウンダを鳴らす」（P.150）で使用した圧電サウンダを、白色SWを押している間、デューティ比が50%の1kHzのパルス信号で鳴らすプログラムを作成します。

11.6.1　ハードウェアの仕様

本課題で使用するGPIOと圧電サウンダの仕様を**表11-6**に示します。

○表11-6：GPIOと圧電サウンダの仕様

白色SW	GPIO27
圧電サウンダ	GPIO18
圧電サウンダ型番	村田製作所PKM17EPPH4001-B0

11.6.2　ソースコード

ソースコードは**リスト11-4**になります。ソースコードの解説については、**リスト6-1**（P.152）を参照してください。

○リスト11-4：11-Buz.c

```
#include <stdio.h>
#include <stdlib.h>     //EXIT_SUCCESS
#include <lgpio.h>      //lgGpiochipOpen,lgTxPulse,etc
#include  "MyPi2.h"     //マイライブラリ
#define PI5     4       // /dev/gpiochip4
#define PI4B    0       // /dev/gpiochip0
#define SW_WHITE   27   //白色SW
#define BUZZER     18   //圧電サウンダ

int main (void){
    int hnd;
    int lFlgOut=0;
```

```
↘
    int lFlgIn=LG_SET_PULL_NONE;    //プルダウン抵抗を使用しない
    hnd = lgGpiochipOpen(PI5);
    //hnd = lgGpiochipOpen(PI4B);
    lgGpioClaimOutput(hnd,lFlgOut,BUZZER,LG_LOW);   //BUZZERを出力に設定
    lgGpioClaimInput(hnd,lFlgIn,SW_WHITE);          //白色SWを入力に設定

    while(1){
        if(lgGpioRead(hnd, SW_WHITE)==LG_HIGH){     //白色SWが押された
            lgTxPulse(hnd,BUZZER,500,500,0,0);      //1kHzを出力する;
        }else{                                      //白色SWが押されていない
            lgTxPulse(hnd,BUZZER,0,0,0,0);          //出力停止
            lgGpioWrite(hnd,BUZZER,LG_LOW);
        }
        lguSleep(0.001);    //CPU使用率の抑制のため
    }
    lgGpiochipClose(hnd);
    return EXIT_SUCCESS;
}
```

11.7　フォトセンサの信号を表示する

ライン検出基板に実装された3つの反射型フォトセンサ（以下、センサ）の出力信号をLCDの1行目に表示します。**図10-9**（P.267）に示したように、左右のセンサは白線の外側の黒色床面に位置し、中央のセンサは白線上にあります。この配置関係を本書ではノーマルポジションと呼ぶことにします。すなわち、左右のセンサは黒色を検出したときが真となり、中央のセンサは白色を検出したときが真になります。真のときに、各センサのLEDが点灯するようになっています。

また、ノーマルポジションにおいては、**表11-7**に示すように、左右のセンサは黒色を検出して出力信号はLOWとなり、中央のセンサは白色を検出して出力信号はLOWになります。LOWのときが真で、HIGHのときが偽とします。ライン検出基板の出力信号は負論理です。また、本書では3つのセンサの出力で、1つ以上のHIGHが含まれる状態をエラーポジションと呼ぶことにします。

ノーマルポジションのときは、**図11-10（a）**に示すようにLCDに各センサの状態を0と表示させます。また、**図11-10（b）**のように、左センサと中央センサが偽のときは、LCDに1と表示させます。左センサの信号はLCDの1行目の左端に、中央センサの信号は1行目のほぼ中央に、右センサの信号は右端に表示させます。なお、**表11-8**に示すように、変数センサの指定されたbit目に各センサの信号の値を格納します。

○表11-7：ライン検出基板の出力信号

物体の色	左センサ（L） 赤色LED	中央センサ（C） 黄色LED	右センサ（R） 緑色LED
黒色	LOW（真）	HIGH（偽）	LOW（真）
白色	HIGH（偽）	LOW（真）	HIGH（偽）

○図11-10：LCDの表示例

進行方向

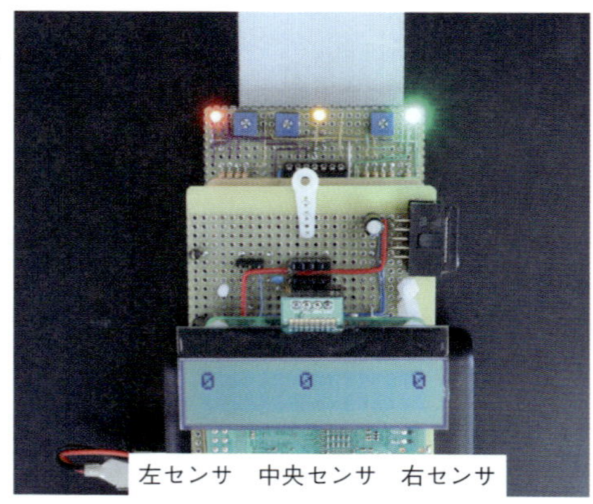

(a)ノーマルポジション

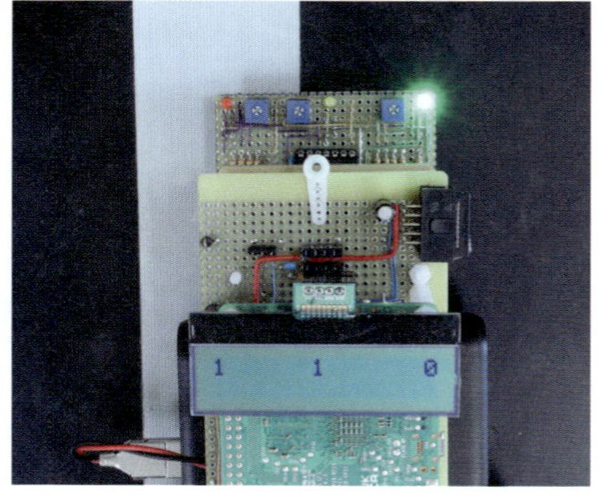

(b)エラーポジション

○表11-8：変数センサの各センサのビット位置

MSB	…………	4bit	3bit	2bit	1bit	0bit（LSB）
0	…………	0	0	左センサ	中央センサ	右センサ

11.7.1　ハードウェアの仕様

本課題で使用するGPIOとLCDの仕様を**表11-9**に示します。

○表11-9：GPIOとLCDの仕様

右センサ	GPIO4
中央センサ	GPIO5
左センサ	GPIO6
LCDスレーブアドレス	0x3e
LCDインストラクションレジスタ	0x00

11.7.2 フローチャート

フローチャートは、main関数（**図11-11**）、3つのセンサから位置情報を取得し、指定されたビット位置に保存するReadSens関数（**図11-12**）、センサの位置情報をLCDに表示するSens2Lcd関数（**図11-13**）の3つに役割を分けて作成しました。

main関数のフローチャート

main関数のフローチャートを**図11-11**に示します。

○**図11-11：main関数のフローチャート**

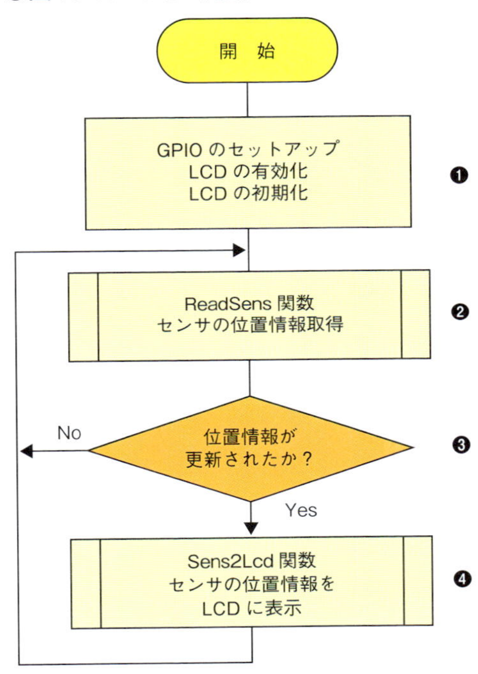

❶ GPIOをセットアップします。I²CデバイスのLCDを有効にし、LCDを初期化します。

❷ 3つのセンサの位置情報を取得します。

❸ センサの位置情報が更新されたどうか判断します。更新された場合は❹へ、更新されていない場合は❷のセンサの信号の取得に戻ります。

❹ センサの位置情報をLCDの指定された場所に表示します。

ReadSens関数のフローチャート

ReadSens関数のフローチャートを**図11-12**に示します。

○図11-12：ReadSens関数のフローチャート

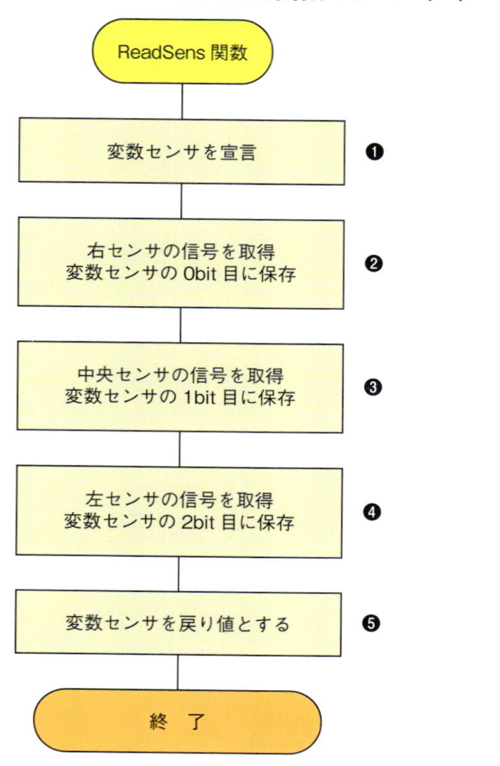

❶ 3つのセンサの信号を1つの変数に保存するため、変数センサを宣言します。

❷ 右センサの信号を取得して、変数センサの0bit目に保存します。

❸ 中央センサの信号を取得して、変数センサの1bit目に保存します。ここでは、何bit目かを指定する方法に、位の重みを利用します。1bit目の重みは2^1となるので、センサの信号がHIGHのとき、2^1を変数センサに加えればよいのです。

❹ 左センサの信号を取得して、❸と同様に位の重み（2^2）を利用して変数センサの2bit目に保存します。

Sens2Lcd関数のフローチャート

Sens2Lcd関数のフローチャートは**図11-13**になります。

◯図11-13：Sens2Lcd関数のフローチャート

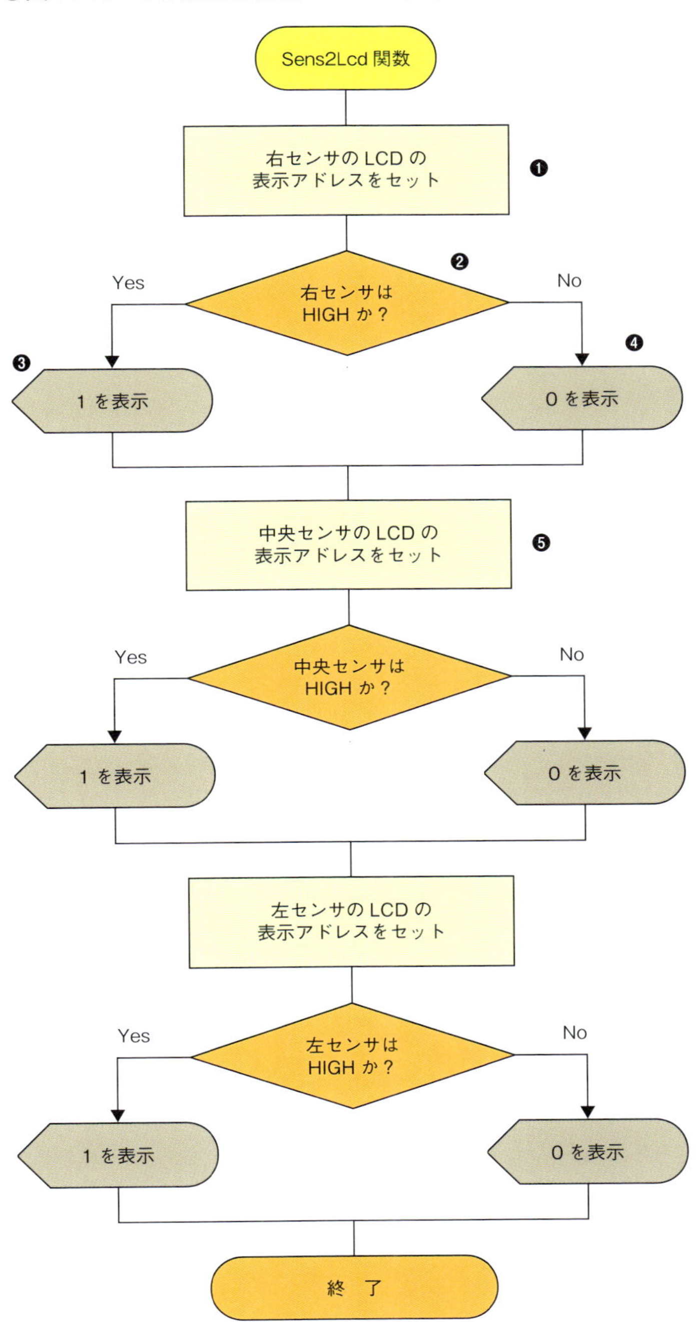

❶ 右センサの値をLCDの1行目の右端に表示させるために、LCDの表示アドレスをセットします。
❷ 右センサの値がHIGHかどうか判断します。
❸ HIGHなら、LCDに1を表示します。
❹ HIGHでなければ、LCDに0を表示します。
❺ 同様に、中央センサと左センサについても、センサの値をLCDに表示します。

11.7.3 ソースコード

ソースコードはリスト11-5になります。

○リスト11-5：11-PhotoSen.c

```
#include <stdio.h>
#include <stdlib.h>          //EXIT_SUCCESS
#include <lgpio.h>           //lgGpiochipOpen,lgGpioRead,etc
#include  "MyPi2.h"          //マイライブラリ
#define PI5          4       // /dev/gpiochip4
#define PI4B         0       // /dev/gpiochip0
#define SEN_RIGHT    4       //右側 反射型フォトセンサ
#define SEN_CENTER   5       //中央 反射型フォトセンサ
#define SEN_LEFT     6       //左側 反射型フォトセンサ
#define SNUM         3       //センサの信号数
#define I2C_BUS      1       // /dev/i2c-1
#define LCD_ADR      0x3e    //LCD スレーブアドレス
#define LCD_IR       0x00    //インストラクションレジスタ

/* グローバル宣言 */
const int inGpio[SNUM] = {SEN_RIGHT,SEN_CENTER,SEN_LEFT};

/* プロトタイプ宣言 */
int ReadSens(int hnd);
void Sens2Lcd(int hndLcd, int sensors);

int main(void){
    int hnd,hndLcd;
    int lFlgIn=LG_SET_PULL_NONE;
    int senNow;                         }①
    int senPre=0b0111;
    hnd = lgGpiochipOpen(PI5);
    //hnd = lgGpiochipOpen(PI4B);
    lgGroupClaimInput(hnd, lFlgIn, SNUM, inGpio);
    hndLcd = lgI2cOpen(I2C_BUS,LCD_ADR,0);
    LcdSetup(hndLcd);

    while(1){
        senNow = ReadSens(hnd); ―――――②
        if (senNow!=senPre){
            LcdClear(hndLcd);
            Sens2Lcd(hndLcd, senNow);        }③
            senPre=senNow;
        }
        lguSleep(0.001);     //CPU使用率の抑制のため
    }
    lgI2cClose(hndLcd);
```

↗

```
↘
    lgGpiochipClose(hnd);
    return EXIT_SUCCESS;
}

int ReadSens(int hnd){ ――――――④
    int i;
    int sensors=0;
    i = lgGpioRead(hnd, SEN_RIGHT);       ⑤
    if(i == LG_HIGH) {sensors = 1;}
    i = lgGpioRead(hnd, SEN_CENTER);      ⑥
    if(i == LG_HIGH) {sensors += 2;}
    i = lgGpioRead(hnd, SEN_LEFT);        ⑦
    if(i == LG_HIGH) {sensors += 4;}
    return sensors;
}

void Sens2Lcd(int hndLcd, int sensors){ ――――――⑧
    int ac7=0b10000000; ――――――⑨

    lgI2cWriteByteData(hndLcd,LCD_IR,ac7+0xf);
    if(sensors & 0b0001){
        LcdWriteChar(hndLcd, '1');
    }                                           ⑩
    else{
        LcdWriteChar(hndLcd, '0');
    }

    lgI2cWriteByteData(hndLcd,LCD_IR,ac7+7);
    if(sensors & 0b0010){
        LcdWriteChar(hndLcd, '1');
    }                                           ⑪
    else{
        LcdWriteChar(hndLcd, '0');
    }

    lgI2cWriteByteData(hndLcd,LCD_IR,ac7+0);
    if(sensors & 0b0100){
        LcdWriteChar(hndLcd, '1');
    }                                           ⑫
    else{
        LcdWriteChar(hndLcd, '0');
    }
}
```

① 変数senNowとsenPreには、現在のセンサの位置情報と1つ前の位置情報が格納されています。2つの変数を利用して、**リスト11-3**と同様に位置情報が変化したときだけLCDに表示するようにして、LCDの文字が見えづらくなるのを防止しています。

② ReadSens関数で反射型フォトセンサの位置情報を取得します。

③ if文により位置情報が変化したときだけLCDにSens2Lcd関数を使用して位置情報をLCDに表示します。

④ ReadSens関数は3つのセンサの信号を取得し、位置情報（変数sensors）を戻り値とします。変数sensorsの各センサのビット配置は**表11-10**のとおりです。

⑤ 右センサの信号を取得し、値がHIGHなら変数sensorsに1を代入します。

⑥ 中央センサの信号を取得し、値がHIGHなら変数sensorsに2を加算します。2を加算することで変数sensorsの1bit目が1になります。

⑦ 左センサの信号を取得し、値がHIGHなら変数sensorsに4を加算します。4を加算することで変数sensorsの2bit目が1になります。

⑧ Sens2Lcd関数は3つのセンサの位置情報をLCDに表示します。戻り値はありません。

⑨ 変数ac7はLCDの表示アドレスデータとして使用します。LCD AQM1602の仕様から、表示アドレスデータの7bit目（AC7）は常に1です（**図11-14**）。各センサの値をLCDに表示する位置は**図11-15**となります。**図11-15**の表示アドレス（16進数）を変数ac7のAC6～AC0に代入すると、表示アドレスデータが求まります。

⑩ 右センサの値をLCDの1行目の表示アドレスの0x0fに表示するので、0b10000000（ac7）＋0x0f（表示アドレス）を加算して表示アドレスデータを求めます。そのデータをインストラクションレジスタにライトして、表示アドレスをセットします。次に、変数sensorsの0bit目を検査して、1なら1をLCDに表示し、0なら0をLCDに表示します。

⑪⑫ 同様の方法で、LCDにセンサの位置情報を表示します。

◯表11-10：ReadSens関数の変数sensorsのビット配置

MSB	…………	4bit	3bit	2bit	1bit	0bit (LSB)
0	…………	0	0	左センサ	中央センサ	右センサ

◯図11-14：変数ac7の表示アドレスデータのビット構成

7 bit	6 bit	5 bit	4 bit	3 bit	2 bit	1 bit	0 bit
1	AC6	AC5	AC4	AC3	AC2	AC1	AC0

AC7

◯図11-15：LCDの表示アドレス（16進数）

1行目	00	01	02	03	04	05	06	07	08	09	0a	0b	0c	0d	0e	0f
2行目	40	41	42	43	44	45	46	47	48	49	4a	4b	4c	4d	4e	4f

11.8 DCモータを回転させる

自走ロボットの動力としてDCモータを使用します。ここでは、DCモータの原理、構造、駆動方法を学習して、ラズパイで2個のDCモータを正転、逆転、停止させるプログラムを作成してみましょう。

11.8.1 DCモータの基本原理

DCモータは直流（DC：Direct Current）で動作するため、電池で駆動できます。玩具、スマートフォンのバイブレーション、家電製品、自動車など身近な製品にたくさん使用されています。DCモータの基本原理は有名な「フレミングの左手の法則」（**図11-16**）で説明可能です。

左手の法則とは、左手の親指、人差し指、中指を直角に開き、中指を「電流iの方向」、人差し指を「磁場Bの方向」とするとき、親指は「電流が受ける力Fの方向」を表します。「親指、人差し指、中指」の順に、「FBi（エフ・ビー・アイ）」と呼んで覚えたりします。

○**図11-16：フレミングの左手の法則**

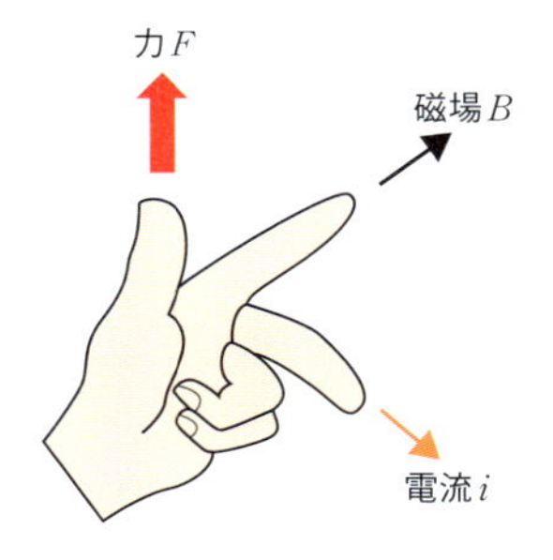

DCモータの基本構造は**図11-17**に示すように、N極とS極の永久磁石の間に、電線があります。永久磁石は磁場を発生させ、磁力線はN極から出てS極に入ります。電線が回転しても電流が流れるような機構になっており、整流子とブラシで構成されています。ブラシは整流子に接触しているだけなので、電線は自由に回転できます。なお、電線の端子となる整流子は2つの金属片に分かれていて、絶縁されています。

○図11-17：DCモータの基本構造

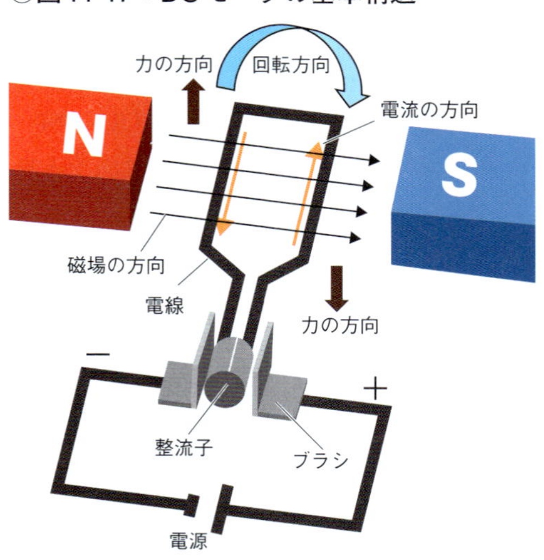

今、図11-17のように電流を流すと、電流の方向はS極側とN極側では反対向きになります。ここで、「フレミングの左手の法則」を当てはめてみると、S側の電線には下向きの力が、N側の電線には上向きの力が発生します。すなわち、電線は時計回り（CW：clockwise）に回転し始めます。回転してN極側にあった電線がS極側に来ると下向きの力を受け、同様にS極側にあった電線もN極側で上向きの力を受けて、連続して回転するのです。なお、電源の極性を反対にして電流の向きを反転させると、電線は反時計回り（CCW：counterclockwise）に回転します。

使用するDCモータ（FA-130）

今回、自走ロボットで使用するFA-130型DCモータの外観と分解した写真を図11-18と図11-19に示します。

DCモータは「ステータ」「ロータ」「ブラケット」から構成されます。ステータにはN極とS極の永久磁石がロータを挟むように固定されています。ロータにはトルクを伝達する「シャフト」があり、「鉄心」が固定されています。鉄心は磁場をよく通すために少量のケイ素（Si：シリコン）を含んだケイ素鋼が使われています。モータは大きなトルクを出力できるように、電線を鉄心に多重に巻いてコイルを形成しています。電線は「整流子」に接続されています。ブラケットには整流子を挟むように「ブラシ」があり、ブラシは電気を供給するための「端子」に繋がっています。

○図11-18：DCモータの外観

○図11-19：DCモータの分解写真

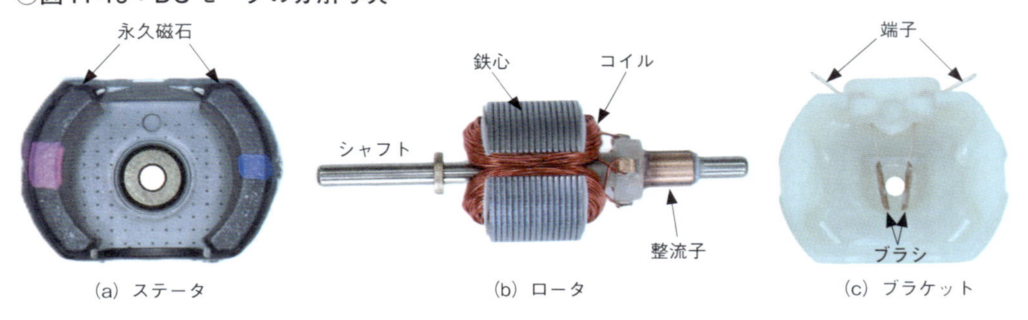

実際のDCモータには、利用目的やコストに応じてさまざまな形式やサイズがあります。今回使用するFA-130型DCモータは、小型で低価格なため、玩具・模型、家電製品などに広く利用されています。**図11-20**に示すように、3つのコイルが鉄心に巻かれ、ロータは電磁石を構成しています。

電磁石とは、**図11-21（a）**に示すように円形の電線に電流iが流れているとき磁力線が発生し、磁力線が出て行くほうがN極で、反対側はS極となり、永久磁石のような振る舞いをします。さらに、コイルの内部に鉄心を入れると磁力が強い電磁石になります。

なお、**図11-21（b）**のように電流の向きを変えると磁力線の向きも変わり、S極が上になります。電磁石の磁力の強さは、電線の巻数や電流に比例します。

○図11-20：DCモータのステータとロータ

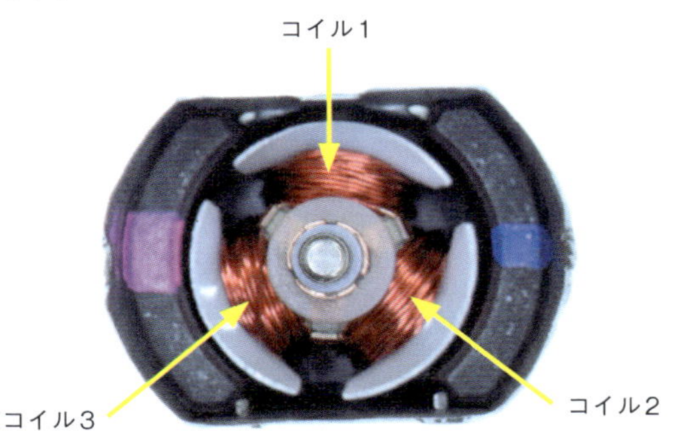

○図11-21：円電流がつくる磁場

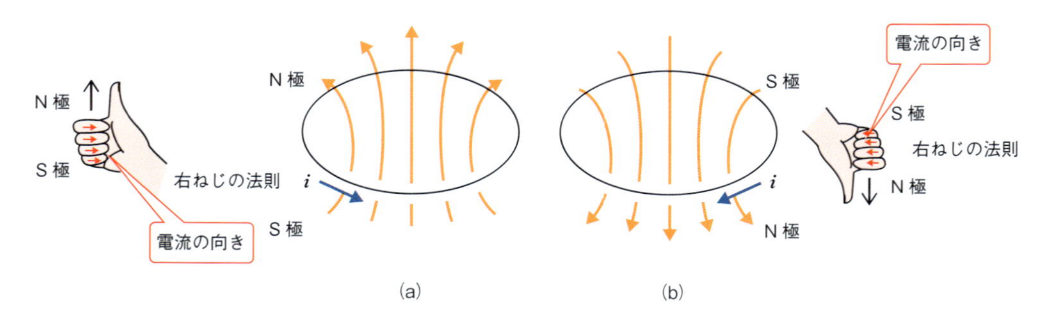

11.8.2 DCモータの回転の原理

DCモータが回転する原理を**図11-22**に示します。ロータのコイルに電流が流れることで電磁石になります。電磁石もN極とS極が発生し、異なる極同士は引き合い、同じ極同士は反発します。その引力と反発力が回転力（トルク）を作り出し、ロータを回転させます。

なお、**図11-22**中のコイルでは、時計回りに電流が流れると鉄心の表面にはS極が発生し、反時計回りに電流が流れるとN極が発生するものとします。また、**図11-22**は60度ごとに時計回りに1回転するシーケンス（順序）図です。回転の順序がわかりやすいように、コイル1に○印を付けました。

図11-22 ①のロータとステータの位置において、電源から電流を流します。電流は右側のブラシと整流子を通してコイルに流れ、左側のブラシから電源に戻ります。

コイル1には反時計回りの電流が流れて鉄心の表面にN極が発生し、左側のステータの永久磁石（N極）に反発して時計回りに移動します。コイル2の両端はブラシで短絡されており電流は流れないため、磁力は発生しません。コイル3には時計回りの電流が流れて鉄心の表面にS極が発生し、左側のステータの永久磁石（N極）と引き合い、時計回りに移動します。よって、ロータは時計回りに回転を始めます。

図11-22 ②において、コイル1（N極）は右側のステータの永久磁石（S極）と引き合い、時計回りに移動します。コイル2にはS極が発生して、右側のステータの永久磁石（S極）に反発して時計回りに移動します。コイル3の両端はブラシで短絡されており電流は流れないため、磁力は発生しません。よって、ロータは時計回りに回転します。以下、**図11-22** ③～⑥まで同様の仕組みで、ロータは時計回りに回転します。

なお、電源の電流の向きを反転させると、ロータは反時計回りに回転します。

○図11-22：DCモータの時計回りの回転シーケンス

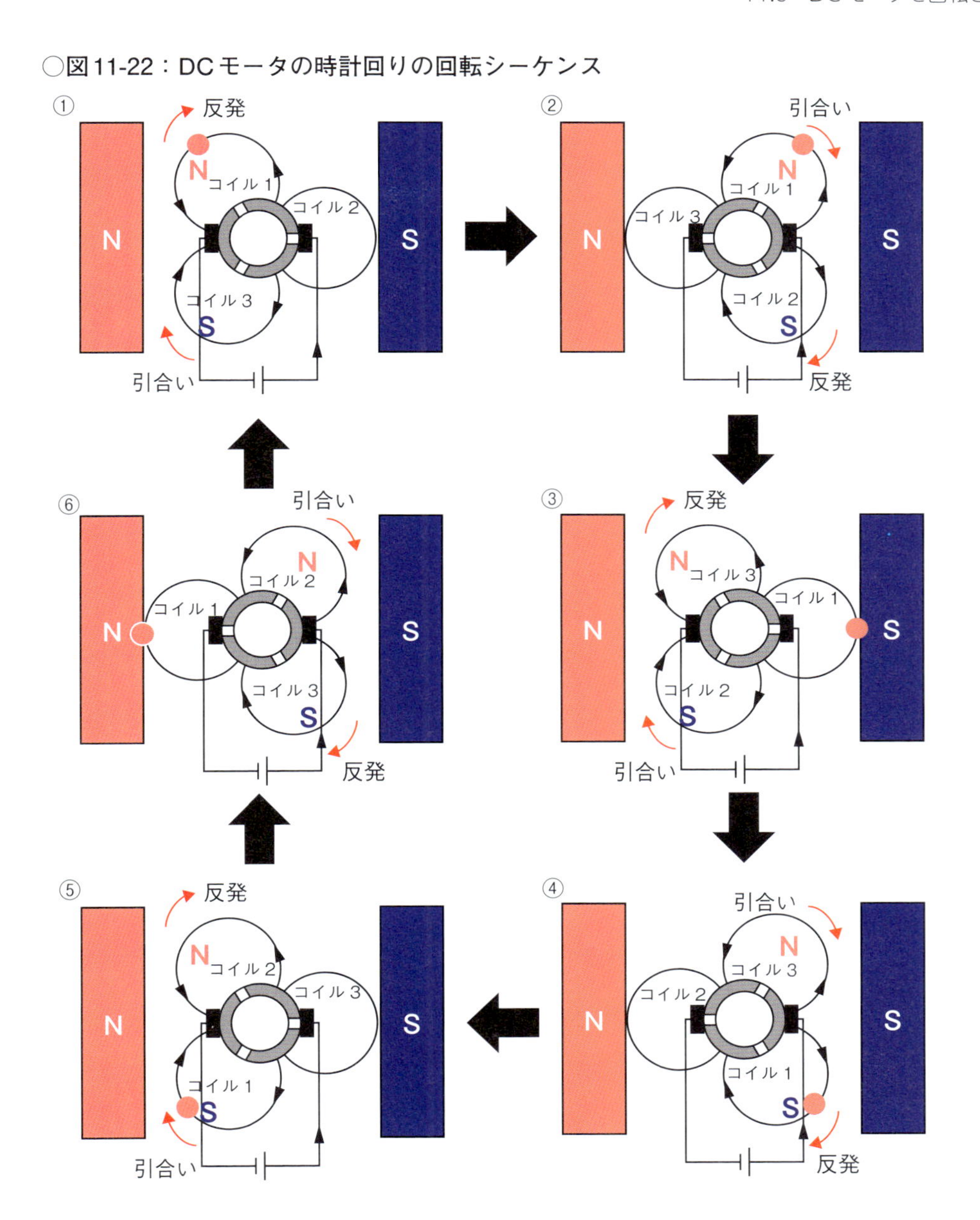

11.8.3　正転と逆転を可能にするHブリッジ回路

DCモータの回転方向を切り替えるためには、モータに流す電流の向きを変えればよいことがわかりました。手動で電池を入れ替えたり、電源の配線を切り替えたりする方法は簡便ですが、電子回路で高速に切り替える方法があります。それが、**図11-23**に示すHブリッジ回路です。Hブリッジ回路はDCモータと4つのトランジスタや電界効果トランジスタ（FET：Field Effect Transistor）で構成され、回路がアルファベットのH字に見えることが回路名の由来になっています。Lはコイルのことで、DCモータを表しています。なお、**図11-22**では、モータの回転方向を「時計回り」と「反時計回り」で区別しましたが、ここでは「正転」と「逆転」を使用します。正転はロボットの進行（前進）方向を示します。

◯図11-23：Hブリッジ回路

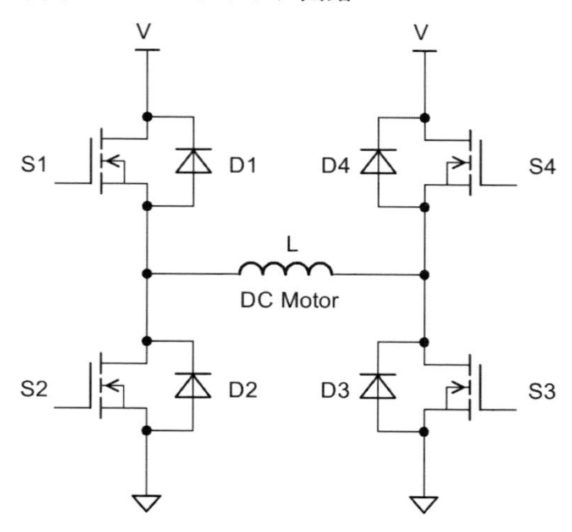

◯図11-24：n型MOSFET

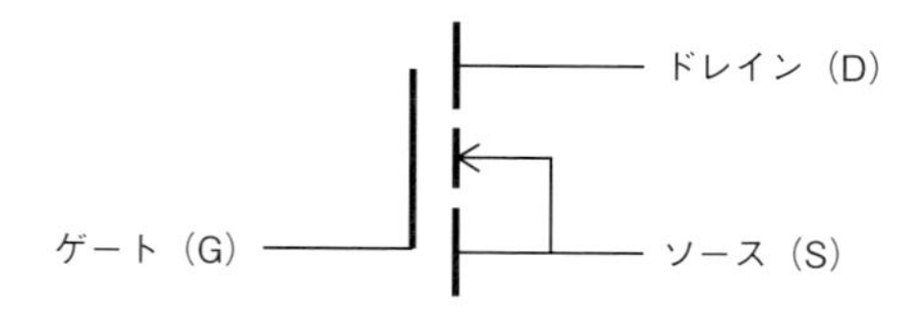

図11-23の回路は、FETの一種であるn型MOSFET（**図11-24**）を使用しています。FETは接合型FETとMOSFET（Metal-Oxide-Semiconductor FET）に大別され、MOSFETはLSIやパワー半導体などに使用されます。トランジスタ注2にnpn型とpnp型があるようにMOSFETにはn型とp型があります。MOSFET はスイッチ素子として利用できます。ゲートに電圧を加えると、ドレインとソースがオン（導通）になる電圧駆動です。オンのときのドレインとソース間の抵抗をオン抵抗と呼び、この抵抗は非常に低く、mΩ単位です。自走ロボットのモータ駆動ICには、MOSFETを内蔵したDRV8835を使用しています。DRV8835は米粒ほどの小さなチップサイズながら、最大で3Aのドライブ能力があります。

Hブリッジ回路でモータの動作を見てみましょう。わかりやすくするために、MOSFETをスイッチで表現した回路を**図11-25**に示します。

注2　最初に発明されたトランジスタは、FETと区別するためにバイポーラトランジスタと呼ばれています。

◯図11-25：スイッチで表現したHブリッジ回路

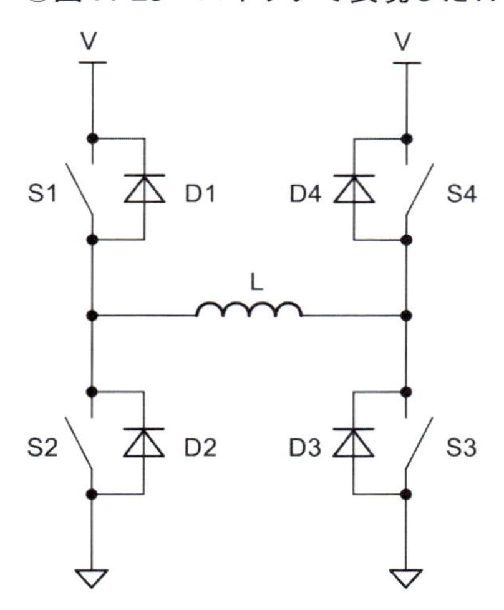

図11-26に、Hブリッジ回路を利用したモータの正転と逆転の動作を示します。**図11-26(a)**に示すように、スイッチS1とS3をオンにすると、モータの左側から電流が流れます。この場合、モータは正転するものとします。

次に、スイッチS2とS4をオンにすると、モータの右側から電流が流れます。電流の向きが逆方向になるので、モータの回転方向は逆転します。

◯図11-26：モータの正転と逆転

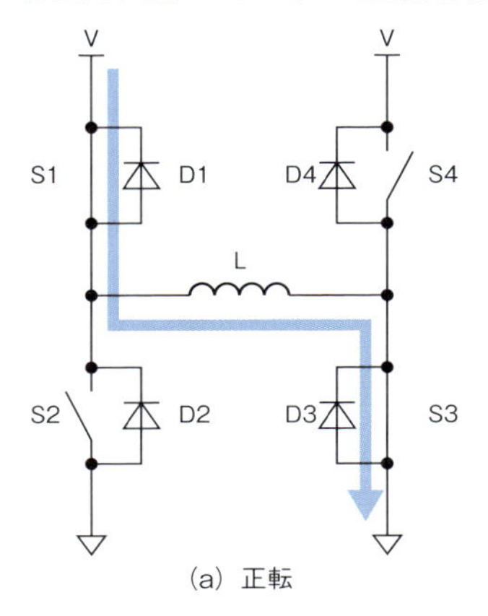

(a) 正転

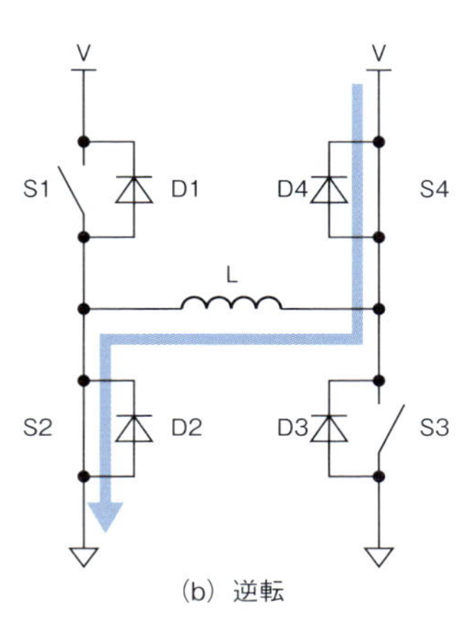

(b) 逆転

ところで、回路中のダイオードD1～D4は何のためにあるのでしょうか？　それはMOSFETを保護する働きがあります。たとえば、**図11-27（a）**のようにモータが正転しているときにスイッチS1とS3をオフすると、モータに流れている電流が遮断されます。モータのコイルに蓄えられた磁気エネルギーにより電流は流れ続けようとしますが、この電流をダイオードD2とD4を通して電源に戻します（**図11-27（b）**）。このように、電源に戻る電流を回生電流といいます。もしダイオードがないと、コイルの磁気エネルギーにより高い電圧が発生し、MOSFETの耐圧を超えてMOSFETを壊すリスクがあります。これらのダイオードは、その役割からフライバックダイオードと呼ばれます。ダイオードD1とD3も同様の目的で使用され、MOSFETを保護します。

ロータが回転していた状態から、すべてのスイッチがオフした場合（**図11-27（b）**）、コイルの磁気エネルギーが消滅するまで惰性で回転してストップします。

◯図11-27：モータのストップとダイオードの働き

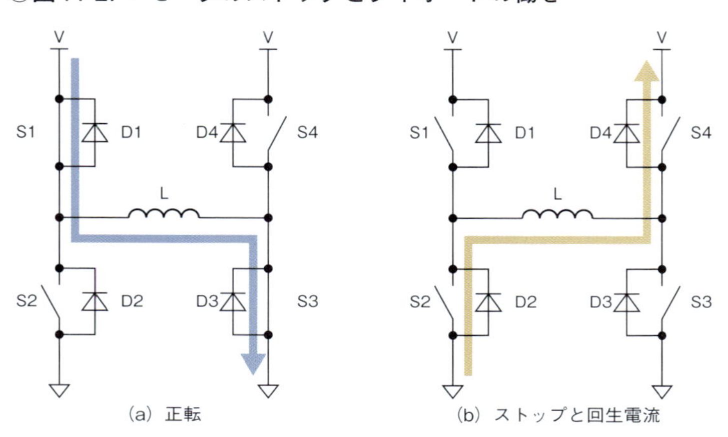

すべてのスイッチをオフした後に惰性で回転するロータを早く止めるために、コイルの両端を短絡させてブレーキをかけることができます。**図11-28**に示すように、スイッチS2とS3をオンにしてコイルの両端をショートすると、回転方向と逆の回転力が生じ、ブレーキ動作になります。**図11-27（b）**のストップ動作と比較して、ブレーキ動作ではロータは速やかに停止します。ただし、自転車のブレーキのように軸をロックすることはできません。

◯図11-28：ブレーキ動作

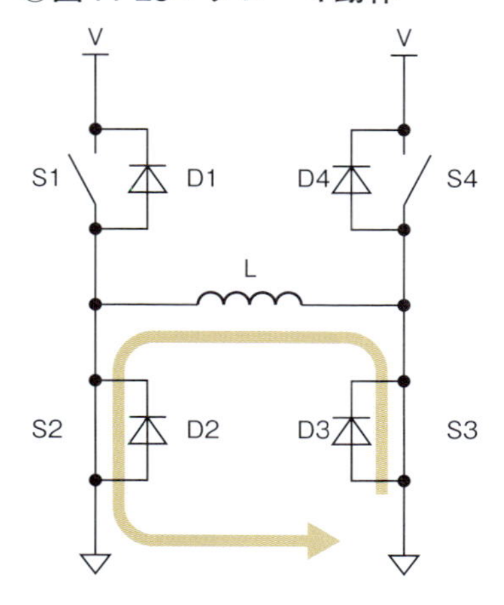

11.8.4 DCモータドライバICとGPIO

TI（テキサス・インスツルメンツ）社のDRV8835のブロックダイヤグラムを**図11-29**に示します。

Hブリッジ回路を2回路内蔵しています。A系統とB系統があります。それぞれ、2つの入力信号（IN1とIN2）により、モータのストップ、正転、逆転、ブレーキの動作を行います。本自走ロボットでは、A系統を左モータ、B系統を右モータに割り当てます。

VMはHブリッジ回路に供給される電源で、0V ～ 11Vの範囲で設定できます。各Hブリッジ回路の駆動電流は最大で1.5Aです。今回、使用するモータ（FA-130）は、動作電圧範囲1.5V ～ 3V、最大電流0.66Aなので、VMを3V以下に設定します。

VCCはロジック回路の電源で、2V ～ 7Vの範囲で設定できます。今回、ラズパイと接続するので、VCCを3.3Vとします。

MODEは4つの入力信号（AINとBIN）に対して、IN/INモードまたはPHASE/ENABLEモードを設定します。DCモータを駆動する場合、PHASE/ENABLEモードにはストップ動作がありません。ストップ動作を使用したいので、IN/INモードを選択するためMODEをLOWに設定します。

◯**図11-29：DRV8835の内部回路**

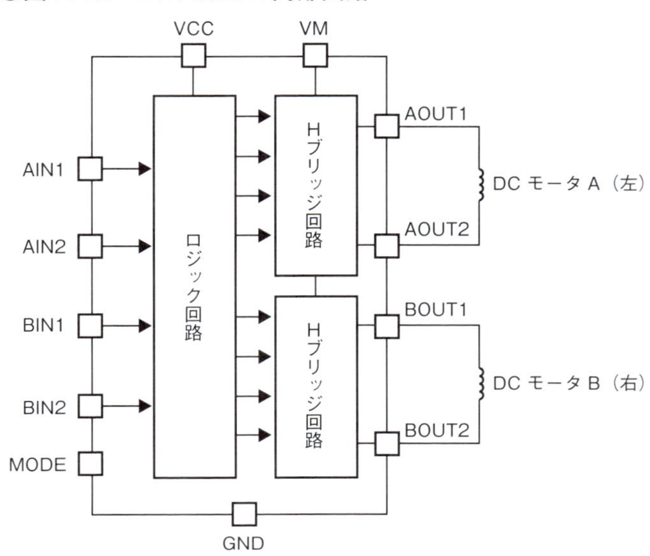

図10-22（P.277）のメインボードの回路図からラズパイのGPIOはモータドライバIC DRV8835の制御信号に配線されています（**表11-11**）。**表11-11**のモータの動作において、正転とは自走ロボットを前進させる回転方向のことで、逆転はバックさせる回転方向のことです。

○表11-11：GPIOの信号と左右のモータの動作

左モータ		右モータ		モータの動作
AIN2	AIN1	BIN2	BIN1	
GPIO24	GPIO25	GPIO22	GPIO23	
0	0	0	0	ストップ
0	1	0	1	正転
1	0	1	0	逆転
1	1	1	1	ブレーキ

11.9 DCモータを正転、逆転、ストップさせる

ギヤボックスに取り付けた左右のモータの動作を確認します。ギヤボックスのシャフト（回転軸）からタイヤを外した状態にします。

動作確認の順番を**表11-12**に示すようにプログラムが起動したら、LCDに「Push white SW.」と表示して、白色SWの入力待ちとします。白色SWが押されたら、**表11-12**のNo.2～No.8まで、モータを2秒間で動作させます。また、No.8までの動作が終了したら、No.1に戻ります。各動作確認のソースコードに、**表11-12**に示した関数名を付けます。

○表11-12：プログラムの動作、LCDの表示および関数名

No.	動作	LCDの表示	関数名
1	プログラムが起動したとき	Push white SW.	—
2	右シャフトが正転のとき	Right shaft moves forward.	void RightForward(void)
3	右シャフトが逆転のとき	Right shaft moves reverse.	void RightBack(void)
4	左シャフトが正転のとき	Left shaft moves forward.	void LeftForward(void)
5	左シャフトが逆転のとき	Left shaft moves reverse.	void LeftBack(void)
6	左右のシャフトが正転のとき	Both shafts move forward.	void Forward(void)
7	左右のシャフトが逆転のとき	Both shafts move reverse.	void Reverse(void)
8	左右のシャフトがストップのとき	Both shafts stop.	void Stop(void)

11.9.1 ハードウェアの仕様

本課題で使用するGPIOとLCDの仕様を**表11-13**に示します。

○表11-13：GPIOとLCDの仕様

白色SW	GPIO27
右モータBIN2	GPIO22
右モータBIN1	GPIO23
左モータAIN2	GPIO24
左モータAIN1	GPIO25
LCDスレーブアドレス	0x3e

11.9.2 フローチャート

フローチャートは、main関数（**図11-30**）、右シャフトを正転させるRightForward関数（**図11-31**）、LCDをクリアして文字列を表示するLcdClrMsg関数（**図11-32**）の3つに役割を分けて作成しました。なお、**表11-12**のNo.3～No.8の各関数において右と左のモータに正転、逆転、ストップを指示しますが、**図11-31**のように比較的容易なためフローチャートは割愛します。

main関数のフローチャート

main関数のフローチャートを**図11-30**に示します。

○図11-30：main関数のフローチャート

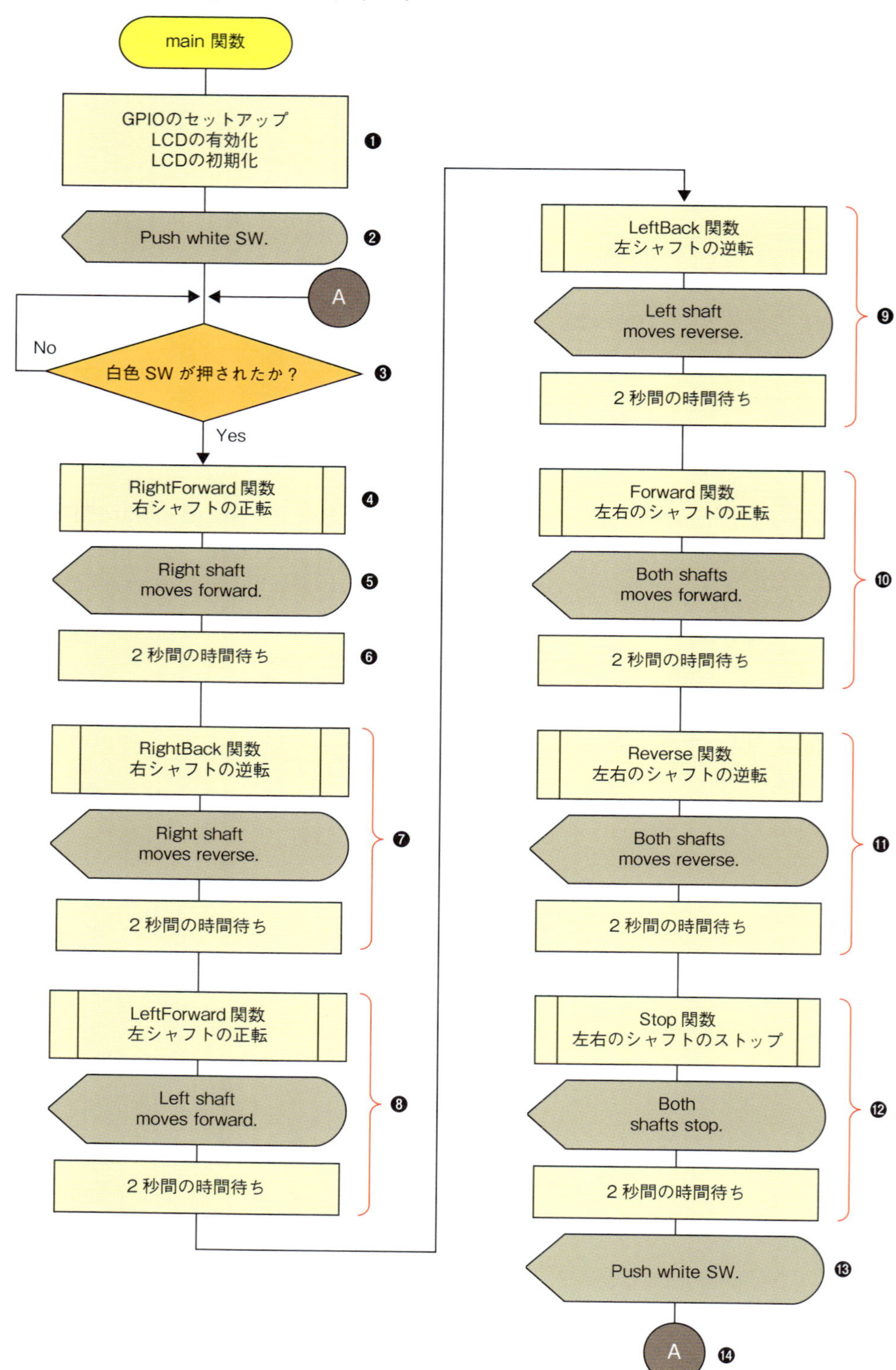

❶ GPIOをセットアップします。I²Cデバイスのを有効にし、LCDを初期化します。
❷ LCDに「Push white SW.」と表示します。
❸ 白色SWが押されたかどうか判断します。白色SWが押されていない場合は再びSWの入力に戻り、押された場合は❹の右シャフトを正転させる処理へ行きます。
❹ 右シャフトを正転させるRightForward関数（**表11-12**）を呼び出します。
❺ LCDに「Right shaft moves forward.」と表示します。
❻ 2秒間実行します。
❼～⓬においても、**表11-12**のNo.3 ～ No.8までの動作確認を2秒間実行します。
⓭ No.8までの動作確認が終了したら、LCDに「Push white SW.」と表示します。
⓮ 白色SWの入力の検出に戻ることを結合子（A）で指示しています。

RightForward関数のフローチャート

RightForward関数のフローチャートは**図11-31**になります。

○図11-31：RightForward関数のフローチャート

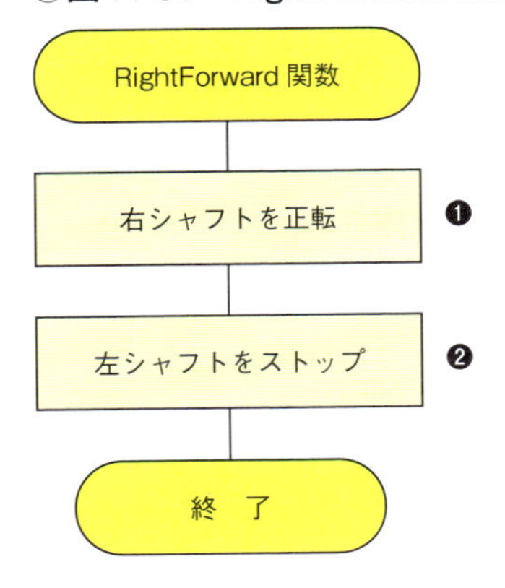

❶ **表11-11**より、右シャフトが正転するようにGPIO22、GPIO23、GPIO24、GPIO25の出力を設定します。
❷ 同様に、GPIOの出力信号をセットして左シャフトをストップさせます。

LcdClrMsg関数のフローチャート

LcdClrMsg関数のフローチャートは**図11-32**になります。

○図11-32：LcdClrMsg関数のフローチャート

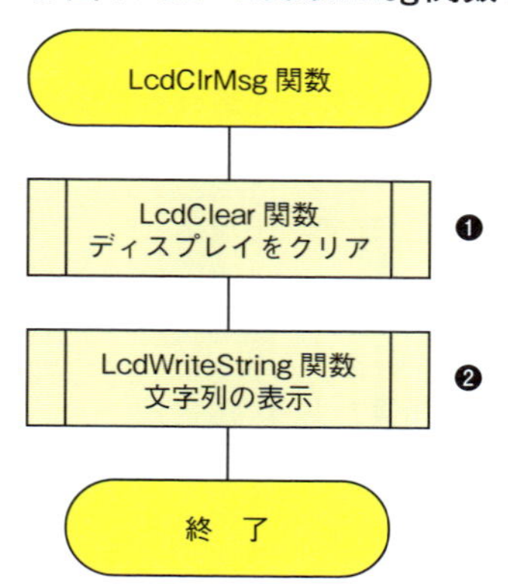

❶ LcdClear関数を実行してLCDをクリアにします。

❷ LcdWriteString関数を使用して文字列をLCDに表示します。

11.9.3 ソースコード

ソースコードはリスト11-6になります。

○リスト11-6：11-Motor.c

```
#include <stdio.h>
#include <stdlib.h>          //EXIT_SUCCESS
#include <lgpio.h>           //lgGpiochipOpen,lgGpioWrite,etc
#include  "MyPi2.h"          //マイライブラリ
#define PI5          4       // /dev/gpiochip4
#define PI4B         0       // /dev/gpiochip0
#define SW_WHITE     27      //白色SW
#define MOT_RIGHT2   22      //右モータ BIN2
#define MOT_RIGHT1   23      //右モータ BIN1
#define MOT_LEFT2    24      //左モータ AIN2
#define MOT_LEFT1    25      //左モータ AIN1
#define MNUM         4       //モータの信号数
#define RUN_TIME     2       //動作時間2秒間
#define I2C_BUS      1       // /dev/i2c-1
#define LCD_ADR      0x3e    //LCD スレーブアドレス
#define LCD_IR       0x00    //インストラクションレジスタ

//モータ駆動IC信号線
const int outGpio[MNUM] = {MOT_RIGHT1,MOT_RIGHT2,MOT_LEFT1,MOT_LEFT2};

/* プロトタイプ宣言 */
void RightForward(int hnd);     //右モータ正転          ┐
void RightReverse(int hnd);     //右モータ逆転          │
void LeftForward(int hnd);      //左モータ正転          │
void LeftReverse(int hnd);      //左モータ逆転          │
void Forward(int hnd);          //左右のモータの正転    ├①
void Reverse(int hnd);          //左右のモータの逆転    │
void Stop(int hnd);             //左右のモータのストップ│
void LcdClrMsg(int hndLcd, char *s); //LCDをクリアして表示 ┘
                                                          ↗
```

```
↘
int main(void){
    int hnd,hndLcd;
    int lFlgOut=0;
    int lFlgIn=LG_SET_PULL_NONE;
    int levels[MNUM]={0,0,0,0};
    hnd = lgGpiochipOpen(PI5);
    //hnd = lgGpiochipOpen(PI4B);
    lgGpioClaimInput(hnd,lFlgIn,SW_WHITE);
    lgGroupClaimOutput(hnd,lFlgOut,MNUM,outGpio,levels);
    hndLcd = lgI2cOpen(I2C_BUS,LCD_ADR,0);
    LcdSetup(hndLcd);                                        ②

    LcdClrMsg(hndLcd,"Push white SW."); ――③
    while(1){ ――④
        if(lgGpioRead(hnd, SW_WHITE)==LG_HIGH){ ――⑤

        RightForward(hnd);
        LcdClrMsg(hndLcd,"Right wheel moves forward.");     ⑥
        lguSleep(RUN_TIME);

        RightReverse(hnd);
        LcdClrMsg(hndLcd,"Right wheel moves reverse.");
        lguSleep(RUN_TIME);

        LeftForward(hnd);
        LcdClrMsg(hndLcd,"Left wheel moves forward.");
        lguSleep(RUN_TIME);

        LeftReverse(hnd);
        LcdClrMsg(hndLcd,"Left wheel moves reverse.");
        lguSleep(RUN_TIME);                                  ⑦

        Forward(hnd);
        LcdClrMsg(hndLcd,"All wheels move  forward.");
        lguSleep(RUN_TIME);

        Reverse(hnd);
        LcdClrMsg(hndLcd,"All wheels move  reverse.");
        lguSleep(RUN_TIME);

        Stop(hnd);
        LcdClrMsg(hndLcd,"All wheels stop.");
        lguSleep(RUN_TIME);

        LcdClrMsg(hndLcd,"Push white SW."); ――⑧
        }
        lguSleep(0.001);    //CPU使用率の抑制のため
    }
    lgI2cClose(hndLcd);
    lgGpiochipClose(hnd);
    return EXIT_SUCCESS;
}

void RightForward(int hnd){
    lgGpioWrite(hnd,MOT_RIGHT2,LG_LOW);
    lgGpioWrite(hnd,MOT_RIGHT1,LG_HIGH);
    lgGpioWrite(hnd,MOT_LEFT2,LG_LOW);      ⑩              ⑨
    lgGpioWrite(hnd,MOT_LEFT1,LG_LOW);
}
void RightReverse(int hnd){
    lgGpioWrite(hnd,MOT_RIGHT2,LG_HIGH);
                                                        ↗
```

```
↘
    lgGpioWrite(hnd,MOT_RIGHT1,LG_LOW);
    lgGpioWrite(hnd,MOT_LEFT2,LG_LOW);
    lgGpioWrite(hnd,MOT_LEFT1,LG_LOW);
}
void LeftForward(int hnd){
    lgGpioWrite(hnd,MOT_RIGHT2,LG_LOW);
    lgGpioWrite(hnd,MOT_RIGHT1,LG_LOW);
    lgGpioWrite(hnd,MOT_LEFT2,LG_LOW);
    lgGpioWrite(hnd,MOT_LEFT1,LG_HIGH);
}
void LeftReverse(int hnd){
    lgGpioWrite(hnd,MOT_RIGHT2,LG_LOW);
    lgGpioWrite(hnd,MOT_RIGHT1,LG_LOW);
    lgGpioWrite(hnd,MOT_LEFT2,LG_HIGH);
    lgGpioWrite(hnd,MOT_LEFT1,LG_LOW);
}
void Forward(int hnd){
    lgGpioWrite(hnd,MOT_RIGHT2,LG_LOW);
    lgGpioWrite(hnd,MOT_RIGHT1,LG_HIGH);
    lgGpioWrite(hnd,MOT_LEFT2,LG_LOW);
    lgGpioWrite(hnd,MOT_LEFT1,LG_HIGH);
}
void Reverse(int hnd){
    lgGpioWrite(hnd,MOT_RIGHT2,LG_HIGH);
    lgGpioWrite(hnd,MOT_RIGHT1,LG_LOW);
    lgGpioWrite(hnd,MOT_LEFT2,LG_HIGH);
    lgGpioWrite(hnd,MOT_LEFT1,LG_LOW);
}
void Stop(int hnd){
    lgGpioWrite(hnd,MOT_RIGHT2,LG_HIGH);
    lgGpioWrite(hnd,MOT_RIGHT1,LG_HIGH);
    lgGpioWrite(hnd,MOT_LEFT2,LG_HIGH);
    lgGpioWrite(hnd,MOT_LEFT1,LG_HIGH);
}

void LcdClrMsg(int hndLcd, char *s){
    LcdClear(hndLcd);
    LcdWriteString(hndLcd, s);                        ⑪
}
```

① **表11-12**のNo.2～8までの7つの関数とLcdClrMsg関数のプロトタイプ宣言です。

② 白色SWを入力に設定し、モータの制御信号を出力に設定します。LCDを有効にしてLCDのハンドルを取得し、LCDを初期化します。

③ LcdClrMsg関数で「Push white SW.」とLCDに表示します。

④ main関数は永久ループです。

⑤ 白色SWが押されるとモータの動作確認を実行します。押されていないときは白色SWの入力（⑤）に戻ります。

⑥ RightForward関数を呼び出して、右シャフトが正転し、左シャフトがストップするように、モータの制御信号を設定します（**表11-11**）。LCDに「Right shaft moves forward.」と表示し、lguSleep関数で2秒間時間待ちをします。

⑦ **表11-12**のNo.3～8のとおり、モータを動作させます。基本的な考え方は⑥と同じです。

⑧「Push white SW.」とLCDに表示して、白色SWの入力に戻ります。

⑨ **表11-12**のNo.2～8までの7つの関数では、Hブリッジ回路の4つのFETのON/OFFをGPIOで設定して、題意のメッセージをLCDに表示して、動作確認を2秒間実行します。基本的な考えは同じです。

⑩ RightForward関数は、右シャフトを正転させます。**表11-11**から、右シャフトが正転するようにGPIO22（LOW）とGPIO23（HIGH）とし、左シャフトがストップするようにGPIO24（LOW）とGPIO25（LOW）に設定します。

⑪ LcdClrMsg関数はLCDをクリアして文字列を表示します。引数は次のとおりです。

- 引数hndLcdはLCDのハンドルです。
- 引数sは文字列へのポインタです。

11.10　シャットダウンボタンを追加する

自走ロボットを走行させるときは、ラズパイからディスプレイ、キーボード、マウスを取り外した状態になります。自走ロボットの電源をOFFするとき、ラズパイのシャットダウンの手続きが必要です。VNCの遠隔操作によりシャットダウンの手続きをすることは可能ですが、自走ロボット自身にシャットダウンを自動的に実行するボタンがあると便利です。

そこで、赤色SWを3秒以上長押ししたら、シャットダウンを開始するプログラムを作成します。3秒以上の長押しとしたのは、誤って赤色SWに触れて意図しないシャットダウンを防止するためです。また、シャットダウンを始めるときに、LCDに「Shutdown start!」と表示させます。なお、Pi 5ではパワーボタンを利用してシャットダウンできますが、自走ロボットの構造上、パワーボタンが押しづらい場所にあるので、赤色SWのシャットダウンボタンを利用します。

11.10.1　ハードウェアの仕様

本課題で使用するGPIOとLCDの仕様を**表11-14**に示します。

○表11-14：GPIOとLCDの仕様

赤色SW	GPIO17
LCDスレーブアドレス	0x3e

11.10.2　フローチャート

フローチャートは**図11-33**になります。

○図11-33：シャットダウンボタンを追加する課題のフローチャート

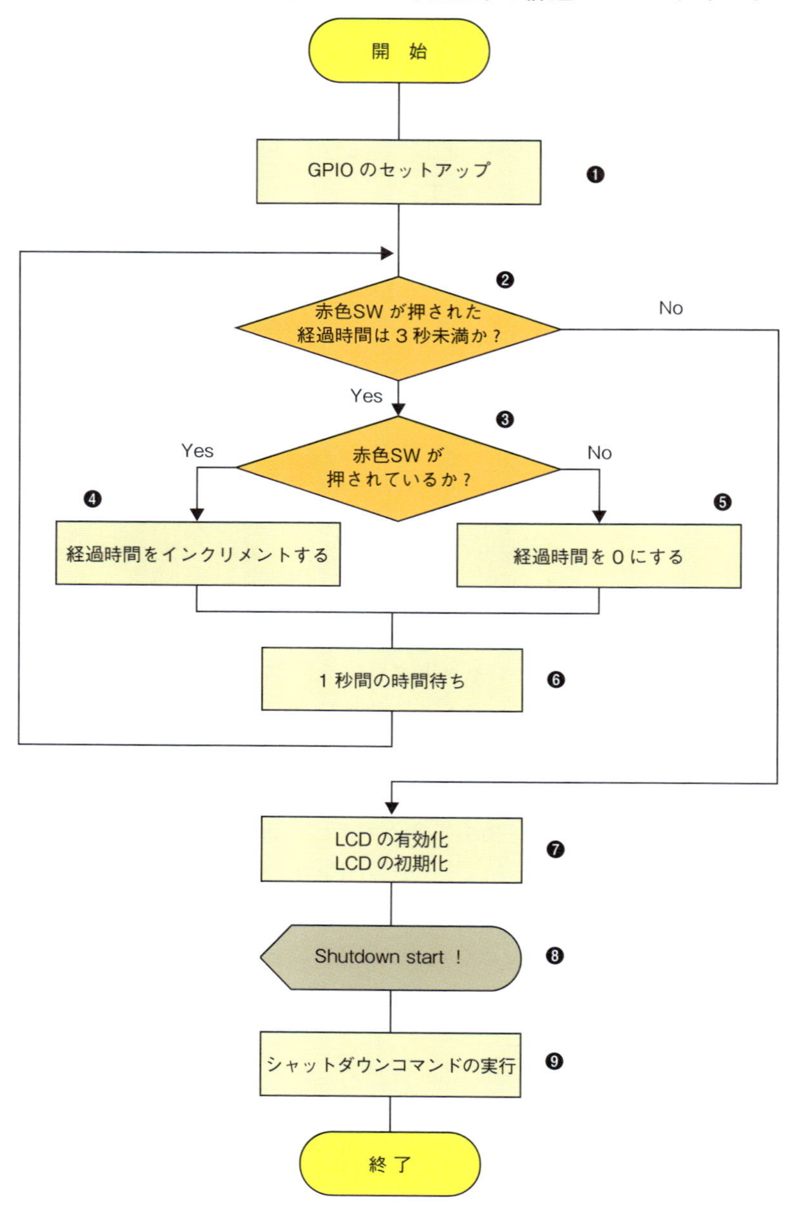

❶ GPIOをセットアップします。

❷ 赤色SWを押している時間が3秒以上経過したならシャットダウンコマンドを実行します。3秒未満の場合はループ文で待機状態とします。

❸ 赤色SWが押されたかどうか判断します。

❹ 赤色SWが押されたなら、経過時間をインクリメントします。

❺ 赤色SWが押されていないなら、経過時間をリセット（0に）します。
❻ 1秒間の時間待ちをします。
❼ 3秒以上押されたので、I²CデバイスのLCDを有効にし、LCDを初期化します。
❽「Shutdown start!」をLCDに表示します。
❾ シャットダウンコマンドを実行します。

11.10.3 ソースコード

ソースコードは**リスト11-7**になります。

○リスト11-7：11-Shutdown.c

```
#include <stdio.h>
#include <stdlib.h>      //EXIT_SUCCESS
#include <lgpio.h>       //lgGpiochipOpen,lgGpioRead,etc
#include  "MyPi2.h"      //マイライブラリ
#define PI5     4        // /dev/gpiochip4
#define PI4B    0        // /dev/gpiochip0
#define SW_RED  17       //赤色SW
#define I2C_BUS 1        // /dev/i2c-1
#define LCD_ADR 0x3e     //LCD スレーブアドレス

int main(void){
    int hnd,hndLcd;
    int swStat;      }①
    int swCnt=0;
    int lFlgIn=LG_SET_PULL_NONE;
    hnd = lgGpiochipOpen(PI5);
    //hnd = lgGpiochipOpen(PI4B);
    lgGpioClaimInput(hnd,lFlgIn,SW_RED);
    hndLcd = lgI2cOpen(I2C_BUS,LCD_ADR,0);
    LcdSetup(hndLcd);

    while(swCnt<3){ ———②
        swStat=lgGpioRead(hnd, SW_RED); ———③
        if(swStat==LG_HIGH){
            swCnt++;
        }else{                          ④
            swCnt=0;
        }
        lguSleep(1); ———⑤
    }
    hndLcd = lgI2cOpen(I2C_BUS,LCD_ADR,0);
    LcdSetup(hndLcd);                               ⑥
    LcdWriteString(hndLcd,"Shutdown start!");
    system("shutdown -h now"); ———⑦
    lgI2cClose(hndLcd);
    lgGpiochipClose(hnd);
    return EXIT_SUCCESS;
}
```

① 変数swStatと変数swCntを宣言します。

- 変数swStatは赤色SWの状態を保存します。赤色SWが押されたときにHIGHとなり、押されていないときはLOWです。

- 変数swCntは赤色SWが押されている経過時間（秒）を保存します。

② 赤色SWが押されている経過時間が3秒未満のときは、while文のループ本体の処理を実行します。3秒以上経過したときは、while文を終了して⑥へ進みます。
③ 赤色SWの値をリードして、変数swStatに保存します。
④ 変数swStatがHIGHのときは、赤色SWが押されていることを示しているので、経過時間を表すswCntをインクリメントします。変数swStatがHIGHでないときは、押されていないので、swCntを0にリセットします。
⑤ lguSleep関数で1秒間待ちます。
⑥ LCDを有効にしてLCDのハンドルを取得し、LCDを初期化します。LCDに「Shutdown start!」を表示します。
⑦ system関数を利用して、シャットダウンコマンドを実行します。

11.10.4 /etc/rc.localによる自動起動

/etc/rc.localにシェルスクリプトやプログラムを登録することで、OSが起動したときに登録したプログラムなどが自動的に実行されます。このファイルに作成したシャットダウンのプログラム（11-Shutdown）を登録します。ターミナルから管理者権限でエディタmousepadを利用して/etc/rc.localを編集します。

```
$ sudo mousepad /etc/rc.local
```

管理者権限で起動すると**図11-34**に示すようにメニューバーの下に警告が表示されますが、作業に問題はありません。

/etc/rc.localファイルには既存の記述（コメント文とIPアドレスを取得するスクリプト）がありますが、最終行「exit 0」の前に11-Shutdownを登録します（**図11-34**）。/etc/rc.localファイルに登録するプログラムは管理者権限で実行するようにします。また、プログラムの所在（パス）を明確にするために絶対パス「/home/pi/MyApp2」を付けます。11-Shutdownの後ろの&は、登録したプログラムをバックグランドで実行させることを意味します。/etc/rc.localファイルを保存してOSを再起動させると登録したプログラムが自動起動します。なお、起動後は、プログラム11-Shutdownが赤色SWのGPIO17を使用しているので、他のプログラムでGPIO17を使用すると正しく動作しないことがあります。

○図11-34：エディタによる/etc/rc.localファイルの編集

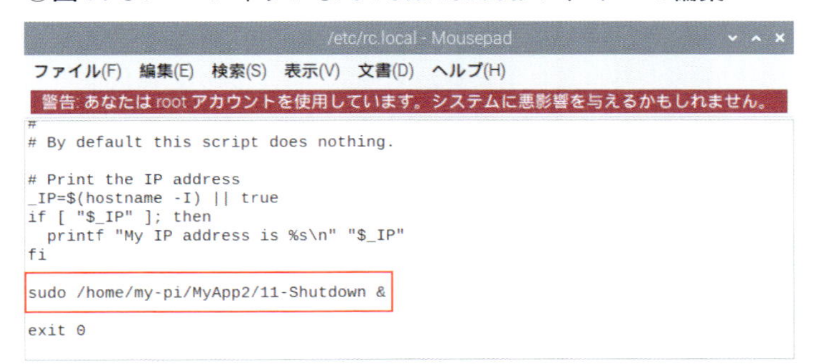

<フォアグランドとバックグランド>
Linuxではシェルでプログラムを実行するとフォアグランドジョブとして扱われます。そのプログラムが終了してプロンプトが戻るまで、次のプログラムを実行できません。プログラムに「&」を付けて実行するとバックグランドジョブとして扱われ、プログラムは実行されますが、プロンプトがすぐに戻り、次のプログラムの実行を受け付けられる状態になります。

11.11　緩やかなラインをトレースする

11.11.1　ラインをトレースする

自走ロボットからキーボード、マウス、HDMIケーブルを外して、**図10-47**（P.294）で示した緩やかな曲線のラインをプログラムで走行させます。

プログラムが起動したら、LCDに「Push white SW」と表示して待機します。白色SWが押されたらスタートし、反射型フォトセンサの位置情報をLCDに表示しながら走行します。前に作成したセンサの位置情報をLCDに表示する関数（**リスト11-5**）とモータを駆動する関数（**リスト11-6**）を流用してプログラムを完成させます。

11.11.2　制御の考え方

自走ロボットは**図11-35**に示すノーマルポジションからスタートさせます。制御の基本的な考え方は、ライン検出基板の左センサ、中央センサ、右センサの位置情報から、左右のモータを正転またはストップさせます。正転はロボットの進行方向を指します。

ここでは、自走ロボットが白線の中心（ノーマルポジション）に位置するとき、白線の右側に位置するとき、白線の左側に位置するとき、その他の位置にあるときという場合に分けて考えます。反射型フォトセンサは3個なので、8通りの位置情報があります。

自走ロボットがノーマルポジションに位置するとき

自走ロボットが**図11-35**に示す位置にあるとき、左センサ、中央センサ、右センサともにLEDが点灯します。センサの位置情報から自走ロボットがノーマルポジションに位置することが判明します。自走ロボットに前進させるため、左右のタイヤを正転させます。

○図11-35：自走ロボットがノーマルポジションのとき

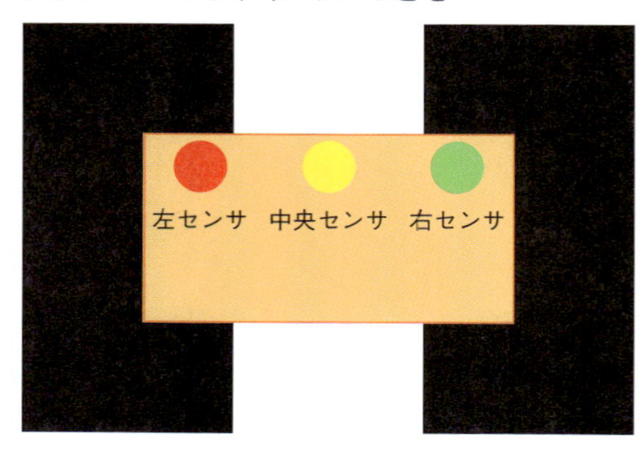

自走ロボットが白線の右側に位置するとき

図11-36（a）に示すように、自走ロボットが白線の右側に位置するときは、左センサが偽（赤色LED消灯）になります。さらに、大きく右側へ移動したときは中央センサも偽（黄色LED消灯）になります（**図11-36（b）**）。これらのセンサの位置情報から、自走ロボットが白線の右側にいることが判断できます。

そこで、軌道を修正するために、自走ロボットを左へ移動させます。左のタイヤをストップさせて、右のタイヤを正転させると、左へ曲がる動作になります。実際、ブルドーザなどのカタピラ車はこのような仕組みで、進行方向を変えます。

○図11-36：自走ロボットが白線の右側に位置するとき

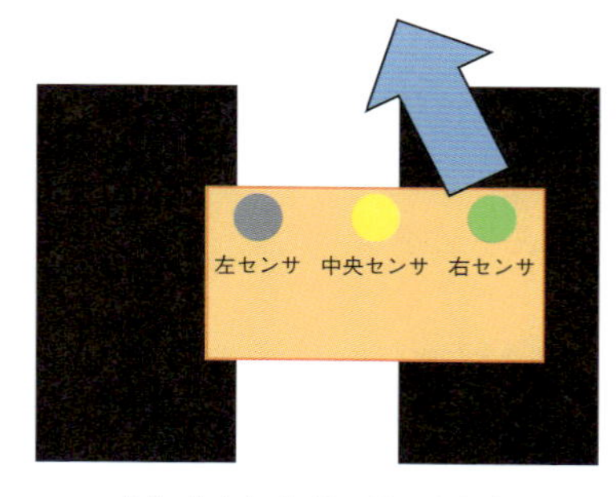

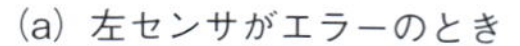
(a) 左センサがエラーのとき

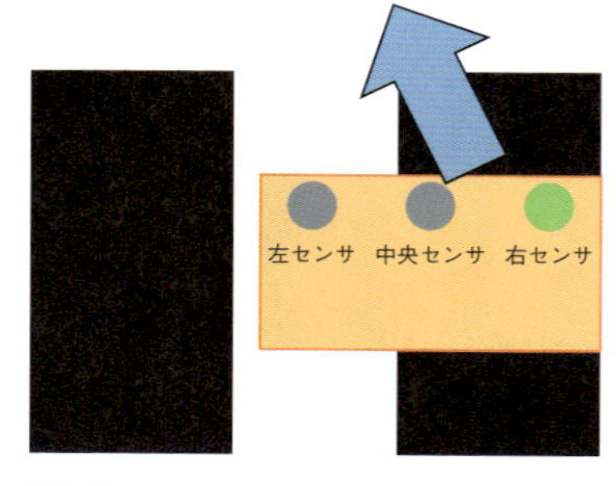

(b) 左センサと中央センサがエラーのとき

自走ロボットが白線の左側に位置するとき

自走ロボットが白線の左側に位置するときは、右センサが偽（緑色LED消灯）になります（**図11-37（a）**）。さらに、大きく左側へ移動したときは中央センサも偽（黄色LED消灯）

になります（**図11-37（b）**）。これらのセンサの位置情報から自走ロボットが白線の左側にいることが判断できます。

そこで、軌道を修正するために、自走ロボットを右へ移動させます。右のタイヤをストップさせて、左のタイヤを正転させると、右へ曲がる動作になります。

○図11-37：自走ロボットが白線の左側に位置するとき

(a) 右センサがエラーのとき　　(b) 右センサと中央センサがエラーのとき

自走ロボットがその他に位置するとき

左右のセンサが偽（赤色と緑色のLED消灯）で、中央センサが真（黄色LED点灯）のときは、3つのセンサが白線上に位置することが判断できます（**図11-38**）。自走ロボットがカーブした白線を走行するときは、**図11-38**の位置になることがよくあります。この場合は、右と左のどちらかのセンサが真になるまで、左右のタイヤを正転させて自走ロボットを前進させます。左右のどちらかのセンサが真になれば、軌道を修正することが可能になります。

○図11-38：すべてのセンサが白線上に位置するとき

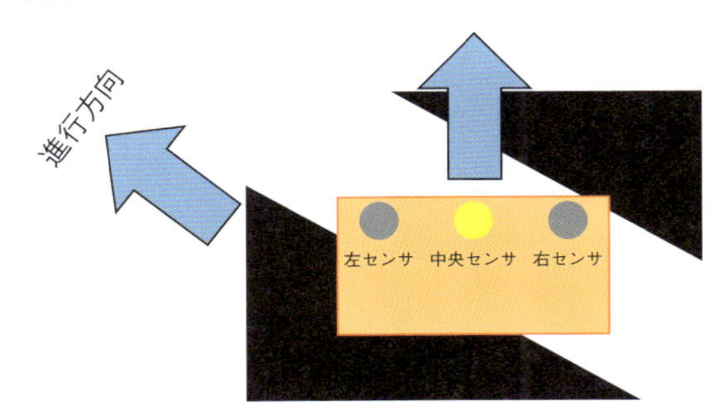

左右のセンサが真（赤色と緑色のLED点灯）で、中央センサが偽（黄色LED消灯）のときは、3つのセンサが黒色ゴムマットに位置していると判断できます（**図11-39**）。この場合は、自走ロボットが白線から脱線しているため、軌道を修正する手掛かりがありません。そのため、自走ロボットをストップさせます。

○図11-39：自走ロボットが白線から脱線したとき

すべてのセンサが偽（消灯）のときは、ノーマルポジションと正反対の状況に位置しています（**図11-40**）。想定外の位置情報となるので自走ロボットをストップさせます。

○図11-40：自走ロボットが想定外の位置のとき

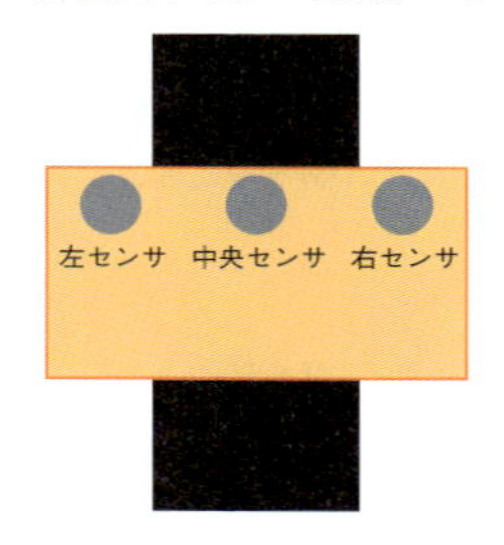

以上の考察から、3つの反射型フォトセンサが出力する8通りの位置情報から自走ロボットのタイヤの制御を4通りに分類できます（**表11-15**）。なお、**表11-15**ではセンサの位置情報が真のときを0とし、偽のときを1とします。

○表11-15：位置情報によるタイヤの制御

No.	反射型フォトセンサの位置情報			自走ロボットの位置	左タイヤ	右タイヤ
	左センサ	中央センサ	右センサ			
1	0	0	0	ノーマルポジションにいる	正転	正転
2	1	0	1	白線上にいる		
3	1	0	0	白線の右側にいる	ストップ	正転
4	1	1	0			
5	0	0	1	白線の左側にいる	正転	ストップ
6	0	1	1			
7	0	1	0	白線から脱線している	ストップ	ストップ
8	1	1	1			

11.11.3　ハードウェアの仕様

本課題で使用するGPIOとLCDの仕様を**表11-16**に示します。

○**表11-16：GPIOとLCDの仕様**

赤色SW シャットダウンボタン	GPIO17
白色SW スタートボタン	GPIO27
右センサ	GPIO4
中央センサ	GPIO5
左センサ	GPIO6
右モータBIN2	GPIO22
右モータBIN1	GPIO23
左モータAIN2	GPIO24
左モータAIN1	GPIO25
LCDスレーブアドレス	0x3e

11.11.4　フローチャート

センサの位置情報（**表11-15**）から自走ロボットのタイヤを制御します。ここでは**リスト11-5**と**リスト11-6**で作成した関数を流用してmain関数を作成するので、フローチャートはmain関数について説明します（**図11-41**）。

○図11-41：ライントレースする課題のフローチャート

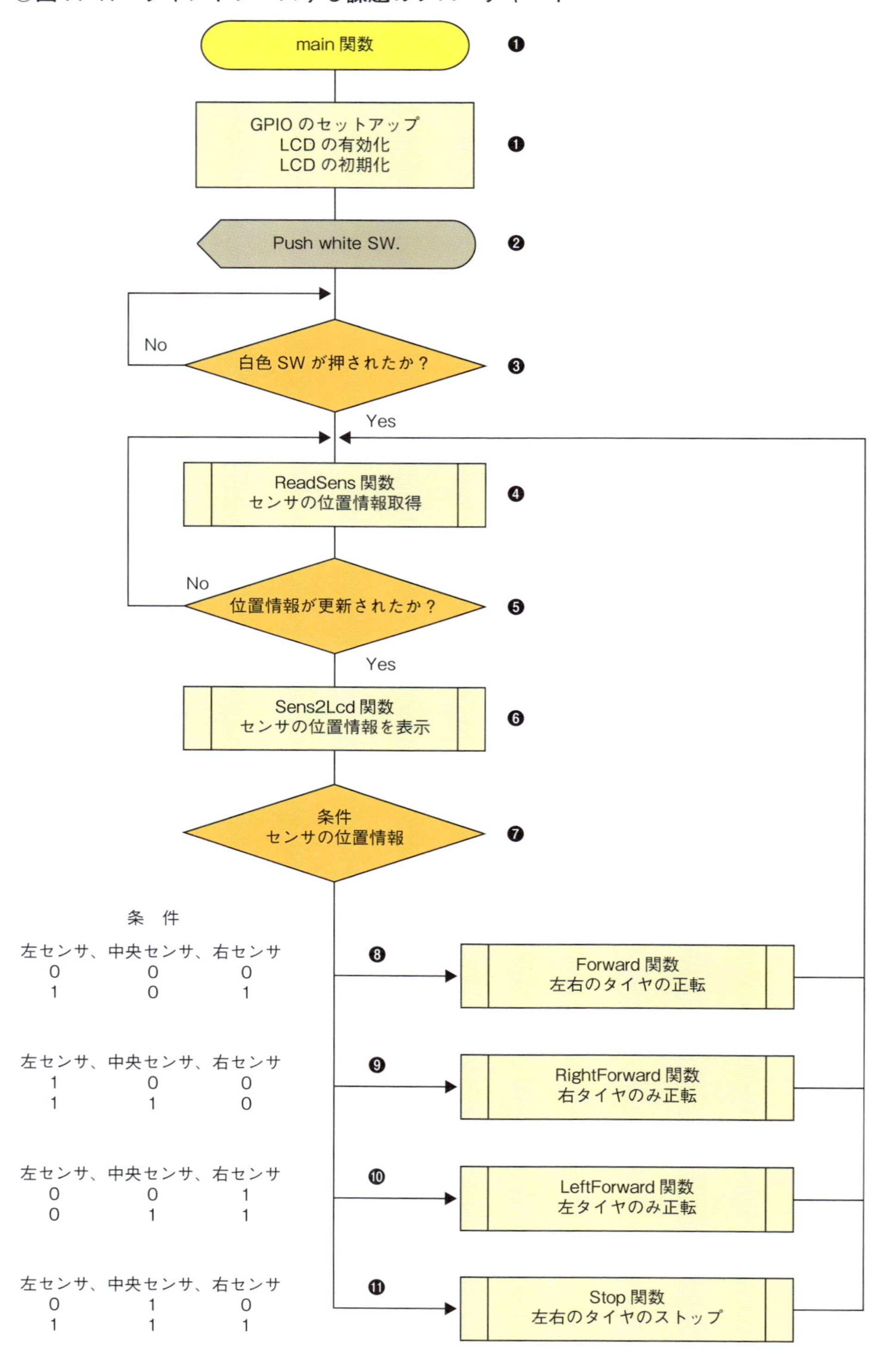

❶ GPIOをセットアップします。I²CデバイスのLCDを有効にし、LCDを初期化します。
❷ LCDに「Push white SW.」と表示します。
❸ 白色SWが押されたかどうか判断します。白色SWが押されていない場合は白色SWの入力に戻り、押された場合は❹のセンサの位置情報を取得します。
❹ 3つのセンサの位置情報を取得します。
❺ センサの位置情報が更新されたどうか判断します。更新された場合は❻へ、更新されていない場合は❹の位置情報の取得に戻ります。
❻ センサの位置情報をLCDに表示します。
❼ 表11-15に示したセンサの位置情報から左右のタイヤを4通りに制御します。
❽ 自走ロボットがノーマルポジションまたは白線上にいるので、左右のタイヤを正転させて、❹の位置情報の取得に戻ります。
❾ 自走ロボットが白線の右側にいるので、右のタイヤのみ正転させて自走ロボットを左側へ移動させて、❹のセンサの位置情報の取得に戻ります。
❿ 自走ロボットが白線の左側にいるので、左のタイヤのみ正転させて自走ロボットを右側へ移動させて、❹のセンサの位置情報の取得に戻ります。
⓫ 白線から脱線しているので、左右のタイヤをストップさせて、❹のセンサの位置情報の取得に戻ります。

11.11.5 ソースコード

main関数のソースコードはリスト11-8になります。プロトタイプ宣言した関数のソースコードは、前の課題から引用してください。

○リスト11-8：11-Trace.c

```
#include <stdio.h>
#include <stdlib.h>          //EXIT_SUCCESS
#include <lgpio.h>           //lgGpiochipOpen,lgI2cOpen,etc
#include  "MyPi2.h"          //マイライブラリ
#define PI5         4        // /dev/gpiochip4
#define PI4B        0        // /dev/gpiochip0
#define SW_RED      17       //赤色SW
#define SW_WHITE    27       //白色SW
#define SEN_RIGHT   4        //右側 反射型フォトセンサ
#define SEN_CENTER  5        //中央 反射型フォトセンサ
#define SEN_LEFT    6        //左側 反射型フォトセンサ
#define INNUM       5        //入力信号数
#define MOT_RIGHT2  22       //右モータ BIN2
#define MOT_RIGHT1  23       //右モータ BIN1
#define MOT_LEFT2   24       //左モータ AIN2
#define MOT_LEFT1   25       //左モータ AIN1
#define MNUM        4        //モータの信号数
#define I2C_BUS     1        // /dev/i2c-1
#define LCD_ADR     0x3e     //LCDスレーブアドレス
#define LCD_IR      0x00     //インストラクションレジスタ
```

```
↘
/* グローバル宣言 */
//入力用 SW、反射型フォトセンサ
const int inGpio[INNUM] = {SW_RED,SW_WHITE,SEN_RIGHT,SEN_CENTER,SEN_LEFT};
//出力用 モータ駆動IC信号線
const int outGpio[MNUM] = {MOT_RIGHT1,MOT_RIGHT2,MOT_LEFT1,MOT_LEFT2};

/* プロトタイプ宣言 */
int ReadSens(int hnd);          //フォトセンサの位置情報の取得
void Sens2Lcd(int hndLcd, int sensors);   //位置情報をLCDに表示
void RightForward(int hnd);     //右モータ正転
void RightReverse(int hnd);     //右モータ逆転
void LeftForward(int hnd);      //左モータ正転
void LeftReverse(int hnd);      //左モータ逆転
void Forward(int hnd);          //左右のモータの正転
void Reverse(int hnd);          //左右のモータの逆転
void Stop(int hnd);             //左右のモータのストップ
void LcdClrMsg(int hndLcd, char *s); //LCDをクリアして表示
                                                            ①
int main(void){
    int hnd,hndLcd;
    int lFlgOut=0;
    int lFlgIn=LG_SET_PULL_NONE;
    int levels[MNUM]={0,0,0,0};
    int senNow;
    int senPre=0b0111;                                      ②
    hnd = lgGpiochipOpen(PI5);
    //hnd = lgGpiochipOpen(PI4B);
    lgGroupClaimInput(hnd, lFlgIn, INNUM, inGpio);
    lgGroupClaimOutput(hnd,lFlgOut,MNUM,outGpio,levels);
    hndLcd = lgI2cOpen(I2C_BUS,LCD_ADR,0);
    LcdSetup(hndLcd);

    LcdClrMsg(hndLcd,"Push White SW."); ———③
    while(1){
        if(lgGpioRead(hnd, SW_WHITE) == LG_HIGH){ ———④
            while(1){ ———⑤
                senNow = ReadSens(hnd); ———⑥
                if (senNow != senPre){
                    LcdClear(hndLcd);
                    Sens2Lcd(hndLcd, senNow);               ⑦
                    senPre = senNow;
                    switch (senNow){ ———⑧
                        case 0b000:
                        case 0b101:
                            Forward(hnd);                   ⑨
                            break;
                        case 0b100:
                        case 0b110:
                            RightForward(hnd);              ⑩
                            break;
                        case 0b001:
                        case 0b011:
                            LeftForward(hnd);               ⑪
                            break;
                        default:
                            Stop(hnd);                      ⑫
                            break;
                    }
                }
                lguSleep(0.001);    //CPU使用率の抑制のため
            }
                                                            ↗
```

```
↘
        }
        lguSleep(0.001);              //CPU使用率の抑制のため
    }
    lgI2cClose(hndLcd);
    lgGpiochipClose(hnd);
    return EXIT_SUCCESS;
}
```

① **リスト11-5**と**リスト11-6**で作成した関数のプロトタイプ宣言です。
② **リスト11-5**と同じ使用目的で、変数senNow（現在の位置情報）と変数senPre（前回の位置情報）を使用します。
③ LcdClrMsg関数で「Push white SW」とLCDに表示します。
④ 白色SWが押されるとライントレースを実行します。押されていないときは白色SWの入力（④）に戻ります。
⑤ ライントレースの実行を永久ループにします。
⑥ ReadSens関数で反射型フォトセンサの位置情報を取得します。
⑦ if文により位置情報が変化したときだけLCDにSens2Lcd関数を使用して位置情報をLCDに表示します。
⑧ switch case文で、**表11-15**に示したセンサの位置情報から左右のタイヤを4通りに制御します。
⑨ 自走ロボットがノーマルポジションまたは白線上にいるので、左右のタイヤを正転させ、⑥の位置情報の取得に戻ります。
⑩ 自走ロボットが白線の右側にいるので、右のタイヤのみ正転させて自走ロボットを左側へ移動させて、⑥の位置情報の取得に戻ります。
⑪ 自走ロボットが白線の左側にいるので、左のタイヤのみ正転させて自走ロボットを右側へ移動させて、⑥の位置情報の取得に戻ります。
⑫ 白線から脱線しているので、左右のタイヤをストップさせて、⑥の位置情報の取得に戻ります。

11.11.6 モバイルバッテリーの取り付け

自走ロボットにライントレース走行させるために、ファスナーテープを付けたモバイルバッテリーを取り付けます（P.296の**図10-50**）。自走ロボットに実装するラズパイにPi 4Bを推奨しますが、Pi 5を使用する場合は電源に配慮が必要です。**表10-4**（P.260）に示したモバイルバッテリーは2.4A/5VとPi 5の仕様には十分ではありません。デスクトップ画面には、電圧低下のワーニングが表示される場合や、電圧が規定値より低下した場合は自動的にシャットダウンします。Pi 5に電気的リソースを少しでも確保するために、自走ロボットの走行速度は遅くなりますが、モータ電圧を低く設定してモータ電流を抑えます。デジタルテスターを使用して、DC/DCコンバータの多回転半固定ボリュームを操作し、出力電圧VM

（モータ電圧）を1.5V程度に調整します。また、**図5-9**（P.129）のCPUの温度と使用率でも説明しましたが、無駄に高速処理させないように、CPUの消費電力を意識したソースコードを作成しましょう。また、バッテリーの消費電力を節約するため、ラズパイのUSBハブにはUSBデバイスを接続しないようにします。

Column　USB Power Deliveryとは

Pi 5ではUSB電力給電規格（USB Power Delivery、以下 USB PD）に対応しています。USB PDでは、5Vに加えて9V、15V、20V、さらには48Vにも対応しており、スマートフォン、タブレット、ノートPCなどのデバイスに給電が可能です。USB Type-Cに統一されたことで、利便性が向上しました。Pi 5にはUSB PDに対応したパワーマネジメントIC（PMIC）が実装されており、PMICは起動時にUSB PD対応のACアダプタと通信を行い、供給容量を確認します。ただし、USB PD非対応のACアダプタや、40ピンの拡張コネクタから5Vを給電する場合は通信ができないため、デスクトップに警告が表示されます。また、非対応の5V/3AのACアダプタでは、USB周辺デバイスへ供給電流が1.6Aから600mAに制限されます。

11.11.7　/etc/rc.localによるプログラムの自動起動

ライントレースのプログラム（11-Trace）を/etc/rc.localに登録して、自動的に起動するようにします。シャットダウンプログラムの下に追記・保存して（**図11-42**）、OSを再起動します。LCDに「Push white SW」と表示され、白色SWを押すと自走ロボットはライントレース走行します（**図11-43**）。

◯図11-42：/etc/rc.localファイルに11-Traceを追記

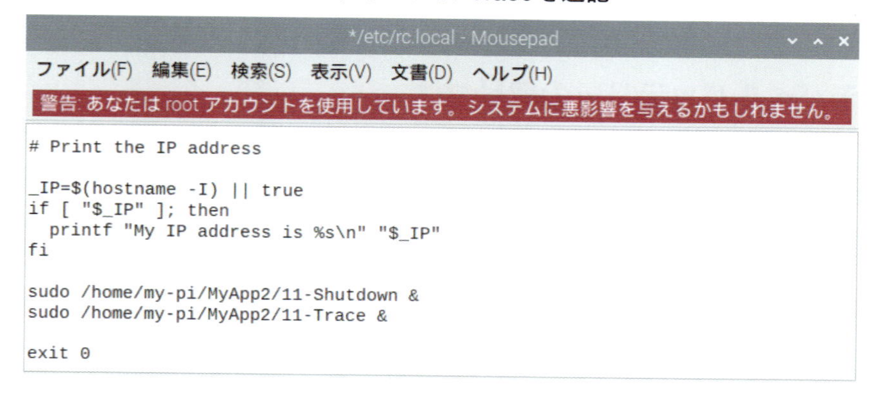

◯図11-43：自走ロボットのライントレース走行

動画のURL：https://youtu.be/ifUuNAr3qaM

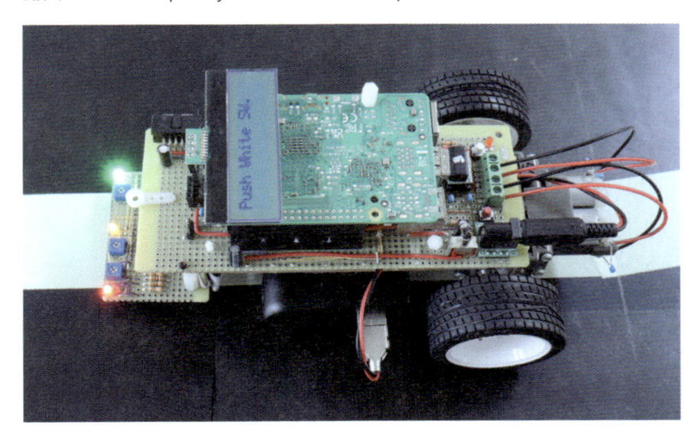

QRコードを読み取ると動画が見られます

新しいロボット制御プログラムを作成するときは、必ず/etc/rc.localファイルの「sudo /home/pi/MyApp2/11-Trace &」の先頭行に「#」を付けてコメントにし、「11-Trace」が動作しない状態にするため再起動します。「11-Trace」がバックグランドで動作したまま、別のプログラムを実行すると、複数のプログラムが同一のGPIOにアクセスして、バッティングによる動作不良を引き起こします。必ず、/etc/rc.localに登録したプログラムをコメントアウトし再起動してから、新しいロボット制御プログラムを作成してください。ただし、GPIOがバッティングしなければ、「11-Shutdown」と「11-Trace」のように複数のプログラムの登録は可能です。

```
sudo /home/pi/MyApp2/11-Trace &
```

```
# sudo /home/pi/MyApp2/11-Trace &
```

Chapter 12

自走ロボットを制御する（応用編）

応用編では、自走ロボットをより高度に制御していきます。障害物を測定するセンサを搭載し、障害物を検出したら自動的にストップする機能を実現します。また、カーブの死角に障害物があった場合でも、RCサーボモータで距離センサを向けて障害物を検出します。さらに、カメラモジュールを使って、ドライブレコーダーのように障害物を撮影する機能も追加します。これらの新しい機能により、自走ロボットはますます賢くなっていきます。

もちろん、想定通りに動かないこともあるでしょう。トラブルシューティングが必要になる場面も多いかもしれません。しかし、ピンチはチャンスであり、成長の機会です。技術的なスキルだけでなく、柔軟な思考力や問題解決能力も養われるはずです。

自走ロボットを完成させる道のりは決して平坦ではありませんが、失敗を恐れずに進んでください。あなたの努力と創意工夫が実を結び、素晴らしい成果を期待しています。

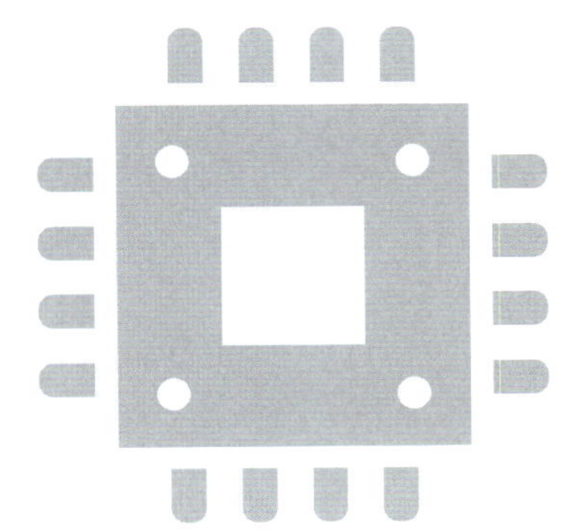

12.1　応用編について

基礎編では、自走ロボットにライントレース走行をさせることができました。応用編のゴールは、「自走ロボットに距離センサとカメラモジュールを装備し、障害物までの距離を測定して衝突を回避するために自動的に停止させて、障害物を撮影する」ことです。また、白線のカーブで発生する死角にある障害物を検出するために、自走ロボットが曲がる方向へ距離センサを向くようにRCサーボモータで制御します。

応用編では、自走ロボットを機能アップしていきますが、基礎編と同じくゴールの階段を確実に上がっていきましょう（図12-1）。

◯図12-1：応用編のゴールの階段

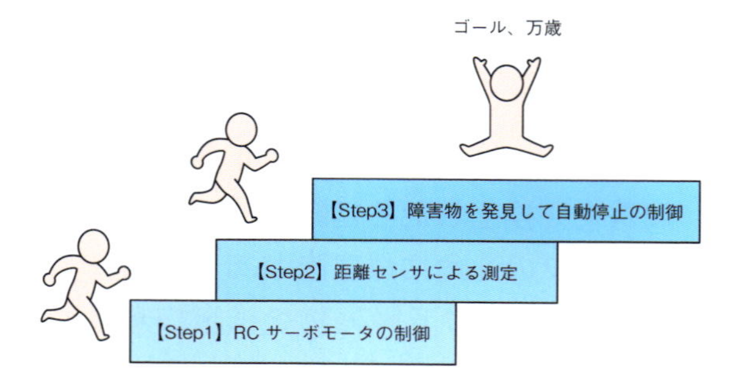

12.2　RCサーボモータの位置決めをする

12.2.1　RCサーボモータとは

RC（ラジオコントロール）サーボモータは、ラジコンカー、ラジコン飛行機、二足歩行ロボットなどのラジオコントロールシステムに応用されます。たとえば、ラジコンカーの前輪の舵角の制御、ラジコン飛行機の動翼の制御、二足歩行ロボットの関節の制御などにRCサーボモータが使用されています。なお、単にサーボモータというと産業用に使用されるサーボモータ（エンコーダを装備したDCブラシレスモータなど）を指す場合があり、RCサーボモータとは構造が異なります。産業用サーボモータと区別するために、RCサーボモータと呼びます。一般的なRCサーボモータは、一定の角度範囲（たとえば0°～180°）の任意の角度で位置を決められます。

RCサーボモータの内部構造を図12-2に示します。DCモータのシャフトに取り付けられたピニオンギヤで複数の歯車で構成される減速機を回転させます。減速機はモータの回転速度を落としてトルクを増幅し、出力軸を回転させます。出力軸には回転角を検出するポテンショメータ（可変抵抗器）が直結されています。

制御回路（**図12-3**）を見ると、DCモータが回転すると、ポテンショメータも回転して抵抗値が変化するのがわかります。その抵抗値が回転角の情報となり、制御回路へフィードバックされます。制御信号とポテンショメータの回転角が一致したところで、制御回路によりDCモータは停止して位置決めが行われます。なお、DCモータはHブリッジ回路で駆動されるため、正転も逆転も可能です。

◯図12-2：RCサーボモータSG-90の内部構造

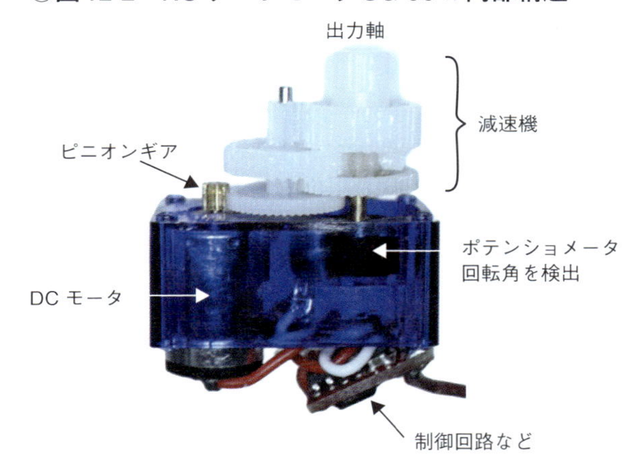

◯図12-3：RCサーボモータSG-90制御回路

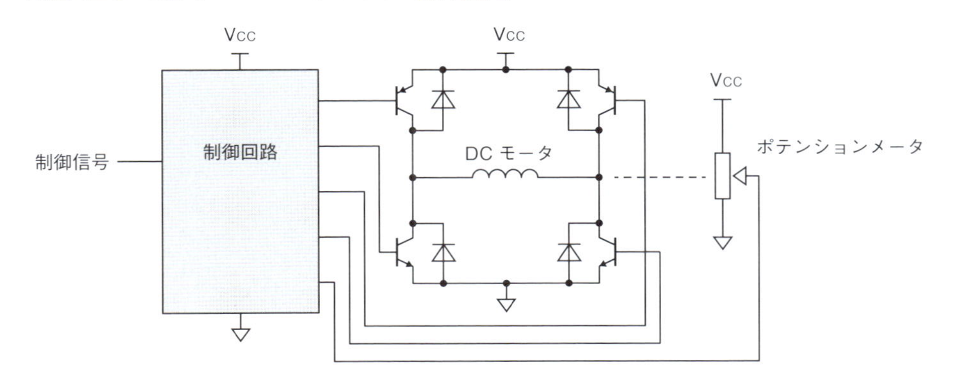

12.2.2　RCサーボモータSG-90の仕様

本章では、RCサーボモータにTower Pro社のSG-90を使用します（**図12-4**）。主な仕様を**表12-1**に示します。約180度の角度範囲で位置決め制御が可能です（**図12-5**）。出力軸にはサーボホーンと呼ばれるギヤアダプタを取り付けるために溝があります。

○図12-4：SG-90の外観

○表12-1：SG-90の主な仕様

動作電圧	4.8V ～ 5V
角度範囲	0° ～ 180°
制御パルス幅	0.5m（0°）～ 2.4ms（180°）
制御信号の周波数	50Hz（周期20ms）
トルク	1.8kgf・cm
信号線	3本：茶色（GND）、赤色（Vcc）、橙色（制御信号）

○図12-5：RCサーボモータの角度範囲

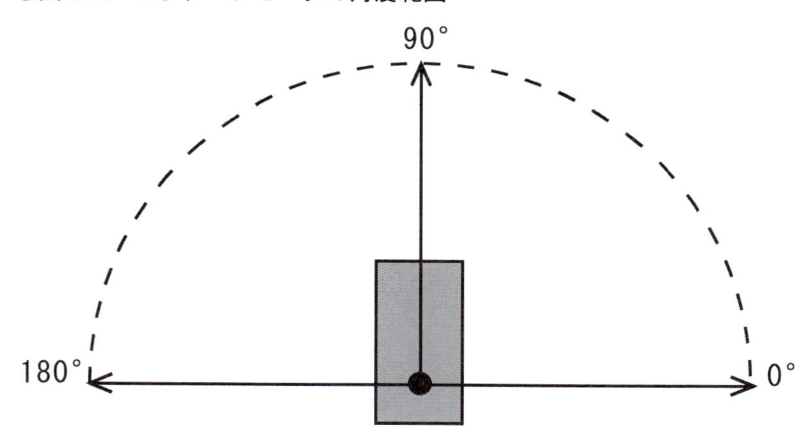

制御信号は位置決めに使用され、PWM信号を使用します。パルスオン（T_{ON}）の時間を0.5ms ～ 2.4msの範囲に設定することで、任意の角度に位置を決められます（**図12-6**）。SG-90の制御信号の周波数は50Hzと比較的低いため、ラズパイのソフトウェア方式のPWM信号が使用可能です。SG-90を自走ロボットに取り付けた場合において、パルスオン（T_{ON}）の時間と位置決め角度の関係を**表12-2**に示します。

○図12-6：制御信号のパルス幅と位置決め角度

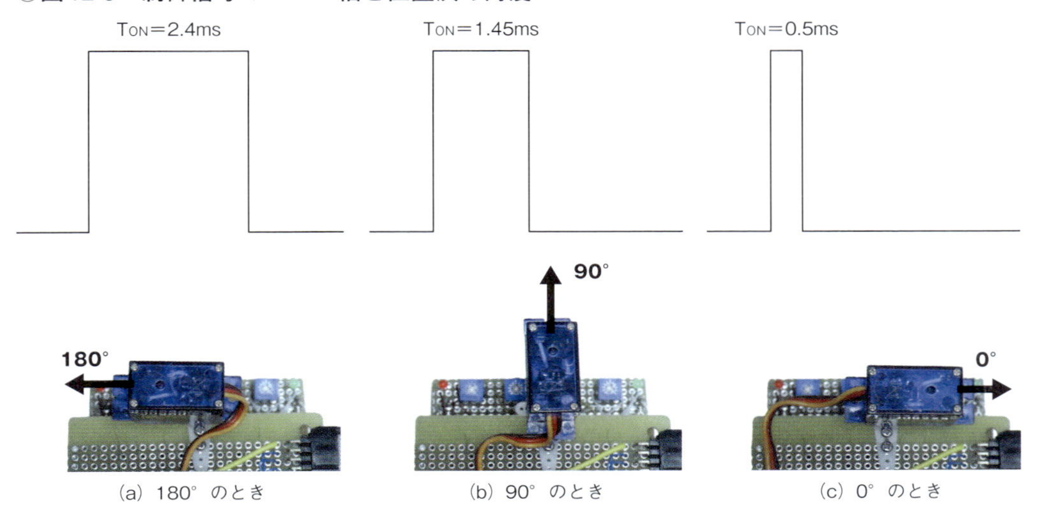

(a) 180° のとき　(b) 90° のとき　(c) 0° のとき

○表12-2：位置決め角度とパルスオンの時間

位置決め角度	パルスオンの時間
0°	0.5ms
90°	1.45ms
180°	2.4ms

RCサーボモータの信号線はGND（茶色）、Vcc（赤色）、制御信号（橙色）の3本で、ソケット（メス）に接続されています。RCサーボモータのソケットをメインボードのCN7に挿します（**図12-7**）。

○図12-7：RCサーボモータのソケットの取り付け

12.2.3　RCサーボモータを制御する

　ターミナルから整数で0～30までの値を入力し、ソフトウェア方式のPWM信号を使用してSG-90を制御します。実行例のように、「パルスオン時間（0.1ms*）として0から30までの整数を入力 >>>」を表示し、パルスオンの値を入力します。たとえば、キーボードから「5」を入力するとパルスオン時間は5×0.1=0.5msと計算され、PWM信号（制御信号）を出力します。また、ターミナルとLCDに「tON = 0.5 ms」と表示します。
　一方、0～30以外の数値が入力されたときは、PWM信号の出力を停止します。また、ターミナルに「値が範囲外です」、LCDに「error」と表示します。

【実行例】
パルスオン時間（0.1ms*）として0から30までの整数を入力 >>> 5
tON = 0.5 ms

パルスオン時間（0.1ms*）として0から30までの整数を入力 >>> 100
値が範囲外です。

パルスオン時間（0.1ms*）として0から30までの整数を入力 >>>

12.2.4　ハードウェアの仕様

　本課題で使用するGPIOとLCDの仕様を**表12-3**に示します。

○表12-3：RCサーボモータを制御する課題の仕様

SG-90制御信号	GPIO13
LCDスレーブアドレス	0x3e

12.2.5　フローチャート

　RCサーボモータの位置決めのフローチャートは**図12-8**になります。

○図12-8：RCサーボモータの位置決めのフローチャート

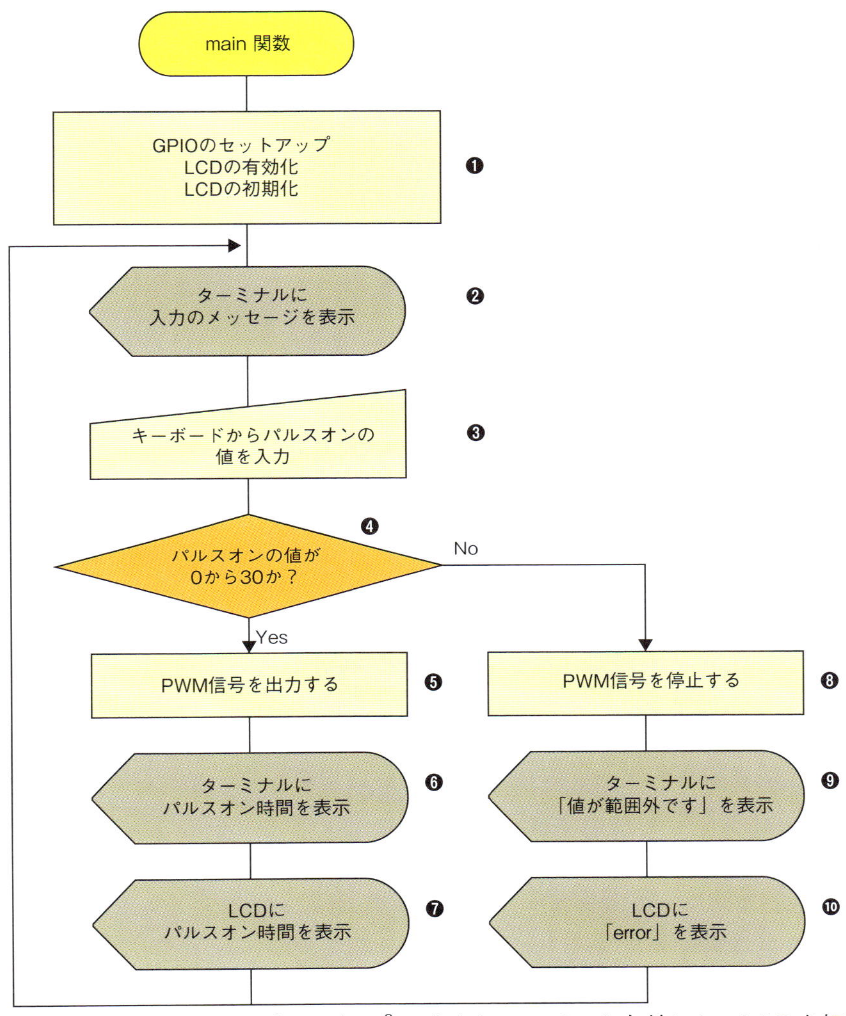

❶ GPIOをセットアップします。I²CデバイスのLCDを有効にし、LCDを初期化します。

❷ ターミナルに「パルスオン時間（0.1ms*）として0から30までの整数を入力 >>>」と表示します。

❸ キーボードからパルスオンの値を入力します。

❹ パルスオンの値が0～30の範囲かどうか判断します。

❺ 範囲であれば、パルスオン時間を求めてPWM信号を出力します。

❻ ターミナルにパルスオン時間を表示します。

❼ LCDにパルスオン時間を表示します。

❽ パルスオンの値が範囲外であれば、PWM信号の出力を停止します。

❾ ターミナルに「値が範囲外です」を表示します。

❿ LCDに「error」を表示します。

12.2.6 ソースコード

main関数のソースコードは**リスト12-1**になります。プロトタイプ宣言したLcdClrMsg関数のソースコードは前の課題から引用してください。

○リスト12-1：12-Servo.c

```
#include <stdio.h>          //printf,sprintf
#include <stdlib.h>         //EXIT_SUCCESS
#include <lgpio.h>          //lgGpiochipOpen,lgTxServo,etc
#include  "MyPi2.h"         //マイライブラリ
#define PI5         4       // /dev/gpiochip4
#define PI4B        0       // /dev/gpiochip0
#define SERVO       13      //GPIO13をSERVOと定義
#define I2C_BUS     1       // /dev/i2c-1
#define LCD_ADR     0x3e    //LCD スレーブアドレス
#define LCD_IR      0x00    //インストラクションレジスタ
/* プロトタイプ宣言 */
void LcdClrMsg(int hndLcd, char *s);

int main(void){
    int hnd,hndLcd;
    int lFlgOut=0;
    char s1[17];
    int kbNum;                 }①
    float tON;
    int pulseWidth;
    int servoFrequency=50;     }②
    int servoOffset=0;
    int servoCycles=0;

    hnd = lgGpiochipOpen(PI5);
    //hnd = lgGpiochipOpen(PI4B);
    lgGpioClaimOutput(hnd,lFlgOut,SERVO,LG_LOW);
    hndLcd = lgI2cOpen(I2C_BUS,LCD_ADR,0);
    LcdSetup(hndLcd);
    LcdClrMsg(hndLcd,"Servo Motor Test");
    while(1){
        printf("パルスオン時間(0.1ms*) として0から30までの整数を入力 >>> ");  }③
        scanf("%d",&kbNum);
        if (0<=kbNum && kbNum<=30){ ―――④
            pulseWidth=kbNum*100;   ―――⑤
            lgTxServo(hnd,SERVO,pulseWidth,servoFrequency,\    }⑥
            servoOffset,servoCycles); //信号出力
            tON = kbNum*0.1;
            printf("tON = %2.1f ms¥n¥n",tON);                 }⑦
            sprintf(s1,"tON = %2.1f ms",tON);
            LcdClrMsg(hndLcd,s1);
            lguSleep(0.1);
            pulseWidth=0;                                      }⑧
            lgTxServo(hnd,SERVO,pulseWidth,servoFrequency,\
            servoOffset,servoCycles); //信号停止
        }else{
            pulseWidth=0;
            lgTxServo(hnd,SERVO,pulseWidth,servoFrequency,\    }⑨
            servoOffset,servoCycles); //信号停止
            printf("値が範囲外です¥n¥n");                        }⑩
            LcdClrMsg(hndLcd,"error");
        }
                                                              ↗
```

```
↘
    }
    lgI2cClose(hndLcd);
    lgGpiochipClose(hnd);
    return EXIT_SUCCESS;
}
```

① 変数kbNumは、キーボードから入力された数値です。変数tONは、変数kbNumからミリ秒に変換したパルスオン時間です。

② lgpioライブラリにはRCサーボモータの制御信号を出力するlgTxServo関数があります（P.88の表3-4）。lgTxServo関数で使用する変数を説明します。

- 変数pulseWidthは、マイクロ秒単位のパルスオン時間です。
- 変数servoFrequencyは、SG-90の制御信号の周波数として50Hzを指定します。
- 変数servoOffsetは、通常の制御信号の出力タイミングからの遅延時間（us）を設定しますが、今回遅延時間を使用しないので0とします。
- 変数servoCyclesは、制御信号の出力サイクル数を指定することができますが、0に設定して信号を連続で出力します。

③ ターミナルにメッセージを表示して、キーボードからのパルスオン時間の入力待ちにします。

④ パルスオン時間tONが指定された0以上30以下であるかどうか判断します。

⑤ 変数kbNumからus単位のパルスオン時間を求めて、変数pulseWidthに代入します。

⑥ lgTxServo関数で、SG-90へ制御信号を出力します。なお、lgTxServo関数の命令文が長いので、行末にバックスラッシュ（\）を追加して、2行にしています。バックスラッシュ後に空白、タブ、コメントなどの余計な文字があるとコンパイラでエラーになるので注意してください。

⑦ 変数kbNumに0.1を乗算してパルスオン時間を求めてターミナルとLCDに表示します。

⑧ lguSleep関数で制御信号を100ms出力したら、変数pulseWidthに0を指定して制御信号を停止します。これは、特定のパルスオン時間でサーボモータが振動することがあり、不要な振動を止めるためです。制御信号を停止しても出力軸はその位置を保持します。

⑨ キーボードから入力した値が0～30以外の場合は、lgTxServo関数の引数pulseWidthに0を指定して、制御信号の出力を停止します。

⑩ ターミナルとLCDにエラーメッセージを表示します。

12.2.7　動作確認とRCサーボモータの固定

SG-90を自走ロボットに固定したいのですが、SG-90の出力軸が何度の位置で止まっているのかわかりません。そこで、**リスト12-1**で作成したプログラム（12-Servo）を利用して、自走ロボットから外した状態（**図12-9**）のSG-90の出力軸を原点に移動させます。SG-90を右側に向けて、サーボホーンに仮止めします。次に、SG-90を正面に向けたときと左側へ向けたときのそれぞれのパルスオンの値を求めていきます。

製品にはばらつきがあるので、SG-90ごとにパルスオン時間を確認します。また、特定のパルスオン時間でSG-90が振動することがあります。なお、RCサーボモータにアングル材とカメラモジュール（**図12-18**と**図12-26**）を取り付けて、RCサーボモータが回転したときにカメラモジュールがメインボードに接触しないようにします。

RCサーボモータを右側に向けて固定する

図12-9のようにSG-90を自走ロボットから取り外した状態にします。

SG-90の出力軸を右側に移動させるため、**表12-2**の仕様からパルスオン時間が0.7msの制御信号を与えます。パルスオン時間を最小値0.5msに設定すると振動する場合があるので、余裕を持たせて0.7msとしました。**リスト12-1**を利用して7を入力します（**図12-10**）。

RCサーボモータを右側に向けて、出力軸をサーボホーンに仮止めします（**図12-11**）。このとき、カメラモジュールがメインボードに接触しないようにします。SG-90に付属するビスで、RCサーボモータをサーボホーンに固定させます（**図12-12**）。このとき、ライン検出基板などを一時的に取り外して作業します。

○図12-9：取り外した状態のRCサーボモータ

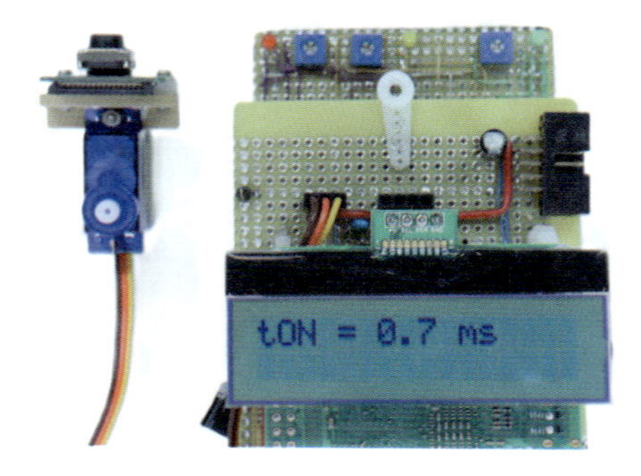

○図12-10：パルスオン時間0.7msの制御信号を出力

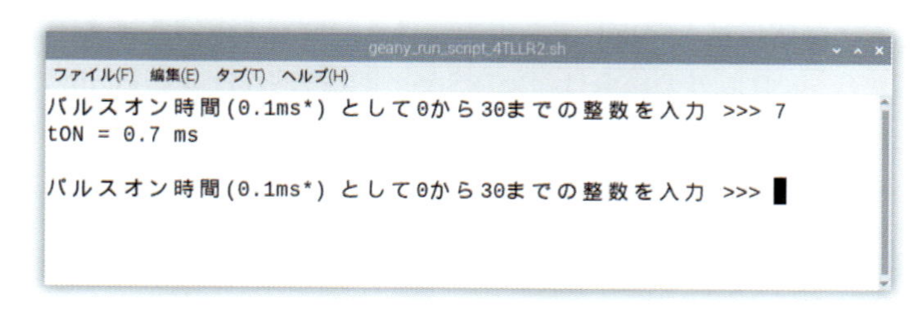

○図12-11：RCサーボモータが右向きの位置

○図12-12：RCサーボモータをビスでサーボホーンに固定

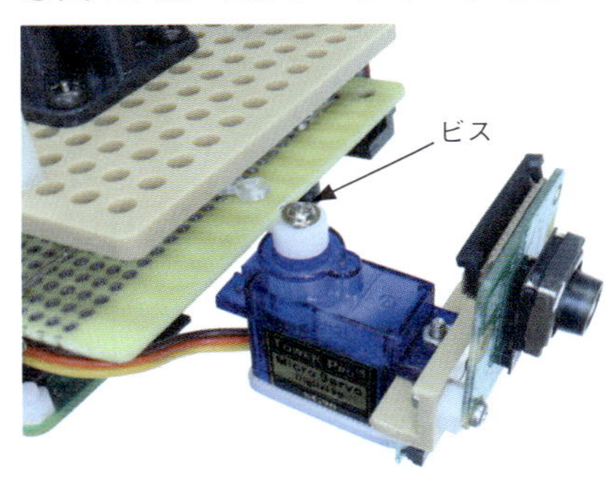

● RCサーボモータを正面に向けたときのパルスオンの値を取得する

リスト12-1で作成したプログラムを利用して、パルスオンの値を徐々に大きくして、**図12-13**のようにRCサーボモータが90°の正面に向いたときのパルスオンの値を**表12-4**に記録します。SG-90には個体差があるため、パルスオンの値が**図12-13**や**図12-14**と異なる場合があります。実際の動作を確認しながら調整してください。

○図12-13：RCサーボモータが正面の位置

RCサーボモータを左側に向けたときのパルスオンの値を取得する

さらに、パルスオンの値を徐々に大きくして、**図12-14**のようにRCサーボモータが左側に向いたときのパルスオンの値を**表12-4**に記録します。このとき、カメラモジュールがメインボードに接触しないようにします。**表12-4**に記録した値は「12.4　障害物を検出して自動停止して撮影する」の課題で参考にします。

○図12-14：RCサーボモータが左向きの位置

○表12-4：RCサーボモータの向きとパルスオンの値

SG-90の向き	パルスオンの値
右側	7
正面	
左側	

12.3　センサで距離を測る

12.3.1　距離センサとは

距離を測定するセンサに主に光学式と超音波式がよく使用されますので、その原理を説明します。なお、距離センサは「測距センサ」とも呼ばれます。

光学式センサ

光学式センサは、光を利用して距離を測定します。一般的には赤外線やレーザーを使用します。光学式センサには三角測量方式とTOF方式があります。

- 三角測量方式では、発光素子から投光された光が対象物で反射してセンサの受光素子で受光されるまでの光路が三角形を描きます。発光素子と受光素子の距離と反射光の角度から、対象物までの距離を計算します。短距離測定の精度が高いことが特長です。

- ToF（Time of Flight）方式では、発光素子から光を対象物に投光し、反射して受光素子に戻ってくるまでの時間を計測します。光の速度が一定であることを利用して、反射時間から距離を計算します。距離計測範囲が広いことが特長です。

超音波式センサ

超音波式センサは、超音波を利用して距離を測定します。超音波とは「人が聞くことができない高い音」のことを指します[注1]。

- エコーロケーション（Echolocation）方式は、反射型の超音波センサで利用されています。送信器内の圧電セラミックスの振動子で超音波を対象物に向けて発射します。その反射波を受信器で検出すると、受信器内の圧電セラミックスの振動子が屈曲運動を起こして電位を生じます。発射から受信までの時間を計測し、音速を使って距離を計算します。ただし、音速が気温によって変化するため、測定精度は光学式センサに比べて劣ります。

光学式距離センサは工場の生産設備、掃除ロボット、OA機器などで使用され、超音波式距離センサは自動車のバックソナー、魚群探知機などで使用されています。

12.3.2 距離センサGP2Y0E03の仕様

本書では、シャープ製の光学式距離センサGP2Y0E03を使用します（**図12-15**）。GP2Y0E03は発光素子と受光素子で構成され、三角測量方式で距離を測定します。発光素子は赤外LEDで、受光素子はCMOSイメージセンサです。GP2Y0E03の主な仕様を**表12-5**に示します。距離はアナログ電圧とデジタルデータ（I^2Cバス）で出力されます。測定範囲は4～50cmで、測定範囲外のときの値は63cmです。なお、GP2Y0E03の応答時間（測定時間）は信号積算回数と中央値演算のデータ数によって変わりますので、詳細はシャープのGP2Y0E03アプリケーションノート[注2]を参照してください。また、GP2Y0E03は外乱光除去機能を備えていますが、受光面に太陽光やタングステンランプなどの光源からの光が直接入射すると、正確に測距できないことがあります。

注1　人間の可聴範囲は約20Hzから20kHzとされています。
注2　URL https://jp.sharp/products/device/doc/opto/gp2y0e02_03_appl_j.pdf

○図 12-15：GP2Y0E03の外観

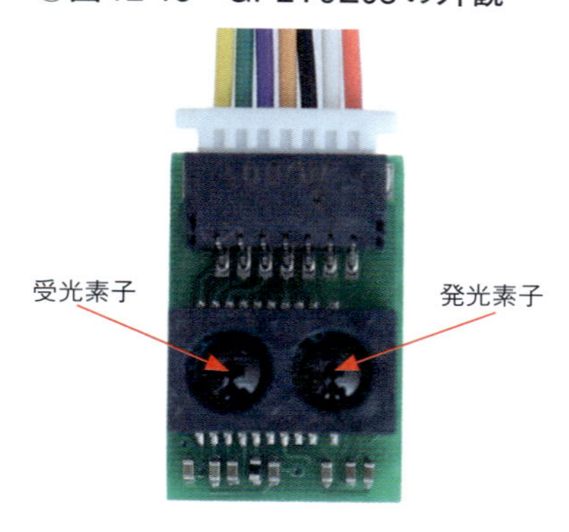

○表 12-5：GP2Y0E03の主な仕様

電源電圧	2.7 ～ 5.5V
SCL クロック周波数	400kHz（Max）
スレーブアドレス	0x40
測定範囲	4 ～ 50cm
応答時間	40ms（デフォルトのMax）
平均消費電流	36mA（Max）

三角測量方式の測定原理

三角測量とは、直角三角形の辺の比によって決まる三角比を用いて辺の長さや角度を計算する方法です。GP2Y0E03は発光素子と受光素子から構成されています（**図12-16**）。受光素子には小さなフォトダイオードが一列に数多く並んでいます。測定の原理は、発光素子から投光された光が投光レンズで集光されて、未知の距離Xに離れた物体を照射します。

物体に反射した光（反射光）は、受光レンズによって受光素子上に集光して光スポットを作ります。光スポットが当たったフォトダイオードが反応して、発光素子からの距離Aが判定されます。直角三角形を前提にすると、辺Aと受光軸との挟角θから距離Xは、X = A × tan θと求まります。実際には、各フォトダイオードが反応すると距離Xが出力されるように設計されています。

○図12-16：三角測量方式の測定原理

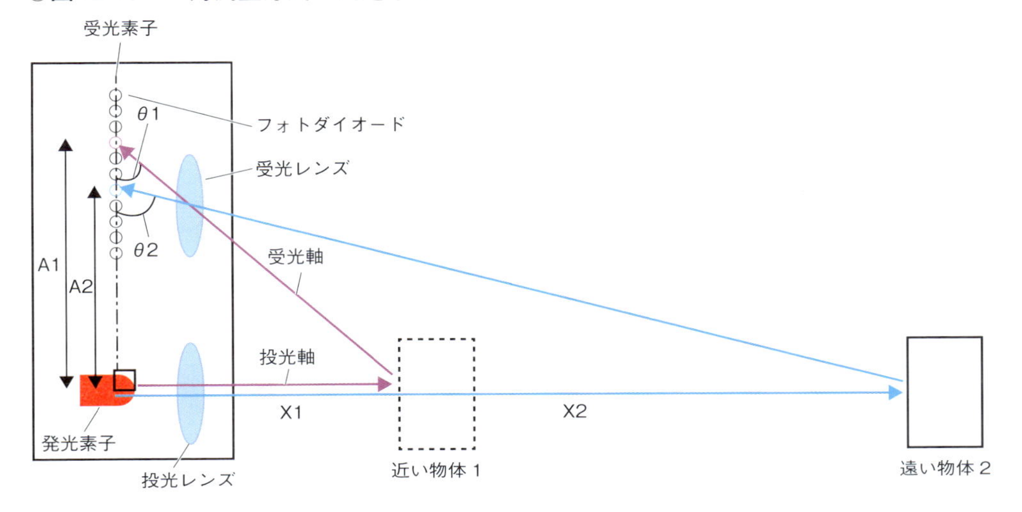

距離データの取得

GP2Y0E03の距離データは12bit長で、**表12-6**に示すGP2Y0E03のレジスタDistance[11:4]に上位8bitのデータが、Distance[3:0]に下位4bitのデータが格納されます。距離XはシャープのGP2Y0E03アプリケーションノートより、一般式（**式12-1**）で求まります。**式12-1**の中のnはShift Bitで、レジスタShift Bitで定義されています。Shift Bitは最大表示距離を設定するために使用され、今回64cmのデフォルト値0x02を使用するので、**式12-2**となります。

一般式　$$X = \frac{Distance[11:4] \times 16 + Distance[3:0]}{2^4 \times 2^n}$$　［式12-1］

nはShift Bit

$$X = \frac{Distance[11:4] \times 16 + Distance[3:0]}{2^6}$$　［式12-2］

○表12-6：GP2Y0E03の主なレジスタ

アドレス	レジスタ名	デフォルト値	R/W（読み書き）	概要
0x35	Shift Bit	0x02	R/W	0x01：最大表示距離128cm、 0x02：最大表示距離64cm
0x5e	Distance[11:4]	―	R	測定距離データ上位8bit
0x5f	Distance[3:0]	―	R	測定距離データ下位4bit

12.3.3 信号線のはんだ付けと距離センサの取り付け

GP2Y0E03に付属するコネクタ付きコードをピンヘッダにはんだ付けを行います。次に、GP2Y0E03をRCサーボモータに取り付けます。

● 信号線のはんだ付け

GP2Y0E03の端子番号と信号の概要は**表12-7**のとおりです。GP2Y0E03の信号線は7本ありますが、AQM1602 LCD I^2Cインタフェースと同じ4ピンヘッダの構成とします。今回、アナログ出力信号は使用しないので切り離し、VDD、VIN（IO）、GPIO1の3本をひとまとめにして1番ピンとします。ノーマルタイプの4ピンヘッダ（**表10-3**）にはんだ付けしたものを**図12-17**に示します。

○**表12-7：信号名と端子番号**

GP2Y0E03 端子番号	信号名	概要	自走ロボット CN5の端子番号
1	VDD	電源電圧	1
2	Vout	アナログ出力電圧	不使用のため切断
3	GND	グランド	4
4	VIN（IO）	I/O電源	1
5	GPIO1	動作スタンバイ入力信号、 HIGH：動作、LOW：スタンバイ	1
6	SCL	I^2Cクロック信号	2
7	SDA	I^2Cデータ信号	3

○**図12-17：はんだ付けした4ピンヘッダ**

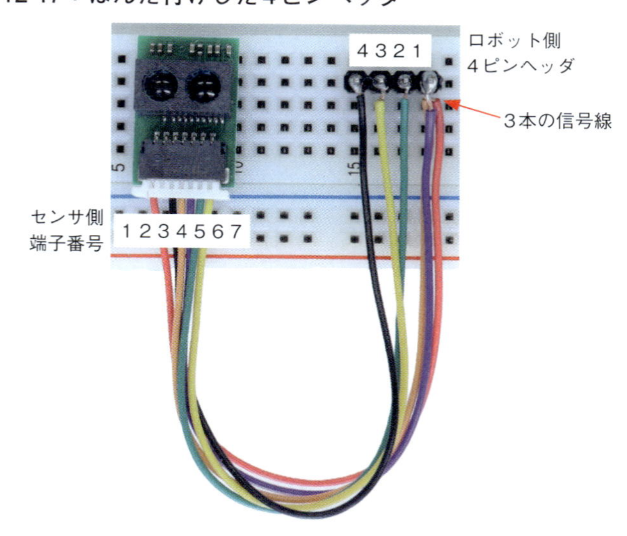

距離センサの取り付け

先に、アングル材をRCサーボモータに取り付けます。ユニバーサルプレートに付属しているアングル材を28mm程度にカットし、φ2mmの穴をあけてM2×8mmのなべ小ねじと六角ナットでRCサーボモータに固定します。次に、GP2Y0E03を両面テープや結束バンドなどでRCサーボモータに取り付けます（**図12-18**）。GP2Y0E03のチップ部品がなべ小ねじに接触しないように注意してください。また、4ピンヘッダをメインボードのCN5にしっかりと挿入します（**図12-19**）。

○図12-18：アングル材と距離センサの取り付け

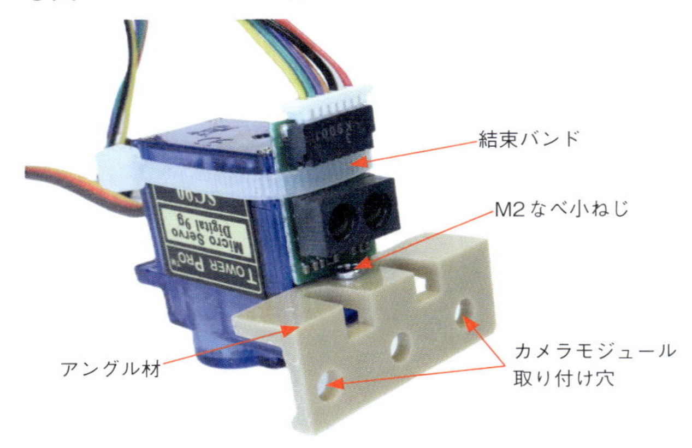

○図12-19：4ピンヘッダの挿入

12.3.4 距離を測定する

距離センサGP2Y0E03を利用して、測定対象までの距離を測定するプログラムを作成します。測定した距離をLCDに表示し（**図12-20**）、0.5秒ごとに繰り返し測定します。

○図12-20：LCDによる距離の表示

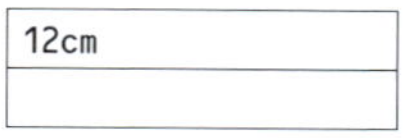

12cm

12.3.5 ハードウェアの仕様

本課題で使用するLCDと距離センサGP2Y0E03の仕様を**表12-8**に示します。

○表12-8：LCDと距離センサGP2Y0E03の仕様

LCDスレーブアドレス	0x3e
GP2Y0E03スレーブアドレス	0x40
Distance[11:4] レジスタ	0x5e
Distance[3:0] レジスタ	0x5f

12.3.6 フローチャート

距離を測定するReadDistance関数を作成し、main関数では測定範囲のチェックと測定値を表示します。フローチャートは、測定範囲のチェックと測定値を表示するmain関数（**図12-21**）と、距離を測定するReadDistance関数（**図12-22**）に分けて作成しました。

● main関数のフローチャート

main関数のフローチャートは**図12-21**になります。

◯図12-21：main関数のフローチャート

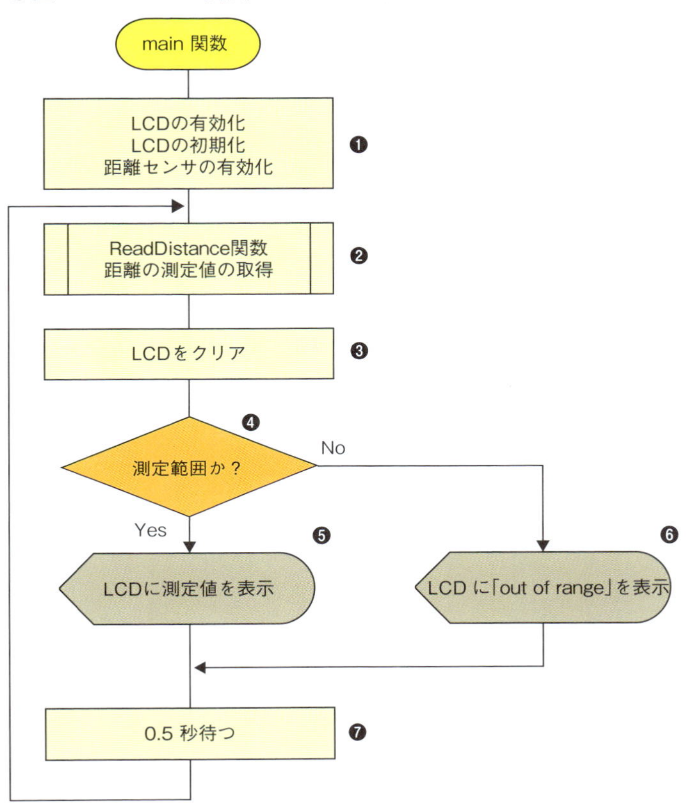

❶ LCDと距離センサを有効にします。

❷ ReadDistance関数で距離データを取得します。

❸ LCDをクリアすることにより、毎回1行目の左端から距離データが表示されます。

❹ データが測定範囲かどうかチェックします。

❺ 測定範囲内で「Yes」なら、LCDに測定値を表示します。

❻ 測定範囲外で「No」なら、LCDに「out of range」と表示します。

❼ 0.5秒待ち、❷へ戻ります。

● ReadDistance関数のフローチャート

ReadDistance関数のフローチャートを**図12-22**に示します。

○図12-22：ReadDistance関数のフローチャート

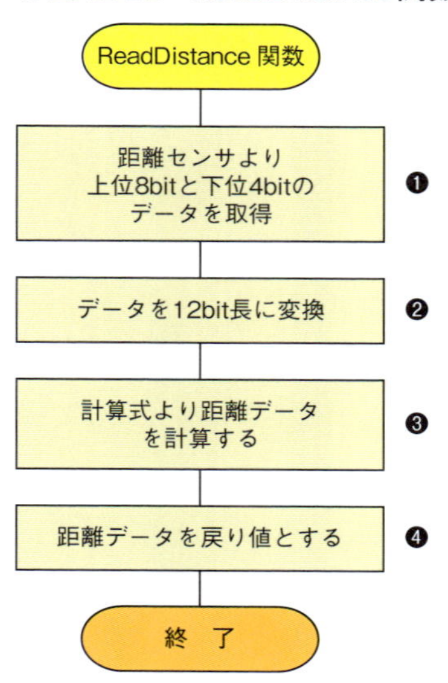

❶ 距離センサのレジスタより、上位8bitと下位4bitのデータを取得します。

❷ 2つの測定データを1つの12bit長のデータに変換します。

❸ **式12-2**より、距離データを求めます。

❹ 距離データを戻り値として返します。

12.3.7 ソースコード

ソースコードは**リスト12-2**になります。

○リスト12-2：12-Distance.c

```
#include <stdio.h>               //printf,sprintf
#include <stdlib.h>              //EXIT_SUCCESS
#include <lgpio.h>               //lgI2cOpen,lgI2cReadByteData,etc
#include  "MyPi2.h"              //マイライブラリ
#define I2C_BUS         1        // /dev/i2c-1
#define LCD_ADR         0x3e     //LCD スレーブアドレス
#define LCD_IR          0x00     //インストラクションレジスタ
#define GP2Y0E03_ADR    0x40     //GP2Y0E03 スレーブアドレス
#define GP2Y0E03_DIS_U  0x5e     //データレジスタ(上位8bit)
#define GP2Y0E03_DIS_L  0x5f     //データレジスタ(下位4bit)
#define DIS_MIN         4        //測定値の最小値 4cm
#define DIS_MAX         50       //測定値の最大値 50cm
/* プロトタイプ宣言 */
int ReadDistance(int hndGp2); ────①

int main(void){
    int hndLcd,hndGp2;                              ┐
    int disCm;                                      │
    char s1[17];                                    │
    hndLcd = lgI2cOpen(I2C_BUS,LCD_ADR,0);          ├②
    LcdSetup(hndLcd);                               │
    hndGp2 = lgI2cOpen(I2C_BUS,GP2Y0E03_ADR,0);     ┘
                                                                ↗
```

```
↘
    while(1){
        disCm = ReadDistance(hndGp2); ———③
        LcdClear(hndLcd); ———④
        if(DIS_MIN <= disCm && disCm <= DIS_MAX){
            sprintf(s1,"%d cm",disCm);                      ⑤
            LcdWriteString(hndLcd, s1);
        }else{
            LcdWriteString(hndLcd,"out of range"); ———⑥
        }
        lguSleep(0.5); ———⑦
    }
    lgI2cClose(hndGp2);
    lgI2cClose(hndLcd);
    return EXIT_SUCCESS;
}
int ReadDistance(int hndGp2){ ———⑧
    int disU8bit,disL4bit,dis12bit; ———⑨
    disU8bit = lgI2cReadByteData(hndGp2, GP2Y0E03_DIS_U);
    disL4bit = lgI2cReadByteData(hndGp2, GP2Y0E03_DIS_L);   ⑩
    dis12bit = (disU8bit<<4)|disL4bit;
    dis12bit = dis12bit>>6;
    return dis12bit;          ⑪
}
```

① ReadDistance関数のプロトタイプ宣言です。

② 変数disCmには距離センサで計測した距離（cm）が保存されます。LCDとGP2Y0E03を有効にして、それぞれのハンドルを取得します。

③ ReadDistance関数で距離データ（cm）を測定し、変数disCmに保存します。

④ LCDをクリアします。

⑤ if文で距離データが4cm～50cmの測定範囲かどうか判断します。測定範囲ならLCDに距離データ（cm）を表示します。

⑥ 範囲外であれば「out of range」のメッセージを表示します。

⑦ 0.5秒の時間待ちをします。

⑧ ReadDistance関数の書式は次のとおりです。

int ReadDistance(int hndGp2)

- 引数hndGp2は、lgI2cOpen関数の戻り値を指定します。
- 戻り値は測定した距離データ（cm）です。測定範囲外のときの値は63です。

⑨ 変数を宣言します。disU8bitは上位8bitの距離のデータ、disL4bitは下位4bitの距離のデータ、dis12bitは上位8bitと下位4bitを合わせた距離データです。

⑩ 上位8bitのデータを取得し、disU8bitに代入します。次に、下位4bitのデータを取得し、disL4bitに代入します。disU8bitを4bit左シフトして、disL4bitと論理和して、12bitのデータにして、dis12bitに代入します（**図12-23**）。

⑪ **式12-2**より2^6で除算します。dis12bitを6bit右シフトすることで、除算したことになります。距離データは整数型なので1cm刻みになります。return文で距離データ（cm）を戻します。

$$X = \frac{Distance[11:4] \times 16 + Distance[3:0]}{2^6}$$ ［式12-2］（再掲）

◯図12-23：dis12bitの求め方

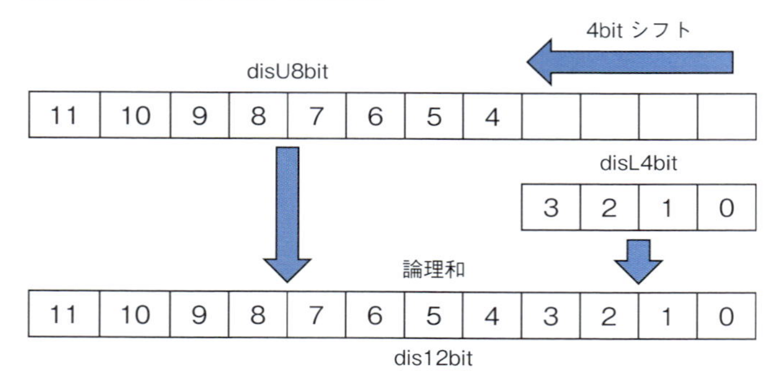

12.3.8 動作確認

距離センサGP2Y0E03の仕様では検出距離は4cm ～ 50cmまでですが、プログラム（リスト12-2）を利用して物体までの距離を測定します。また、物体の材質や色などを変えてみてください。なお、GP2Y0E03の仕様上、物体の直径は9cm以上となります。

◯図12-24：距離センサを使用した測定例

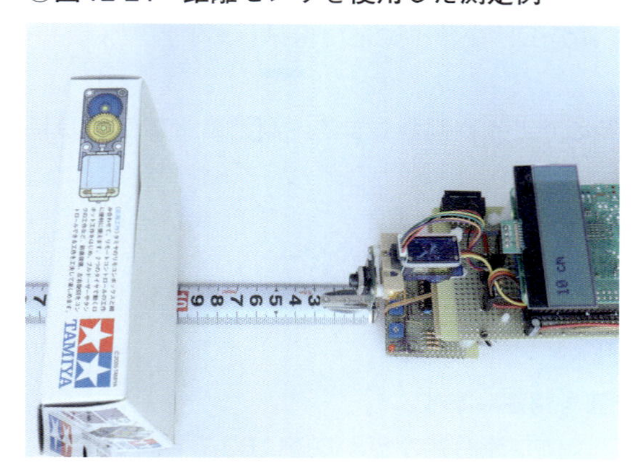

<距離を測定できない場合のトラブルシューティング>
ターミナルから「i2cdetect -y 1」を実行して、距離センサGP2Y0E03のスレーブアドレスが表示されるかどうか確認します。

- スレーブアドレスが表示されない場合
  - はんだ付けした4ピンヘッダの配線をチェックします（**図12-17**）。
  - CN5でのコネクタの挿し間違いや接触の不良をチェックします（**図12-19**）。
  - メインボード側の配線やはんだ付けの箇所をチェックします。
- スレーブアドレスが表示される場合
  - ソースコードをダウンロードして動作を確認します。

12.4　障害物を検出して自動停止して撮影する

12.4.1　障害物を検出して自動停止する

自走ロボットがライントレースのコース上に障害物を距離センサで検出したら、自動的に停止して障害物をカメラモジュールで撮影するプログラムを作成します（**図12-25**）。コースのカーブを走行する場合は、曲がる方向へRCサーボモータで距離センサを向けて、障害物を発見するように工夫します。

プログラムが起動したら、LCDに「Push white SW」と表示して、白色SWが押されるまで待機します。白色SWが押されたらスタートし、LCDの1行目に距離センサの測定値を表示します。**リスト12-2**では測定範囲を指定しましたが、本課題では指定しないことにします。そのため、障害物を検出しないときは63cmと表示されます。障害物は直径9cm以上のものを使用します。

◯図12-25：自動停止する自走ロボット

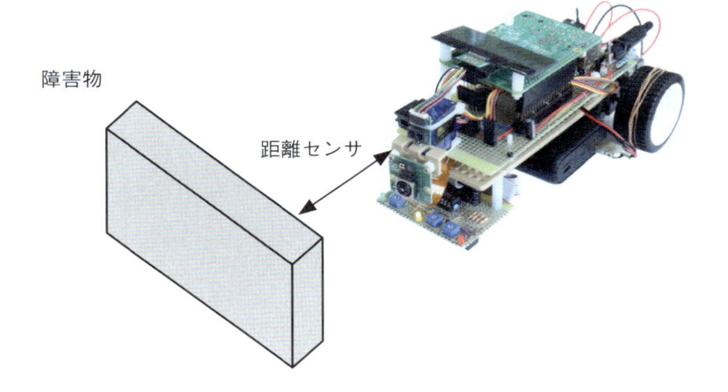

12.4.2 制御の考え方

一見、複雑そうな課題に思えますが、この課題に必要な要素的なプログラム（関数）はすでに作成しています。この課題では、距離センサを使用して障害物を検出します。また、カーブの死角に障害物があった場合でも、RCサーボモータで距離センサを向けて検出します。

距離センサとRCサーボモータを効果的に使用するには、一定の時間間隔で制御する必要があります。Lチカで使用した時間待ち関数では、制御（プログラム）の流れがその時間分止まってしまい、他の制御に遅れを生じるため適していません。今回、プログラムの流れを止めずに時間を管理する方法としてタイムスタンプを使用します。

タイムスタンプについては「6.4　タイムスタンプとは」（P.157）で学習しました。**リスト6-3**（P.161）では、ナノ秒単位のUNIX時間を戻り値とするlguTimestamp関数を使用しましたが、本課題ではミリ秒単位のUNIX時間を戻り値とするmillis関数を作成します。これにより、本課題の制御に適したタイムスタンプが取得可能になります。次にこの課題において、いくつか注意すべき点について解説します。

● 距離センサの応答時間の確保

距離センサGP2Y0E03は距離を測定するための時間が必要で、それを応答時間と呼びます。応答時間を確保しないと、不正確な測定値により自走ロボットが誤動作する可能性があります。そのため、測定の間隔は応答時間を超えたときに距離センサから次の測定値を取得します。一般的なマイコンにはタイマ割込み機能があり、応答時間ごとに割込みを発生させて距離を測定する処理を起動できます。しかし、ラズパイではタイマ機能はOSが使用しており、ユーザーに開放されていません。

そこで、ミリ秒単位のタイムスタンプを取得するmillis関数を使用します。ループ処理でmillis関数を実行することにより、現在のタイムスタンプと前回のタイムスタンプを比較して、応答時間が経過したかどうかを判断します。

● RCサーボモータの制御

本課題では白線上に置かれた障害物を発見するために距離センサを使用していますが、カーブでは曲がる方向に距離センサを向けないと障害物が死角に入り、検出できない場合があります。そこで、RCサーボモータに距離センサを取り付け、ラインの直線では距離センサを正面に向け、右カーブでは右側に向け、左カーブでは左側へ向けます。ラインの直線、右カーブ、左カーブの判定には、ライン検出基板の位置情報を参照します。

しかし、実際には自走ロボットは直線上で左右に揺れて走行する場合があるため、位置情報の取得ごとにRCサーボモータを制御すると激しく左右に振れるため、障害物を検出できない場合があります。そこで、millis関数を使用して、ある間隔で取得した位置情報からRCサーボモータの動作を決めます。

● 2種類のストップ制御

この課題では、2種類のストップ制御が必要です。1つ目は、自走ロボットがコースから脱線したときにストップさせる制御です。ただし、コースに復帰した場合には、走行を再開するようにプログラムします。2つ目は、障害物を検出したときのストップ制御です。この場合のストップ制御では、障害物が取り除かれたら走行を再開するようにプログラムします。

12.4.3　ハードウェアの仕様

本課題で使用するラズパイ周辺デバイスの仕様を**表12-9**に示します。カメラモジュールは、RCサーボモータに取り付けたアングル材に、プラスチック製のM3ナットを挟んでM2なべ小ねじとナットを使用して固定します（**図12-26**）。

◯表12-9：ラズパイ周辺デバイスの仕様

赤色SW シャットダウンボタン	GPIO17
白色SW スタートボタン	GPIO27
右モータ BIN2	GPIO22
右モータ BIN1	GPIO23
左モータ AIN2	GPIO24
左モータ AIN1	GPIO25
LCDスレーブアドレス	0x3e
GP2Y0E03スレーブアドレス	0x40
カメラモジュール	Camera Module 3または Camera Module 3 Wide

◯図12-26：カメラモジュールの取り付け

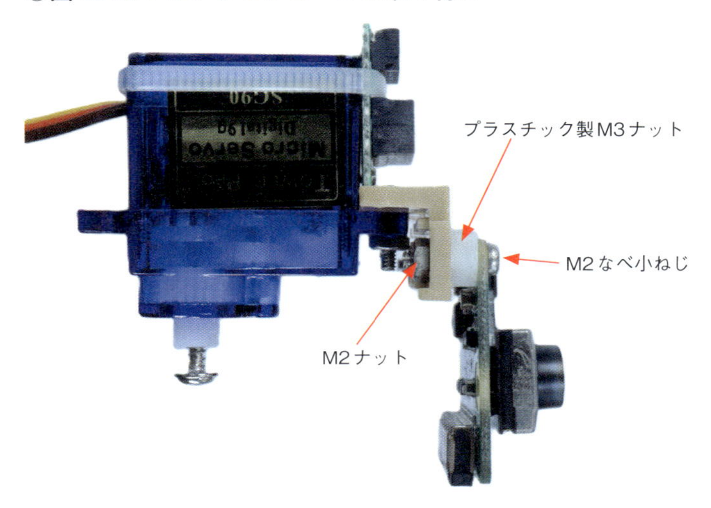

12.4.4 フローチャート

これまでの課題で作成した関数とmillis関数を利用してmain関数を作成します。main関数のフローチャートを**図12-27**および**図12-28**に示します。

前半のフローチャート（**図12-27**）では、障害物を検出したときの処理を示します。計測した距離データが15cmになったとき、障害物を検出したと判断して、タイヤとRCサーボモータをストップさせ、カメラモジュールで障害物を撮影します。このとき、自走ロボットは障害物が取り除かれるまでストップした状態になりますが、カメラモジュールで繰り返し撮影して無駄に画像ファイルを生成しないように、障害物を検出したときだけ撮影するようにします。

後半のフローチャート（**図12-28**）は障害物を検出していない場合の処理を示します。ライン検出基板の位置情報を使用して、RCサーボモータの方向とタイヤの動作を制御し、自走ロボットをライントレースさせます。

❶ GPIOをセットアップします。LCDと距離センサを有効にします。
❷ LCDに「Push white SW.」と表示します。
❸ 白色SWが押されたかどうか判断します。白色SWが押されていない場合は再び白色SWの入力に戻り、押された場合は❹へ進みます。
❹ millis関数でミリ秒のUNIX時間を取得します。
❺ 前回に取得したUNIX時間との時間間隔が、距離センサの応答時間を経過した場合、前回のUNIX時間と距離データを更新して、距離センサから距離データ（cm）を取得します。
❻ 距離データに変更があったときだけLCDに表示します。ループによるLCDへの高速上書きにより、表示文字が薄くなることを防止するためです。
❼ 距離データより、障害物の検出を判断します。障害物を検出しない場合は、Bの「RCサーボモータとタイヤの制御」（図12-28）へ進みます。
❽ 障害物を検出した場合は、タイヤとRCサーボモータを停止します。
❾ 距離データの前回と現在の距離差を計算し、距離差が規定以上のときにカメラモジュールで障害物を撮影します。距離差を利用して、カメラモジュールで繰り返し撮影しないようにします。
❿ ❹へ戻ります。

○図12-27：main関数のフローチャート（その1）

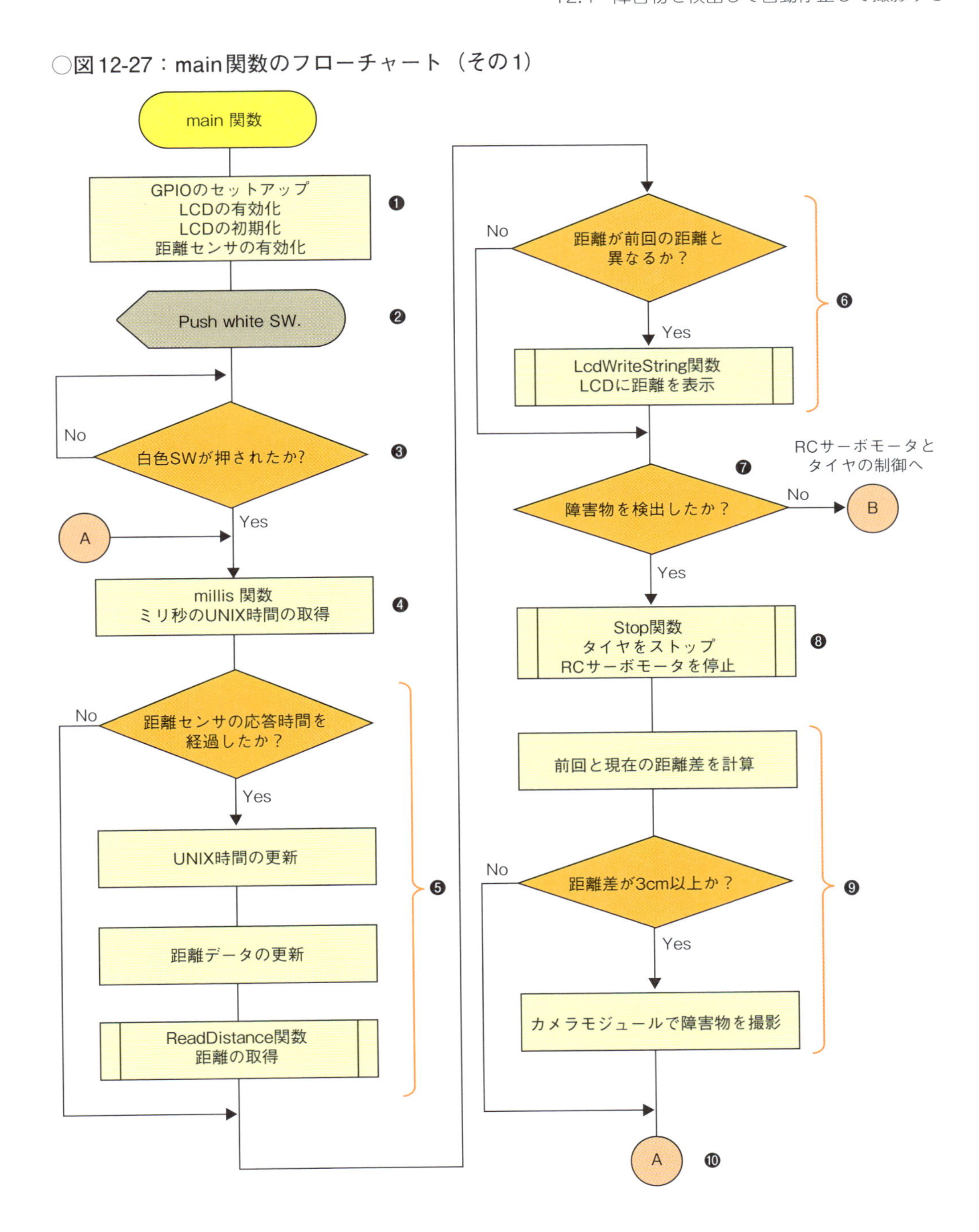

⓫ 反射型フォトセンサから位置情報を取得します。

⓬ 前回に取得したUNIX時間と比較してRCサーボモータの制御間隔を経過したら、RCサーボモータを制御します。経過していない場合は⓯のモータの制御へ進みます。

⓭ 位置情報から、RCサーボモータの方向を制御します。

⓮ RCサーボモータを制御したUNIX時間を更新します。

⓯ 位置情報から、モータの動作を制御します。

⓰ ❹へ戻ります。

◯図12-28：main関数のフローチャート（その2）

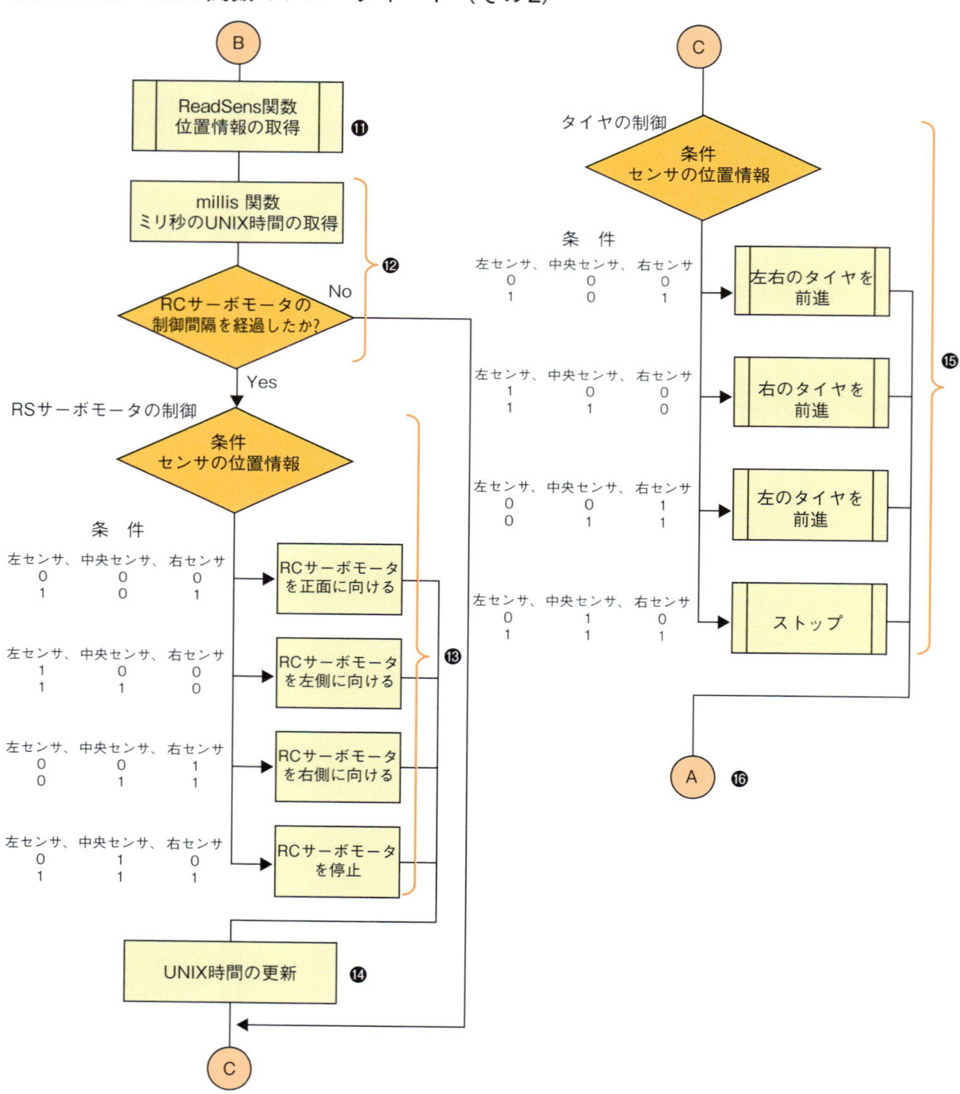

12.4.5 ソースコード

main関数とmillis関数のソースコードは**リスト12-3**になります。その他のプロトタイプ宣言した関数のソースコードは前の課題から引用してください。なお、ソースコード中の設定やデータはあくまで参考例ですので、実際に動作確認して適宜調整してください。

○リスト12-3：12-Safety.c

```
#include <stdio.h>
#include <stdlib.h>                      //EXIT_SUCCESS
#include <lgpio.h>                       //lgI2cOpen, lgTxServo,etc
#include  "MyPi2.h"                      //マイライブラリ
#define PI5               4              // /dev/gpiochip4
#define PI4B              0              // /dev/gpiochip0
#define LED               20             //LED
#define SERVO             13             //GPIO13をSERVOと定義
#define SW_RED            17             //赤色SW
#define SW_WHITE          27             //白色SW
#define SEN_RIGHT         4              //右側 反射型フォトセンサ
#define SEN_CENTER        5              //中央 反射型フォトセンサ
#define SEN_LEFT          6              //左側 反射型フォトセンサ
#define INNUM             5              //入力信号数
#define MOT_RIGHT2        22             //右モータ BIN2
#define MOT_RIGHT1        23             //右モータ BIN1
#define MOT_LEFT2         24             //左モータ AIN2
#define MOT_LEFT1         25             //左モータ AIN1
#define MNUM              4              //モータの信号数
#define I2C_BUS           1              // /dev/i2c-1
#define LCD_ADR           0x3e           //LCD スレーブアドレス
#define LCD_IR            0x00           //インストラクションレジスタ
#define GP2Y0E03_ADR      0x40           //GP2Y0E03 スレーブアドレス
#define GP2Y0E03_DIS_U    0x5e           //データレジスタ(上位8bit)
#define GP2Y0E03_DIS_L    0x5f           //データレジスタ(下位4bit)
#define GP2Y0E03_MDN      0x3f           //中央値(median)フィルタレジスタ
#define GP2Y0E03_MDN_5    0x10           //中央値演算のデータ数5
#define GP2Y0E03_RSP      120            //応答時間(ms)
#define DANGER            15             //障害物の検出距離(cm)
#define DIS_DIFF          3              //距離差(cm)
#define SM_RGHT           1000           //サーボモータ右向きパルス幅(us)      ┐
#define SM_FRNT           1400           //サーボモータ正面向きパルス幅(us)    ├①
#define SM_LFT            1800           //サーボモータ左向きパルス幅(us)      │
#define SM_INTVL          400            //サーボモータの制御の時間間隔(ms)    ┘

/* グローバル宣言 */
//入力用 SW、反射型フォトセンサ
const int inGpio[5] = {SW_RED,SW_WHITE,SEN_RIGHT,SEN_CENTER,SEN_LEFT};
//出力用 モータ駆動IC信号線
const int outGpio[4] = {MOT_RIGHT1,MOT_RIGHT2,MOT_LEFT1,MOT_LEFT2};
/* プロトタイプ宣言 */
int ReadSens(int hnd);                  //フォトセンサの位置情報の取得      ┐
void Sens2Lcd(int hndLcd, int sensors);   //位置情報をLCDに表示           │
void RightForward(int hnd);     //右モータ正転                            │
void RightReverse(int hnd);     //右モータ逆転                            ├②
void LeftForward(int hnd);      //左モータ正転                            │
void LeftReverse(int hnd);      //左モータ逆転                            │
void Forward(int hnd);          //左右のモータの正転                      │
void Reverse(int hnd);          //左右のモータの逆転                      ┘
```

↗

```
↘
void Stop(int hnd);              //左右のモータのストップ          ┐
void LcdClrMsg(int hndLcd, char *s);  //LCDをクリアして表示       ├②
int ReadDistance(int hndGp2);    //距離の取得                     │
unsigned int millis(void);       //UNIX時間msの取得               ┘

int main(void){
    int hnd;
    int hndLcd;
    int hndGp2;                  //距離センサGP2Y0E03用
    int i;
    int lFlgOut=0;
    int lFlgIn=LG_SET_PULL_NONE;
    int levels[MNUM]={0,0,0,0};
    char s1[17];
    int positionNow = 0;         //現在の位置情報    ┐
    int distanceNow = 0;         //現在の距離(cm)    ├③
    int distancePre = 100;       //前回の距離(cm)    ┘
    unsigned int timeNow1;       //距離センサ用タイムスタンプ    ┐
    unsigned int timePre1 =0;                                    ├④
    unsigned int timeNow2;       //サーボモータ用タイムスタンプ  │
    unsigned int timePre2 =0;                                    ┘
    int pulseWidth;              //サーボ信号のパルス幅 (us)     ┐
    int servoFrequency=50;       //周波数 50Hz                   ├⑤
    int servoOffset=0;           //オフセット0                   │
    int servoCycles=5;           //5パルス出力                   ┘

    hnd = lgGpiochipOpen(PI5);
    //hnd = lgGpiochipOpen(PI4B);
    lgGpioClaimOutput(hnd,lFlgOut,LED,LG_LOW);
    lgGroupClaimInput(hnd, lFlgIn, INNUM, inGpio);
    lgGroupClaimOutput(hnd,lFlgOut,MNUM,outGpio,levels);

    hndLcd = lgI2cOpen(I2C_BUS,LCD_ADR,0);
    LcdSetup(hndLcd);
    hndGp2 = lgI2cOpen(I2C_BUS,GP2Y0E03_ADR,0);                   ┐
    lgI2cWriteByteData(hndGp2,GP2Y0E03_MDN,GP2Y0E03_MDN_5);        ┘⑥

    //サーボモータの動作テスト
    lgGpioClaimOutput(hnd,lFlgOut,SERVO,LG_LOW);                               ┐
    pulseWidth=SM_RGHT;                            //サーボモータ右側に向ける  │
    lgTxServo(hnd,SERVO,pulseWidth,servoFrequency,servoOffset,servoCycles);    │
    lguSleep(1);                                                               │
    pulseWidth=SM_LFT;                             //サーボモータ左側に向ける  ├⑦
    lgTxServo(hnd,SERVO,pulseWidth,servoFrequency,servoOffset,servoCycles);    │
    lguSleep(1);                                                               │
    pulseWidth=SM_FRNT;                            //サーボモータ正面に向ける  │
    lgTxServo(hnd,SERVO,pulseWidth,servoFrequency,servoOffset,servoCycles);    │
    lguSleep(1);                                                               ┘

    LcdClrMsg(hndLcd,"Push White SW.");                     ┐
    do{                                                     │
        i = lgGpioRead(hnd, SW_WHITE);                      ├⑧
        lguSleep(0.001);       //CPU使用率の抑制のため      │
    }while(i != LG_HIGH);                                   ┘

    while(1){ ―――⑨
        timeNow1 = millis();                                ┐
        if(timeNow1 > timePre1 + GP2Y0E03_RSP){             │
            timePre1 = timeNow1;                            ├⑩
            distancePre = distanceNow;                      │
            distanceNow = ReadDistance(hndGp2);             ┘
                                                                        ↗
```

```
↘
}
    if(distanceNow != distancePre){
        LcdClear(hndLcd);
        sprintf(s1,"%d cm",distanceNow);          ⑪
        LcdWriteString(hndLcd, s1);
    }
    if(distanceNow <= DANGER){ ———⑫
        Stop(hnd);
        pulseWidth=0;
        lgTxServo(hnd,SERVO, pulseWidth,servoFrequency,\
        servoOffset,servoCycles);
        i = abs(distanceNow - distancePre);                ⑬
        if(DIS_DIFF <= i){
            lguSleep(0.5);
            system("rpicam-still -t 300 -o \
            /home/my-pi/MyApp2/$(date +'%Y%m%d-%H%M%S').jpg");
        }
    }else{ ———⑭

  //RCサーボモータの制御
        positionNow = ReadSens(hnd); ———⑮
        timeNow2 = millis();
        if(timeNow2 > timePre2 + SM_INTVL){
            switch (positionNow){
            case 0b000:                 //ノーマルポジション
            case 0b101:                 //白線上にいる
                pulseWidth = SM_FRNT;   //サーボモータ正面に向ける
                break;
            case 0b100:                 //白線の右側にいる
            case 0b110:
                pulseWidth = SM_LFT;    //サーボモータ左側に向ける
                break;
            case 0b001:                 //白線の左側にいる             ⑯
            case 0b011:
                pulseWidth = SM_RGHT;   //サーボモータ右側に向ける
                break;
            default:
                pulseWidth=0;           //サーボモータの停止
                break;
            }
            lgTxServo(hnd,SERVO,pulseWidth,servoFrequency,\
            servoOffset,servoCycles);
            timePre2 = timeNow2;
        }

        //タイヤの制御
        switch (positionNow){
        case 0b000:         //ノーマルポジション
        case 0b101:         //白線上にいる
            Forward(hnd);
            break;
        case 0b100:         //白線の右側にいる
        case 0b110:                                  ⑰
            RightForward(hnd);
            break;
        case 0b001:         //白線の左側にいる
        case 0b011:
            LeftForward(hnd);
            break;
                                                              ↗
```

```
↘
            default:
                Stop(hnd);
                pulseWidth=0;   //サーボモータの停止
                lgTxServo(hnd,SERVO,pulseWidth,servoFrequency,\
                servoOffset,servoCycles);
                break;
            }
        }
        lguSleep(0.001);         //CPU使用率の抑制のため
    }
    lgI2cClose(hndGp2);
    lgI2cClose(hndLcd);
    lgGpiochipClose(hnd);
    return EXIT_SUCCESS;
}

unsigned int millis(void){
    unsigned int epochMill;   //millisecond
    unsigned long epochNano;  //nanosecond
    epochNano = lguTimestamp();
    epochMill = (unsigned int)(epochNano / 1000000);
    return epochMill;
}
```

（default:～break; の部分に⑰、millis関数全体に⑱の注記）

① RCサーボモータの向き（右側、正面、左側）を表12-4を参考にパルスオン時間でマクロ定義します。RCサーボモータを左右に振りすぎても、障害物を検出できない場合がありますので、コースに合わせて適度な角度に設定します。パルスオン時間は、lgTxServo関数で使用するため、マイクロ秒単位とします。RCサーボモータを制御する時間間隔の400ミリ秒は参考例で、実際に自走ロボットを走行させて値を調整してください。

② これまでの課題で作成した関数とmillis関数のプロトタイプ宣言です。

③ 変数positionNowはライン検出基板から取得した位置情報を保存します。距離センサで測定した距離データ（cm）を変数distanceNowに保存します。変数distancePreは1つ前に測定した距離データを保存しています。

④ 距離センサとRCサーボモータは指定された間隔を確保して測定と制御を行います。2つの変数（timeNowとtimePre）のタイムスタンプの時間差から、距離センサの応答時間とサーボモータを制御する時間間隔を求めます。

⑤ RCサーボモータを制御するlgTxServo関数の引数で使用する変数の宣言です。変数servoCyclesに5を設定して、制御信号5パルス分だけ出力することにより、サーボモータの不要な振動を止めています。この値も動作確認して調整してください。

⑥ 距離センサのハンドルを取得します。距離センサGP2Y0E03には、出力の安定化のため、複数の距離の出力値を用いて中央値（メジアン）演算を行う機能を備えています。中央値演算を用いることにより、距離の出力の安定性を増大させることができますが、応答時間が増大します。ここでは測定のデータ数を5とし、中央値（median）フィルタレジスタに書き込みます。応答時間はシャープのGP2Y0E03アプリケーションノートより120ミリ秒と求まります。

⑦ RCサーボモータの動作のテストです。RCサーボモータを左右に振って、正面に向けます。

また、プログラムが起動したことの合図になります。

⑧ LCDに「Push White SW」を表示します。スタートボタンである白色SWが押されるのを待機します。

⑨ main関数を永久ループとします。

⑩ millis関数でUNIX時間を変数timeNow1に保存します。距離センサの応答時間を確保しないと、不正確な測定値により自走ロボットが誤動作する可能性があります。そのため、if文を使用して測定の間隔が応答時間を超えたとき、距離センサから距離データを取得します。そして、タイムスタンプと距離データを更新します。

⑪ 距離データに変更があったときだけLCDに表示します。ループによるLCDへの高速上書きにより、表示文字が薄くなることを防止するためです。

⑫ 障害物を検出した場合としない場合で、処理が大きく2つに分かれます。検出した場合は障害物を撮影し、検出しない場合は自走ロボットにライントレースさせます。なお、距離データが15cm（DANGER）以下のとき障害物を検出したと判断します。

⑬ 障害物を検出した場合、自走ロボットとRCサーボモータをストップさせます。距離データの現在（変数distanceNow）と前回（変数distancePre）の距離差を計算し、距離差が3cm（マクロ定義DIS_DIFF）以上のときにカメラモジュールで障害物を撮影します。距離差を利用して、同じ位置で繰り返し撮影しないようにします。また、撮影した静止画の保存先を絶対パスで指定します。なお、lgTxServo関数とsystem関数の命令文が長いので、行末にバックスラッシュ（\）を追加して、2行にしています。なお、この処理が終わると⑨へ戻ります。

⑭ 障害物を検出しない場合の処理です。

⑮ ライン検出基板から位置情報を取得します。

⑯ RCサーボモータの向きを制御します。コース上の障害物を検出するために、直線ではRCサーボモータを正面に向け、右カーブでは右側に向け、左カーブでは左側へ向けます（**表12-10**）。しかし、実際には自走ロボットは直線上で左右に揺れて走行する場合があるため、位置情報の取得ごとにRCサーボモータを制御すると激しく左右に振れるため、障害物を検出できない場合があります。そこで、millis関数を使用して、400ミリ秒ごとの位置情報からRCサーボモータの動作を決定します。なお、400ミリ秒は参考値で、実際に自走ロボットを走行させて調整してください。

⑰ 位置情報から自走ロボットへの指示のソースコードについては、**リスト11-8**のmain関数で解説したものと同じで、ノーマルポジションや白線上にいるときは前進で、白線の右側にいるときは右のタイヤを前進させて左へ移動させて軌道を修正し、白線の左側にいるときは左のタイヤを前進させて右へ移動させて軌道を修正し、脱線しているときは自走ロボットをストップさせます。なお、この処理が終わると⑨へ戻ります。

⑱ millis関数は、lguTimestamp関数が出力するナノ秒単位のUNIX時間をミリ秒単位に変換します。

```
unsigned int millis(void)
```

- 引数はありません。
- 戻り値はミリ秒単位のUNIX時間です。

◯表12-10：位置情報からRCサーボモータへの指示

No.	ライン検出基板の位置情報			ロボットの位置	RCサーボモータの指示
	左センサ	中央センサ	右センサ		
1	0	0	0	ノーマルポジション	正面に向ける
2	1	0	1	白線上にいる	
3	1	0	0	白線の右側にいる	左へ向ける
4	1	1	0		
5	0	0	1	白線の左側にいる	右へ向ける
6	0	1	1		
7	0	1	0	白線から脱線している	停止する
8	1	1	1		

12.4.6　動作確認

リスト12-3（12-Safety）を実行して、障害物の検出を確認します（**図12-29**）。距離センサやRCサーボモータの制御する時間間隔を調整するなどして、自走ロボットの動作を検証してみましょう。なお、距離センサGP2Y0E03は外乱光の影響を受けると、実際の距離と異なる値を出力する場合があります。窓のカーテンを閉めたり、照明の明るさを調整したりして、外乱光の影響を軽減する工夫をしてください。**図12-30**は自走ロボットが撮影した画像です。Piカメラ3のオートフォーカス機能により、近づいてもピントが合っています。

◯図12-29：自動停止する自走ロボット

動画のURL：https://youtu.be/nCFP-wNXQQE

QRコードを読み取ると動画が見られます

◯図12-30：自走ロボットが撮影した画像

12.4.7　/etc/rc.localによるプログラムの自動起動

12-Safetyを/etc/rc.localに登録して、自動的に起動するようにします。シャットダウンプログラムの下に追記・保存して（**図12-31**）、OSを再起動します。

◯図12-31：/etc/rc.localファイルに12-Safetyを追記

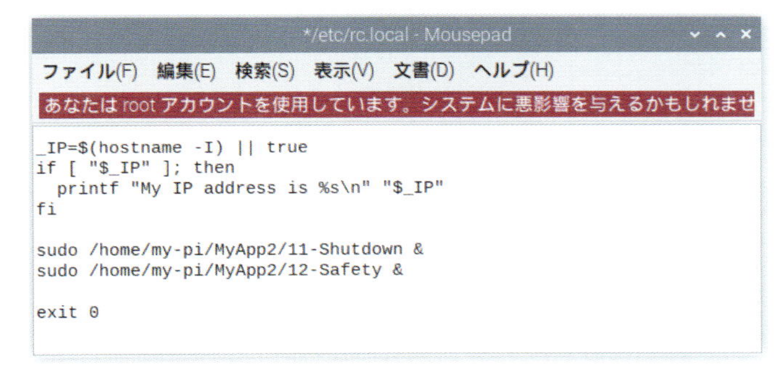
*/etc/rc.local - Mousepad

ファイル(F)　編集(E)　検索(S)　表示(V)　文書(D)　ヘルプ(H)

あなたはrootアカウントを使用しています。システムに悪影響を与えるかもしれませ

```
_IP=$(hostname -I) || true
if [ "$_IP" ]; then
  printf "My IP address is %s\n" "$_IP"
fi

sudo /home/my-pi/MyApp2/11-Shutdown &
sudo /home/my-pi/MyApp2/12-Safety &

exit 0
```

コングラチュレーションズ！

やったね。ゴールしたね。ここまで学んだ知識や技術は、これからのあなたの活動にきっと役立つことでしょう。しかし、まだ何も始まってはいません。本当のスタートは、あなた自身のプロジェクトです。いつか、知らないうちに、あなたの活躍を見たり、触れたりしている、未来を楽しみにしています。

デバイスと信号名の対応表

○表：Chapter 4 〜 9のブレッドボードで使用する信号線

名　称		信号名	番号	方向	備　考
LED	LED0	GPIO23	16	出力	Chapter 4 出力（HIGH）→点灯 出力（LOW）→消灯
	LED1	GPIO22	15		
	LED2	GPIO25	22		
	LED3	GPIO24	18		
タクタイル スイッチ	SW0	GPIO4	7	入力	Chapter 5 押す→入力（HIGH） 離す→入力（LOW）
	SW1	GPIO5	29		
	SW2	GPIO6	31		
	SW3	GPIO26	37		
	SW4	GPIO17	11		
	SW5	GPIO27	13		
	SW6	GPIO20	38		
	SW7	GPIO21	40		
圧電サウンダ		GPIO18	12	出力	Chapter 6
LCDモジュール AQM1602		SCL	5	入出力	Chapter 7 I^2Cバス スレーブアドレス0x3e 表示 16文字×2行
		SDA	3		
温度センサ ADT7410		SCL	5	入出力	Chapter 7 I^2Cバス スレーブアドレス0x48 測定範囲 −40℃〜＋105℃
		SDA	3		
D/Aコンバータ MCP4922		SCK	23	出力	Chapter 8 SPIバス 出力電圧範囲 0V 〜 3.3V
		MOSI	19	出力	
		SS1	26	出力	
A/Dコンバータ MCP3208		SCK	23	出力	Chapter 8 SPIバス 入力電圧範囲 0V 〜 3.3V
		MISO	21	入力	
		MOSI	19	出力	
		SS0	24	出力	
焦電センサモジュール		GPIO16	36	入力	Chapter 9 検知あり→入力（HIGH） 検知なし→入力（LOW）

○表：Chapter 10～12の自走ロボットで使用する信号線

名称		信号名	番号	方向	備考
LED	LED1	GPIO20	38	出力	Chapter 11 出力（HIGH）→点灯 出力（LOW）→消灯
LCDモジュール AQM1602		SCL	5	入出力	Chapter 11 I^{2}Cバス スレーブアドレス0x3e 表示　16文字×2行
		SDA	3		
赤色SW	SW2	GPIO17	11	入力	Chapter 11 押す→入力（HIGH） 離す→入力（LOW）
白色SW	SW3	GPIO27	13		
圧電サウンダ		GPIO18	12	出力	Chapter 11
反射型 フォトセンサ	Right	GPIO4	7	入力	Chapter 10 表10-7を参照。
	Center	GPIO5	29		
	Left	GPIO6	31		
左モータ	AIN2	GPIO24	18	出力	Chapter 10 表10-13を参照。
	AIN1	GPIO25	22		
右モータ	BIN2	GPIO22	15		
	BIN1	GPIO23	16		
RCサーボモータ SG-90		GPIO13	33	出力	Chapter 12 PWM信号
距離センサ GP2Y0E03		SCL	5	入出力	Chapter 12 I^{2}Cバス スレーブアドレス0x40
		SDA	3		

本書のChapter 4 ～ 9で使用する配線図（カラー）

○図4-11：4個のLED点灯回路の配線図（P.104）

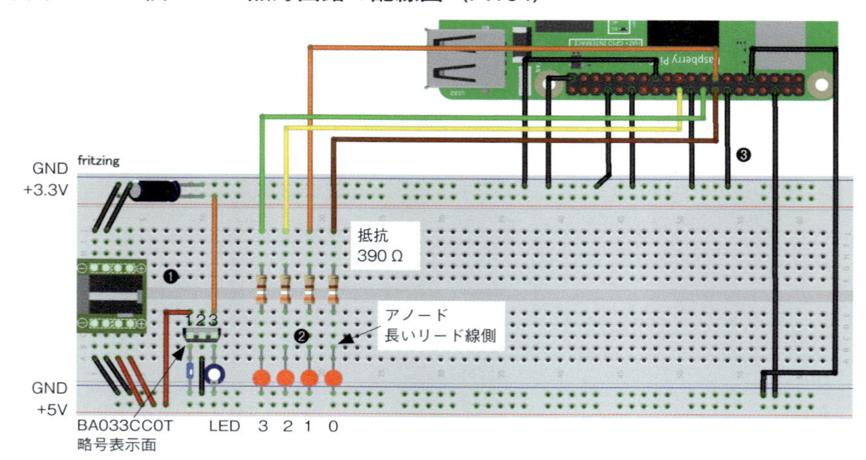

○図5-6：タクタイルスイッチの入力回路の配線図（P.125）

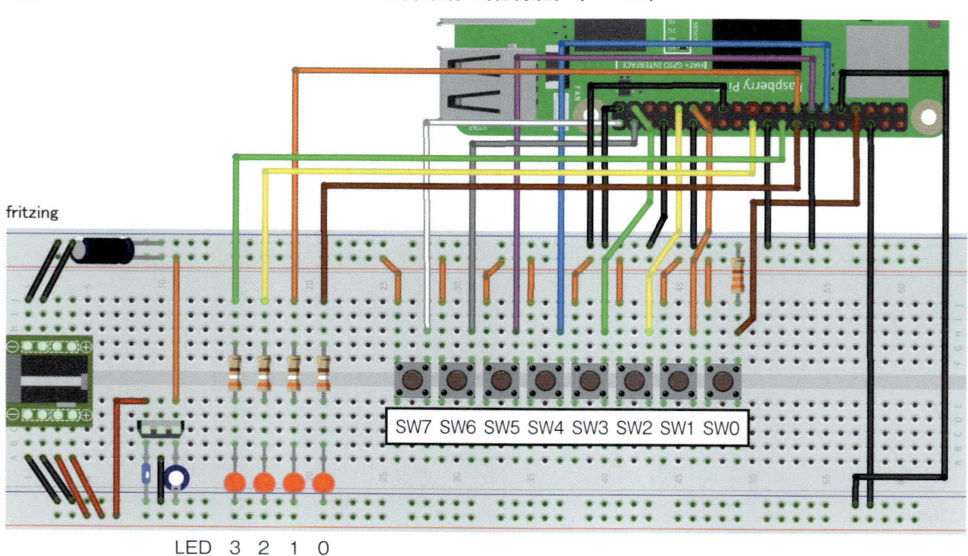

◯図5-11：内部のプルダウン抵抗を利用したタクタイルスイッチ入力の配線図（P.130）

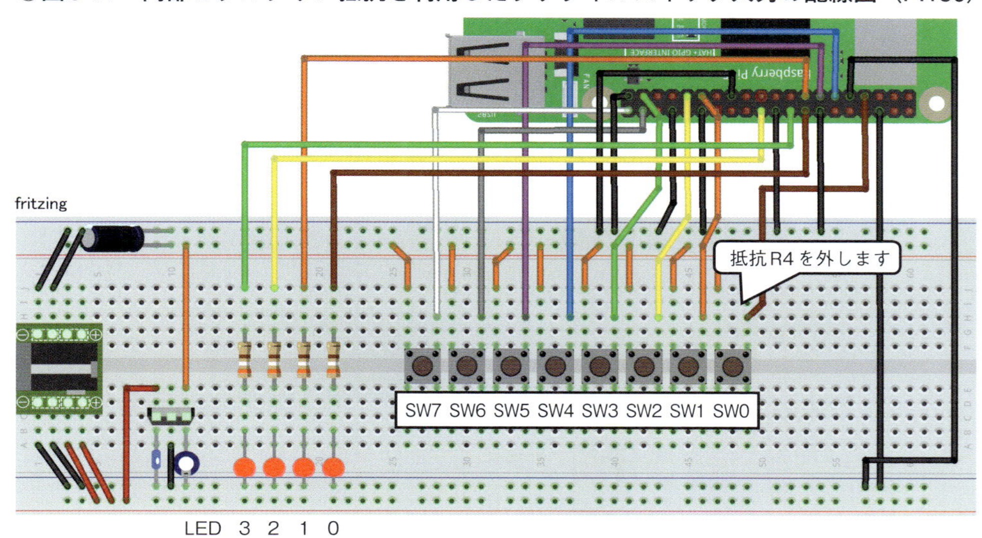

◯図6-6：圧電サウンダの配線図（P.151）

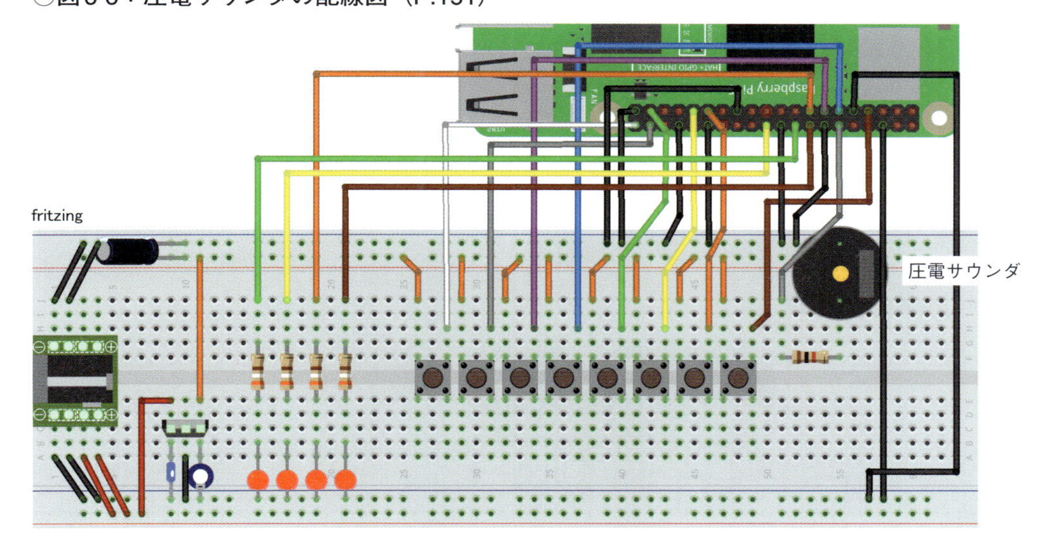

○図7-18：LCDと温度センサモジュールを追加した配線図（P.188）

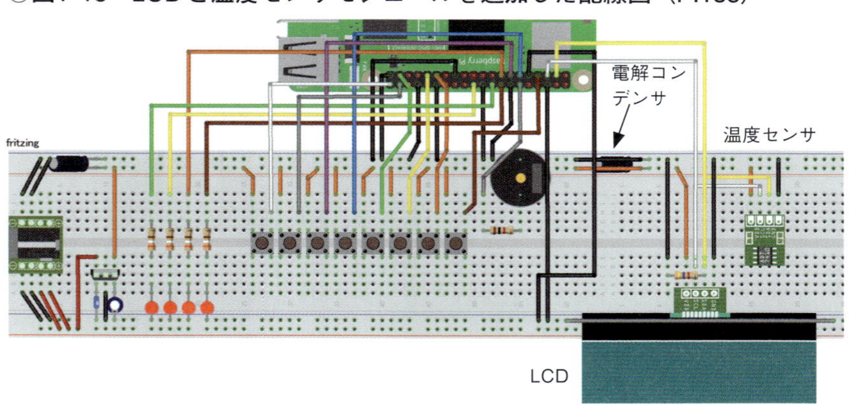

○図8-9：D/AコンバータMCP4922の配線図（P.218）

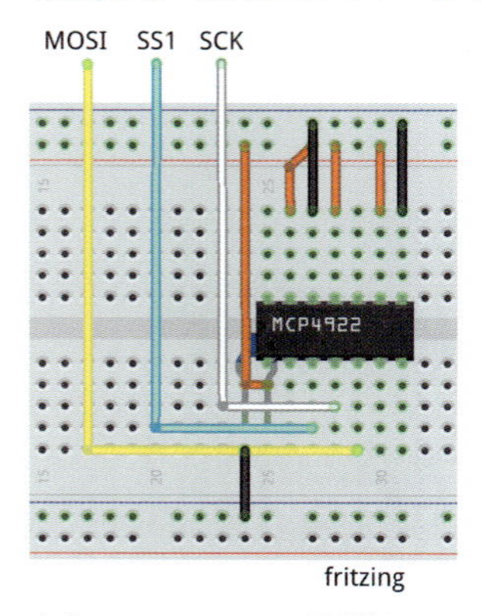

(a) MCP4922の配線図

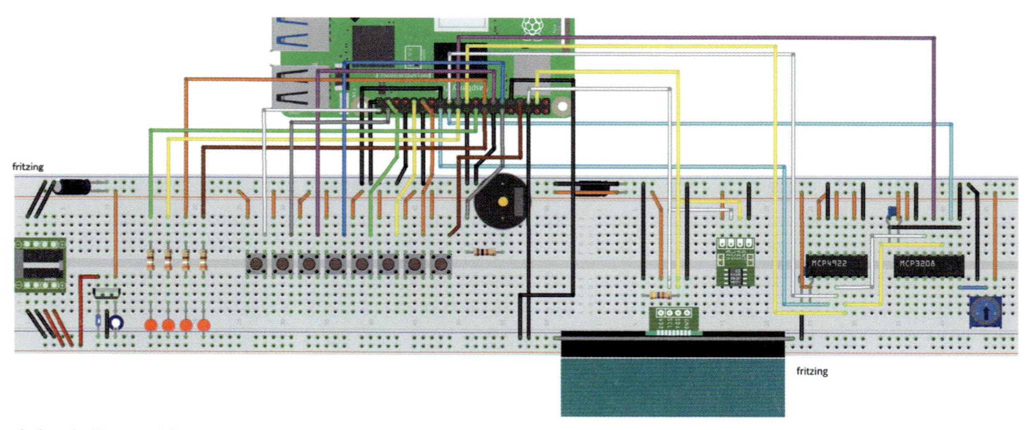

(b) 全体の配線図

○図 8-23：A/D コンバータ MCP3208 の配線図（P.232）

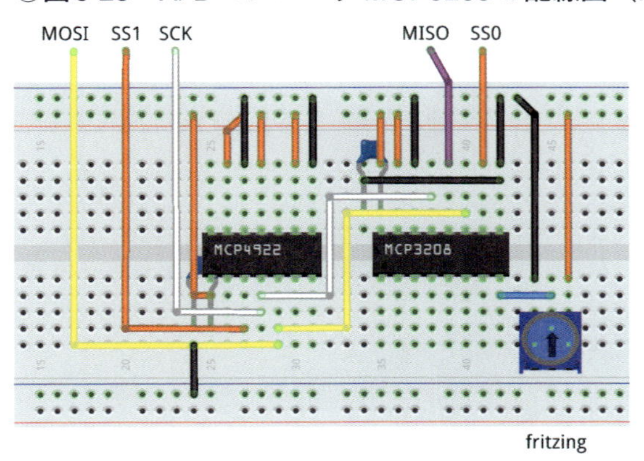

○図 9-11：焦電センサモジュールの配線図（P.254）

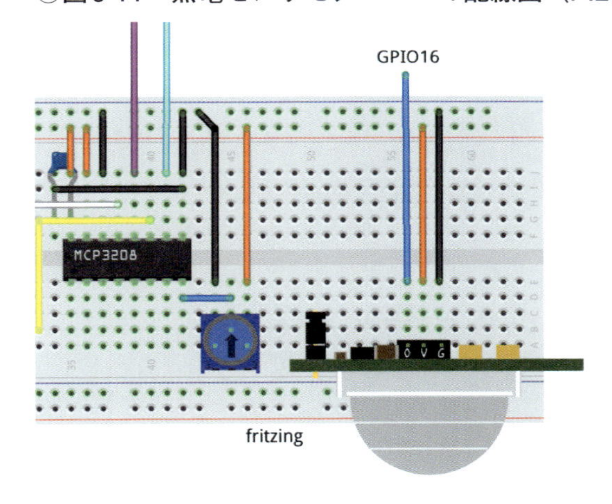

参考文献／参考資料

[1] 金丸隆志, "Raspberry Piで学ぶ電子工作 超小型コンピュータで電子回路を制御する（ブルーバックス）," 講談社, (Nov. 2014)

[2] M. Peplow, "The Raspberry Pi-oneer," IEEE Spectrum, vol.52, Issue3, pp.38-40, (Mar. 2015)

[3] Eben Upton, Gareth Halfacree, "Raspberry Piユーザーガイド", インプレスジャパン, (Mar. 2013)

[4] 菊池達也, "Raspberry Piを利用した自走ロボット教材の開発", 実践ジャーナル vol.34, no.1, pp40-43, (Mar. 2019)

[5] 伊東規之, "ディジタル回路", 日本理工出版会, pp.75-79, (Jun. 1992)

[6] "ロジック・ガイド", 日本テキサス・インスツルメンツ株式会社, (Nov. 2014)

[7] "データシート TBD62783APG トランジスタアレイ", 東芝, (May 2016)

[8] "インターネットの安全・安心ハンドブック Ver 5.00", 内閣サイバーセキュリティセンター, (Jan. 2023)

[9] 日本ディジタルイクイップメント株式会社教育部, "実践UNIX入門", 共立出版, pp.5-9, (Apr. 1985)

[10] B.W. Kernighan（著）, D.M. Ritchie（著）, 石田晴久（翻訳）, "プログラミング言語C", 共立出版, pp.1-5, (Jul. 1981)

[11] 日経Linux, "日経Linux 2019年3月号", 日経BP社, pp23-24, (Mar. 2019)

[12] 沓名亮典, "Linuxステップアップラーニング", 技術評論社, (Apr. 2017)

[13] Peter Prinz（著）, Tony Crawford（著）, 島敏博（監修）, 黒川利明（翻訳）, "Cクイックリファレンス 第2版", オライリージャパン, pp.201-205, (Nov.2016)

[14] 柴田望洋, "新・明解C言語 入門編第2版", SBクリエイティブ, (Sep. 2021)

[15] T.S. Perry, " Red hot [light emitting diodes]", IEEE Spectrum, vol.40, Issue6, pp26-29, (Jun. 2003)

[16] 天野浩, 福田大展, "天野先生の「青色LEDの世界」光る原理から最先端応用技術まで（ブルーバックス）", 講談社, pp.46-47, (Sep. 2015)

[17] 長谷川竜生, 上原信知, 釜野勝, "図解入門よくわかる最新LEDの基本と仕組み", 秀和システム, (Jul. 2012)

[18] Ian M. Ross, "The Invention of the Trasnsistor", Proceedings of the IEEE, vol.86, no.1, pp.7-28, (Jan. 1998)

[19] 古谷克司, "圧電効果を用いたセンサ," 計測と制御, vol.45, no.4, pp.296-301, (Apr. 2006)

[20] 松浦智之, 大野浩之, 當仲寛哲, "ソフトウェアの高い互換性と長い持続性を目指すPOSIX中心主義プログラミング", 情報処理学会シンポジウムシリーズ, vol.2016, pp.1327-1334, (Jun. 2016)

[21] 竹添秀男, 宮地弘一, 高西陽一, "イラスト図解 液晶のしくみがわかる本", 技術評論社, (Dec. 1999)

[22] 水田進, "図解雑学液晶のしくみ", ナツメ社, pp.198-199, (Jun. 2002)

[23] "UM10204 I2C バス仕様およびユーザーマニュアル", NXP Semiconductors, (Nov. 2012)

[24] "LCDデータシート（AE-AQM1602A）", 秋月電子通商, (2015)

[25] "ADT7410 I2C Temperature Sensor", Analog Devices, Inc. (2011)

[26] "SPI Block Guide V04.01", Motorola, Inc., (Jul. 2004)

[27] 大下眞二朗, "詳解 電気回路演習 上", 共立出版, (Jun. 1997)

[28] "MCP4921/4922 12-Bit DAC with SPI Interface datasheet", Microchip Technology Inc., (2007)

[29] "MCP3204/3208 2.7V 4-Channel/8-Channel 12-Bit A/D Converters with SPI Serial Interface datasheet", Microchip Technology Inc., (2008)

[30] "AN693 A/Dコンバータの性能仕様値の意味", Microchip Technology Inc., (2017)

[31] 高本孝頼, "みんなのArduino入門", リックテレコム, (Feb. 2014)

[32] 豊田堅二, "図解 カメラのしくみ", 日本実業出版社, pp.10-13, (Oct. 2004)

［33］ 米本和也，“改訂 CCD/CMOSイメージセンサの基礎と応用”，CQ出版，pp.96-98，（Oct. 2018）
［34］ 見城尚志，佐渡友茂，“イラスト・図解 小型モータのすべて”，技術評論社，pp.129-130，（Apr. 2001）
［35］ GP2Y0E02A，GP2Y0E02B，GP2Y0E03 アプリケーションノート，シャープ，（Apr. 2016）
［36］ Theresa Levitt（著），岡田好惠（翻訳），“灯台の光はなぜ遠くまで届くのか 時代を変えたフレネルレンズの軌跡（ブルーバックス）”，講談社，（Oct. 2015）

著者プロフィール

菊池 達也（きくち たつや）
博士（工学）、技能検定1級（電子機器組立て）

東京都出身。職業訓練大学校（電子科卒）、東京都立科学技術大学大学院博士課程修了。独立行政法人 高齢・障害・求職者雇用支援機構に勤務。本機構のポリテクセンターおよびポリテクカレッジにて、電子情報系の教育訓練とキャリア支援に従事。また、Raspberry JAMやScratch Dayを企画して、子ども向けのプログラミング教育にも興味を持つ。受講者からはポリテク先生の愛称で親しまれている。

索引

■記号

#define文 …… 110
#include文 …… 110
/etc/rc.local …… 348, 385

■A

A/Dコンバータ …… 222

■B

Bookworm …… 40

■C

callbackfunc関数 …… 144
CCD …… 241
CMOS …… 241
CPU情報 …… 52
CSI …… 27

■D

D/Aコンバータ …… 209
DCモータ …… 319, 328
DSI …… 27

■F

fflush関数 …… 118

■G

GCC …… 76
Geany …… 73
Google翻訳 …… 81
GPIO …… 25, 31
GPIO制御ライブラリ …… 84

■H

HDMI …… 25
Hブリッジ回路 …… 323

■I

I^2Cバス …… 30, 172

■L

LCD …… 177
LcdClear関数 …… 186
LcdNewline関数 …… 185
LcdSetup関数 …… 180
LcdWriteChar関数 …… 183
LcdWriteString関数 …… 186
LED …… 97
lgGpioClaimAlert関数 …… 143
lgGpioClaimInput関数 …… 128
lgGpioRead関数 …… 128
lgGpioSetAlertsFunc関数 …… 143
lgGroupClaimInput関数 …… 140
lgGroupClaimOutput関数 …… 117
lgGroupRead関数 …… 140
lgGroupWrite関数 …… 118
lgI2cClose関数 …… 176
lgI2cOpen関数 …… 175
lgI2cReadWordData関数 …… 176
lgI2cWriteByteData関数 …… 176
lgpio …… 72, 84
lgSpiXfer関数 …… 209
lgThreadStart関数 …… 166
lgThreadStop関数 …… 166
lgTxPulse関数 …… 148
lguTimestamp関数 …… 158

lguTime関数 …… 158
libcamera …… 244
LibreOffice …… 65
Linux …… 40

■M
main関数 …… 110
MIPI …… 25
MISO …… 207
MOSI …… 207
Mozc …… 64

■P
PCIe …… 27
Piカメラ3 …… 241
PoE …… 25
POSIX …… 165
PrintBinary関数 …… 140
printfデバッグ …… 170
pthread_exit関数 …… 166
pthread_tデータ型 …… 165
Pthreads …… 165
PWM …… 30, 154

■R
Raspberry Pi …… 20
Raspberry Pi 4 Model B …… 22, 24
Raspberry Pi 400 …… 22
Raspberry Pi 5 …… 22, 24
Raspberry Pi Compute Module …… 22
Raspberry Pi Imager …… 38, 40
Raspberry Pi OS …… 39, 44
Raspberry Pi Pico …… 22
Raspberry Pi Zero 2 W …… 22, 24
RCサーボモータ …… 352, 374
return文 …… 110
rpicam-still …… 245, 249
rpicam-vid …… 245, 251

■S
SCK …… 206
SCL …… 173
SDA …… 173
sizeof演算子 …… 92
SI接頭語 …… 96
SoC …… 23
SPIバス …… 30, 206
SS …… 207

■T
Tiger VNC Viewer …… 299

■U
UART …… 30
UNIXエポック …… 157
UNIX時間 …… 157
USB Power Delivery …… 348
usleep関数 …… 128

■V
VNC …… 298

■X
XYアドレス型 …… 240

■あ行
圧電効果 …… 149
圧電サウンダ …… 149, 310
アノード …… 97

イメージセンサ …… 238
インストラクション …… 179

エラー…… 80
エラー処理……111

オブジェクトファイル…… 76
オフセット誤差……225
オルタネート……131
温度センサ……197

■か行

拡張コネクタ…… 29
カソード…… 97
カラーコード……106
感度調整…… 274, 294

機械語…… 76
ギヤボックス……282
共有ライブラリ……192
距離センサ…… 362, 374

クロック信号……173

光学式センサ……362
コーデック……252
誤差……224
固定幅整数型……119
コマンド…… 53
コンテナフォーマット……252
コンパイラ…… 76
コンパイル…… 78

■さ行

三角測量方式……364

自走ロボット……262
実行…… 78, 83
実行形式ファイル…… 77
シャーシ……282
シャットダウン…… 49
シャットダウンボタン……335
障害物検出……373
焦電センサモジュール……253
シリアル…… 31
シンク電流…… 35
シングルスレッド……163

スリーステートバッファ…… 32
スレーブ……173
スレッド……163

整数型…… 91
静的ライブラリ…… 192, 195
積分非線形誤差……227
絶対パス…… 57
センサ…… 197, 362

相対パス…… 57
ソース電流…… 35
ソースファイル…… 76
測定ツール……203

■た行

ターミナル…… 53
タイムスタンプ……157
タイムラプス撮影……250
タクタイルスイッチ……122

逐次比較方式……222
中間言語ファイル…… 77
超音波式センサ……363

ツイストネマティック型液晶……177

抵抗……106
抵抗ラダー方式……209
データ型……91
データ信号……173
デジタルカメラ……239
デスクトップ……50
デューティ比……30, 154

トグル……132

■な行

内部抵抗……129

日本語入力システム……64

ノイズマージン……33

■は行

ハイインピーダンス……32
バイナリーカウンタ……115
バウンシング……134
バス……30
パスフレーズ……49
バックグランド……339
パラレル……31
パルス信号……148
パルス幅変調……30, 154
反射型フォトセンサ……265
半二重通信……173

微分非線形誤差……225
ビルド……78, 79

フォアグランド……339
フォーマット……44
フォトセンサ……311
フォトダイオード……239
浮動小数点型……91
ブレッドボード……102
フレミングの左手の法則……319
フローチャート……107
プロセス……163

■ま行

マスタ……173
マルチスレッド……163
マルチタスクOS……163

メインボード……276
メインボード回路……277

モーメンタリ型……122
文字型……91
モバイルバッテリー……289, 347

■ら行

ライブラリファイル……192
ライン検出回路……267
ライン検出基板……265
ライントレース……262, 290, 339

利得誤差……225
量子化誤差……224
リンカ……77

■わ行

割込み……142

- P.005 イラスト
  New Africa ／ Julien Tromeur ／ chesky ／ Makoto（Adobe Stock）

- P.022 Raspberry Pi 400およびRaspberry Pi Compute Module写真
  Raspberry Pi Documentation "Raspberry Pi hardware"より
  (c)2012-2024 Raspberry Pi Ltd（CC BY-SA 4.0）
  https://www.raspberrypi.com/documentation/computers/raspberry-pi.html

- P.035 Raspberry PiおよびArduino Unoイラスト
  Fritzingパーツを利用（CC BY-SA 3.0）
  https://fritzing.org/

- P.038 無線LANルーターイラスト
  yotto（Adobe Stock）

- P.104, 125, 130, 151, 188, 218, 232, 254, 388-391 配線図
  Fritzingにて作成（CC BY-SA 3.0）
  https://fritzing.org/

●装丁　大悟法淳一（ごぼうデザイン事務所）
●カバー／表紙写真　和田高広（ライトアンドプレイス）
●本文デザイン／レイアウト　朝日メディアインターナショナル株式会社
●編集　鷹見成一郎

■お問い合わせについて

本書に関するご質問は、本書に記載されている内容に関するもののみとさせていただきます。本書の内容と関係のないご質問につきましては、いっさいお答えできませんので、あらかじめご了承ください。また、電話でのご質問は受け付けておりませんので、本書サポートページを経由していただくか、FAX・書面にてお送りください。

＜問い合わせ先＞

●本書サポートページ

https://gihyo.jp/book/2025/978-4-297-14647-4

本書記載の情報の修正・訂正・補足などは当該Webページで行います。

● FAX・書面でのお送り先

〒162-0846　東京都新宿区市谷左内町21-13

株式会社技術評論社　第5編集部

「【改訂新版】C言語ではじめるRaspberry Pi徹底入門」係

FAX：03-3513-6173

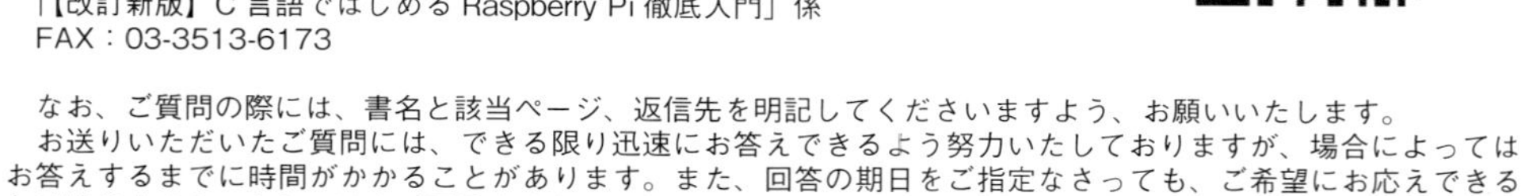

なお、ご質問の際には、書名と該当ページ、返信先を明記してくださいますよう、お願いいたします。

お送りいただいたご質問には、できる限り迅速にお答えできるよう努力いたしておりますが、場合によってはお答えするまでに時間がかかることがあります。また、回答の期日をご指定なさっても、ご希望にお応えできるとは限りません。あらかじめご了承くださいますよう、お願いいたします。

【改訂新版】C言語ではじめるRaspberry Pi徹底入門

2020年4月25日　初版　第1刷発行
2025年1月11日　第2版　第1刷発行

著　者　菊池達也
監　修　実践教育訓練学会

発行者　片岡　巌
発行所　株式会社技術評論社
東京都新宿区市谷左内町21-13
TEL：03-3513-6150（販売促進部）
TEL：03-3513-6177（第5編集部）
印刷／製本　昭和情報プロセス株式会社

定価はカバーに表示してあります。

ISBN978-4-297-14647-4　C3055

Printed in Japan